欧姆龙 CP1H 型 PLC 编程与应用

朱文杰　编著

机 械 工 业 出 版 社

本书分三篇，共14章，全面介绍了欧姆龙公司CP1H型可编程序控制器。第一篇为基础知识，共3章，介绍了PLC基本数制、基本结构、工作原理、编程语言，以及欧姆龙CP1H型PLC硬件系统；概述了欧姆龙PLC的编程软件CX-Programmer。第二篇为编程指令，共10章，逐步详解了时序指令、定时器/计数器指令、数据指令、运算指令、子程序调用及中断控制指令、I/O单元指令和高速计数/脉冲输出指令、通信指令、块指令、字符串处理指令和特殊指令、工序步进/显示/时钟/调试/故障诊断/任务控制/机种转换及其他指令。第三篇为应用设计，主要列举了一些关于CP1H控制水轮发电机组的应用设计程序实例，供读者参考，举一反三。

本书深入浅出，概念准确、结构严谨、阐述简明，可作为各类自动化专业本科课程教材和毕业设计指导教材，也可供相关研究生、工程技术人员、电气注册工程师参阅。

图书在版编目（CIP）数据

欧姆龙CP1H型PLC编程与应用/朱文杰编著. —北京：机械工业出版社，2021.9

ISBN 978-7-111-68874-7

Ⅰ.①欧…　Ⅱ.①朱…　Ⅲ.①PLC技术-程序设计-高等学校-教材
Ⅳ.①TM571.61

中国版本图书馆CIP数据核字（2021）第158667号

机械工业出版社（北京市百万庄大街22号　邮政编码100037）
策划编辑：翟天睿　责任编辑：翟天睿
责任校对：张　征　封面设计：马若濛
责任印制：张　博
涿州市般润文化传播有限公司印刷
2021年10月第1版第1次印刷
184mm×260mm · 19.75印张 · 487千字
0001—2000册
标准书号：ISBN 978-7-111-68874-7
定价：89.00元

电话服务	网络服务
客服电话：010-88361066	机　工　官　网：www.cmpbook.com
010-88379833	机　工　官　博：weibo.com/cmp1952
010-68326294	金　　书　　网：www.golden-book.com
封底无防伪标均为盗版	机工教育服务网：www.cmpedu.com

前 言

可编程序控制器（Programmable Logic Controller，PLC），是在继电顺序控制基础上发展起来的以微处理器为核心的工业界通用的自动化控制装置，是计算机技术在工业控制领域的一种应用技术。随着科学技术的进步和微电子技术的迅猛发展，PLC 技术已广泛应用于航空、航天、电力、水利、热网、汽车制造、矿产、钢铁、化工等行业的自动化领域，在现代工业企业的生产、加工与制造过程中起到十分重要的作用。PLC 功能不断提升，并以可靠、简便等特点，成为一种工业趋势，特别是具有网络功能的 PLC 更受青睐。

为了满足工业控制领域对设备的高性能、高集成度以及提高维护性能的需求，欧姆龙（OMRON）公司开发了具有高扩展性的小型一体化 SYSMAC CP1H 型 PLC，主要包括 CP1H-X（标准型）、CP1H-XA（模拟量内置型）和 CP1H-Y（高速定位型）三种。CP1H 集 CS/CJ 各种功能于一体，以内置的多功能充实、强化了应用能力，并缩短了追加复杂程序的设计时间。CP1H 扩展了集成高速脉冲输出、标准搭载 4 轴、通用 USB1.1 并口等多种 I/O 功能，还具备串行通信两个端口、自由选择 RS-232C 和 RS-485 功能，另外模拟量监控很适合各种装置的平面检查、防止元件生产中的小错误以及成型机油压控制等场合。CP1H 能扩展以太网等应用，支持标准的 DeviceNet 现场总线，对接 Ethernet、CLK 等网络。

本书主要对 CP1H 型 PLC 的工作原理、硬件模块、编程软件 CX-Programmer，以及它的时序输入/输出/控制、定时器/计数器、数据比较/传送/移位/转换/控制、各种运算、子程序调用及中断控制、I/O 单元用和高速计数/脉冲输出、串行/网络通信、块程序/功能块用、字符串处理和特殊指令、工序步进/显示/时钟/调试/故障诊断/任务控制/机种转换等指令系统，应用图示教学法进行了细致入微的解析，最后在对上述内容深入理解的基础上，给出了一些 CP1H 控制水轮发电机组的智能化设计程序，这也是作者 30 多年教学与科研工作的结晶，以飨读者。书中提出了治理水轮机组甩负荷抬机的科学方案，以预防此类事故，尤其预防萨彦·舒申斯克惨案重演。

由于作者水平有限，本书难免存在不足与缺点，希望广大读者尤其是行业内专家学者批评指正。最后，感谢机械工业出版社鼎力支持。

朱文杰

目录

第三篇 应用设计

第一篇

基础知识

第1章

数制与PLC综述

可编程序控制器（Programmable Logic Controller，PLC）是以传统顺序控制器为基础，综合计算机技术、微电子技术、自动控制技术、数字技术和通信网络技术而形成的一代新型通用工业自动控制装置，现已成为现代工业控制的重要支柱。

1.1 BIN 数、十六进制数和 BCD 数

1.1.1 BIN 数

BIN 数即为二进制数，它是一种由 1、0 组成的数据，PLC 的指令只能处理二进制数。

1. 二进制数的特点

二进制数有以下两个特点：

1）有两个数码：0 和 1。任何一个二进制数都可以由这两个数码组成。

2）遵循“逢二进一”的计数原则。

2. 二进制数转十进制数

二进制数转换成十进制数可采用以下表达式：

二进制数$=a_{n-1}\times2^{n-1}+a_{n-2}\times2^{n-2}+\cdots+a_0\times2^0+a_{-1}\times2^{-1}+\cdots+a_{-m}\times16^{-m}$=十进制数

式中，m 和 n 为正整数。

例 1 将二进制数 11101.01 转换成十进制数。

$11011.01B=1\times2^4+1\times2^3+1\times2^2+0\times2^1+1\times2^0+0\times2^{-1}+1\times2^{-2}=29.75$

3. 十进制数转二进制数

十进制数转换成二进制数的方法是：采用除 2 取余数，十进制数依次除 2，并依次记下余数，一直除到商数为 0，最后把全部余数按相反次序排列就能得到二进制数。

例 2 将十进制数 27 转换成二进制数。

除数	被除数	余数	位	
2	27	余1	a_0	低位
2	13	余1	a_1	
2	6	余0	a_2	
2	3	余1	a_3	
2	1	余1	a_4	高位
	0			

即十进制数 27 转换成二进制数 11011B，其中 B 表示当前数据为二进制数。

1.1.2 十六进制数

1. 十六进制数的特点

十六进制数有以下两个特点：

1）有 16 个数码：0、1、2、3、4、5、7、8、9、A、B、C、D、E、F，这里 A、B、C、D、E、F 分别代表十进制的 10、11、12、13、14、15。

2）遵循“逢十六进一”的计数原则。

2. 十六进制数转十进制数

十六进制数转换成十进制数可采用以下表达式：

十六进制数 $=a_{n-1}\times16^{n-1}+a_{n-2}\times16^{n-2}+\cdots+a_0\times16^0+a_{-1}\times16^{-1}+\cdots+a_{-m}\times16^{-m}=$ 十进制数

式中，m 和 n 为正整数。

例 3 将十六进制数 3A4.8 转换成十进制数。

$3A4.8H=3\times16^2+10\times16^1+4\times16^0+8\times16^{-1}=768+160+4+0.5=932.5$

3. 二进制数转十六进制数

二进制数转换成十六进制数的方法是：从二进制数小数点开始，分别向左、右按四位分组，最后不满四位的需要补零，将每组按权展开求和即为对应的一位十六进制数。

例 4 将二进制数 1011000110.111101 转换成十六进制数。

1011000110.111101 B
= 0010 1100 0110 . 1111 0100 B
= 2 C 6 . F 4 H
= 2C6.F4 H

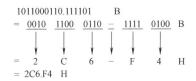

注意：十六进制的 16 个数码为 0、1、2、3、4、5、6、7、8、9、A、B、C、D、E、F，它们分别与二进制数 0000、0001、0010、0011、0100、0101、0110、0111、1000、1001、1010、1011、1100、1101、1110、1111 相对应。

4. 十六进制数转二进制数

反过来逆进行，十六进制数转换成二进制数的方法是：从左到右将需要转换的十六进制数中的每个数依次用四位二进制数表示。

例 5 将十六进制数 13AB.6D 转换成二进制数。

1 3 A B . 6 D H
= 0001 0011 1010 1011 . 0110 1101 B
= 0001001110101011.01101101B

1.1.3 BCD 数

BCD（Binary-Coded Decimal）是二进制编码的十进制数的缩写，是采用四位二进制数表示一位十进制数（0～9）而得到的数，BCD 数 0000、0001、0010、0011、0100、0101、0110、0111、1000、1001 分别表示十进制数 0、1、2、3、4、5、6、7、8、9。BCD 数中 1、

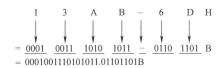

0 的个数必须是 4 的整数倍，且不允许 1010、1011、1100、1101、1110、1111 六个数字。

1. 十进制数转换成 BCD 数

十进制数转换成 BCD 数的方法是：从左到右将待转十进制数中的每个数依次用四位二进制数表示。

例 6 将十进制数 12.7 转换成 BCD 数。

$$
\begin{array}{lcccc}
 & 1 & 2 & . & 7 \\
 & \downarrow & \downarrow & \downarrow & \downarrow \\
= (& \underline{0001} & \underline{0010} & \underline{.} & \underline{0111})_{BCD} \\
= (& 00010010 & & . & 0111)_{BCD}
\end{array}
$$

2. BCD 数转换成十进制数

BCD 数转换成十进制数的方法是：从小数点起向左、右按四位分组，不足补零，每组以其对应的十进制数代替即可。

例 7 将 BCD 数 00110101.0100 转换为十进制数。

$$
\begin{array}{lcccc}
 (& 00110101 & & . & 0100)_{BCD} \\
= (& \underline{0011} & \underline{0101} & \underline{.} & \underline{0100})_{BCD} \\
 & \downarrow & \downarrow & \downarrow & \downarrow \\
= & 3 & 5 & . & 4 \\
= & 35.4 & & &
\end{array}
$$

可用最高位二进制数表示 BCD 数的符号位，负数的符号位为 1，正数为 0。16 位 BCD 码的范围为-999～+999。

1.2 PLC 的产生与发展

PLC 产生于 20 世纪 60 年代末，崛起于 20 世纪 70 年代，成熟于 20 世纪 80 年代，于 20 世纪 90 年代取得技术上的新突破，21 世纪 PLC 技术开始朝开放化、小型化、高速化、强通信、软 PLC、语言标准化及中国化方向发展。

1.2.1 PLC 的产生、定义、功能、特点及分类

1. PLC 的产生

1836 年继电器问世后，与开关器件巧妙连接，构成各种用途的逻辑控制或顺序控制，是当时工业控制领域的主导。这种继电器控制系统有着明显的缺点：体积大、耗电多、可靠性差、寿命短、运行速度不高，尤其是不能适应生产工艺的多变，造成时间和资金的浪费。

20 世纪 60 年代末，美国通用汽车（GM）公司为使汽车改型或改变工艺流程时不改动原有继电器柜内的接线，以降低生产成本、缩短新产品开发周期，于 1968 年提出研制新型工业控制装置来替代继电器控制装置，曾拟定十项公开招标技术要求，实际就是当今 PLC 最基本的功能。

美国数字设备（DEG）公司根据 GM 公司要求于 1969 年研制出型号为 PDP-14/L 的 PLC，并在汽车生产线上试用获得成功。1968 年 1 月 1 日 MODICON 公司研制出 084 控制

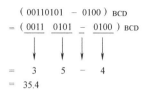

器。此程序化手段为电气控制开创了工业控制的新纪元，迅速在工业发达国家发展。1971年日本推出 DSC-8 控制器，1973 年德国、1974 年法国都有突破，我国 1973～1977 年研制成功以 MC14500 一位微处理器为核心的 PLC 并开始在工业中应用。

2. PLC 的定义

由于 PLC 在不断发展，因此很难确切定义。早期可编程序控制器专用于替代传统继电器控制装置，功能上只有逻辑计算、计时、计数以及顺序控制等，仅进行开关量控制，故名可编程序逻辑控制器（Programmable Logic Controller，PLC）。后来随着电子科技发展及产业应用需要，PLC 增加了模拟量、位置控制及网络通信等功能，1980 年美国电气制造商协会（National Electrical Manufacturers Association，NEMA）将这种新型控制装置正式命名为可编程序控制器（Programmable Controller，PC），为与个人计算机（Personal Computer，PC）区别，仍命名为 PLC，并定义 PLC 是一种数字式的自动化控制装置，带有指令存储器、数字的或模拟的输入/输出接口，以位运算为主，能完成逻辑、顺序控制、定时、计数和算术运算等功能，用于控制机器或生产过程。

之后 IEC（International Electrotechnicac Committee）、IEEE（Institute of Electrical and Electronics Engineers）和中国科学院也定义了 PLC。这些定义表明 PLC 是一种能直接应用于工业环境的数字电子装置，是以微处理器为基础，结合计算机技术、自动控制技术和网络通信技术，用面向控制过程、面向用户的“自然语言”编程的一种简便可靠的新一代通用工业控制装置。

3. PLC 的主要功能

（1）开关逻辑和顺序控制　PLC 应用最广泛、最基本的功能是完成开关逻辑运算和进行顺序逻辑控制，从而实现各种控制要求。

（2）模拟控制（A-D 和 D-A 控制）　工业生产过程中，往往需要控制一些连续变化的模拟量，如温度、压力、流量、液位等，现在大部分 PLC 产品能代替过去的仪表或分布式控制系统来处理这类模拟量。

（3）定时/计数控制　PLC 提供足够的定时器与计数器，具有很强的定时、计数功能。定时间隔可以由用户设定；如需对高频信号进行计数，则可选择高速计数器。

（4）步进控制　PLC 提供一定数量的移位寄存器或者状态寄存器，可方便完成步进控制功能。

（5）运动控制　机械加工行业中，PLC 与计算机数控（CNC）集成在一起，以完成机床的运动控制。

（6）数据处理　大部分 PLC 都具有不同程度的数据处理能力，不仅能进行算术运算、数据传送，还能进行数据比较、转换、显示及打印等操作，有些还可进行浮点运算和函数运算。

（7）通信联网　PLC 的通信联网功能使 PLC 彼此间、与管理计算机以及其他智能设备间交换信息，形成一个整体，实现分散集中控制，满足当今计算机集成制造系统（CIMS）及智能化工厂发展的需要。

4. PLC 的特点

PLC 的突出特点、优越性能决定了它的迅速发展和广泛应用，较好地解决了工业控制领域中普遍关心的可靠性、安全性、灵活性、方便性、经济性等问题。

（1）可靠性高、抗干扰能力强　PLC 的可靠性以平均无故障工作时间（平均故障间隔时间）来衡量。由于对硬件采取冗余设计、光电隔离、线路滤波，对软件采取循环扫描、故障检测、诊断程序、封闭存储器等措施，因此 PLC 具有很强的抗干扰能力。

（2）控制能力强　足够多的编程元件，可实现非常复杂的控制功能。相较于同等功能的继电器控制系统，PLC 具有很高的性价比。PLC 还可以通过联网，实现分散控制与集中管理。

（3）用户维护工作量少　PLC 产品已经标准化、系列化、模块化，配备有品种齐全的各种硬件装置供用户选用，便于系统配置、安装接线，组成不同功能、不同规模的系统，有较强的带负载能力，可直接驱动一般的电磁阀和交流接触器。通过修改用户程序，能快速适应工艺条件的变化。

（4）编程简单、使用方便　梯形图是 PLC 使用最多的编程语言，其电路符号、表达方式与继电器电路图相似，形象、直观、简单、易学。在熟悉工艺流程、熟练掌握 PLC 指令的情况下，编程语句也十分简单。

（5）设计、安装、调试周期短　软件功能取代继电系统中大量的中间继电器、时间继电器、计数器等器件，实验室模拟调试、现场安装并修改，使控制柜的设计、安装、接线工作量减少，施工周期缩短。

（6）易于实现机电一体化　PLC 体积小、重量轻、功耗低、抗震防潮和耐热能力强，使之易于安装在机器设备内部，制造出机电一体化产品。CNC 设备和机器人装置已成为典型的 PLC 应用范例。

5. PLC 的分类

PLC 种类、型号、规格不一，了解其分类有助于选型与应用。可按控制规模的大小、性能的高低、结构的特点进行分类，还可从流派、产地、厂家进行区分。

（1）按控制规模、点数和功能分类　不同型号 PLC 能够处理的 I/O 信号数是不同的，一般将一路信号叫作一个点，将输入点数和输出点数的总和称为机器的点数，简称 I/O 点数。按 I/O 点数、内存容量值域的分类是不断发展的，以下仅供参考。

1）微型机：I/O 点数为 64 点以内，单 CPU，内存容量为 256~1000B，如我国台湾广成公司的 SPLC。

2）小型机：I/O 点数为 64~256，单 CPU，内存容量为 1~3.6KB，如欧姆龙公司的 CQM1（D192 点、A44 路、3.2~7.2KB、0.5~10ms/1K 字），西门子公司的 S7-200（D248 点、A35 路、2KB、0.8~1.2ms/1K 字）和 S7-1200，三菱电气公司的 FX，无锡华光公司的 SR-20/21 等。

3）中型机：I/O 点数为 256~2048，双 CPU，内存容量为 3.6~13KB，如西门子公司的 S7-300（D1024 点、A128 路、32KB、0.8~1.2ms/1K 字），欧姆龙公司的 C200HG（D1184 点、15.2~31.2KB、0.15~0.6ms/1K 字、MPI），无锡华光公司的 SR-400，通用电气公司的 GE-Ⅲ等。

4）大型机：I/O 点数在 2048 以上，多 CPU，内存容量为 13KB 以上，如西门子公司的 S7-400（12672 点、512KB、0.3ms/1K 字）、S5-155U，AEG 公司的 A500（5088 点、62KB/64KB、1.3ms/1K 字），富士公司的 F200（3200 点、32KB、2.5ms/1K 字），欧姆龙公司的 CV2000（2048 点、62KB、0.125ms/1K 字），三菱电气公司的 K3，通用电气公司的 GE-IV 等。

（2）按控制性能分类

1）低档机：具有基本控制功能和一般运算能力，工作速度比较慢，能拖带的I/O模块数量比较少，如欧姆龙公司的C60P。

2）中档机：具有较强的控制功能和运算能力，能完成一般的逻辑运算，也能完成较复杂的三角函数、指数和PID运算，工作速度较快，能拖带的I/O模块数量、种类都比较多，如西门子公司的S7-300。

3）高档机：具有强大的控制功能和运算能力，能完成逻辑、三角函数、指数和PID等运算，还能进行复杂的矩阵运算，工作速度很快，能拖带的I/O模块数量、种类多，可完成规模很大的控制任务，一般作为联网主站，如西门子公司的S7-400。

（3）按结构形式分类　PLC的硬件结构形式有整体式、模块式和叠装式。

1）整体式结构：小型及微型PLC多为整体式，把CPU、RAM、ROM、I/O接口及与编程器或EPROM写入器相连的接口、电源、指示灯等都装配在一起，成为一个整体，如通用电气公司的GE-I/J系列。

2）模块式结构：模块式结构又叫积木式，是把PLC的每个工作单元都制成独立的模块，如CPU模块、输入模块、输出模块、电源模块、通信模块等，另外设备上还有一块带有插槽的母板，相当于计算机总线。按控制系统需要选取模块后，将模块插到母板上，构成一个完整的PLC。例如，欧姆龙公司的C200H、C1000H、C2000H，西门子公司的S5-115U、S7-300、S7-400系列等。

3）叠装式结构：叠装式结构是将整体式和模块式结合起来，除基本单元外，还有扩展模块和特殊功能模块，配置比较方便。S7-200、S7-1200和FX系列均属于叠装式。

（4）按生产厂家分类　世界上有200多家PLC厂商、400多个PLC品种，其点数、容量、功能各有差异，按地域可大致分为美国、欧洲、日本三个流派，美、欧长于大中型PLC，日本则精于中小型PLC。

1.2.2 PLC的发展概况和发展趋势

1. 国外PLC发展概况

PLC问世以后经历40多年的发展，在美国、德国、日本等工业发达国家已成为重要的产业之一，世界总销售额不断上升，生产厂家不断涌现，品种不断翻新，产量产值大幅度上升，而价格随之不断下降。世界上200多个PLC生产厂家中较著名的有：美国AB、通用电气、莫迪康等公司；日本三菱、富士、欧姆龙、松下电工等公司；德国西门子、AEG等公司；法国施耐德公司；韩国三星、LG等公司。

2. 技术发展动向

（1）产品规模向大、小两个方向发展　PLC向大型化方向发展，如西门子公司的S7-400、S5-155U，体现在高功能、大容量、智能化、网络化，与计算机组成集成控制系统，对大规模、复杂系统进行综合的自动控制。有的I/O点数达14336点、32位微处理器、多个CPU并行工作、大容量存储器、扫描速度高速化（0.065μs/步）。PLC具有高级处理能力，如浮点数运算、PID调节、温度控制、精确定位、步进驱动、报表统计等。

PLC向小型化方向发展，如三菱A、欧姆龙CQM1，体积越来越小、功能越来越强、控制质量越来越高，小型模块化结构增加了配置的灵活性，降低了成本。我国台湾广成公司生产的超小型 PLC，外观尺寸 20mm×26mm×30mm，有 24 个零件，9~36V 的工作电压，各功能容于一颗芯片，将常用的计数器、延时器、闪烁器软件化，并用计算机配线方式取代传统电线配线，整合 16 种器件，命名为 SPLC。三菱 FX-IS 系列 PLC，体积仅为 60mm×90mm×75mm，相当于一个继电器的大小，但却具有高速计数、斜坡、交替输出及 16 位四则运算等能力，还具有可调电位器时间设定功能。

（2）PLC 在闭环过程控制中的应用日益广泛　基于反馈的自动控制技术测量关心的变量并与期望值相比较，用误差纠正调节控制系统的响应，构成对温度、压力、流量等模拟量的闭环控制（过程控制）。简单而优秀的 PID 模块能编制各种控制算法程序，完成 PID 调节。PID 控制器输入 $e(t)$ 与输出 $u(t)$ 的关系为

$$u(t)=K_{\mathrm{p}}e(t)+K_{\mathrm{i}}\int_{0}^{t}e(\tau)\mathrm{d}\tau+K_{\mathrm{d}}\frac{\mathrm{d}e(t)}{\mathrm{d}t}$$

它的传递函数为

$$G_0(s)=\frac{U(s)}{E(s)}=K_{\mathrm{p}}+\frac{K_{\mathrm{i}}}{s}+K_{\mathrm{d}}s$$

使用 PID 模块只需根据过程的动态特性及时整定三个参数 K_{p}、K_{i} 和 K_{d}，很多情况下，可只取包括比例单元在内的一个或两个单元。虽然很多工业过程是非线性或时变的，但可简化成基本线性和动态特性不随时间变化的系统，这样就可进行 PID 控制了。

（3）网络通信功能不断增强　PLC 网络化技术的发展有两个趋势：一方面，PLC 网络系统已经不再是自成体系的封闭系统，而是迅速向开放式系统发展，各大品牌 PLC 均形成自己各具特色的 PLC 网络系统，计算机集散系统（DCS）由多 PLC、多 I/O 模块相连，并与工业计算机、以太网等构成整个工厂自控系统，除完成设备控制任务之外，还与计算机管理系统联网，实现信息交流，成为整个信息管理系统的一部分；另一方面，40 余种现场总线及智能化仪表的控制系统（Field-bus Control System，FCS）将逐步取代 DCS 并广泛应用，PLC 与其他安装在现场的智能化设备，比如智能仪表、传感器、智能型电磁阀、智能型驱动执行机构等，通过一根传输介质（比如双绞线、同轴电缆、光缆）连接起来，并按照同一通信规约互相传输信息，由此构成一个现场工业控制网络，这种网络与单纯的 PLC 远程网络相比，配置更灵活，扩展更方便，造价更低，性能价格比更高，也更具开放意义。信息处理技术、网络通信技术和图形显示技术，使 PLC 系统的生产控制功能和信息管理功能融为一体，以满足大生产的控制与管理要求。

（4）新器件和模块不断推出　除提高 CPU 处理速度外，还有带微处理器的 EPROM 或 RAM 的智能 I/O、通信、位置控制、快速响应、闭环控制、模拟量 I/O、高速计数、数控、计算、模糊控制、语言处理、远程 I/O 等专用化模块，使 PLC 在实时精度、分辨率、人机对话等方面得到进一步改善和提高。

可编程序自动化控制器（Programmable Automation Controller，PAC）用于描述结合了 PLC 和 PC 功能的新一代工业控制器，将成为未来工业控制的方式。可编程序计算机控制器（Programmable Computer Controller，PCC）采用分时多任务操作系统和多样化的应用软件的设计，应用程序的运行周期与程序长短无关，而由操作系统的循环周期决定，因此将程序的扫描周期同外部的可调控制周期区别开来，满足了真正实时控制的要求。

（5）编程工具及语言的发展　在结构不断发展的同时，PLC 的编程语言也越来越丰富，

各种简单或复杂的编程器及编程软件，采用梯形图、功能图、语句表等编程语言，对过程模拟仿真，还有面向顺序控制的步进编程语言、SFC 标准化语言，面向过程控制的流程图语言，与计算机兼容的高级语言（BASIC、PASCAL、C、FORTRAN 等）等得到应用。在 Windows 界面下，用可视化的 Visual C++、Visual Basic 来编程比较复杂，而组态软件可使编程简单化且工作量小。西门子 S7-200PLC 的编程软件设计了大量的编程向导，只需要在对话框中输入一些参数，即可自动生成包括中断程序在内的用户程序，大大方便了用户的使用。

（6）容错技术等进一步发展 人们日益重视控制系统的可靠性，应用自诊断技术、冗余技术、容错技术，推出高可靠性的冗余系统，并采用热备用或并行工作及多数表决的工作方式。如 S7-400PLC 坚固、全密封的模板可在恶劣、不稳定的环境下正常工作，还可热插拔。

（7）实现硬件、软件的标准化 针对硬、软件封闭而不开放，模块互不通用、语言差异大、PLC 互不兼容等问题，IEC 下设 TC65 的 SC65B，专设工作组制定 PLC 国际标准，使之成为一种方向或框架，如 IEC 61131-1、2、3、4、5。标准化硬、软件不仅缩短了系统开发周期，也使 80%的 PLC 应用可利用 20 条的梯形逻辑指令集来解决，称为“80-20”法则。

3. 国内发展及应用概况

我国 PLC 发展经历了大致三个阶段：20 世纪 70 年代顺序控制器阶段；20 世纪 80 年代以位处理器为主的工业控制器阶段；20 世纪 90 年代以后以 8、16、32 位微处理器为主的 PLC 阶段。

改革开放的推动使我国出现大量的 PLC。一部分随成套设备引进，如宝钢一、二期工程就有 500 多套，还有咸阳显像管厂、平朔煤矿、秦皇岛煤码头等；一部分与外国合资生产，如中美及中德汽车厂、辽宁无线电二厂、无锡华光电子公司、上海香岛电机制造公司、厦门 A-B 公司等；还有一部分是我国独资生产的 PLC，如上海东屋电气 CF 系列、杭州机床电器厂 DKK 及 D 系列、大连组合机床研究所 S 系列、苏州电子计算机厂 YZ 系列等。

PLC 在国内外已广泛应用于电力、机械、汽车、钢铁、石油、化工、建材、轻纺、交运、环保及文化娱乐等各个行业。可以预期，随着技术引进并中国化，PLC 将更有广阔的天地，技术含量也将越来越高。比如，随着我国西部及广大地区水力发电的大规模开发和全面建设，基于 PLC 控制的分层分布式计算机监控系统的水力发电控制工程及其学科，就是一个老树长新芽、生机盎然的领域。

变电站、发电厂等综合自动化系统将保护、监控、通信及网络技术融为一体，在管理监控、设备控制、现场设备的三层网络中，控制层对变压器的差动保护、气体保护、温度保护，对各路出线和母线的断路器过电流保护，以及备用电源自动投入装置，对机组的电压、电流、相位、频率、功率因数、绕组温度等参数，通过现场总线与数台 PLC 结合的分布式控制系统（Distributed Control System，DCS）进行监控及实时运行，并将系统运行时的各种信息，如调节、操作及报警显示出来。

1.3 PLC 的基本结构、工作原理与编程语言

1.3.1 PLC 的基本结构和各部分作用

PLC 是计算机技术和继电器控制概念相结合的产物，结构与一般微型计算机系统基本

相同，只不过它具有更强的与工业过程相连接的I/O接口，具有更适用于控制要求的编程语言，具有更适应工业环境的抗干扰能力。它由硬件系统和软件系统两大部分组成，硬件系统又分为CPU、存储器、电源、I/O模块、扩展接口模块、外部设备六个部分，如图1-1所示。

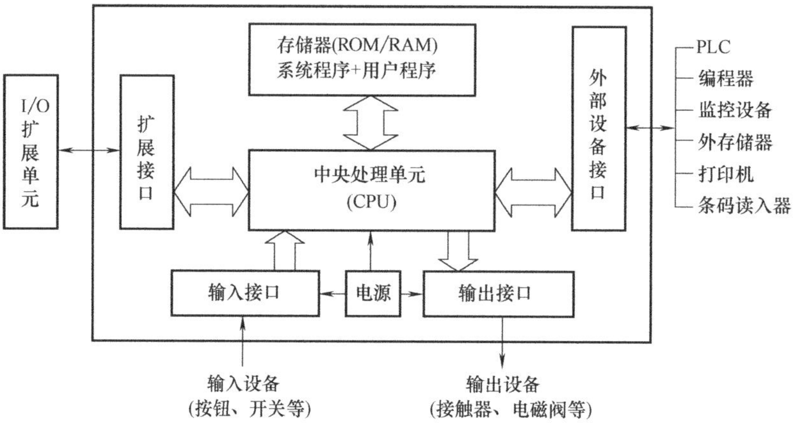

图1-1　PLC的组成

1. 中央处理单元

类似通用计算机，中央处理单元（Central Processing Unit，CPU）是PLC的核心部分和控制中枢，由微处理器和控制接口电路组成。

微处理器由大规模集成电路的微处理芯片构成，包括逻辑运算和控制单元，以及一些用于CPU处理数据过程中暂时保存数据的寄存器，共同完成运算和控制任务。

微处理器能实现逻辑运算，协调控制系统内部各部分的工作，分时、分渠道地执行数据的存取、传送、比较和变换，完成用户程序所设计的任务，并根据运算结果控制输出设备。

控制接口电路是微处理器与主机内部其他单元进行联系的部件，主要有数据缓冲、单元选择、信号匹配、中断管理等功能。微处理器通过它来实现与各个内部单元之间可靠的信息交换和最佳的时序配合。

2. 存储器单元

内存举足轻重，多采用半导体存储器单元，参数有存储容量和存取时间等，按物理性能可分为随机存储器（Random Assess Memory，RAM）和只读存储器（Read Only Memory，ROM）。

随机存储器（RAM）最为重要，又称为读/写存储器，要求存取速度快，主要用来存储I/O状态和计数器、定时器以及系统组态的参数。由一系列寄存器阵组成，每个寄存器代表一个二进制数，开始工作时的状态是随机的，置位后状态确定。为防止断电后数据丢失，由锂电池支持数据保护，一般为五年，电池电压降低时由欠电压指示灯发光来提醒用户。

只读存储器（ROM）是一种只读取、不写入的记忆体，存放基本程序和永久数据。制造ROM时，信息（程序或数据）就被存入并永久保存（掉电不丢失）。只读存储器有两种：一种是不可擦除ROM，只能写入一次、不能改写；另一种是可擦除ROM，以紫外线照射EPROM芯片上的透明窗口就能擦除芯片内的全部内容，并可重写，E^2PROM也称为EEP-ROM，即可电擦除并再写入。这两种存储器的信息可保留十年左右。

相对于其他类型的半导体技术而言，铁电存储器具有一些独一无二的特性，它在 RAM 和 ROM 间搭起了一座跨越沟壑的桥梁，能兼容 RAM 的一切功能，并又和 ROM 技术一样具有非易失性，是一种非易失性的 RAM。

各种 PLC 的最大寻址空间是不同的，但 PLC 存储空间按用途都可分为三个区域：

（1）系统程序存储区　系统程序存储区中存放着 PLC 厂家编写的系统程序，包括监控程序、管理程序、命令解释程序、功能子程序、诊断子程序以及各种系统参数等，固化在 EPROM 中。相当于 PC 的操作系统，和硬件一起决定 PLC 的性能。

（2）系统 RAM 存储区　系统 RAM 存储区包括 I/O 映像区、临时参数区以及系统软设备存储区。

1）I/O 映像区：由于 PLC 投入运行后，只是在输入采样阶段才依次读入各输入状态和数据，在输出刷新阶段才将输出的状态和数据送至相应的外部设备。因此需要一定数量的存储单元（RAM）以存放 I/O 的状态和数据，这些单元称作 I/O 映像区。一个开关量占一个位（bit），一个模拟量占一个字（16bit）。

2）临时参数区：存放 CPU 的组态数据，如输入/输出 CPU 组态、设置输入滤波、脉冲捕捉、输出表配置、定义存储区保持范围、模拟电位器设置、高速计数器配置、高速脉冲输出配置、通信组态等，这些数据不断变化、不需长久保存，采用随机读写存储器（RAM）即可。

3）系统软设备存储区：PLC 内部各类软设备，如逻辑线圈、数据寄存器、定时器、计数器、变址寄存器、累加器等的存储区，分为有、无失电保持的存储区域，前者在 PLC 断电时，由内部锂电池供电保持数据；后者当 PLC 断电时，数据被清零。

逻辑线圈与开关输出一样，每个逻辑线圈占用系统 RAM 存储区中的一个位，但不能直接驱动外设，只供用户在编程中使用。另外不同的 PLC 还提供数量不等的特殊逻辑线圈，具有不同的功能。

数据寄存器与模拟量 I/O 一样，每个数据寄存器占用系统 RAM 存储区中的一个字（16 bit），不同的 PLC 还提供数量不等的特殊数据寄存器，具有不同的功能。

（3）用户程序存储区　用户程序存储区存放用户编写的应用程序，为调试、修改方便，先把用户程序存放在随机存储器（RAM）中，经运行考核、修改完善，达到设计要求后，再固化到 EPROM 中，替代 RAM。

3. 电源单元

电源单元是 PLC 的电源供给部分，把外部供应的电源变换成系统内部各单元所需的电源。PLC 电源的交流输入端一般都设有脉冲 *RC* 吸收电路或二极管吸收电路，故允许工作交流输入电压范围比较宽，抗干扰能力比较强。一般交流电压波动在±10%～±15%的范围内，可不采取其他措施，而将 PLC 直接连接至交流电网。

除需要交流电源外，PLC 还需要直流电源。一般直流 5V 供 PLC 内部使用，直流 24V 供 I/O 端和各种传感器使用，有的还为开关量输入单元连接的现场无源开关提供直流电源。应注意设计选择时保证直流不过载。

电源单元还包括掉电保护电路（配有大容量电容）和后备电池电源，以保持 RAM 在外部电源断电后存储的内容还可保持 50h。PLC 的电源一般采用开关电源。

4. 输入/输出单元

输入/输出单元由输入、输出和功能模块构成，是 PLC 与现场被控装置或其他外部设备间的接口部件。I/O 模块可与 CPU 放在一起，也可远程放置，通常 I/O 模块上还具有状态显示和 I/O 接线端子排。I/O 模块及其接口的主要类型有数字量（开关量）输入、数字量（开关量）输出、模拟量输入、模拟量输出等。

输入模块将现场的输入信号经滤波、光电耦合隔离、电平转换、信号锁存电路等，变换为 CPU 能识别的低电压信号，送交 CPU 进行运算；带有锁存器的输出模块则将 CPU 输出的低电压信号变换、放大为能被控制器件接收的电压、电流信号，用来驱动信号灯、电磁阀、电磁开关等。I/O 电压一般为 1.6~5V，低电压能解决耗电量过大和发热量过高的问题，是节能降耗的本质所在。

通常 PLC 输入模块类型有直流、交流、交直流三种；PLC 输出模块类型有继电器（交直流）、晶体管（直流）、双向晶闸管（交流）三种。

此外功能模块实际上是一些智能型 I/O 模块，如温度检测模块、位置检测/控制模块、PID 控制模块、高速计数模块、运动控制模块、中断控制模块等，各有自己独立的 CPU、系统程序、存储器，通过总线由 PLC 协调管理。CPU 与 I/O 模块的连接由 I/O 接口完成。

5. 接口单元

接口单元包括扩展接口、存储器接口、编程接口和通信接口。

扩展接口用于扩展 I/O 模块，使 PLC 控制规模配置得更加灵活，实际上为总线形式。可配置开关量 I/O 模块也可配置模拟量、高速计数等特殊 I/O 模块及通信适配器等。

存储器接口用于扩展用户程序存储区和用户数据参数存储区，可以根据使用的需要扩展存储器，内部接到总线上。

编程接口用于连接编程器或 PC，由于 PLC 本身不带编程器或编程软件，所以为实现编程及通信、监控，在 PLC 上专门设有编程接口。

通信接口使 PLC 与 PLC、PLC 与 PC 或其他智能设备之间建立通信。外设 I/O 接口一般是 RS-232C 或 RS-422A 串行通信接口，进行串行/并行数据转换、通信格式识别、数据传输出错检验、信号电平转换等。

6. 外部设备

外部设备已发展成为 PLC 系统不可缺少的部分。

（1）编程设备　编程（编程设备）或 PC 用来编辑、调试 PLC 用户程序，监控 PLC 以及 PLC 控制系统的工作状况等。

简易编程器多为助记符编程，个别的用图形编程（如东芝公司 EX 型），稍复杂点的用梯形图编程。采用先进编程软件，如 C 系的 CX-Programmer、S7-1200 的 STEP 7 Basic、FX 系的 GX Developer，在个人计算机上实现编程。除编程、调试外，还可设定系统控制方式。

（2）监控设备　小的监控设备有数据监视器，可监视数据；大的监控设备有图形监视器，可通过画面监视数据。除了不能改变 PLC 的用户程序，编程器能做的它都能做。

（3）存储设备　存储设备用于永久存储用户数据，使用户程序不丢失，包括存储卡、存储磁带、软磁盘或只读存储器，实现存储的设备相应还有存卡器、磁带机、软驱或 ROM 写入器及其接口部件。

（4）输入输出设备　输入设备有条码读入器、输入模拟量的电位器等；输出设备有打印机、文本显示器等。

7. PLC 软件系统

PLC 除硬件系统外，还需软件系统的支持，它们相辅相成、缺一不可。PLC 软件系统包括系统程序（又称系统软件）和用户程序（又称应用软件）。

（1）系统程序　系统程序由 PLC 厂家编制，固化于 EPROM 或 EEPROM 中，安装在 PLC 上。系统程序包括监控程序、管理程序、命令解释程序、功能子程序、诊断子程序、输入处理程序、编译程序、信息传送程序等。

（2）用户程序　用户程序是根据生产过程控制的要求，由用户使用厂家提供的编程语言自行编制的，包括开关量逻辑控制程序、模拟量运算程序、闭环控制程序和操作站系统应用程序等。

1.3.2 PLC 的工作原理

PLC 是一种专用工业控制计算机，工作原理与计算机控制系统基本相同。PLC 采用周期循环扫描的工作方式，CPU 连续执行用户程序和任务的循环序列称为扫描。

1. PLC 对继电器控制系统的仿真

开辟 I/O 映像区，用存储程序控制替代接线程序控制，是包括水力发电生产在内的所有工业控制领域的新纪元。

（1）仿真或模拟继电器控制的编程方法　一个电气电路控制整体方案中，根据任务与功能不同可明显划分出主电路（完成主攻任务，表象是大电流）和辅助电路（完成控制、保护、信号等任务，表象是小电流）。用 PLC 替代继电器控制系统一般是指替代辅助电路的部分，而主电路部分基本保持不变。主电路中如含有大型继电器仍可继续使用，PLC 可以用内部的软继电器（或称虚拟继电器）去控制外部的主电路开关继电器，运用 PLC 不是要“消灭”继电器，而是替代辅助电路中起控制、保护、信号作用的继电器，达到节能降耗的目的，这一点请务必注意。

对于控制、保护、信号等辅助电路构成的电气控制系统可分解为如图 1-2 所示的三个部分，即输入部分、控制部分、输出部分。

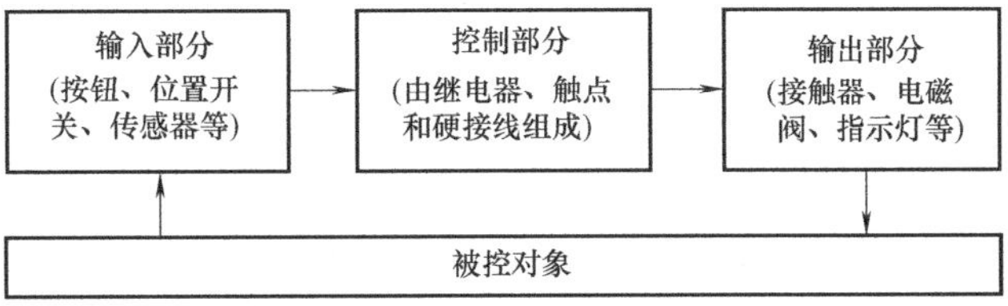

图 1-2　电气控制系统的组成

输入部分由各种输入设备（如控制按钮、操作开关、位置开关、传感器）和全部输入信号构成，这些输入信号来自被控对象上的各种开关量信息及人工指令。控制部分是按照控制要求设计的，将主令电器、继电器、接触器等及其触点用导线连接成具有一定逻辑功能的控制电路，以固定方式接线，控制逻辑设置在硬接线中。这种固化程序不能灵活变更且故障点多，而运用 PLC 将克服这些缺点。输出部分由各种输出设备（如接触器、电磁阀、指示灯等执行元件）组成。

PLC 控制系统组成也大致分为如图 1-3 所示的三部分，即输入部分、控制部分、输出

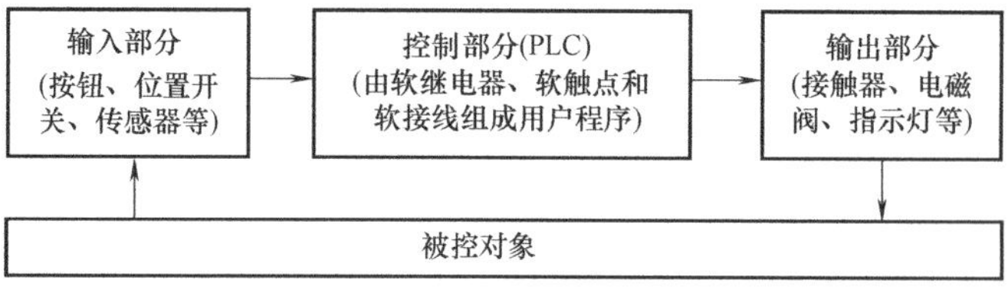

图 1-3　PLC 控制系统的组成

部分。

这与继电器控制系统极为相似，输入部分、输出部分与继电器控制系统大致相同。差异是 PLC 中输入、输出部分多了 I/O 模块，增加了光电耦合、电平转换、功率放大等功能；PLC 逻辑部分由微处理器、存储器组成，由计算机软件替代继电器构成的控制、保护与信号电路，实现“软接线”或“虚拟接线”，可以灵活编程，这是 PLC 节能降耗之外又一亮点。

下面从控制方式、控制速度、延时控制等三个方面阐述可编程序控制系统与继电器控制系统之间的差异。

1）控制方式。继电器控制系统采用硬件接线，是利用继电器机械触点的串联或并联及延时继电器的滞后动作等组合形成控制逻辑，只能完成既定的逻辑控制。而 PLC 控制系统采用存储逻辑，以程序方式存储在内存中，改变控制逻辑只需修改程序，即改变“软接线”或“虚拟接线”。

2）控制速度。继电器控制系统逻辑依靠触点的机械动作实现控制，工作频率低，为 ms 级，且机械触点有抖动现象。而 PLC 控制系统是程序指令控制半导体电路来实现控制，速度快，为 μs 级，严格同步，无触点抖动。

3）延时控制。继电器控制系统靠时间继电器的滞后动作实现延时控制，精度不高，受环境影响大，调整定时困难。而 PLC 控制系统用半导体集成电路作为定时器，时钟脉冲由晶体振荡器产生，精度高，调整定时方便，不受环境影响。

尽管 PLC 与继电器控制系统的控制部分组成元器件不同，但在控制系统中所起的逻辑控制作用是一致的。因而把 PLC 内部看作有许多“软继电器”或“虚拟继电器”，如“输入继电器”“输出继电器”“中间继电器”…“时间继电器”等。这样就可以模拟继电器控制系统的编程方法，仍然按照设计继电器控制电路的形式来编制程序，这就是极为方便的梯形图编程方法。另外 PLC 的 I/O 部分与继电器控制系统大致相同，因而安装也完全可以按常规的继电器控制设备进行。

总之 PLC 控制系统的 I/O 部分和电气控制系统的 I/O 部分基本相同，但控制部分是“可编程”的控制器，而不是继电器电路。PLC 能方便地变更程序以实现控制功能的变化，从根本上解决了继电控制难以改变的问题以及其他问题（如触点烧灼）。除逻辑运算控制，PLC 还具有数值运算及过程控制等复杂功能，是对继电器控制系统的崭新超越。

(2) 接线程序控制、存储程序控制与建立 PLC 的 I/O 映像区　接线程序控制就是按电气控制电路接线的程序反复不断地依次检查各个输入开关的状态，根据接线的程序把结果赋值给输出。

1946 年“计算机之父”美籍匈牙利数学家冯·诺伊曼（John von Neumann，1903～

1957）提出“存储程序控制”原理，奠定了现代电子计算机的基本结构和工作方式，开创了程序设计的新时代。

PLC 工作原理与接线程序控制十分相近，不同的是 PLC 控制由与计算机一样的“存储程序”来实现。PLC 存储器内开辟有 I/O 映像区，大小与控制的规模有关。系统每一个 I/O 点都与 I/O 映像区的某一位相对应，I/O 点编址号与 I/O 映像区的映像寄存器地址号相对应。

PLC 工作时，将采集的输入信号状态存放在输入映像区对应位上，供用户程序执行时采用，不必直接与外部设备发生关系，而后将用户程序运算结果存放到输出映像区对应位上，以作为输出。这样不仅加速了程序执行，而且与外界的隔离提高了 PLC 控制的抗干扰能力。

2. PLC 循环扫描的工作方式

PLC 循环扫描工作方式有周期扫描方式、定时中断方式、输入中断方式、通信方式等，最主要的工作方式是周期扫描方式。PLC 采用“顺序扫描，不断循环”的方式进行工作，每次扫描过程中，还需对输入信号采样并刷新输出状态。

（1）PLC 的工作过程　PLC 上电后，在 CPU 系统程序监控下，周而复始地按一定的顺序对系统内部各种任务进行查询、判断和执行，这个过程就是按顺序循环扫描。执行一个循环扫描过程所需的时间称为扫描周期，一般为 0.1～100ms。PLC 的工作过程如图 1-4 所示。

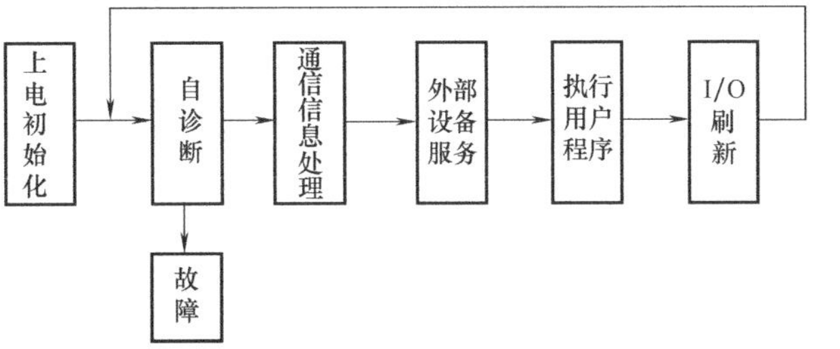

图 1-4　PLC 的工作过程

1）上电初始化。PLC 上电后首先进行系统初始化处理，包括清除内部继电器区、复位定时器等，还对电源、PLC 内部电路、用户程序的语法进行检查。设该过程占用时间 T_0。

2）CPU 自诊断。PLC 在每个扫描周期都要进入 CPU 自诊断阶段，以确保系统可靠运行。包括检查用户程序存储器是否正常、扫描周期是否过长以及 I/O 单元的连接、I/O 总线是否正常，复位监控定时器（Watch Dog Timer，WTD）等，发现异常情况时，根据错误类别发出报警输出或者停止 PLC 运行。设该过程占用时间 T_1。

3）通信信息处理。当 PLC 和 PC 构成通信网络或由 PLC 构成分布系统时，需要一个通信服务过程，进行 PLC 与计算机间或与其他 PLC 间或与智能 I/O 模块间的信息交换。在多处理器系统中，CPU 还要与数字处理器 DPU 交换信息。设该过程占用时间 T_2。

4）外部设备服务。当 PLC 接有如终端设备、编程器、彩色图文显示器、打印机等外部设备时，每个扫描周期内要与外部设备交换信息。设该过程占用时间 T_3。

5）用户程序执行。PLC 在运行状态下，每一个扫描周期都要执行存储器中的用户程序，从输入映像寄存器和其他软元件的映像寄存器中读出有关元件的通/断状态，以扫描方式从程序 000 步开始按顺序运算，扫描一条执行一条，并把运算结果存入对应的输出映像寄存器中。设该过程占用时间 T_4，它主要取决于 PLC 的运行速度、用户程序的长短、指令种类。

6）I/O 刷新过程。PLC 运行时，每个扫描周期都进行输入信号刷新和输出信号刷新处理。输入处理过程将 PLC 全部输入端子的通/断状态，读进输入映像寄存器。在程序执行过程中即使输入状态变化，输入映像寄存器的内容也不会改变，直到下一扫描周期的输入处理阶段才读入这一变化。此外输入滤波器有一个响应延迟时间。

输出处理过程将输出映像寄存器的通/断状态向输出锁存寄存器传送，成为 PLC 的实际输出。PLC 的对外输出触点相对输出元件的实际动作还有一个响应延迟时间。

设输入信号刷新和输出信号刷新过程占用时间为 T_5，主要取决于 PLC 所带 I/O 模块的种类和点数多少。

PLC 周而复始地巡回扫描，执行上述整个过程，直至停机。可以看出，PLC 的扫描周期 $T=T_1+T_2+T_3+T_4+T_5$，为 0.1~100ms。T越长，要求输入信号的宽度越大。

（2）用户程序的循环扫描过程　PLC 的工作过程与 CPU 的操作方式（STOP 与 RUN）有关，下面讨论 RUN 方式下执行用户程序的过程。

当 PLC 运行时，通过执行反映控制要求的用户程序来完成控制任务，有众多的操作，但 CPU 不是同时执行（这里不讨论多 CPU 并行），只按分时操作（串行工作）方式，从第一条程序开始，在无中断或跳转控制的情况下，按程序存储顺序先后逐条执行，这种串行工作过程即为 PLC 的扫描工作方式。程序结束后又从头开始扫描执行，循环运行。由于 CPU 运算处理速度很快，因而从宏观上来看，PLC 外部出现的结果似乎是同时（并行）完成的。

PLC 对用户程序进行循环扫描可划分为三个阶段，即输入采样阶段、程序执行阶段和输出刷新阶段，如图 1-5 所示。

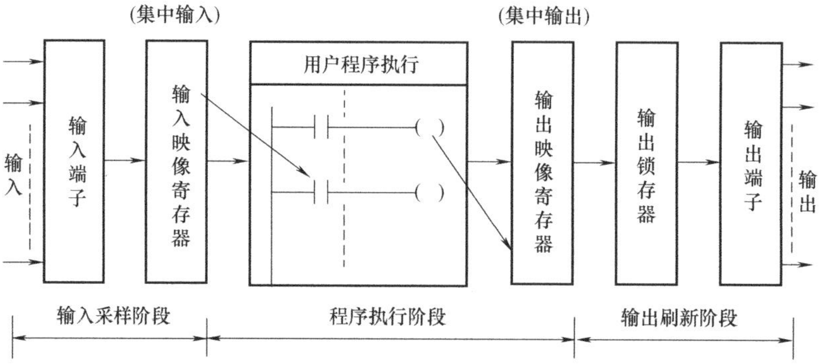

图 1-5　PLC 用户程序的工作过程

1）输入采样阶段。这是第一个集中批处理过程，CPU 按顺序逐个采集全部输入端子上的信号，不论是否接线，然后全部写到输入映像寄存器中。随即关闭输入接口，进入程序执行阶段，用到的输入信号的状态（ON 或 OFF）均从刚保存的输入映像寄存器中读取，不管此时外部输入信号的状态是否变化，如果发生了变化，那么也要等到下一个扫描周期的输入采样扫描阶段才去读取。由于 PLC 的扫描速度很快，因此可以认为这些采集到的输入信息是同时的。

2）程序执行阶段。这是第二个集中批处理过程，在执行用户程序阶段，CPU 对用户程序按顺序进行扫描。若程序用梯形图表示，则总是按先上后下、从左至右的顺序进行扫描。当遇到程序跳转指令时，则根据是否满足跳转条件来决定程序是否跳转。每扫描到一条指令，若涉及输入信号状态，则从输入映像寄存器中读取，而不直接使用现场的立即输入信号（立即指令除外），对于其他信息，则从元件映像寄存器中读取。用户程序每一步运算的中间结果都立即写入元件映像寄存器中，对于输出继电器的扫描结果，也不是立即驱动外部负载，而是将结果写入输出映像寄存器中（立即指令除外）。在此阶段，允许对数字量I/O指令和不设置数字滤波的模拟量I/O指令进行处理，在扫描周期的各个部分，均可对中断事件进行响应。

在这个阶段，除了输入映像寄存器外，各个元件映像寄存器的内容均是随着程序的执行而不断变化的。

3）输出刷新阶段。这是第三个集中批处理过程，当CPU对全部用户程序扫描结束后，将元件映像寄存器中各输出继电器状态同时送到输出锁存器中，再通过一定方式（继电器、晶体管或晶闸管）经输出端子去驱动外部负载。在一个扫描周期内，只在输出刷新阶段才将输出状态从输出映像寄存器中集中输出，对输出接口进行刷新。用户程序执行过程中如果对输出结果多次赋值，则只有最后一次有效。输出刷新阶段结束后，CPU进入下一个扫描周期，重新执行输入集中采样，周而复始。

集中采样与集中输出的工作方式是PLC的又一特点，在采样期间，将所有输入信号（不论该信号当时是否要用）一起读入，此后在整个程序处理过程中PLC系统与外界隔离，直至输出控制信号。此时外界输入信号状态的变化要到下一个工作周期的采样阶段才能被读入，从根本上提高了系统的抗干扰能力和可靠性。

在程序执行阶段，由于输出映像区的内容会随程序执行的进程而变化，因此，在程序执行过程中，所扫描到的功能经解算后，结果马上就可以被后面将要扫描到的逻辑解算所利用，因而简化了程序设计。

（3）PLC的I/O延迟响应问题

1）I/O延迟响应。由于PLC采用循环扫描的工作方式，即对信息的串行处理方式，导致I/O延迟响应。当PLC的输入端有一个输入信号发生变化到PLC输出端对该输入变化做出反应，需要一段时间，这种现象称为I/O延迟响应或滞后现象，这段时间就称为响应时间或滞后时间。

从PLC的工作原理可以看出，输入信号的变化是否能改变其对应输入映像区的状态，主要取决于两点：第一，输入信号的变化要经过输入模块的转换才能进入PLC内部，这个转换需要的时间叫输入延时；第二，进入了PLC的信号只有在PLC处于输入刷新阶段时才能把输入的状态读到PLC的CPU输入映像区，此延时最长可达一个扫描周期T、最短接近于零。只有经过了上述两个延时，CPU才有可能读入输入信号的状态。输入延时是CPU可能读到输入端子信号状态发生变化的最短时间，而输入端子信号的状态变化被CPU读到的最长时间可达“扫描周期T+信号转换输入延时”，故输入信号的脉冲宽度至少比一个扫描周期T稍长。

当CPU把输出映像区里的运算结果赋予输出端时也需要延时，也有两部分：第一个延时发生在运算结果必须在输出刷新时，才能送入输出映像区对应的输出信号锁存器中，此延时最长可达一个扫描周期T、最短接近于零；第二个延时是输出信号锁存器的状态要通过输出模块的转换才能成为输出端的信号，这个输出转换需要的时间叫输出延时。

PLC循环扫描工作方式等因素会产生I/O延迟响应，在编程中，语句的安排也会影响响应时间。对于一般的工业控制，这种PLC的I/O响应滞后是完全允许的。但是对于要求响应时间小于扫描周期的控制系统则无法满足，这时可以使用智能I/O单元（如快速响应I/O

模块）或专门的指令（如立即 I/O 指令），通过与扫描周期脱离的方式来解决。

2）响应时间。响应时间或滞后时间是设计 PLC 应用控制系统时应注意把握的一个重要参数，它与以下因素有关：①输入延迟时间（由 *RC* 输入滤波电路的时间常数决定，改变时间常数可调整输入延迟时间）；②输出延迟时间（由输出电路的输出方式决定，继电器输出方式的延迟时间约为 10ms，双向晶闸管输出方式在接通负载时延迟时间约为 1ms、切断负载时延迟时间小于 10ms，晶体管输出方式的延迟时间小于 1ms）；③PLC 循环扫描的工作方式；④PLC 对输入采样、输出刷新的集中处理方式；⑤用户程序中的语句能否合理安排。

这些因素中有的目前无法改变，有的则可以通过恰当选型、合理编程得到改善。例如选用晶闸管输出方式或晶体管输出方式可以加快响应速度等。

如果 PLC 在一个扫描周期刚结束之前收到一个输入信号，在下一个扫描周期进入输入采样阶段，那么这个输入信号就被采样，使输入更新，这时响应时间最短。

最短响应时间=输入延迟时间+1 次用户程序执行时间+输出延迟时间（见图 1-6）。

如果收到一个输入信号经输入延迟后，刚好错过 I/O 刷新时间，那么在该扫描周期内这个输入信号无效，要等下一个扫描周期输入采样阶段才被读入，使输入更新，这时响应时间最长。

最长响应时间=输入延迟时间+2 次用户程序执行时间+输出延迟时间（见图 1-6）。

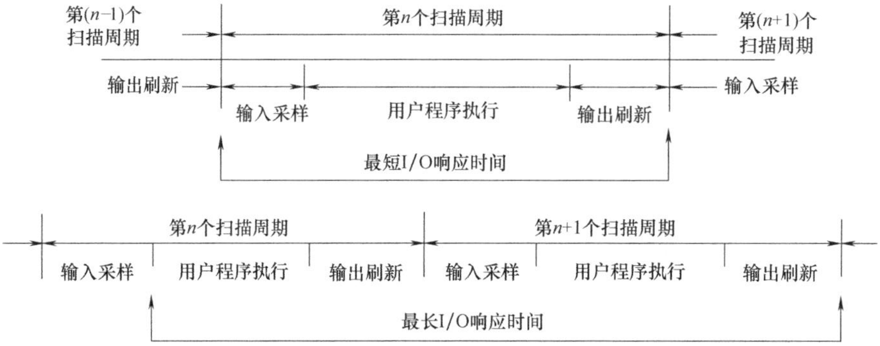

图 1-6　最短、最长 I/O 响应时间

输入信号若刚好错过 I/O 刷新时间，则至少应持续一个扫描周期才能保证被系统捕捉到。对于持续时间小于一个扫描周期的窄脉冲，可以通过设置脉冲捕捉功能使系统捕捉到。设置脉冲捕捉功能后，输入端信号的状态变化被锁存并一直保持到下一个扫描周期输入刷新阶段。这样，可使一个持续时间很短的窄脉冲信号保持到 CPU 读到为止。

PLC 总响应延迟时间一般不长，对于一般系统无关紧要，对要求输入与输出信号之间的滞后时间尽量短的系统，可选用扫描速度较快的 PLC 或采取其他措施。

3）PLC 对 I/O 的处理规则。PLC 与继电器控制系统对信息处理方式是不同的，继电器控制系统是“并行”处理方式，只需要电流形成通路，可能有几个电器同时动作；而 PLC 以扫描方式处理信息，是顺序地、连续地、循环地逐条执行程序，任何时刻只执行一条指令，即以“串行”处理方式工作。因而在考虑 PLC 输入、输出间的关系时，应充分注意周期扫描工作方式。在用户程序执行阶段，PLC 对 I/O 处理必须遵守以下规则：输入映像寄存器的内容，由上一扫描周期输入端子状态决定；输出映像寄存器的状态，由程序执行期间输出指令的执行结果决定；输出锁存器的状态，由上一次输出刷新期间输出映像寄存器的状态决定；输出端子板上各输出端的状态，由输出锁存器决定；执行程序时所用I/O状态值，取决于I/O映像寄存器的状态。

尽管PLC采用周期性循环扫描工作方式而产生I/O延迟响应的现象，但只要使其中一个扫描周期足够短，采样频率足够高，足以保证输入变量条件不变即可，即如果在第一个扫描周期内对某一输入变量的状态没有捕捉到，则保证在第二个扫描周期执行程序时使其存在。这样的工作状态，从宏观上讲，可以认为PLC恢复了系统对被控制变量控制的并行性。

扫描周期的长短和程序的长短有关，和每条指令执行时间长短有关。而后者又与指令的类型以及PLC的主频（CPU内核工作的时钟频率CPU Clock Speed）有关。

(4) PLC的中断处理过程　中断是对PLC外部事件或内部事件的一种响应和处理，包括中断事件、中断处理程序和中断控制指令三个部分。

1）响应问题。一般计算机系统的CPU在每一条指令执行结束时都要查询有无中断申请。而PLC对中断的响应则是在相关的程序块结束后查询有无中断申请，或者在执行用户程序时查询有无中断申请，若有中断申请，则转入执行中断服务程序。如果用户程序以块式结构组成，则在每块结束或执行块调用时处理中断。

2）中断源先后顺序及中断嵌套问题。在PLC中，中断源的信息是通过输入点进入系统的，PLC扫描输入点是按输入点编号的先后顺序进行的，因此中断源的先后顺序只要按输入点编号的顺序排列即可。多中断源可以有优先顺序，但无嵌套关系。

1.3.3 PLC的编程语言

PLC专为工业控制而开发，主要使用者是包括水力发电厂在内的广大工业领域的电气技术工作人员，从传统习惯出发，一般采用下列几种编程语言。

1. 梯形图编程

梯形图（Ladder Diagram，LD）由原接触器、继电器构成的电气控制系统二次展开图演变而来，与电气控制系统的电路图相呼应，融合逻辑操作及控制于一体，是面向对象的、实时的、图形化的编程语言，形象、直观且实用，为广大电气工程人员所熟知，特别适合用于数字量逻辑控制，是使用最多的PLC编程语言，但不适合于编写大型控制程序。

(1) 梯形图的格式　梯形图是PLC仿真或模拟继电器控制系统的编程方法，由触点、线圈或功能方框等基本编程元素构成。左、右垂线类似继电器控制图的电源线，称为左、右母线（Bus Bar）。左母线可看成能量提供者，触点闭合则能量流过，触点断开则能量阻断，这种能量流称为能流。来自能源的能流通过一系列逻辑控制条件，根据运算结果决定逻辑输出。

触点：代表逻辑控制条件，有动合触点─┤ ├─和动断触点─┤/├─两种形式。

线圈：代表逻辑输出结果，能流到达，则该线圈被激励。

方框：代表某种特定功能的指令，能流通过方框，则执行其功能，如定时、计数、数据运算等。

每个梯形图网络由一个或多个梯级组成，每个输出元素（线圈或方框）可以构成一个梯级，每个梯级由一个或多个支路组成。通常每个支路可容纳的编程元素个数和每个网络允许的最多分支路数都有一定的限制，最右边的元素必须是输出元素，简单的编程元素只占用

一条支路（如动合/动断触点、继电器线圈等），而有些编程元素要占多条支路（如矩阵功能）。在梯形图编程时，只有在一个梯级编制完整后才能继续后面的程序编制，从上至下、从左至右，左侧总是安排输入触点，并且把并联触点多的支路靠近最左端。输入触点不论是外部的按钮、行程开关，还是继电器触点，在图形符号上只用动合触点—| |—和动断触点—|/|—两种表示方式，而不计及物理属性；输出线圈用圆形或椭圆形表示。

在梯形图中，每个编程元素应按一定的规则加标字母和数字串，不同的编程元素常用不同的字母符号和一定的数字串来表示。

（2）PLC 梯形图编程的特点　梯形图与继电器控制电路图相呼应，决不是一一对应，彼此间存在许多差异。

1）PLC 采用梯形图编程是模拟继电器控制系统的表示方法，各种元器件沿用继电器的叫法，但非物理继电器，称为软继电器或虚拟继电器。输入触点在存储器中相应位为“1”状态，表示继电器线圈通电，动合触点闭合或动断触点断开；输入触点在存储器中相应位为“0”状态，表示继电器线圈失电，动合触点断开或动断触点闭合。

2）梯形图中流过的能流不是物理电流，只能从左到右、自上而下，不允许倒流。能流到达，则线圈接通；能流是用户程序解算中满足输出执行条件的形象表示方式；能流流向的规定顺应了 PLC 的扫描是自左向右、自上而下顺序地进行，而继电器控制系统中的电流是不受方向限制的，导线连接到哪里，电流就可流到那里。

3）梯形图中的动合、动断触点不是现场物理开关的触点，它们对应于 I/O 映像寄存器中相应位的状态，而不是现场物理开关的触点状态。PLC 把动合触点当成是取位状态操作、动断触点是位状态取反操作。因此在梯形图中同一元件的一对动合、动断触点的切换没有时间的延迟，动合、动断触点只是互为相反状态，而继电器控制系统中的大多数电器是属于先断后合型的电器。

4）梯形图中的输出线圈不是物理线圈，不能用它直接驱动现场执行机构。输出线圈的状态对应输出映像寄存器相应位的状态，而不是现场电磁开关的实际状态。

5）编制程序时，PLC 内部继电器的触点原则上可无限次重复使用，因为存储单元中位状态可取用任意次。而继电器控制系统中的继电器点数是有限的，例如一个中间继电器仅有 6~8 个对接点。但要注意 PLC 内部的线圈通常只引用一次，应特别慎重对待重复使用同一地址编号的线圈。

6）梯形图中用户逻辑解算结果马上可以为后面用户程序的解算所利用。

2. 语句表编程

语句表（Statement List，STL）是一种类似于计算机汇编语言的助记符编程表达式或一种文本编程语言，由多条语句组成一个程序段。不同厂家的 PLC 往往采用不同的语句表符号集。表 1-1 为西门子、三菱、通用电气和欧姆龙 PLC 的命令语句表程序举例。

表 1-1　语句表程序举例

序号	西门子	三菱	通用电气	欧姆龙	参数	注释
000	A	LD	STR	LD	X0	梯级开始，输入常开触点 X0
001	O	OR	OR	OR	Y1	并联自保持触点 Y1
002	AN	ANI	AND NOT	AND NOT	X1	串联常闭触点 X1

（续）

序号	西门子	三菱	通用电气	欧姆龙	参数	注释
003	=	OUT	OUT	OUT	Y1	输出 Y1，本梯级结束
004	A	LD	STR	LD	X2	梯级开始，输入常开触点 X2
005	=	OUT	OUT	OUT	Y2	输出 Y2，本梯级结束

语句是用户程序的基础单元，每个控制功能由一条或多条语句组成的用户程序来完成，每条语句都规定 CPU 如何动作，它的作用和计算机的指令一样。PLC 语句与计算机指令类似，即操作码+操作数。

操作码用来指定要执行的功能，告诉 CPU 该进行什么操作；操作数内包含为执行该操作所必需的信息，告诉 CPU 用什么地方的数据来执行此操作。

操作数应该给 CPU 指明为执行某一操作所需信息的所在地，分配原则如下：

1）为了让 CPU 区别不同的编程元素，每个独立的元素应指定一个互不重复的地址；

2）所指定的地址必须在该型机器允许的范围之内，超出机器允许的操作参数，PLC 不予响应，并以出错处理。

语句表编程有键入方便、编程灵活的优点，在编程支路中元素的数量一般不受限制（没有显示屏幕的限制条件）。

3. 顺序功能流程图语言

顺序功能图（Sequential Function Chart，SFC）是位于其他编程语言之上的真正的图形化编程语言，又称状态转移图，能满足如水力发电过程等顺序逻辑控制的编程。编写时，生产过程（或称工艺过程、生产流程、工艺流程）划分为若干个顺序出现的步和转换条件，每一步代表一个功能任务，用方框表示，每步中包括控制输出的动作，从一步到另一步的转换由转换条件来控制。这样程序结构清晰，易于阅读及维护，大大减少了编程工作量，利于系统规模较大、程序关系较复杂的场合，特别适于生产、制造过程的顺控程序，但不适用于非顺控的控制。三要素是驱动负载、转移条件、转移目标。转移条件、转移目标二者不可缺，驱动负载视具体情况而定。

SFC 主要由状态、转移、动作和有向线段等元素组成，用流程的方式来描述控制系统工作过程、功能和特性。以功能为主线，按照功能流程的顺序分配，条理清楚，便于用户理解程序，同时大大缩短了用户程序扫描时间。

西门子 STEP 7 中的该编程语言是 S7 Graph。基于 GX Developer 可进行 FX 系列 PLC 顺序功能图的开发。基于 CX-Programmer 的欧姆龙 PLC 中支持 SFC 编程模式的系列有 CS1G、CS1H、CJ1M、CJ1G、CJ1H、CJ2H、CJ2M 系列，早期产品 C1000HF 系列也有支持类似 SFC 语言的编程模式；CS1D、CP1 系列则不支持 SFC。

4. 功能块图编程

功能块图（Function Block Diagram，FBD）是一种类似于数字逻辑电路结构的编程语言，一种使用布尔代数的图形逻辑符号来表示的控制逻辑，一些复杂的功能用指令框表示，适合有数字电路基础的编程人员使用。

功能块有基本功能模块和特殊功能模块两类。基本功能模块如 AND、OR、XOR 等，特殊功能模块如 ON 延时、脉冲输出、计数器等。FBD 在大中型 PLC 和分散控制系统中应用广泛，如可以建立功能块的欧姆龙 PLC 有 CJ1M、CJ、CS、CP1H/L 等。

5. 结构化文本（ST）

结构化文本（Structured Text，ST）是用结构化的文本来描述程序的一种专用的高级编程语言，编写的程序非常简洁和紧凑。采用计算机的方式来描述控制系统中各变量之间的各种运算关系，实现复杂的数学运算，完成所需的功能或操作。

使用 GX Developer 可对三菱 MELSEC-Q/L 系列进行 ST 编程，支持运算符、控制语句和函数。可以通过条件语句进行选择分支，通过循环语句进行重复等的控制语句；可以使用含有 * 、/、+、-、<、>、=等运算符的表达式；可以调用预定义的功能块（FB），实现程序开发高效化；可以调用各种公共指令对应的 MELSEC 函数及 IEC 61131-3 中定义的 IEC 函数；可以记述半角、全角字符的注释；可读取已写入 MELSEC-Q/L 系列 PLC 中的程序，恢复后以 ST 语言格式进行编辑；可以在 RUN 中对程序进行部分变更；支持 ST 外的其他适于处理的语言，可以对一个 CPU 写入多个程序文件。

欧姆龙 CP1H、CP1L、CS、CJ 系列 PLC 都带有结构化文本，支持块程序的编写。

1.4 欧姆龙 PLC 概述

欧姆龙（立石公司）电机株式会社是世界上生产 PLC 的著名厂商之一。SYSMAC C 系列 PLC 产品以较高的性价比广泛应用于电力、化学、食品、材料处理等工业控制过程中，在日本销量仅次于三菱，居第二位，在我国也是应用非常广泛的 PLC 之一。

欧姆龙 C 系列 PLC 产品门类齐、型号多、功能强、适应面广，大致分成微型、小型、中型和大型四大类。整体式结构的微型 PLC 以 C20P 为代表；叠装式（或称紧凑型）结构的微型 PLC 以 CJ 型最为典型，它具有超小型和超薄型尺寸。小型 PLC 以 P 型机和 CPM 型机最为典型，这两种都属于坚固整体型结构，体积更小、指令更丰富、性能更优越，通过 I/O 扩展可实现（10~140）I/O 点数的灵活配置，并可连接可编程终端直接从屏幕上进行编程，CPM 型机是欧姆龙产品中选用最多的小型机系列产品。中型机以 C200H 系列最为典型，主要有 C200H、C200HS、C200HX、C200HG 和 C200HE 等型号，在程序容量、扫描速度和指令功能等方面都优于小型机，除具备小型机的基本功能外，还可配置更完善的接口单元模块，如模拟量 I/O、温度传感器、高速计数、位置控制、通信连接等模块。可与微型计算机、其他 PLC 及各种外部设备组成具有各种用途的计算机控制系统和工业自动化网络。

在一般的工业控制系统中，小型 PLC 要比大、中型机的应用更广泛。在电气设备的控制应用方面，一般采用小型 PLC 都能够满足需求。

1.4.1 欧姆龙 PLC 的历史与发展

一般从基本性能、特殊功能及通信连网三个方面考察 PLC 性能。基本性能包括指令系统、工作速度、控制规模、程序容量、PLC 内部器件、数据存储器容量等；特殊功能指中断、A-D、D-A、温度控制等，模块式 PLC 的特殊功能由智能单元完成；通信连网是指 PLC 与各种外设通信及组成各种网络，由专用通信板或通信单元完成。欧姆龙早期产品即立石 SCY-022，自 20 世纪 80 年代以来，产品多次更新换代，下面依时间顺序对其发展情况做一简单回顾。

1. 20 世纪 80 年代的欧姆龙 PLC

20 世纪 80 年代初期，欧姆龙的大、中、小型 PLC 有 C 系列的 C2000、C1000、C500、C120、C20 等。它们指令少，而且指令执行时间长，内存也小，内部器件有限，体积大。例如，C20 仅有 20 条指令，基本指令执行时间为 4～80μs。这些产品已基本被淘汰。

随后小型机换代，P 型机替代 C20 机。P 型机的 I/O 点数最多可达 148 点，指令增加到 37 条。指令执行的速度加快了，基本指令执行时间为 4μs，体积也明显缩小。P 型机有较高的性价比，且易于掌握和使用，因而具有较强的竞争力，在当时小型机市场上独占鳌头。

20 世纪 80 年代后期，欧姆龙开发出 H 型机，大、中、小型对应有 C2000H/C1000H、C200H、C60H/C40H/C28H/C20H。大、中型机为模块式结构，小型机为整体式结构。H 型机的指令增加较多，有 100 多种，特别是出现了指令的微分执行，一条指令可代替多条指令使用，为编程提供了方便。H 型机指令的执行速度又加快了，大型 H 型机基本指令执行时间才 0.4μs，而 C200H 机也只有 0.7μs。H 型机的通信功能增强了，甚至小型 H 型机也配有 RS-232C 接口，与计算机可以直接通信。大型机 C2000H 的 CPU 可进行热备配置，一般 I/O 单元还可在线插拔。C200H 的特殊功能模块很丰富，结构合理，功能齐全，为当时中型机中较优秀的机型，得到了非常广泛的应用。C200H 曾用于太空实验站，开创了业界先例。

另外，欧姆龙还开发出微型机 SP20/SP16/SP10。这类机型点数少，最少为 10 点，但可自身连网（PLC Link），最多可达 80 点。它的体积很小，功能单一，价格较低，特别适合用于安装空间小、点数要求不多的继电控制场合。

2. 20 世纪 90 年代的欧姆龙 PLC

20 世纪 90 年代初期，欧姆龙推出无底板模块式结构的小型机 CQM1，I/O 点数最多可达 256 点。CQM1 的指令已超过 100 种，它的速度较快，基本指令执行时间为 0.5μs，比中型机 C200H 还要快。CQM1 的 DM 区增加很多，虽为小型机，但 DM 区可达 6KB，比中型机 C200H 的 2KB 大很多。CQM1 共有七种 CPU，每种 CPU 都带有 16 个内置输入点，有输入中断功能，都可接增量式旋转编码器进行高速计数，计数频率单相为 5kHz、两相为 2.5kHz。CQM1 还有高速脉冲输出功能，标准脉冲输出可达 1kHz。此外，CPU42 带有模拟量设定功能，CPU43 有高速脉冲 I/O 接口，CPU44 有绝对式旋转编码器接口，CPU45 有 A-D、D-A 接口。CQM1 虽然是小型机，但采用模块式结构，像中型机一样，也由 A-D、D-A、温控等特殊功能单元和各种通信单元组成。CQM1 的 CPU 单元除 CPU11 外都自带 RS-232C 通信接口。

在 CQM1 推出之前，欧姆龙推出了大型机及 CV 系列，性能比 C 系列大型 H 型机显著提高，极大提高了欧姆龙在大型机方面的竞争实力。1998 年底，欧姆龙推出 CVM1D 双极热备系统，具有双 CPU 和双电源单元，都可热备。CVM1D 继承了 CV 系列的各种功能，可以使用 CV 的 I/O 单元、特殊功能单元和通信单元。CVM1D 的 I/O 单元可在线插拔。

值得注意的是进入 20 世纪 90 年代后，欧姆龙更新换代的速度明显加快，特别是后 5 年，欧姆龙在中型机和小型机上又有不少技术更新。

中型机从 C200H 发展到 C200HS，于 1996 年进入中国市场；到了 1997 年全新的中型机 C200Hα 问世，性能比 C200HS 又有显著提高。除基本性能比 C200HS 提高外，α 机的突出特点是通信组网能力强。例如，CPU 除自带 RS-232C 接口外，还可插上通信板，板上配有 RS-232C、RS-422/RS-485 接口，α 机使用协议宏功能指令，通过上述各种串行通信口与外围设备进行数据通信。α 机可加入欧姆龙高层信息 Ethernet，还可加入中层控制 Controller

Link 网，而 C200H、C200HS 则不可以。

1999 年欧姆龙在中国市场上又推出比 α 机功能更加完善的 CS1 系列机型，虽然兼容了 α 机的功能，但不能简单地看作是 α 机的改进，而是性能的一次质的飞跃。CS1 代表了当今 PLC 发展的最新动向。

欧姆龙在小型机方面也取得了长足进步。1997 年，欧姆龙在推出 α 机的同时，还推出了 P 型机的升级产品，即小型机 CPM1A。与 P 型机相比，CPM1A 体积很小，只有同样 I/O 点数 P 型机的 1/2，但它的性能改进很大，例如，它的指令有 93 种、153 条，基本指令执行时间为 0.72μs，程序容量达 2048 字，单相高速计数达 5kHz（P 型机为 2kHz）、两相为 2.5kHz（P 型机无此功能），有脉冲输出、中断、模拟量设定、子程序调用、宏指令功能等。通信功能也增强了，可实现 PLC 彼此间、与计算机间通信，还与 PT 连接。

1999 年，欧姆龙在推出 CS1 系列的同时，在小型机方面相继推出了 CPM2A/CPM2C/CPM2AE、CQM1H 等机型。

CPM2A 是 CPM1A 之后的另一系列机型。CPM2A 的性能比 CPM1A 有新的提升，例如，CPM2A 指令的条数增加、功能增强、执行速度加快，可扩展的 I/O 点数、PLC 内部器件的数目、程序容量、数据存储器容量等也都增加了；所有 CPM2A 的 CPU 都自带 RS-232C 接口，在通信连网方面比 CPM1A 改进不少。

CPM2C 具有独特的超薄、模块化设计，由 CPU 和 I/O 扩展单元，以及模拟量 I/O、温度传感和 CompoBus/S I/O 链接等特殊功能单元组成。CPM2C 的 I/O 采用 I/O 端子台或 I/O 连接器形式，每种单元的体积都极小，仅 90mm×65mm×33mm。CPU 使用 DC 电源，共十种型号，输出是继电器或晶体管形式，有的 CPU 带时钟功能。CPM2C 的 I/O 扩展单元也有十种型号，最多可扩展到 140 点，单元之间通过侧面的连接器相连。CPM2C 有 RS-232C 接口，通过专用通信接口 CPM2C-CIF01/CIF02，可把外设接口转换为 RS-232C 接口或 RS-422/RS-485 接口。CPM2C CPU 的基本性能、特殊功能和通信联网功能与 CPM2A 相一致。

CPM2AE 是欧姆龙公司专为中国市场开发的，仅有 60 点继电器输出的 CPU，是 CPM2A-60CDR-A 的简化机型。CPM2AE 删除 CPM2A 的一些功能，如后备电池（可选）、RS-232 接口、CTBL 指令（寄存器比较指令）等，以减少成本、降低售价，其他功能则与 CPM2A 完全相同。

紧凑型 CQM1H 是小型机 CQM1 的升级换代产品，是欧姆龙 PC 家族中的一朵奇葩，拥有漂亮的外表、齐全的功能，用于分散控制。CQM1H 延续了原先 CQM1 的所有优点，提升并充实了 CQM1 的多种功能，对 CQM1 有很好的兼容性，使 CQM1 的老用户升级换代十分方便。CQM1H 巩固了欧姆龙在中小型 PLC 领域无与伦比的优势，提升和充实了三大性能：I/O 控制点数、程序容量和数据容量均比 CQM1 的翻一番；提供多种先进的内装板，能胜任更加复杂和柔性的控制任务；CQM1H 可以加入 Controller Link 网，还支持协议宏通信功能。

3. 21 世纪初的欧姆龙 PLC

进入 21 世纪初，欧姆龙小型 PLC 除 CQM1H、CPM 外还有 CJ1、CJ2。CJ1 是无底板结构，综合了自动化控制和过程控制的必要功能，实现 DeviceNet 及串行通信；CJ2 继承了 CJ1 的所有功能并全新升级至大容量数据存储，并搭载多功能型 Ethernet 接口、标签访问功能、USB 接口的 CPU；CPM2C 发展到最多 192 个 I/O 点，CPM2C-CIF21 只需简单初始设定即可方便地实现元器件和 CPM2C 的数据交换，新增 CPM2B。

欧姆龙中型 PLC 有 CS1、C200HX/C200HG/C200HE。CS1 有丰富的 CPU 型号，可实现 960~5120 个 I/O 点，更有内置 I/F 等型号；C200HX/C200HG/C200HE 有多样的 CPU 及电源装置，640~1184 个 I/O 点全覆盖。CVM1/CV 最适宜大规模机器的控制；NSJ 将触摸屏和控制器封装在一起；通信网络八个产品无缝连接信息系统控制系统的各种 PLC 单元和周边工具软件产品。还有时序控制与过程控制融合的 PLC 仪表系统、C120、C20HB、C500-NC、C500 等。

CP1E/L/H 内置脉冲输出、模拟量输入输出、串行通信功能，是多功能一体机，可以简单共享 CS/CJ 的梯形图，提供 Function block（FB）、Structure text（ST）语言，无论是小规模还是大规模的控制都可以通过同样的规格与操作来完成，包括 FB 的程序编程。CP1H 系统处理速度快，基本指令 0.1μs/条、高级指令 0.3μs/条；程序容量（20KB）与 I/O 容量（DM 区 32KB）大；整体式体积小、功能强、空间利用率大、软硬件兼容性好；可扩展七个扩展单元，最多达 320 个 I/O 点；能模拟量输入/输出、高速中断、高速计数、高频脉冲输出、高速处理 400 条指令、FB 编程；可将程序划分为最多 32 个实现不同控制功能的循环任务段，另外提供电源断开中断、定时中断、I/O 中断和外部 I/O 中断等四类 256 个中断任务；两个通信接口实现与可编程终端（PT）、变频器、温度控制器、智能传感器及 PLC 之间的各种连接；能通过 USB 通信。

可以看出，近年欧姆龙 PLC 技术的发展日新月异，升级换代呈明显加速趋势，这是计算机技术飞速发展和市场激烈竞争的必然结果。

1.4.2 欧姆龙 C 系列 P 型 PLC 内部资源分配

欧姆龙 C 系列 P 型 PLC 内部资源分配包括输入继电器（IR）、输出继电器（OR）、内部辅助继电器（MR）、专用内部辅助继电器（SMR）、暂时存储继电器（TR）、保持继电器（HR）、定时器/计数器（TIM/CNT）和数据存储区等等。

1. 内部资源（存储区）的分配

C 系列 P 型 PLC 引用电气控制系统中的术语，用继电器定义存储区中的位，将用户数据区按继电器的类型分为八大类，即输入继电器区、输出继电器区、内部辅助继电器区、专用内部辅助继电器区、暂时存储继电器区保持继电器区、定时器/计数器区和数据存储区。对各区的访问采用通道的概念，将各区划分为若干连续的通道，每个通道包含 16 个二进制位（Word），用标识符及一个或两个数字组成通道号来标识各区的各个通道。有些区可按继电器（位）寻址，要在通道号后面再加两位数字 00~15 组成继电器号（位号）来标识通道中的各位。整个数据存储区的任一继电器或位都可用通道号或继电器号唯一表示。数据区通道号分配见表 1-2。

表 1-2 数据区通道号分配

区域名称	通道号
输入/输出继电器区	00~09(I:00~04;O:05~09)
内部辅助继电器(Auxiliary Relay,AR)区	10~17
专用内部辅助继电器(Special purpose Relay,SR)区	18~19
暂时存储继电器(Temporary Relay,TR)区	0~8

（续）

区域名称	通道号
保持继电器(Hold Relay，HR)区	0~9
定时器/计数器(Timer/Counter，TIM/CNT)区	00~47
数据存储(Data Memory，DM)区	00~63

2. 输入/输出继电器

（1）输入继电器　输入继电器是用来接收可编程序控制器外部开关（或模拟）信号的“窗口”，只能由外部信号驱动。P 型 PLC 输入继电器加装 I/O 扩展后最多可占有五个通道，编号为 00~04，每个通道有 16 个继电器。可见输入继电器最多有 80 个，编号为 0000~0415，见表 1-3。

表 1-3　输入继电器编号

点数	继电器编号(0000~0415)									
	00 通道		01 通道		02 通道		03 通道		04 通道	
	00	08	00	08	00	08	00	08	00	08
	01	09	01	09	01	09	01	09	01	09
	02	10	02	10	02	10	02	10	02	10
80	03	11	03	11	03	11	03	11	03	11
	04	12	04	12	04	12	04	12	04	12
	05	13	05	13	05	13	05	13	05	13
	06	14	06	14	06	14	06	14	06	14
	07	15	07	15	07	15	07	15	07	15

（2）输出继电器　输出继电器是用来将信号传送到外部负载的器件，它有一个对外部输出的动合触点，是按照程序的执行结果而被驱动的。P 型 PLC 输出继电器加装 I/O 扩展后最多可占有五个通道，编号为 05~09。每个通道有 16 个输出继电器，但其中编号为 12~15 的继电器是用来执行可编程序控制器内部操作的内部辅助继电器，故实际使用的输出继电器是 12 个。最大输出继电器的数目为 60 个，编号为 0500~0911，见表 1-4。

表 1-4　输出继电器编号

点数	继电器编号(0500~0911)									
	05 通道		06 通道		07 通道		08 通道		09 通道	
	00	08	00	08	00	08	00	08	00	08
	01	09	01	09	01	09	01	09	01	09
	02	10	02	10	02	10	02	10	02	10
60	03	11	03	11	03	11	03	11	03	11
	04		04		04		04		04	
	05		05		05		05		05	
	06		06		06		06		06	
	07		07		07		07		07	

由于欧姆龙 C 系列 P 型 PLC 是一个系列产品，所以不同型号和不同配置的系列，其 I/O 点数也是不同的。

3. 内部继电器

PLC 内部继电器与 I/O 继电器不同，既不能被外部信号所驱动，也不能直接驱动外部设备，但可以由 PLC 中各种触点来驱动。内部继电器包括内部辅助继电器、保持继电器、暂存继电器和数据存储继电器。

（1）内部辅助继电器　内部辅助继电器（AR）在适当指令条件下，可使继电器建立起一定的逻辑关系，功能相当于继电器-接触器系统的中间继电器。P 型 PLC 内部辅助继电器共有九个通道，编号为 10~18，除 18 通道外，每个通道都有 16 个 AR，即共有 136 个 AR，编号为 1000~1807，见表 1-5。

表 1-5　内部辅助继电器编号

点数	继电器编号(1000~1807)									
	10 通道		11 通道		12 通道		13 通道		14 通道	
	00	08	00	08	00	08	00	08	00	08
	01	09	01	09	01	09	01	09	01	09
	02	10	02	10	02	10	02	10	02	10
	03	11	03	11	03	11	03	11	03	11
	04	12	04	12	04	12	04	12	04	12
	05	13	05	13	05	13	05	13	05	13
	06	14	06	14	06	14	06	14	06	14
	07	15	07	15	07	15	07	15	07	15
136	15 通道		16 通道		17 通道		18 通道		19 通道	
	00	08	00	08	00	08	00			
	01	09	01	09	01	09	01			
	02	10	02	10	02	10	02			
	03	11	03	11	03	11	03	专用内部辅助继电器	专用内部辅助继电器	
	04	12	04	12	04	12	04			
	05	13	05	13	05	13	05			
	06	14	06	14	06	14	06			
	07	15	07	15	07	15	07			

（2）保持继电器　保持继电器（HR）具有掉电保护的功能，用于控制对象需要保存掉电前的状态，以便当 PLC 恢复工作时再现这些状态。保持继电器共占有十个通道，编号为 HR0~HR9，每个通道有 16 个 HR，总共 160 个 HR，编号为 HR000~HR915，见表 1-6。

（3）暂时存储继电器　C 系列 P 型 PLC 有八个暂存继电器（TR），编号为 TR0~THR7。暂存继电器可不按顺序进行分配，在同一程序段中不能重复使用相同的 HR 编号，但不同程序段中可以使用。

（4）数据存储继电器　数据存储继电器（DM）具有掉电保护功能，通道编号为 DM00~DM63，不能以单独的点（位）来使用，要以通道编号（数据区 DM、字）为单位来使用。

表 1-6 保持继电器编号

点数	继电器编号(HR000~HR915)									
160	HR0 通道		HR1 通道		HR2 通道		HR3 通道		HR4 通道	
	00	08	00	08	00	08	00	08	00	08
	01	09	01	09	01	09	01	09	01	09
	02	10	02	10	02	10	02	10	02	10
	03	11	03	11	03	11	03	11	03	11
	04	12	04	12	04	12	04	12	04	12
	05	13	05	13	05	13	05	13	05	13
	06	14	06	14	06	14	06	14	06	14
	07	15	07	15	07	15	07	15	07	15
	HR5 通道		HR6 通道		HR7 通道		HR8 通道		HR9 通道	
	00	08	00	08	00	08	00	08	00	08
	01	09	01	09	01	09	01	09	01	09
	02	10	02	10	02	10	02	10	02	10
	03	11	03	11	03	11	03	11	03	11
	04	12	04	12	04	12	04	12	04	12
	05	13	05	13	05	13	05	13	05	13
	06	14	06	14	06	14	06	14	06	14
	07	15	07	15	07	15	07	15	07	15

4. 专用内部辅助继电器

C 系列 P 型 PLC 有 16 个专用内部辅助继电器（1808~1907），它们是内部辅助继电器 18 通道的左字节和 19 通道的右字节，用来表示 PLC 的工作状态，以及产生脉冲和对 PLC 做一些特殊处理。它们的编号和功能见表 1-7。

表 1-7 专用内部辅助继电器编号和功能

18 通道的左字节		19 通道的右字节	
编号	功能	编号	功能
1808	电池低压时报警,电池失效时接通(ON)	1900	产生 0.1s 的时钟脉冲，即每隔 50ms 接通 50ms
1809	常 OFF,当扫描时间大于 100ms、小于 130ms 时接通(ON)	1901	产生 0.2s 的时钟脉冲
1810	常 OFF,当使用 Hex 指令,并在 I0001 收到复位信号时接通(ON)一个扫描周期	1902	产生 1s 的时钟脉冲
1811	常 OFF	1903	算术运算出错标志,当结果不以 BCD 码形式输出时接通(ON)
1812	常 OFF	1904	进位标志,运算有进/借位时接通(ON)
1813	常 ON	1905	比较两个操作数,$N_1>N_2$ 时接通
1814	常 OFF	1906	比较两个操作数,$N_1=N_2$ 时接通;在算术运算结果为 0 时,也接通(ON)
1815	PLC 开始运行时,接通(ON)一个扫描周期,做初始化处理	1907	比较两个操作数,$N_1<N_2$ 时接通

5. 定时器/计数器

C 系列 P 型 PLC 提供 48 个定时器或 48 个计数器，或者是总数不超过 48 个定时器与计数器的组合。定时器和计数器的编号为 TIM00 ~ TIM47 或 CNT00 ~ CNT47，在分配定时器和计数器编号时，两者的编号不能相同，例如不能既有 TIM09 定时器又有 CNT09 计数器。

当电源掉电时，定时器被复位，而计数器不复位，具有掉电保护功能。定时器和计数器不能直接产生输出，若要输出则必须通过输出继电器。

1.4.3　欧姆龙 CS/CJ 系列 PLC 简介

CS 和 CJ 系列 PLC 是欧姆龙公司 C 系列 PLC 的高端中型机，各有几种模拟量 I/O 单元，以此为例进行图示如下。

1. 基本配置

CS 和 CJ 系列 PLC 模拟量 I/O 单元的安装位置是有差异的，CS 在左、CJ 在右。

（1）CS 系列 PLC　CS 系列模拟量 I/O 单元，能使 CS 系列 PLC 在 4000 分辨率下获得高精度输入和输出，有的输出单元甚至提供 8000 分辨率设置，如图 1-7 所示。

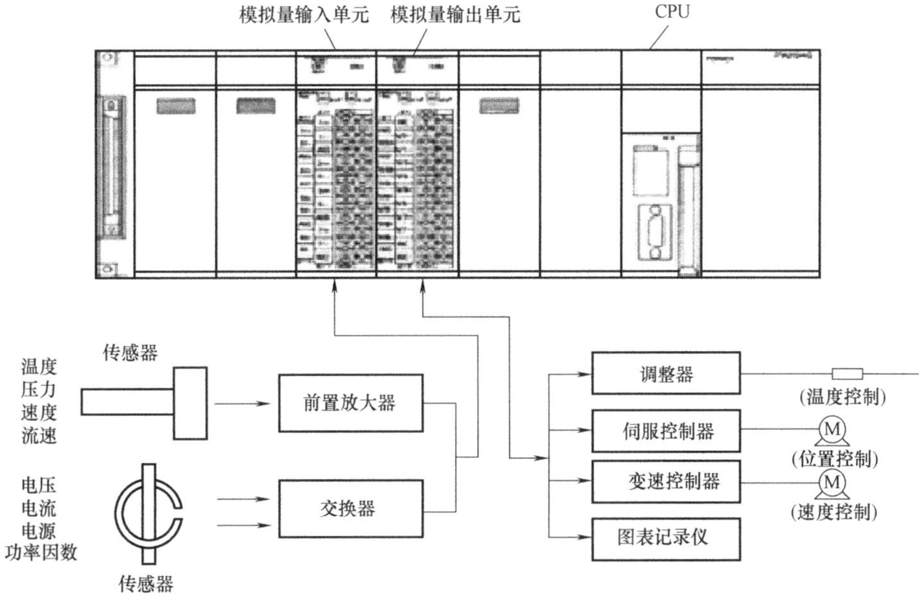

图 1-7　CS 系列 PLC 配置举例

（2）CJ 系列 PLC　CJ 系列模拟量 I/O 单元都是特殊 I/O 单元，可在 4000 分辨率下进行高精度模拟量输入和输出，如图 1-8 所示。

2. 安装步骤

（1）CS 系列 PLC　使用下述过程将模拟量 I/O 单元安装到背板：

1）将模拟量 I/O 单元的顶部锁进背板的插槽，并如图 1-9a 所示向下移动单元；

2）确定单元与连接器正确排列后，拧紧安装螺钉，直到拧紧的转矩达到 0.4N · m；

3）卸下单元时，首先用十字螺钉旋具拧松安装螺钉，如图 1-9b 所示。

（2）CJ 系列 PLC　CJ 系列 PLC 系统配置中，模拟量 I/O 单元作为 I/O 单元连接，如图 1-10 所示。

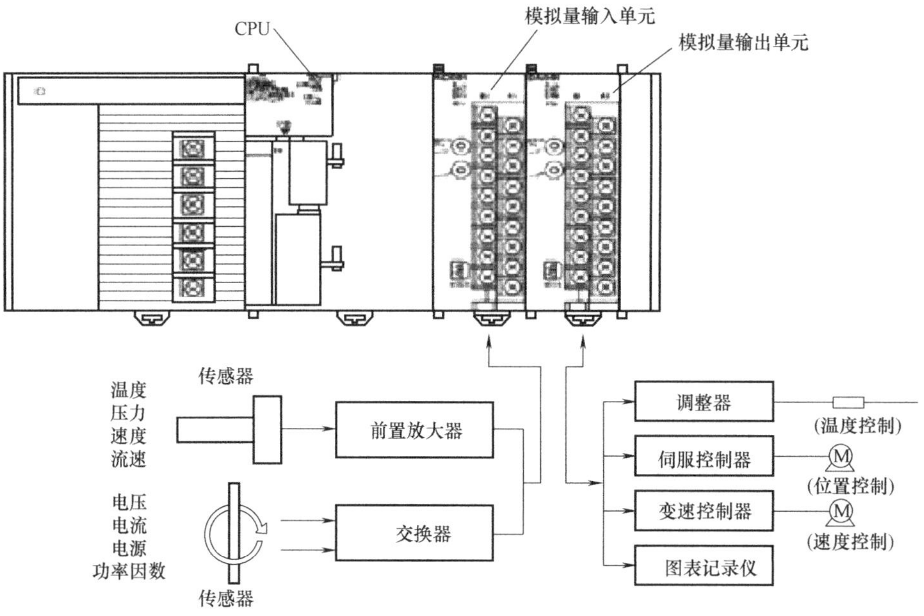

图 1-8　CJ 系列 PLC 配置举例

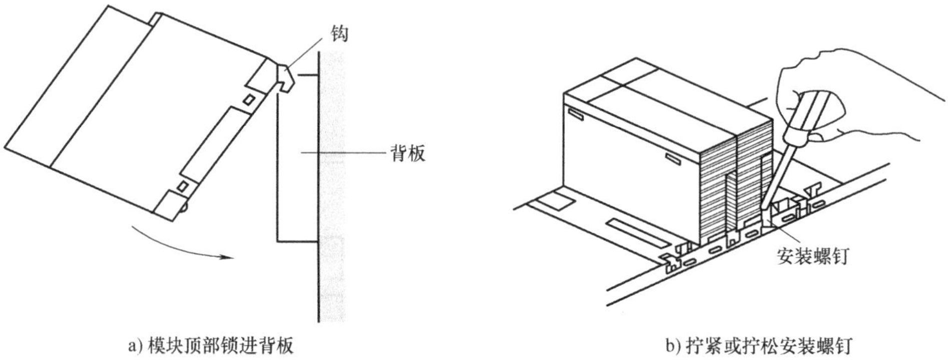

图 1-9　CS 系列 PLC 模拟量 I/O 单元的安装与拆卸

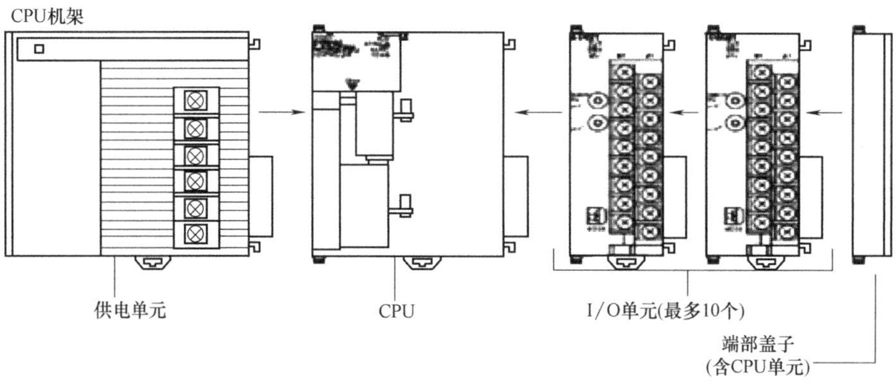

图 1-10　CJ 系列模拟量 I/O 单元作为 I/O 单元连接

3. CS 系列 PLC 操作步骤

当使用模拟量输入单元时应遵守下列程序：

① 将单元背板上的 DIP 开关操作模式设置为普通模式；

② 设置接线板下的电压/电流开关；

③ 单元配线；

④ 使用单元前板上的单元号开关来设置单元号；

⑤ 打开 PLC 电源；

⑥ 创建 I/O 表；

⑦ 进行特殊输入单元 DM 区域的设置，包括将使用的输入号码、输入信号范围、均值处理样本号、转换时间和分辨率（仅对 V1 版）；

⑧ 关闭然后接通 PLC 电源，或将特殊 I/O 单元重启动位开到 ON。

(1) 指示器　指示器表示单元的操作状态，有 RUN（绿）、ERG（红）、ADJ（黄）、ERH（红）等指示灯。

(2) 单元号开关　CPU 和模拟量输入单元通过特殊 I/O 单元区域和特殊 I/O 单元 DM 区域交换数据，每个模拟量输入单元占据的特殊 I/O 区域和 DM 区域字地址是由单元板上单元号开关设置的。设置单元号前，保持电源 OFF 状态，使用一字螺钉旋具，并保证设置过程中不离开开关。

(3) 操作模式开关　单元背板上的操作模式开关用来将操作模式设置成普通模式（1-OFF、2-OFF）或调整模式（1-ON、2-OFF），安装或拆卸单元前确保 PLC 电源关闭。

(4) 电压/电流开关　接线板下有电压/电流开关，模拟量转换输入可设置它们从电压输入（OFF）调成电流输入（ON），注意安装或拆卸接线板前确定关闭电源。

(5) 端子排列　接线端子一般分两列，如 A1～A11、B1～B10，其中 N. C. 表示不做任何连接。

4. CJ 系列 PLC 操作步骤

基本与上述 CS 系列 PLC 的操作步骤相同，只是 CJ 的 DIP 开关不在背板，而在前板上。

1.4.4 欧姆龙 CV 系列 PLC 简介

欧姆龙 CV 系列 PLC 有 CVM1-CPU01-V2/CPU11-V2/CPU21-V2、CV500/CV1000/CV2000 等型号，属大型机，性能明显优于 C 系列 H 型机。CVM1 采用梯形图编程，而 CV 除梯形图外，还可使用顺序功能图（Sequence Function Chart，SFC）编程。CV 系列 PLC 有以下特点：

1. 系统结构改进

CV 系列 PLC 采用统一的总线结构和多微处理器的设计。第一条总线是 I/O 总线，用于进行 CPU 与一般的 I/O 通信。第二条总线是 CPU 总线，使得无需 CPU 控制，也可在 CPU 和属于 CPU 总线单元的通信单元之间进行高速的、点对点的总线通信。这种结构不但方便了通信，而且使执行程序及通信处理分开，减少了 PLC 的扫描时间。图 1-11 所示为 CV 机的 CPU 面板。

CV 机 CPU 提供 RS-232C、RS-422 端口，可以通过开关进行选择。CV 机除基本内存外，还可选内存卡及扩展数据存储器，以提高储存容量。

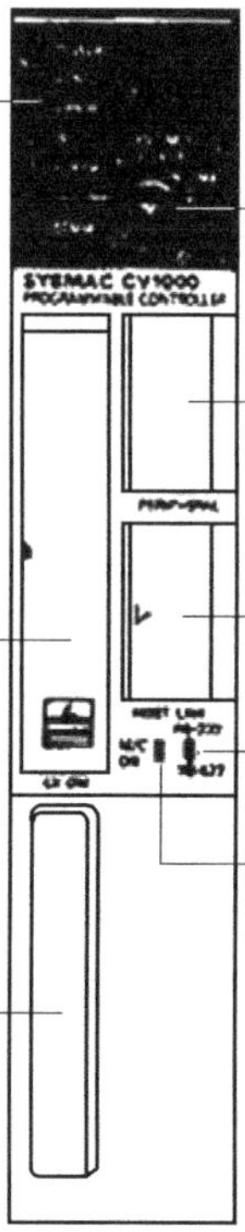

图 1-11　CV 机的 CPU 面板

2. 指令功能强、运算速度快

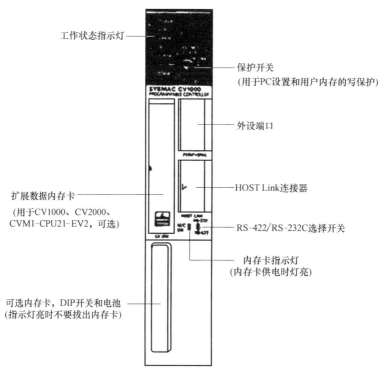

CV 机有 170 种共计 333 条指令，CVM1 机则有 284 种共计 515 条指令，远远多于 C2000H 的 174 条指令。

同样类型的指令，功能加强了。如定时指令，除了 C2000H 已有的指令，还增加了可累计计时的、可长计时的、可多输出的。长计时的时间可长达 115 天，精度为±0.1s。

功能强还表现为，有的指令可带“↑”（上升沿执行）、“↓”（下降沿执行）及“!”（立即刷新）的前缀，可使一条指令起到原先多条指令的作用。

指令执行时间短，基本指令（LD）执行时间仅为 0.15μs，而 C2000H 的为 0.4μs。

3. 内部器件多

CV 机基本的 I/O 点最多可达 2048，是 C2000H 的 2 倍。CV 机内部器件很多，除输入输出继电器（CIO）、内部辅助继电器（CIO）、数据链接继电器（CIO）、保持继电器（CIO）、暂存继电器（TR）、特殊辅助继电器（A）、定时器（T）、计数器（C）、数据存储器（D）外，还有 CPU 总线连接继电器（G）、扩展数据存储器（EM）、数据寄存器（DR）、变址寄存器（IR）、步标志、转移标志等。

即使 C2000H 有的器件，CV 机的数量也大为增加，如数据存储区，C2000H 仅 6656 字，而 CV1000 可达 24576 字。CV 机的定时器、计数器分开，数量各为 1024 个，也比 C2000H 多得多。

4. 程序储存器容量大

CV 机程序容量为 30KB/62KB，还有文件存储器容量达 1MB。另外可选用内存卡，用于存储用户程序，有 RAM、EPROM、EEPROM 类型，卡的容量可达 512KB。

5. I/O 刷新的方式多

CV 机的 I/O 刷新方式多，即有：①带前缀指令！的刷新，是在执行指令的同时进行刷新；②循环刷新，是在完成一个循环时对所有的 I/O 进行刷新，这是传统 PLC 的刷新方式；③定时刷新，如定时 10~100ms 刷新所有的 I/O；④过零刷新，是当交变信号过零时刷新。

6. CV 机的特殊功能单元相当丰富

CV 机的特殊功能单元有二十几种，这显示出 CV 机功能的强大性。在 CV 机上安装个人计算机单元后，可以像普通计算机一样配置显示器、键盘、硬盘、软驱、鼠标、打印机，此时，这台 CV 机既具有高可靠控制功能，也具有一般计算机信息处理能力强的特点，使 CV 机的应用上到一个新台阶。

7. CV 机组网能力强

CV 机的组网能力强，可组成欧姆龙 PLC 的各种 FA 网络。CV 机可以组成欧姆龙 PLC 的高层信息网、中层控制网，并可作为网关或网桥使用，进行三级通信。CV 机也可以组成低层的 I/O 器件网，如 SYSMAC BUS 或 SYSMAC BUS/2，直接与现场 I/O 器件相连，对机器设备进行实时控制。

第2章

欧姆龙CP1H型PLC的硬件系统

SYSMAC CP1H 是用于实现高速处理、高功能的程序一体化型 PLC，配备与 CS/CJ 系列共通的体系结构，与以往 CPM2A 40 的尺寸相同，但处理速度大约是其 10 倍。CP 系列可使用 CJ 系列的高功能 I/O 单元及 CPU 高功能单元，在 I/O 增设中可以使用 CPM1A 系列扩展 I/O 单元，但不能使用 CJ 系列的基本 I/O 单元。此外，CP1H 系列的 I/O 通道与 CPM1A/CPM2A 系列相同，可通过 I/O 分配到固定的区域。CP1H 采用整体式结构，由 CPU、系统存储器、用户程序存储器、I/O 单元和编程设备组成，本章将详细介绍 CP1H 型 PLC 的硬件系统。

2.1 CPU

CP 系列是 CP1H CPU 的总称，包括实现四轴脉冲输出的 CP1H-X 型、配备四轴脉冲输出和模拟输入/输出的 CP1H-XA 型、实现 1MHz 脉冲输入/输出的 CP1H-Y 型三类。

2.1.1 CPU 的外形与面板说明

CP1H-XA 型 CPU 的外形与面板结构如图 2-1 所示。

1. 工作指示灯与七段 LED

工作指示灯有：POWER（绿），亮为通电；RUN（绿），亮为运行；ERR/ALM（红），亮为异常；INH（黄），亮为写入程序、数据；PRPHL（黄），闪烁为 USB 通信。

在两位七段 LED 上显示 CP1H CPU 的版本、故障代码、数据传送进度及模拟电位器当前值操作变更等 CPU 的状态。此外，可用梯形图程序显示任何自定义代码。

2. 模拟电位器

通过十字螺钉旋具旋转模拟电位器，可使特殊辅助继电器 A642CH 的当前值在 0~255 范围内自由变更。在七段 LED 上，当前值用 00~FF（Hex）显示约 4s。

3. 外部模拟量输入连接器

如从外部模拟设定输入端子上施加 0~10V 的电压，则输入电压可进行 A-D 转换，可将 A643CH 的当前值在 0~255 范围内自由变更。另外，该输入为不隔离。

4. 拨动开关

拨动开关在模拟电位器右边，用于设置 PLC 的基本参数。SW1：防止编程软件不慎改

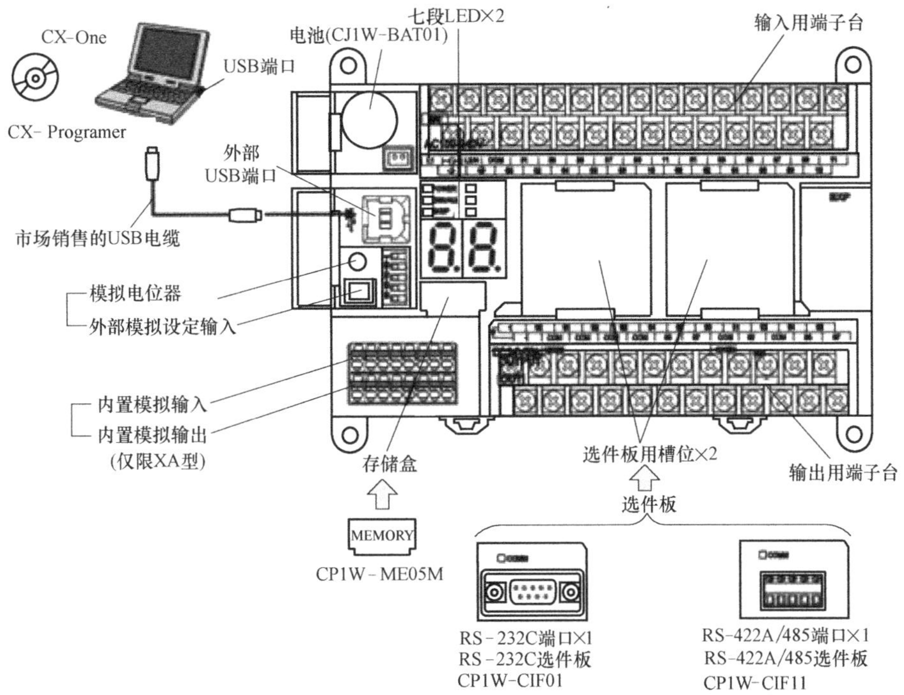

图 2-1　CP1H-XA 型 CPU 的外形与面板结构

写程序、参数时置 ON；SW2：需要存储盒向 CPU 自动传送时置 ON；SW3：未使用；SW4：需要由工具总线来使用选件板槽位 1 上安装的串行通信板时置 ON；SW5：使用选件板槽位 2 上的串行通信板时置 ON；SW6：不使用输入单元而在程序上应用 A395.12 时置 ON 或 OFF。

5. 内置模拟量输入切换开关

内置模拟量输入切换开关仅限 XA 型，SW1～SW4 将四路模拟量在电压输入（ON）和电流输入（OFF）之间切换。

6. 存储盒

拆下伪盒，在存储器盒槽位安装 CP1W-ME05M，可将 CPU 的梯形图程序、参数、数据内存（DM）等传送并保存到存储盒。

7. 电源、接地端子与输入/输出端子台

电源端子供给 AC 100～240V 或 DC 24V 电源；接地端子在 AC 电源时接地（非零线），可强化抗干扰性、防止电击。

输入端子台用于连接输入设备和 CPU 电源，如图 2-2a 所示，L1、L2 用于连接 AC100～240V、50/60Hz 的电源，N 接零线，若是 DC 电源型，则 L1 为+、L2/N 为-，COM 端为输入端子的公共端。输入端子台的输入端子为 0CH、1CH 两个通道[⊖]，每个通道有 12 个输入端子，编号分别为 0.00～0.11 和 1.00～1.11。

输出端子台用于连接输出设备，内置两路模拟，如图 2-2b 所示，NC 端为空脚，COM 端为输出端子的公共端，在特殊情况下（如负载需要较大电流时），输出端子应与本区域的

⊖ 本书中若无特殊说明，CH 均表示通道，可互换使用。

COM 端连接使用。输出端子台的输出端子为 100CH、101CH 两个通道，每个通道有八个输出端子，编号分别为 100.00~100.07 和 101.00~101.07。

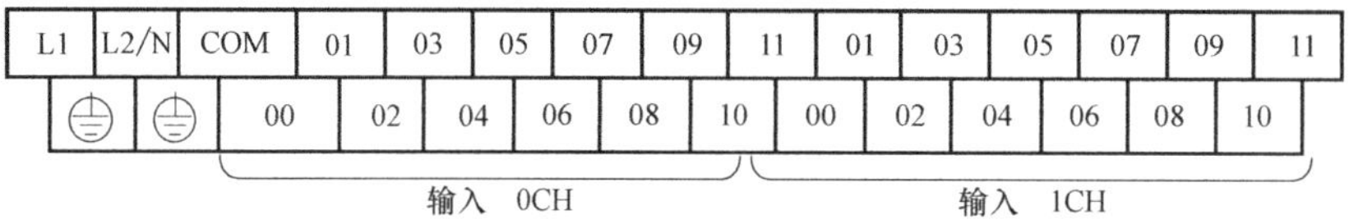

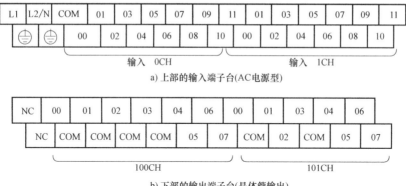

a) 上部的输入端子台(AC电源型)

b) 下部的输出端子台(晶体管输出)

图 2-2　XA/X 型输入/输出端子台

8. 选件板槽位

电源为 OFF 时，拆下槽位盖板，按压锁杆解锁，将其拔出，可分别将 RS-232C 选件板 CP1W-CIF01 或 RS-422A/485 选件板 CP1W-CIF11 切实压入到槽位 1、2 上。

9. 扩展 I/O 单元连接器（自带）

该连接器可连接 CPM1A 系列的扩展 I/O 单元（40、20、8 点）及扩展单元（模拟 I/O、温度传感器、CompoBus I/O、DeviceNet I/O），最多可连接七台。

10. CJ 单元适配器

CP1H CPU 侧面有 CJ 单元适配器 CP1W-EXT01，可连接 CJ 系列特殊 I/O 单元或 CPU 总线单元共计两个，但不可连接 CJ 系列的基本 I/O 单元。

2.1.2　CPU 命名方法与参数

1. CPU 命名方法

CP1H CPU 命名方法如图 2-3 所示，含 X 的表示四轴脉冲输出的基本型，含 XA 的表示带内置模拟的输入/输出端子，含 Y 的表示带 1MHz 脉冲的输入/输出专用端子。

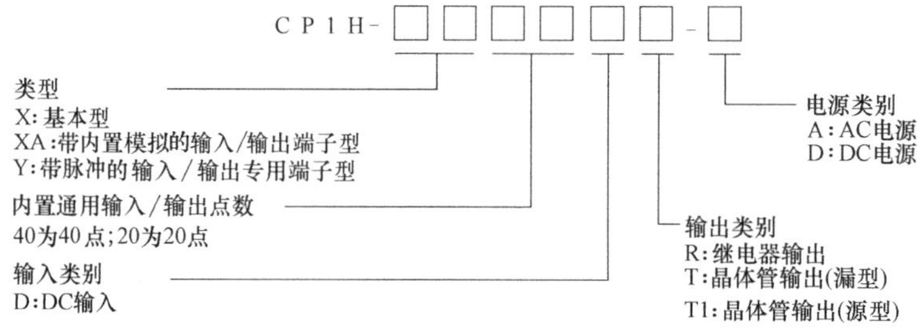

图 2-3　CP1H CPU 命名方法

2. CPU 参数

CP1H CPU 具有以下特点：①脉冲输出功能标配四轴，实现高准确度定位控制；②高速计数器功能标配相位差四轴，一台 PLC 实现多轴控制；③中断输入功能最多内置八个点，凭借指令的高速处理，使整个装置高速化；④串行通信功能可根据选项板任意选择两个接口，RS-232C 或 RS-485；⑤利用选项板的通信功能通过 Ethernet 与计算机进行通信；⑥内置四点输入、两点输出的模拟输入/输出功能（CP1H-XA 型）；⑦标配 USB 外设接口；⑧可利用结构化文本（ST）语言简单运算功能；⑨可使用 CP1W 系列、CJ 系列的扩展单元；⑩可利用选项板和 LCD 显示设定功能实现轻松维护和调试。CP1H 系列 CPU 的参数见表 2-1。

表 2-1　CP1H 系列 CPU 的参数

产品名称	CPU 类型	规格				型号
		电源	输出形式	I 点	O 点	
CP1H-X 型	内存容量:20k 步 高速计数器:100kHz,四轴 脉冲输出:100kHz,四轴(晶体管型)	AC 100~240V	R	24	16	CP1H-X40DR-A
		DC 24V	T(漏)			CP1H-X40DT-D
			T1(源)			CP1H-X40DT1-D
CP1H-XA 型	内存容量:20k 步 高速计数器:100kHz,四轴 脉冲输出:100kHz,四轴(晶体管型) 模拟输入:4 点 模拟输出:2 点	AC 100~240V	R	24	16	CP1H-XA40DR-A
		DC 24V	T(漏)			CP1H-XA40DT-D
			T1(源)			CP1H-XA40DT1-D
CP1H-Y 型	内存容量:20k 步 高速计数器:1MHz,两轴;100kHz,两轴 脉冲输出:1MHz,两轴;100kHz,两轴	DC 24V	T(漏)	12 点+线驱动两轴	8 点+线驱动两轴	CP1H-Y20DT-D

CP1H 的编程需要 CX-Programmer Ver. 6.1 以上版本；当使用 RS-232C、RS-422A/485、Ethernet、LCD 时，需选装以下单元：RS-232C 选项板 CP1W-CIF01、RS-422A/485 选项板 CP1W-CIF11 或 CP1W-CIF12（绝缘型）、Ethernet 选项板 CP1W-CIF41、LCD 选项板 CP1W-DAM01、存储盒 CP1W-ME05M。

2.2　扩展单元

CP1H 可扩展单元达到最多 7 单元×最多 40 点，因此可扩展 I/O 点数最多为 280 点。X/XA 型、Y 型 CPU 自身分别有 40 和 20 个 I/O 点，最终可分别扩展至 320 和 300 个 I/O 点。

2.2.1　CPM1A 扩展单元及连接

CP1H 能够连接 CP1MA 系列的扩展单元，能连接的台数（含 CPM1A 扩展 I/O 单元）最多为七台。但是，模拟输入/输出单元 CPM1A-AD041/DA041、温度调节单元 CPM1A-TS002/102 中因为输入或输出继电器区域占有 4CH，所以当包含这些单元时，要减少可分接的台数。扩展单元、扩展 I/O 单元的占有 CH 数应将输入/输出分别控制在 15CH 以下，消耗电流和功率都有限制。

1. CPM1A 扩展单元

CP1H 系列 PLC 可连接的 CPM1A 扩展单元见表 2-2。CP1H-X 型 CPU 不带模拟量输入/

输出功能，通过连接 CPM1A-MAD01 扩展单元（模拟量 I/O 单元），可增加两路模拟量输入、一路模拟量输出功能。

表 2-2　CPM1A 扩展单元规格

<table>
<tr><th>名称</th><th>型号</th><th colspan="3">规格</th></tr>
<tr><td>模拟量
输入单元</td><td>CPM1A-AD041</td><td>模拟量:输入 4 点;
输出 2 点</td><td>电压:0~5V/1~5V/0~10V/-10~+10V
电流:0~20mA/4~20mA</td><td>分辨率
6000</td></tr>
<tr><td>模拟量
输出单元</td><td>CPM1A-DA041</td><td>模拟量输出:
4 点</td><td>电压:1~5V/0~10V/-10~+10V
电流:0~20mA/4~20mA</td><td>分辨率
6000</td></tr>
<tr><td rowspan="4">模拟量
I/O 单元</td><td rowspan="2">CPM1A-MAD01</td><td>模拟量输入:
2 点</td><td>电压:0~10V/1~5V
电流:4~20mA</td><td rowspan="2">分辨率
256</td></tr>
<tr><td>模拟量输出:
1 点</td><td>电压:1~5V/0~10V/-10~+10V
电流:0~20mA/4~20mA</td></tr>
<tr><td rowspan="2">CPM1A-MAD11</td><td>模拟量输入:
2 点</td><td>电压:1~5V/0~10V/-10~+10V
电流:0~20mA/4~20mA</td><td rowspan="2">分辨率
6000</td></tr>
<tr><td>模拟量输出:
1 点</td><td>电压:1~5V/0~10V/-10~+10V
电流:0~20mA/4~20mA</td></tr>
<tr><td rowspan="4">温度
传感器单元</td><td>CPM1A-TS001</td><td>输入:2 点</td><td colspan="2" rowspan="2">热电偶输入 K、J 之间选一</td></tr>
<tr><td>CPM1A-TS002</td><td>输入:4 点</td></tr>
<tr><td>CPM1A-TS101</td><td>输入:2 点</td><td colspan="2" rowspan="2">铂热电阻输入
Pt100、JPt100 之间选一</td></tr>
<tr><td>CPM1A-TS102</td><td>输入:4 点</td></tr>
<tr><td>DeviceNet I/O
链接单元</td><td>CPM1A-DRT21</td><td colspan="3">DeviceNet 从站
I/O 点数:输入 32 点,输出 32 点</td></tr>
<tr><td>CompoBus/S I/O
链接单元</td><td>CPM1A-SRT21</td><td colspan="3">CompoBus/S 从站
I/O 点数:输入 8 点,输出 8 点</td></tr>
</table>

2. CPM1A 扩展单元的连接

CP1H CPU 连接 CPM1A 扩展单元如图 2-4a 所示，如果使用连接电缆 CP1W-CN811，则可使 CPU 与扩展单元的距离延长至 80cm，并可两排扩展连接，如图 2-4b 所示。

3. CPM1A 扩展单元的通道分配

CPM1A 扩展单元的通道分配如图 2-5 所示。CP1HCPU 的输入通道（端子）编号为 0.00~0.11（0CH）和 1.00~1.11（1CH），输出通道编号为 100.00~100.07（100CH）和 101.00~101.07（101CH）。当 CP1H CPU 连接 CPM1A 扩展单元后，CP1H CPU 的输入/输出信道编号不变，扩展单元、扩展 I/O 单元中，按 CP1H CPU 的连接顺序分配输入/输出 CH 编号。输入 CH 编号从 2CH 开始，输出 CH 编号从 102CH 开始，分配各自单元占有的输入/输出 CH 数。

2.2.2　CJ 扩展单元及连接

1. 与 CJ 高功能单元的连接

CJ 系列的高功能单元（特殊 I/O 单元、CPU 总线单元）最多可连两台，连接时必须有

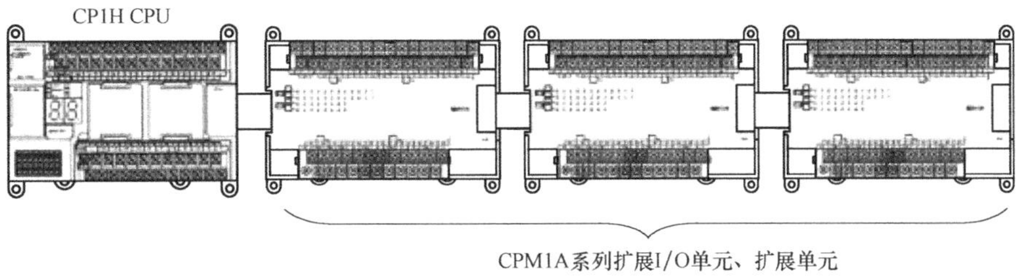

a)

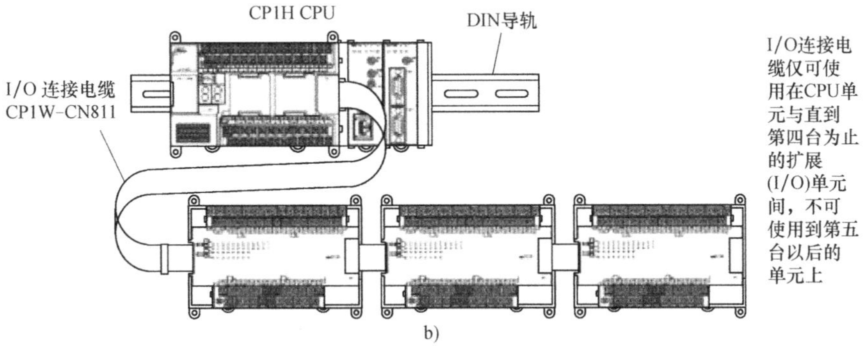

b)

图 2-4　CP1H CPU 与 CPM1A 扩展单元的连接

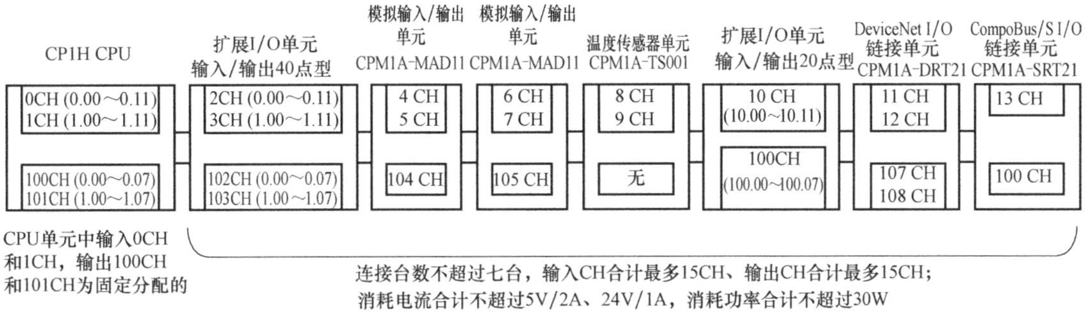

图 2-5　CPM1A 扩展单元的通道分配

CJ 单元适配器 CP1W-EXT01 及端板 CJ1W-TER01，这样可扩展网络通信或协议宏等串行通信设备，如图 2-6 所示。

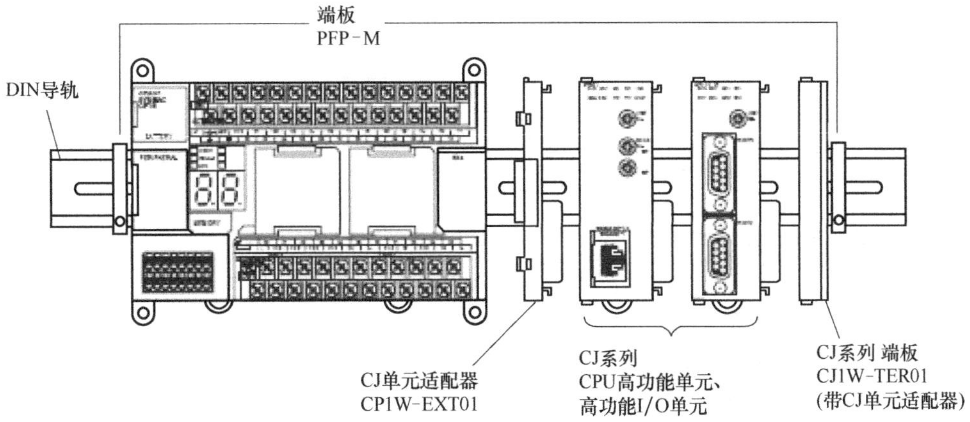

图 2-6　CP1H CPU 与 CJ 高功能单元的连接

2. 可连接的主要 CJ 系列高功能单元

CP1H 可连接的是 CJ 系列高功能 I/O 单元或 CPU 高功能单元，CJ 系列的基本 I/O 单元不能连接。可连接的主要单元见表 2-3。

表 2-3 CP1H 可连接的 CJ 系列主要单元

单元种类	单元名称	型号	电流消耗(DC 5V)
CPU 高功能单元	Ethernet 单元	CJ1W-ETN11/21	0.38A
	Controller Link 单元	CJ1W-CLK21-V1	0.35A
	串行通信单元	CJ1W-SCU21-V1	0.28A
		CJ1W-SCU41-V1	0.38A
	DeviceNet 单元	CJ1W-DRM21	0.29A
高功能 I/O 单元	CompoBus/S 主站单元	CJ1W-SRM21	0.15A
	模拟输出单元	CJ1W-AD081/081-V1/041-V1	0.42A
	模拟输出单元	CJ1W-DA041/021	0.12A
		CJ1W-DA08V/08C	0.14A
	模拟量输入/输出单元	CJ1W-MAD42	0.58A
	处理输入单元	CJ1W-PTS51/52	0.25A
		CJ1W-PTS15/16	0.18A
		CJ1W-PDC15	0.18A
	温度调节单元	CJ1W-TC□□□	0.25A
	位置控制单元	CJ1W-NC413/433	0.36A
		CJ1W-CT021	0.28A
	高速计数器单元	CJ1W-V600C11	0.26A(DC 24V 时,0.12A)
	ID 传感器单元	CJ1W-V600C12	0.32A(DC 24V 时,0.24A)

3. 扩展 I/O 单元及 CJ 系列高功能单元的同时连接

扩展 I/O 单元、扩展单元及 CJ 系列高功能单元同时连接时，不可以横向并列连接到 CP1H CPU。按照图 2-7 所示方法，应用 DIN 导轨安装 CP1H CPU 及 CJ 单元，扩展 I/O 单元等则用 I/O 连接电缆 CP1W-CN811（每个系统仅可使用一根）来连接。

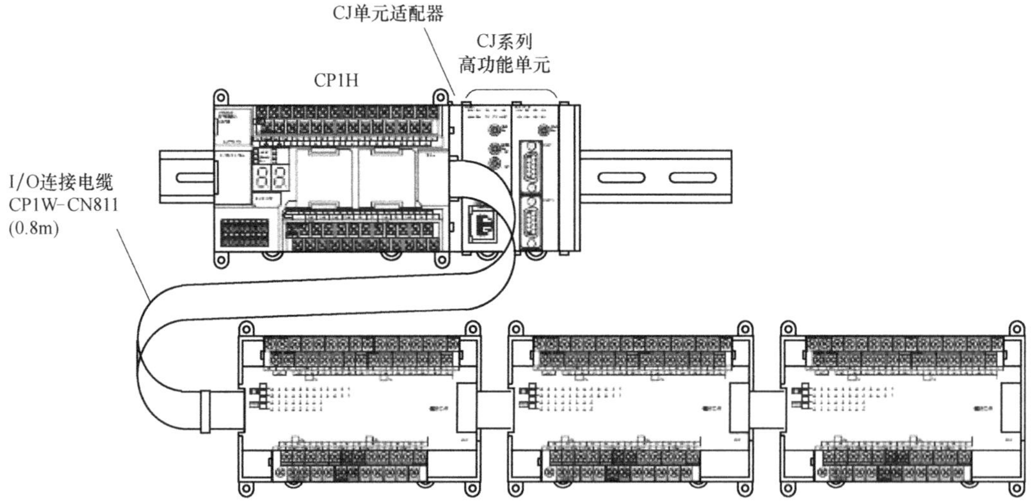

图 2-7 CP1H 同时连接扩展 I/O 单元及 CJ 系列高功能单元

2.3 CPU的接线

布线时，为防止飞溅的线屑等混入单元内，应在保留防尘标签的状态下进行布线。布线结束后会放热，故要将防尘标签取下。

2.3.1 CPU的电源端子接线

1. AC电源型

AC电源端子接线如图2-8所示，电源电路应与动力电路分开，多台CP1H应分别布线供电。为防止电源线发出的干扰，应将电源线扭转后使用，AC电源的布线使用圆形压接端子。

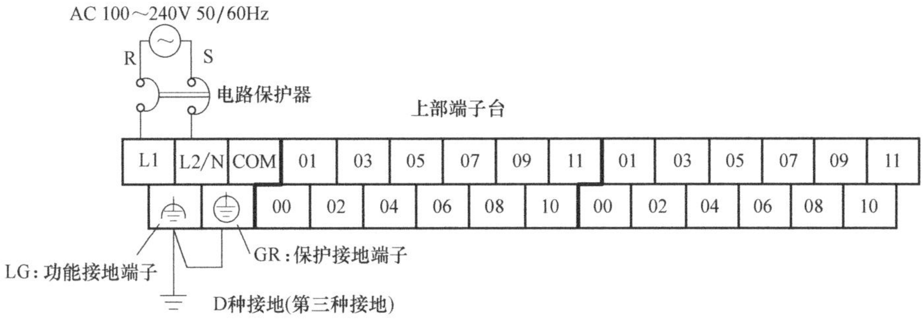

图2-8 AC电源端子接线

D种接地（第三种接地）是指接地电阻100Ω（有时500Ω）以下、接地线直径1.6mm以上。

2. DC电源型

DC电源端子接线如图2-9所示，务必采用压接端子或使用单线，只是互相搓合在一起的电线不能直接连接到端子台。

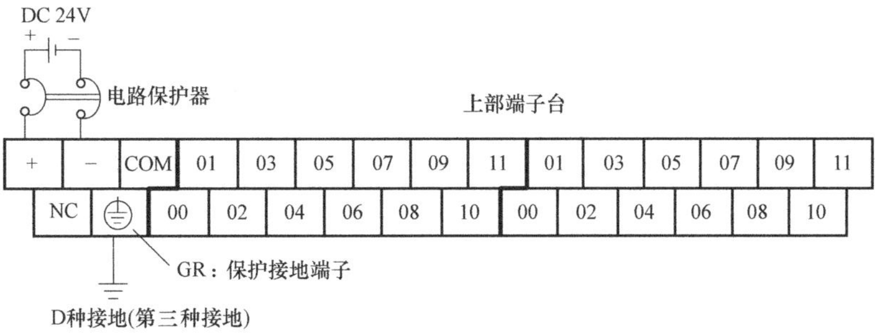

图2-9 DC电源端子接线

2.3.2 X/XA型CPU的I/O端子接线

1. X/XA型输入端子接线

X/XA型的输入电路为24点/1公共，输入端子接线如图2-10所示，COM端子的电线必须有充足电流容量。

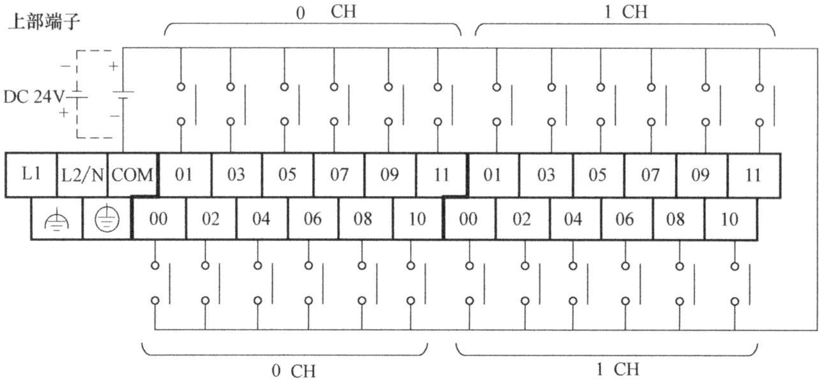

图 2-10　X/XA 型 CPU 的输入端子接线

AC 电源型的下部端子台中含有 DC 24V 输出端子，可作为输入电路的 DC 电源使用。使用高速计数器的情况下，用 PLC 系统设定“内置输入”将“高速计数器 0”～“高速计数器 3”设定为“使用”。

2. X/XA 型输出端子接线

CP1H CPU 有继电器、漏型晶体管、源型晶体管三种输出方式，X/XA 型三种输出端子接线分别如图 2-11～图 2-13 所示。

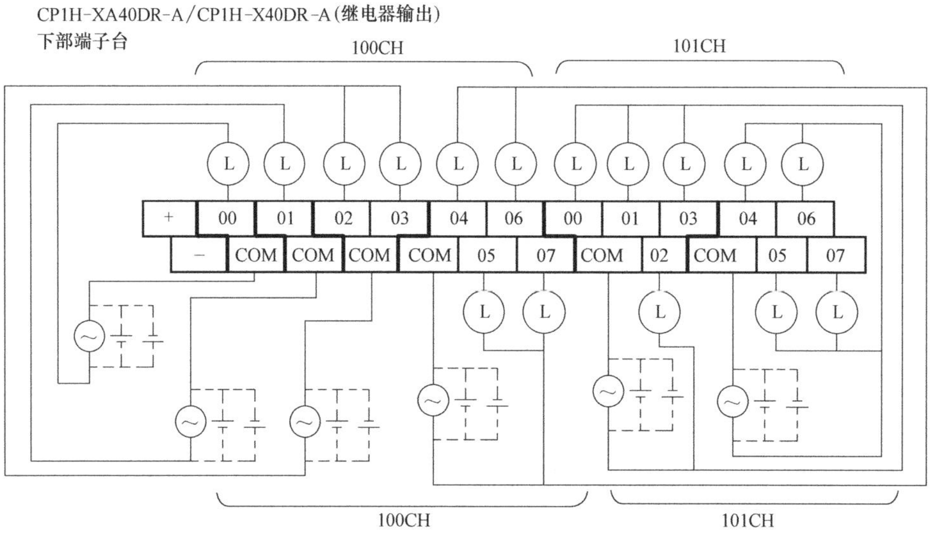

图 2-11　X/XA 型继电器输出端子接线

2.3.3　Y 型 CPU 的 I/O 端子接线

1. Y 型输入端子接线

Y 型的输入电路为 24 点/1 公共，输入端子接线如图 2-14 所示，COM 端子的电线必须有充足电流容量。使用高速计数器 2/3 的情况下，将 PLC 系统设定“内置输入”的“高速计数器 2”～“高速计数器 3”设定为“使用”。

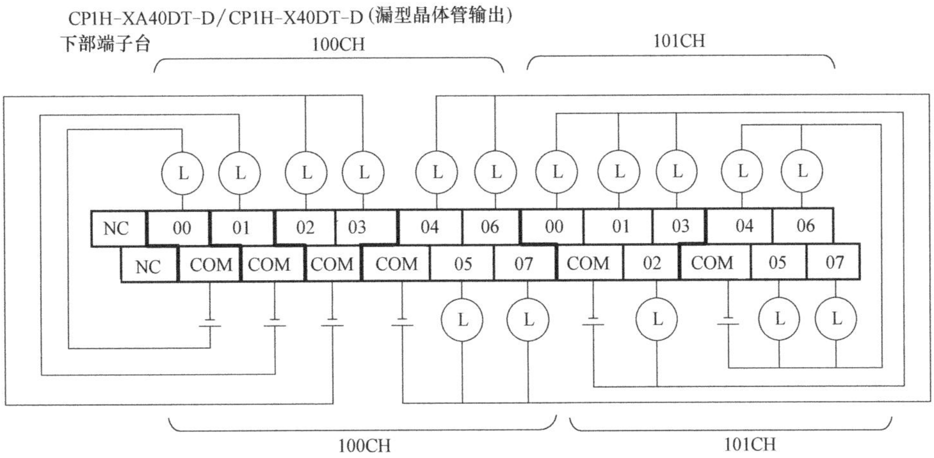

图 2-12 X/XA 漏型晶体管输出端子接线

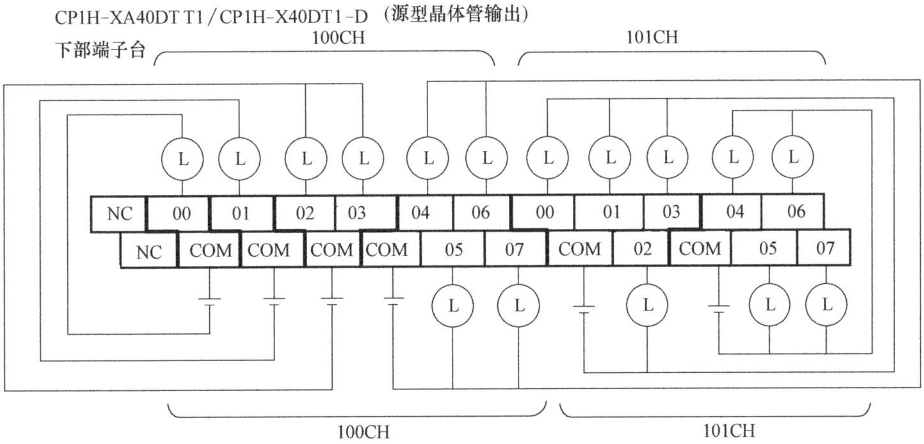

图 2-13 X/XA 源型晶体管输出端子接线

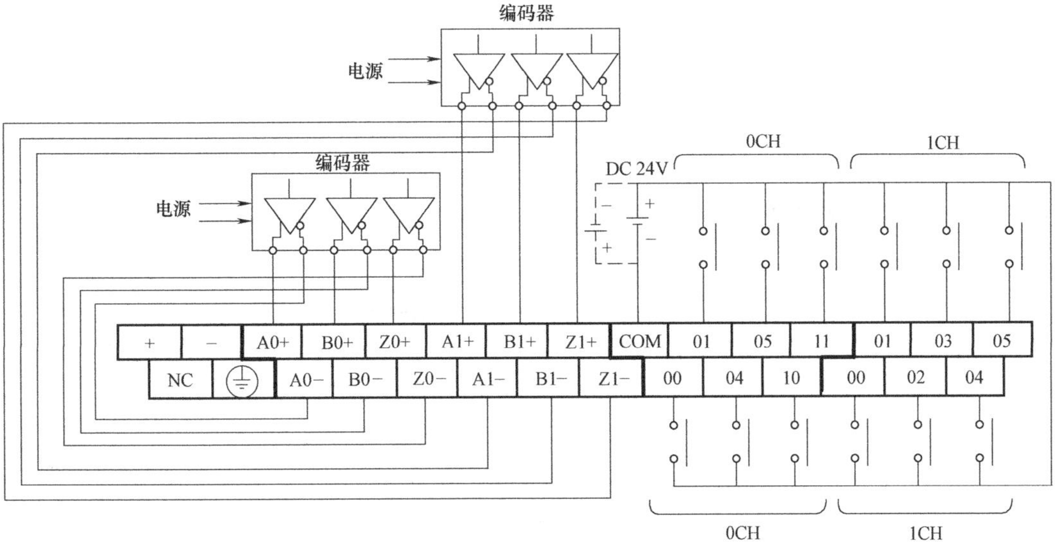

图 2-14 Y 型输入端子接线

2. Y 型输出端子接线

Y 型输出端子接线如图 2-15 所示。

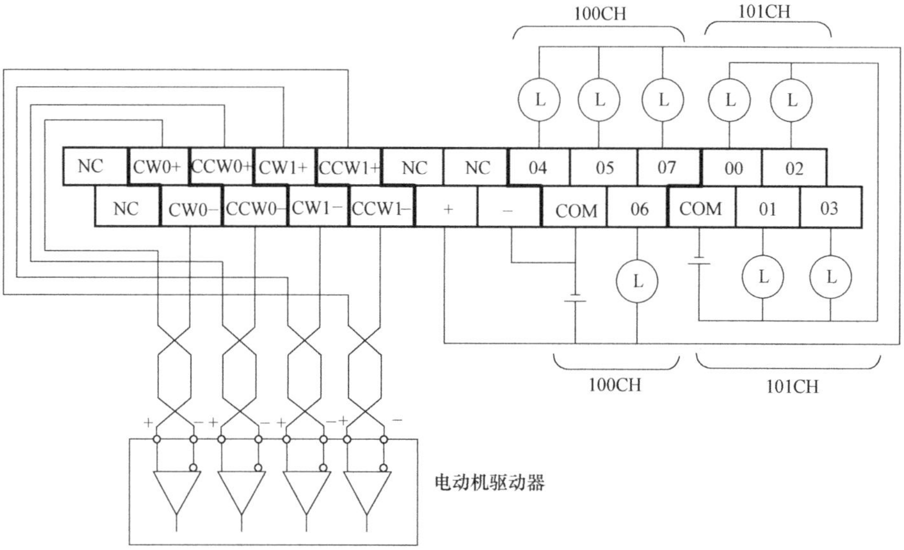

图 2-15　Y 型输出端子接线

CPM1A 系列扩展 I/O 单元等的接线参见 CP1H 型 PLC 操作手册。

2.4　I/O 存储区的分配与编号

I/O 存储器区是指通过指令的操作数可进入的区域，由通道输入/输出继电器区（CIO）、内部辅助继电器区（WR）、保持继电器区（HR）、特殊辅助继电器区（AR）、暂时存储继电器区（TR）、数据存储器（DM）、定时器（TIM）、计数器（CNT）、任务标志（TK）、索引寄存器（IR）、数据寄存器（DR）、状态标志、时钟脉冲等构成。

2.4.1　通道输入/输出继电器区（CIO）

地址指定时前面不附带有英文字母符号的区域，可与各单元进行 I/O 刷新等数据交换，不分配到各单元的区域可作为内部辅助继电器使用。CIO 每个通道（CH）16（0~15）位，各通道段所对应的区域见表 2-4。

表 2-4　各通道段所对应的区域

通道范围	区域	
	XA 型	X/Y 型
(0~16)CH	输入继电器	
(17~99)CH	空闲	
(100~116)CH	输出继电器	

（续）

通道范围	区域	
	XA 型	X/Y 型
(117～199)CH	空闲	空闲
(200～211)CH	内置模拟输入输出继电器	
(212～999)CH	空闲	
(1000～1199)CH	数据链接继电器	
(1200～1499)CH	内部辅助继电器	
(1500～1899)CH	CPU 高功能单元继电器(25CH/单元),又称 CPU 总线单元继电器区域	
(1900～1999)CH	空闲	
(2000～2959)CH	高功能 I/O 单元继电器区域、10CH/单元	
(2960～3099)CH	空闲	
(3100～3199)CH	串行 PLC 链接继电器	
(3200～3799)CH	DviceNet 继电器	
(3800～6143)CH	内部辅助继电器	

空闲是指基本上不使用，但当内部辅助继电器不足时，可作为内部辅助继电器使用，将来也可扩展功能。因此在内部辅助继电器（WR）空闲的情况下，推荐使用内部辅助继电器（WR）。

1. 输入（0～16CH）/输出（100～116CH）继电器

用于分配到 CP1H CPU 的内置输入/输出及 CPM1A 系列扩展 I/O 单元或扩展单元的继电器区域，不使用的输入继电器 CH 及输出继电器编号可作为内部辅助继电器使用。

输入继电器：0.00～16.15（17CH）；输出继电器：100.00～116.15（17CH）。

CP1H 中，输入/输出继电器的开始通道编号是固定的。CP1H CPU 的内置输入/输出中，输入继电器被分配为 0CH 及 1CH，输出继电器为 100CH 及 101CH。CPM1A 系列扩展（I/O）单元中，输入继电器为 2CH 以后，输出继电器为 102CH 以后，按照连接顺序自动分配。

（1）X/XA 型通用输入（24）/输出（16）的分配　X/XA 型（输入 24 点/输出 16 点）的分配如图 2-16 所示。

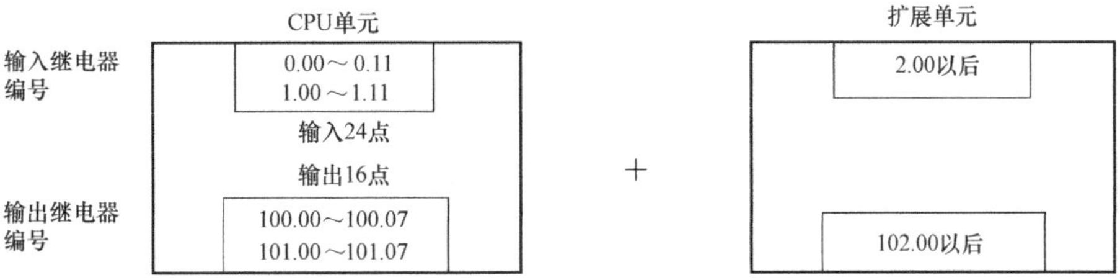

图 2-16　X/XA 型通用输入（24）/输出（16）的分配

1）X/XA 型输入接点的分配如图 2-17 所示。

X/XA 型 CPU 的输入继电器占用 0CH 的位 12 点（00～11）、1CH 的位 12 点（00～11），共 24 点。因为 0CH/1CH 的高位位 12～15 通常会被系统清除，故不可作为内部辅助继电器

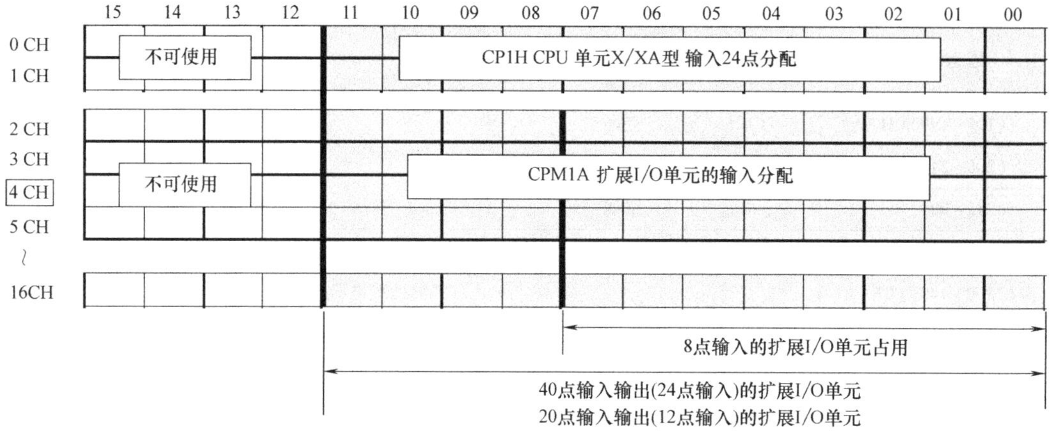

图 2-17　X/XA 型输入接点的分配

使用。

2）X/XA 型输出接点的分配如图 2-18 所示。

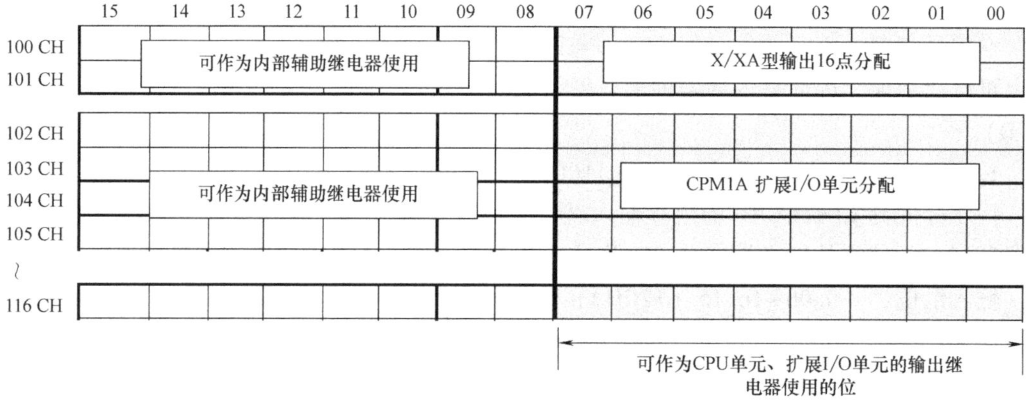

图 2-18　X/XA 型输出接点的分配

X/XA 型 CPU 的输出继电器占用 100CH 的位 8 点（00～07）、101CH 的位 8 点（00～07），共计 16 点。100CH/101CH 的高位位 08～15 可作为内部辅助继电器使用。

（2）Y 型通用输入（12）/输出（8）的分配　Y 型情况下，由于脉冲输入输出专用端子占用，分配到不连续的地址，如图 2-19 所示。

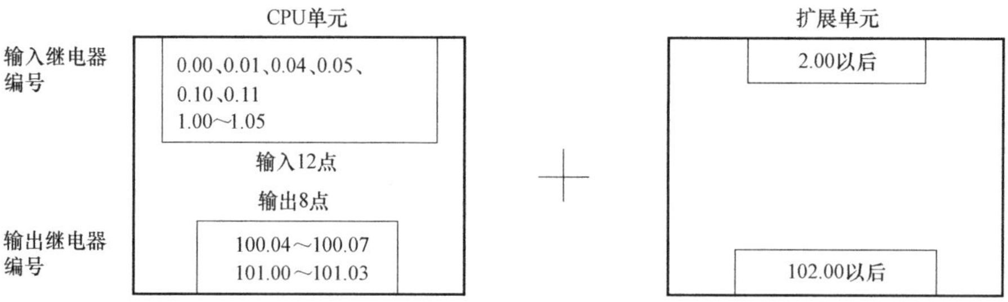

图 2-19　Y 型通用输入（12）/输出（8）的分配

1）Y 型输入接点的分配如图 2-20 所示。

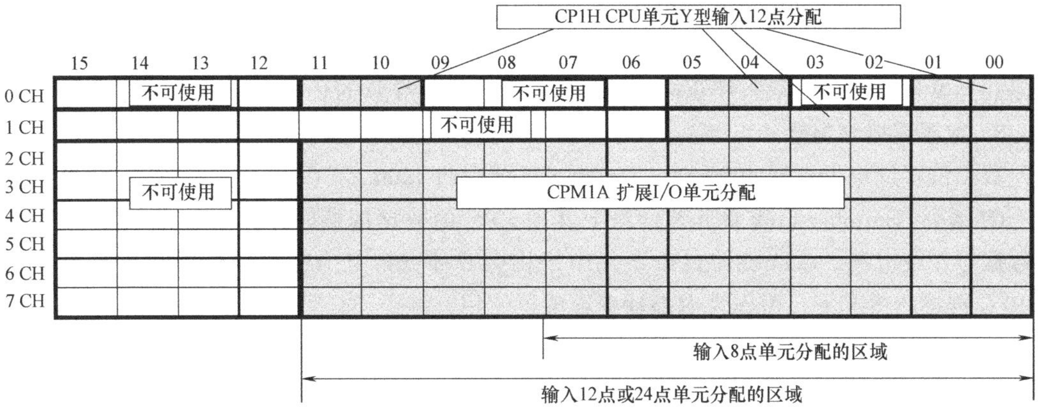

图 2-20　Y 型输入接点的分配

Y 型 CPU 的输入继电器占用 0CH 及 1CH 的位共计 12 点。0CH/1CH 的空闲位通常被系统清除，故不可作为内部辅助继电器使用。

2）Y 型输出接点的分配如图 2-21 所示。

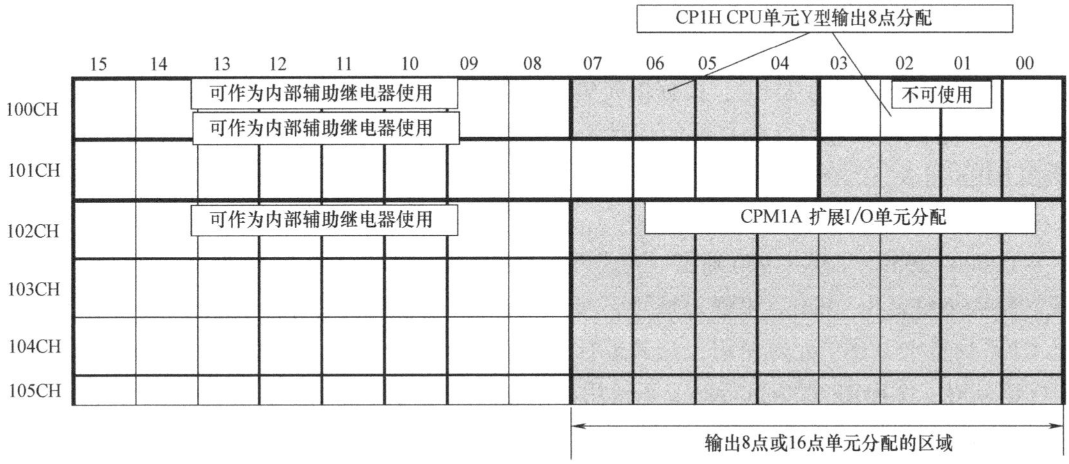

图 2-21　Y 型输出接点的分配

Y 型 CPU 的输出继电器，占用 100CH 及 101CH 的位共计 8 点。空闲位可作为内部辅助继电器使用。

已连接 CPM1A 系列扩展 I/O 单元，在连接扩展单元的情况下，输入继电器从 2CH 开始、输出继电器从 102CH 开始，按照各自的通道单位，根据单元连接顺序被自动地分配。注意根据扩展 I/O 单元、扩展单元不同，输入/输出通道的占用 CH 数也不同。此外，通道编号的分配在 CP1H CPU 的电源接通时自动进行，因此需注意如果单元的连接顺序被更改，则梯形图程序中使用的输入输出继电器编号将与实际的单元布线不同。各个单元种类的继电器编号分配如下：*m* 表示位于本单元左侧的 CPU 或扩展（I/O）单元所占用的输入 CH 编号；*n* 表示位于本单元左侧的 CPU 或扩展（I/O）单元所占用的输出 CH 编号。

2. 内置模拟输入（200~203CH）/输出（210~211CH）继电器（XA 型）

用于分配 XA 型的内置模拟输入/输出的继电器区域。内置模拟输入继电器：（200~

203）CH（四个通道 A-D）；内置模拟输出继电器：（210~211）CH（两个通道 D-A）。

以下情况被清除：①工作模式变更（程序←→运行或监控模式）时；②电源断复位（ON→OFF→ON）时；③用 CX-Programmer 进行清除操作时；④因 FALS 指令执行以外的运行停止异常发生导致的运行停止时（因 FALS 指令执行导致的运行停止时被保持）。

3. 数据链接继电器

数据链接继电器占据 1000.00~1199.15 区域内的 3200 点（1000~1199，共 200CH）。

CJ 系列 Controller Link 单元与网络上其他 CPU 的数据链接时，或者进行 PLC 链接时使用数据链接继电器。Controller Link 单元中未将区域种类指定为链接继电器的情况下及不应用 PLC 链接的情况下，可作为内部辅助继电器使用。

数据链接区域的分配方法包括自动设定（每一个节点的发送通道数都一样）以及任意设定（自由设定每个节点的分配区域、每一个节点的发送通道数为任意，也可仅为发送或接收）。该数据链接继电器在自动设定时可作为数据链接区域被自动分配，区域种类为“链接继电器”。任意设定时，可通过用户定义来分配该继电器。

4. CPU 总线单元继电器

连接 CJ 系列 CPU 总线单元时使用 CPU 总线单元继电器，不使用的继电器编号可作为内部辅助继电器使用。

（1500~1899）CH 共 400 通道。使用 CJ 系列 CPU 总线单元时，可分配状态信息的继电器区域。每一个单元为 25CH，根据单元编号被分配，25CH×16 个机械号码=400 CH。与 CJ 系列 CPU 总线单元进行数据交换的计时为所有用户程序执行后的 I/O 刷新时，每次刷新时及在 IORF 指令下，无法指定。

5. 特殊 I/O 单元继电器

（2000~2959）CH 共 960 通道。可分配 CJ 系列特殊 I/O 单元的状态信息等的继电器区域。每一个单元为 10CH，根据机械号码 No. 相应分配，10CH×96 个机械号码=960CH。连接 CJ 系列特殊 I/O 单元时使用，与其进行数据交换的计时，包括以下两种方法：①通常在 I/O 刷新时；②IORF 指令执行时。不使用的继电器编号可作为内部辅助继电器使用。

6. 串行 PLC 链接继电器

（3100.00~3189.15）CH 共 1440 点（90 通道），是串行 PLC 链接中使用的继电器区域。用于与其他 PLC 的 CPU（CP1H 或 CJ1M 型）进行数据链接。串行 PLC 链接通过内置 RS-232C 接口，进行 CPU 间的数据交换（无程序的数据交换）。串行 PLC 链接区域的分配，根据主站中设定的 PLC 系统设定自动设定，包括串行 PLC 链接的模式、发送通道数和 Max 机械号码 No. 。不使用的继电器编号可作为内部辅助继电器使用。

7. DeviceNet 继电器

（3200~3799）CH 共 600 通道。CJ 系列 DeviceNet 单元中使用的，可通过远程 I/O 通信（固定分配）来分配各从站的区域，不使用的继电器编号可作为内部辅助继电器使用。CPM1A 系列 DeviceNet I/O 链接单元 CPM1A-DRT21 中，应使用输入/输出继电器区域，而与该区域无关。

通过分配继电器区域的软件开关内的固定分配区域设定 1/2/3 开关，可选择以下固定分配区域 1/2/3 中的任何一个，见表 2-5。

表 2-5　DeviceNet 继电器的固定分配区域

区域	主站→从站输出(OUT)区域	从站→主站输入(IN)区域
固定分配区域 1	3200~3263CH(3370CH)	3200~3263CH(3270CH)
固定分配区域 2	3400~3463CH(3570CH)	3500~3563CH(3470CH)
固定分配区域 3	3600~3663CH(3770CH)	3700~3763CH(3670CH)

表中括号内为按照固定分配使用 DeviceNet 单元的远程 I/O 从站功能情况下的分配。

8. 内部辅助继电器

内部辅助继电器包括以下两种：①在 CIO 区域的（1200~1499）CH、（3800~6143）CH；②仅可在程序上使用的继电器区域 W000~W511CH。前者的区域可在功能扩展时分配其他特定用途，而后者不可进行与外部 I/O 端子的输入/输出或 I/O 交换输出，不能通过今后 CPU 的功能扩展分配其他特定用途的区域。因此，基本上内部辅助继电器推荐优先使用 W000~W511CH（下一面 WR 区域），因为该区域可能根据将来 CPU 的版本升级被分配特定的功能。

2.4.2　保持继电器（HR）和特殊辅助继电器（AR）

1. 保持继电器（HR）

保持继电器（HR）指仅可在程序上使用的继电器区域［(H000~H511）CH］，共 512 通道。PLC 上电（OFF→ON）或模式切换（程序模式←→运行模式/监视模式间的切换）时，也保持 ON/OFF 状态。

2. 特殊辅助继电器（AR）

特殊辅助继电器（AR）是系统中被分配特定的功能的继电器，（A000~A959）CH 共 960 通道，其中 A0~A447 通道是可读取/不可写入区域，A448~A959 是可读取/可写入区域。

2.4.3　暂时存储继电器（TR）和数据存储器（DM）

1. 暂时存储继电器（TR）

暂时存储继电器（TR）是指在电路的分支点，TR0~TR15 共 16 个，是暂时存储 ON/OFF 状态的继电器。

2. 数据存储器（DM）

数据存储器（DM）是以字（16 位）为单位来读写的通用数据区域，在 PLC 上电（OFF→ON）或模式切换（程序模式←→运行模式/监视模式间的切换）时也可保持数据。通道数域为 D0~D32767，其中 D20000~D29599 为高功能 I/O 单元用 DM 区域，100 字/单元；D30000~D31599 为 CPU 高功能单元用 DM 区域，100 字/单元。

2.4.4　定时器和计数器

1. 定时器（TIM）

定时器有定时完成标志及定时器当前值两种，可使用 T0~T4095 的 4096 个定时器。

（1）定时完成标志（T）　以接点（1 位）为单位来读取的区域。经过设定时间后，定时器转为 ON。

(2) 定时器当前值 (T)　以字 (16 位) 为单位来读取的区域。当定时器工作时，PV 值增加/减少。

2. 计数器 (CNT)

计数器有计数结束标志 (接点) 及计数器当前值两种，可使用 C0~C4095 的 4096 个计数器。

(1) 计数结束标志 (C)　以接点 (1 位) 为单位来读取的区域。经过设定值后，计数器转为 ON。

(2) 计数器当前值 (C)　以字 (16 位) 为单位来读取的区域。当定时器工作时，PV 值增加/减少。

2.4.5 索引寄存器和数据寄存器

这两个寄存器在每个任务中单独使用，通过到时标志的强制置位/复位来间接更新。而不像其他继电器区域，可在任务间共同使用。

1. 索引寄存器 (IR)

索引寄存器 (IR) 在程序运行时用来更改运算对象地址，是保存 I/O 存储器的有效地址 (RAM 上的地址) 的专用寄存器，间接指定 I/O 存储器使用，又称为变址寄存器。索引寄存器可以在一个任务中使用，或者在所有任务共享。

可直接指定索引寄存器的指令有 MOVR、MOVRW、MOVL、XCGL、SETR、GETR、++L、--L、=L、<>L、<L、<=L、>L、>=L、CMPL、+L 和-L。

2. 数据寄存器 (DR)

数据寄存器 DR0~DR15 共 16 个，是作为寄存器间指定一种“DR (数据寄存器) 偏移指定”时的专用寄存器。这里“DR (数据寄存器) 偏移指定”指定了以 IR□内容加上 DR□内容的值为 I/O 存储器物理地址的接点或通道。DR□的内容作为带符号的 BIN 值为负数的情况下，IR□的内容是负移位。向 DR 中保存值的方法可通过通常的指令来完成。

数据寄存器可以在一个任务中使用，或者在所有任务共享。

2.4.6 任务标志、状态标志和时钟脉冲

1. 任务标志

任务标志 TK00~TK31 共 32 个，适用于周期执行任务 No. 00~31，不适用于中断任务。周期执行任务为执行状态 (RUN) 时置于 1 (ON)，未执行状态 (INI) 或待机状态 (WAIT) 时置于 0 (OFF) 的标志。

2. 状态标志

状态标志是出错 (P_ER)、访问出错 (P_AER)、进位 (P_CY)、大于 (P_GT)、等于 (P_EQ)、小于 (P_LT)、否定 (P_N)、上溢 (P_OF)、下溢 (P_UF)、不小于 (P_GE)、不等于 (P_NE)、不大于 (P_LE)、平时 ON (P_On)、平时 OFF (P_Off) 等 14 种状态的专用标志，反映出各指令的执行结果。

状态标志不是用地址而是用标签 (名称) 来指定，不能用指令将直接向状态标志位写入 ON/OFF 内容，即使 CX-Programmer 也不能，仅可读取，不可强制置位/复位，当任务切

换时被清除。

3. 时钟脉冲

根据 CPU 内置定时器置为 ON/OFF，为系统按照恒定的时间间隔产生的 ON/OFF 脉冲接点。时钟脉冲也不是用地址而是用标签（名称）来指定，不能用指令将 ON/OFF 内容直接写入，即使 CX-Programmer 也不能，仅可读取或作为接点使用，运行开始时被清除。

2.4.7 I/O 存储区分配与编号

I/O 存储区分配与编号见表 2-6。

表 2-6　I/O 存储区分配与编号

名称			点数	通道编号	外部 I/O 分配
通道 I/O 区（CIO）	输入/输出继电器	输入继电器	272 点(17CH)	0~16CH	可以:CP1H CPU;CPM1A 用扩展 I/O 单元、扩展单元
		输出继电器	272 点(17CH)	100~116CH	
	内置模拟 I/O 继电器	内置模拟输入继电器	4CH	200~203CH	可以:（内置模拟输入端子）
		内置模拟输出继电器	2CH	210~211CH	可以:（内置模拟输入端子）
	数据链接继电器		3200 点(200CH)	1000~1199CH	有条件:(数据链接)
	CPU 总线单元继电器		6400 点(400CH)	1500~1899CH	有条件:CPU 总线单元
	总线 I/O 单元继电器		15360 点(960CH)	2000~2959CH	有条件:总线 I/O 单元
	串行 PLC 链接继电器		1440 点(90CH)	3100~3189CH	有条件:串行 PLC 链接
	DeviceNet 继电器		9600 点(600CH)	3200~3799CH	有条件:DeviceNet 主站(固定分配时)
	内部辅助继电器		4800 点(300CH)	1200~1499CH	
			37504 点(2344CH)	3800~6143CH	
内部辅助继电器			8192 点(512CH)	W000~W511CH	
保持继电器			8192 点(512CH)	H000~H511CH	
特殊辅助继电器			15360 点(960CH)	A000~A959CH	
暂存继电器			16 个	TR0~TR15	
数据存储器			32768CH	D00000~D32767CH	
计时完成标志			4096 点	T0000~T4095CH	
计数结束标志			4096 点	C0000~C4095CH	
定时器当前值			4096CH	T0000~T4095CH	
计数器当前值			4096CH	C0000~C4095CH	
任务标志			32 点	TK0~TK31	
变址寄存器或索引寄存器			16 个	IR0~IR15	
数据寄存器			16 个	DR0~DR15	

第3章

欧姆龙PLC的编程软件

欧姆龙 PLC 编程软件 CX-Programmer 是优秀的可编程序控制器软件，提供了一个基于 CPS（Component and Network Profile Sheet）的集成开发环境，支持 CS/CJ、CV、C、FQM、CP1H/CP1L/CP1E 等多个系列指令，支持欧姆龙全系列 PLC，支持离线仿真，适用于已具有电气系统知识的工作人员使用。编程软件 CX-One 集成欧姆龙 PLC 和 Components 的支持软件，提供了一个基于 CPS 集成开发环境，支持 Win7 32 位和 64 位的系统，当然也支持 XP 系统。

3.1 编程软件 CX-Programmer

欧姆龙 PLC 编程软件集成了 PLC 和 Components 的支持软件，具有以下特点：

1）可在 I/O 表内设定 CPU 总线单元和特殊单元，不需要手动设定和区分地址；

2）CX-One 软件的 CPU Bus 单元与特殊单元设定可以在线与实际 PLC 的 CPU 总线单元和特殊单元设定进行比较，并将不符合的标出；

3）可以以图形方式显示网络结构；

4）多语言支持，可以安装中文版本；

5）CP、CJ、CS 系列的 CPU 可以支持离线仿真，触摸屏 NS 系列也支持在线离线仿真，即可以把触摸屏和 PLC 放在一起离线仿真。

3.1.1 安装编程软件 CX-Programmer

CX-Programmer 适用于 C、CV、CS1、CPM、CP1、SRM 系列 PLC，可实现用户程序的建立、编辑、检查、调试以及监控，还有完善的维护功能，使程序开发及系统维护更加简单、快捷。

CD 或下载解压 CX-Programmer 9.3 绿色安装版，大小约为 241MB，双击 exe 程序即可安装。图 3-1 和图 3-2 所示为安装过程中的界面。

3.1.2 编程软件 CX-Programmer 的主要功能及界面

1. 主要功能

CX-Programmer 编程软件的主要功能有：

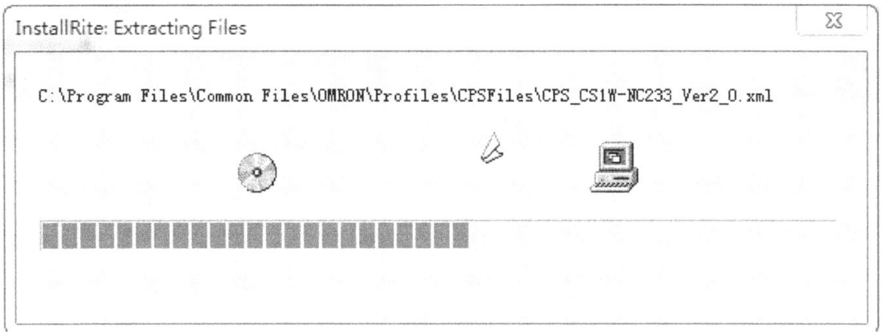

图 3-1　CX-Programmer 9.3 安装过程界面 1

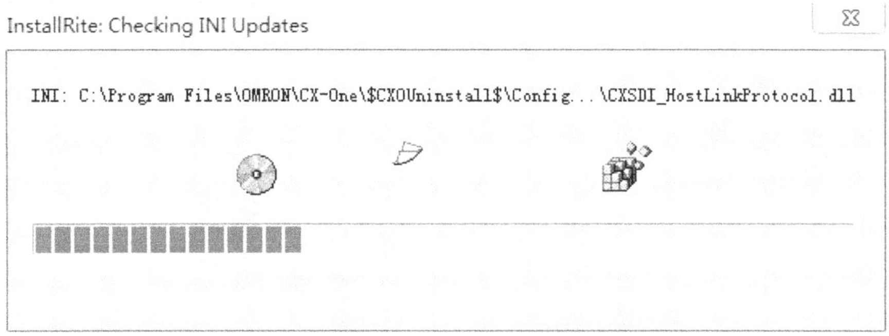

图 3-2　CX-Programmer 9.3 安装过程界面 2

1）为适用的 PLC 建立和编辑梯形图或助记符程序；

2）建立和检索 I/O 表；

3）改变 CPU 的操作模式；

4）在个人计算机和 PLC 之间传送程序、内存数据、I/O 表、PLC 设置值和 I/O 注释；

5）在梯形图上显示监控 I/O 状态和当前值，在助记符上显示监控 I/O 状态和当前值，以及在 I/O 内存上显示监控当前值。

CX-Programmer Ver9.3 的改进功能有：

1）增加了对 ST 编辑器查看行号指示功能，还可以指定跳转的行号；

2）从单词列表中选择功能和注册标志；

3）按 Tab 键的同时可控制语句启动功能，非常容易输入控制语句框架；

4）红色波浪线表示 ST 程序中存在语法错误，无需编译检查就能发现。

2. 编程界面

CX-Programmer 编程软件界面的外观如图 3-3 所示。编程界面包括标题栏、菜单栏、工具栏、状态栏以及五个窗口（可用“视图”菜单中的“窗口”项来选择显示窗口），下面将简要介绍各部分的功能。

（1）标题栏　标题栏是在窗口顶部包含窗口名称、程序图标、“最小化”“最大化”和“关闭”按钮的水平栏。要显示有“还原”和“移动”等按钮的菜单，可右键单击标题栏。

（2）菜单栏

1）文件（F）菜单可完成如新建、打开、关闭、保存文件、文件的页面设置、打印预

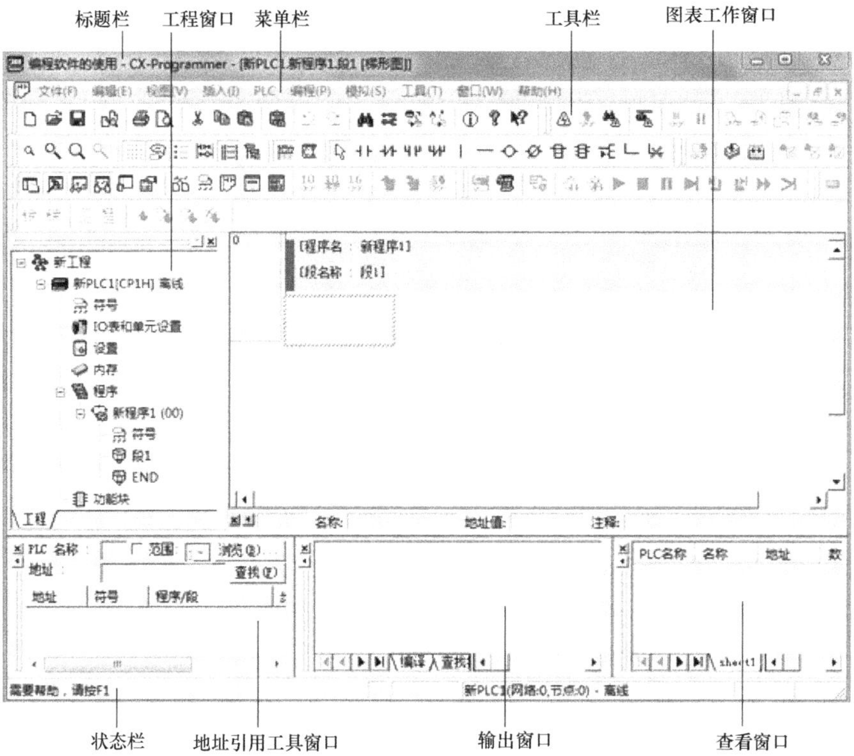

图 3-3 编程软件 CX-Programmer 的界面

览和打印设置等操作。

2）编辑（E）菜单提供编辑程序用的各种工具，如选择、剪切、复制、粘贴程序块或数据块的操作，以及查找、替换、插入、删除和微分等功能。

3）视图（V）菜单可以设置编程软件的开发环境，如选择梯形图或助记符编程窗口，打开或关闭工程窗口、查看窗口、输出窗口等，显示全局符号表或本地符号表等。

4）插入（I）菜单用于在梯形图或助记符程序中插入行、列、指令或触点、线圈等。

5）PLC 菜单用于实现与 PLC 联机时的一些操作，如设置 PLC 在线或离线工作方式以及编程、调试、监视和运行四种工作模式；所有程序在线编译；上传或下载程序；查看 PLC 信息等。

6）编程（P）菜单实现梯形图和助记符程序的编译。

7）工具（T）菜单用于设置 PLC 的型号和网络配置工具、创建快捷键以及改变梯形图的显示内容。

8）窗口（W）菜单用于设置窗口的排放方式。

9）帮助（H）菜单可以方便地检索各种帮助信息，而且在软件操作过程中，可随时按 F1 键来显示在线帮助。

（3）工具栏　工具栏是将 CX-Programmer 编程软件中最常用的操作以按钮形式显示，提供更快捷的鼠标操作。可以用“视图”菜单中的“工具栏”选项来显示或隐藏各种按钮。

（4）工程窗口　在工程窗口中，以分层树状结构显示与工程相关的 PLC 和程序的细节。一个工程可生成多个 PLC，每个 PLC 包含全局符号表、设置、内存、程序等内容，而每个程序又包含本地符号表和程序段。工程窗口可以实现快速编辑符号、设定 PLC 以及切换各个程序段的显示。

（5）图表工作窗口　图表工作窗口用于编辑梯形图或语句表程序，并可显示全局变量或本地变量等内容。

（6）输出窗口　输出窗口可显示程序编译的结果（如有无错误、错误的内容和位置），以及程序传送结果等信息。

（7）查看窗口　在查看窗口中，可以同时显示多个 PLC 中某个地址编号的继电器的内容，以及它们的在线工作情况。

（8）地址引用工具窗口　地址引用工具窗口用来显示具有相同地址编号的继电器在程序中的位置和使用情况。

（9）状态栏　在编程时，状态栏将提供一些有用的信息，如即时帮助、PLC 在线或者离线状态、PLC 工作模式、连接的 PLC 和 CPU 类型、PLC 连接时的循环时间及错误信息等。

3.1.3　编程软件 CX-Programmer 的使用

用 CX-Programmer 编制用户程序可按以下步骤进行：启动 CX-Programmer 软件、建立新工程文件、绘制梯形图、编译程序、下载程序和监视程序运行等。

1. 启动 CX-Programmer 编程软件

在开始菜单中双击 OMRON/CX-One/CX-Programmer/CX-Programmer，即可启动 CX-Programmer 编程软件，图 3-4 所示为 CX-Programmer 启动时的初始界面，图 3-5 所示为软件启动后的界面。

a) CX-Programmer V9.3启动时的初始界面

b) CX-Programmer V9.5启动时的初始界面

图 3-4　CX-Programmer 启动时的初始界面

2. 建立新工程文件

启动 CX-Programmer 后，单击文件菜单中的“新建”命令，或者直接单击工具栏的“新建”按钮来创建一个新工程。此时，屏幕上出现如图 3-6 所示的对话框，可进行 PLC 的设置。

1）在“设备名称”栏中键入新建工程的名称。

2）在“设备类型”栏中选择 PLC 的系列号，然后再单击其右边的“设定”按钮，设置 PLC 型号、程序容量等内容。

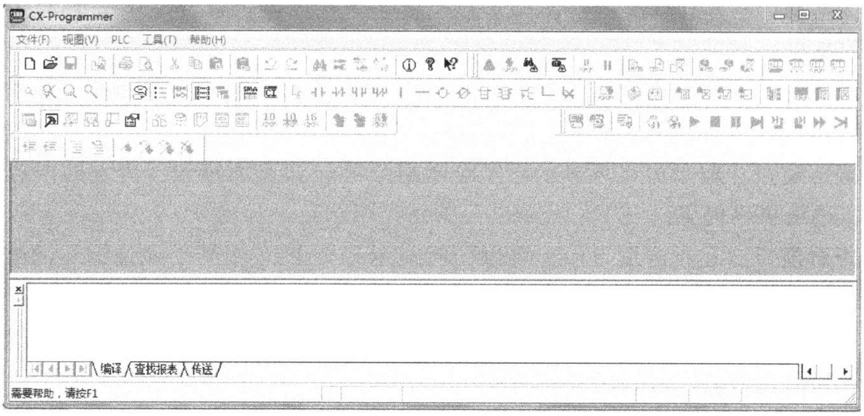

图 3-5　CX-Programmer 启动后的界面

3）在“网络类型”栏中选择 PLC 的网络类型，一般采用系统的默认值。

4）在“注释”栏中输入与此 PLC 有关的注释。

在完成以上的设置后，单击“变更 PLC”对话框下方的“确定”按钮，则显示如图 3-7 所示的 CX-Programmer 编程软件的操作界面，该操作界面为新工程的离线编程状态。

图 3-6　“变更 PLC”窗口

在如图 3-8 所示的工程窗口中，如果要操作某个项目，则可以右键单击该项目图标，然后在出现的菜单中选择所需的命令；或者在选中该项目后单击菜单栏中的选项，选择相应的命令；还可以利用工具栏中的快捷按钮。下面将介绍工程窗口中的各个项目及其操作。

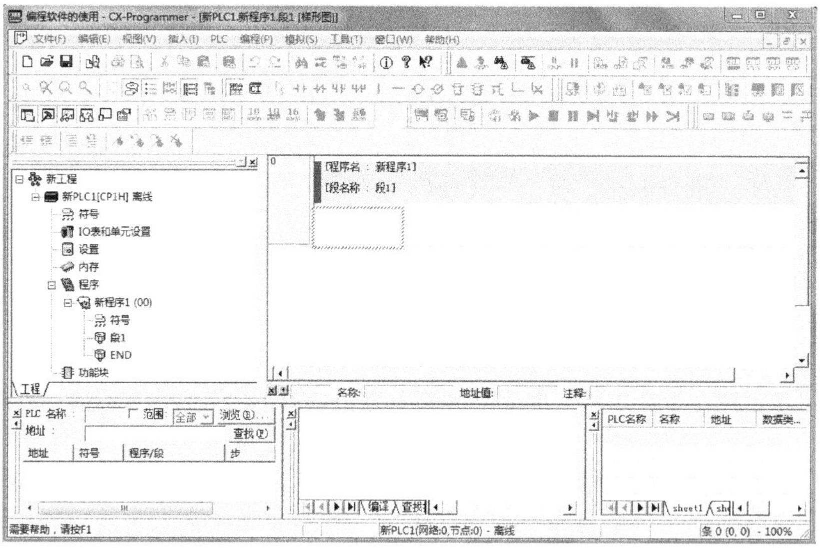

图 3-7　新建文件后 CX-Programmer 操作界面

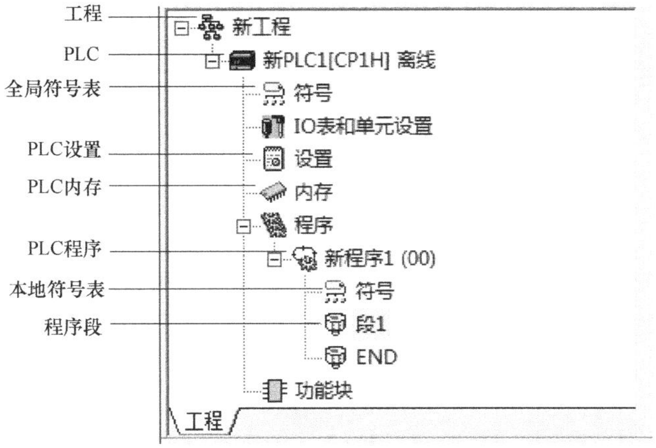

图 3-8　工程窗口

(1) 工程　在“工程”项目中，可以进行重命名、创建新的 PLC 以及将 PLC 粘贴到工程中等操作。CX-Programmer 软件还提供了多台 PLC 的联控功能。

(2) PLC　在“PLC”项目中，可实现对 PLC 修改（G）、改变 PLC 操作模式、设置 PLC 为在线工作状态、自动分配内存、编译所有的 PLC 程序、上传或下载 PLC 程序等功能。

(3) 全局符号表和本地符号表　PLC 中，符号是地址和数据的标识符，在每个程序中都能使用的符号称为全局符号，而只能在某个程序中使用的符号称为本地符号。

利用符号表可以编辑符号的名称、数据类型、地址和注释等内容。使用符号表后，一旦改变符号的地址，程序就会自动启用新地址，简化了编程操作。每个 PLC 下有一个全局符号表，而每一个程序下有一个本地符号表。每个符号名称在各自的表内必须是唯一的，但在全局符号表和本地符号表内允许出现相同的符号名称，本地符号优于全局符号。

双击工程中 PLC 下的“符号表”图标，将显示如图 3-9 所示的全局符号表，表中会自动填入一些与 PLC 型号有关的预先定义好的符号，其中带前缀“P_”的符号不能被用户所修改。

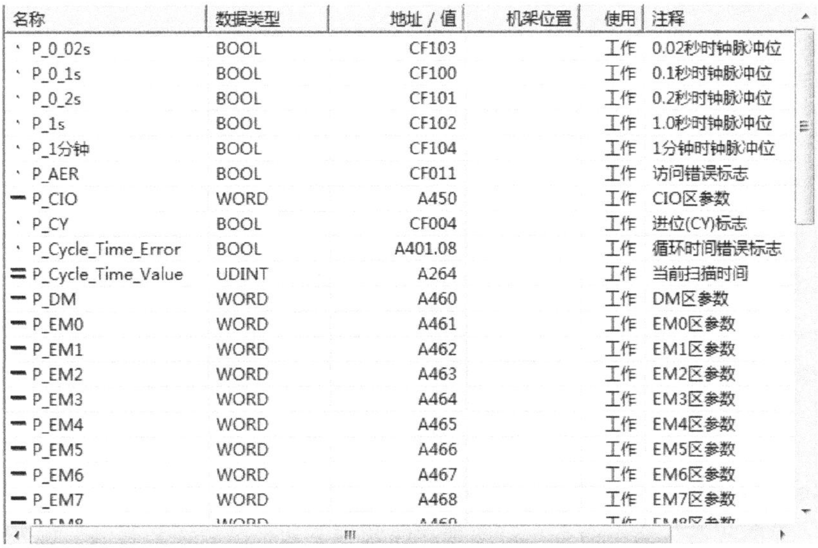

名称	数据类型	地址 / 值	机架位置	使用	注释
P_0_02s	BOOL	CF103		工作	0.02秒时钟脉冲位
P_0_1s	BOOL	CF100		工作	0.1秒时钟脉冲位
P_0_2s	BOOL	CF101		工作	0.2秒时钟脉冲位
P_1s	BOOL	CF102		工作	1.0秒时钟脉冲位
P_1分钟	BOOL	CF104		工作	1分钟时钟脉冲位
P_AER	BOOL	CF011		工作	访问错误标志
P_CIO	WORD	A450		工作	CIO区参数
P_CY	BOOL	CF004		工作	进位(CY)标志
P_Cycle_Time_Error	BOOL	A401.08		工作	循环时间错误标志
P_Cycle_Time_Value	UDINT	A264		工作	当前扫描时间
P_DM	WORD	A460		工作	DM区参数
P_EM0	WORD	A461		工作	EM0区参数
P_EM1	WORD	A462		工作	EM1区参数
P_EM2	WORD	A463		工作	EM2区参数
P_EM3	WORD	A464		工作	EM3区参数
P_EM4	WORD	A465		工作	EM4区参数
P_EM5	WORD	A466		工作	EM5区参数
P_EM6	WORD	A467		工作	EM6区参数
P_EM7	WORD	A468		工作	EM7区参数

图 3-9　全局符号表

双击工程中任一程序下的“符号表”图标，将显示如图 3-10 所示的本地符号表。

名称	数据类型	地址 / 值	机架位置	使用	注释
SB1	BOOL	0.00	主机架：槽 ...	输入	起动
SB2	BOOL	0.01	主机架：槽 ...	输入	停止
KM	BOOL	10.00		工作	控制电动机

图 3-10　本地符号表

（4）设置　双击工程中 PLC 下的“设置”图标，出现如图 3-11 所示的“PLC 设置”窗口，可设置 PLC 的系统参数，一般应用只要采用默认值即可。设置完毕，可用该窗口的“选项”菜单中的命令将设置传送到 PLC，当然也可从 PLC 中读出原有的设置内容。

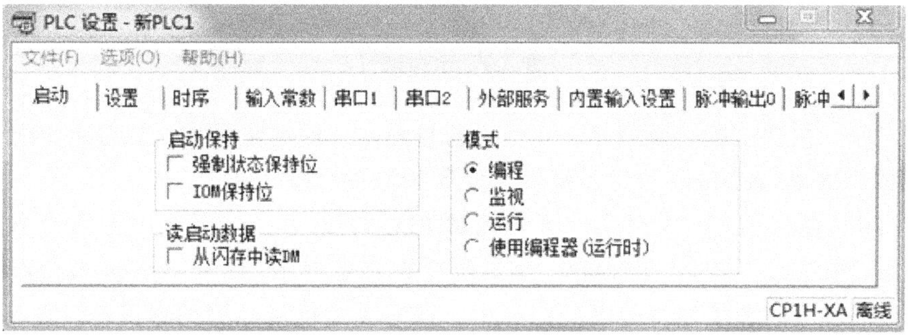

图 3-11　“PLC 设置”窗口

（5）内存　双击工程中 PLC 下的“内存”图标，出现如图 3-12 所示的“PLC 内存”窗口，左侧窗口列出了 PLC 的各继电器区，若双击“IR”图标，则右侧窗口将显示 PLC 的 IR 继电器区中各字的工作状态。运用该窗口可对 PLC 的内存数据进行编辑、监视、上传和下载等操作。

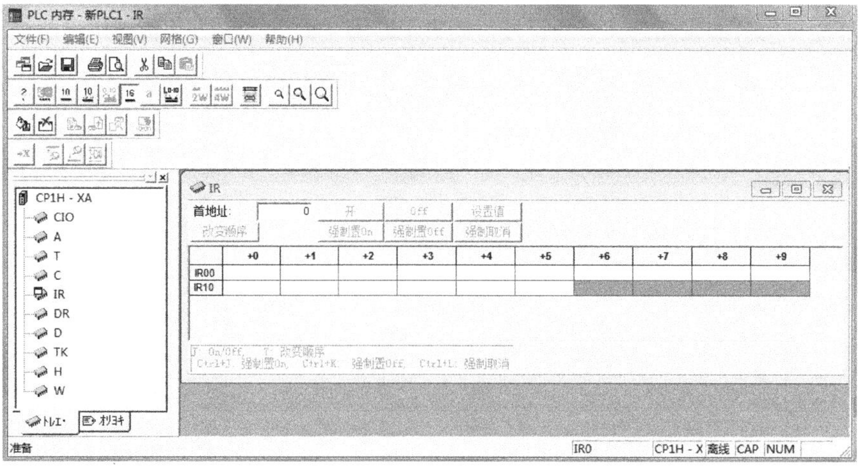

图 3-12　“PLC 内存”窗口

单击“PLC 内存”窗口中左下方的“地址”标签，会出现如图 3-13 所示的窗口，包含“监视”和“强制状态”两个命令，可实现在线状态下地址的监视和强制，以及扫描和处理地址强制状态信息等。

(6) 程序　在“程序”项目中，可对程序进行打开、插入、编译、重命名等操作，若双击“程序”图标，还可显示程序中各段的名称、起始步、结束步、注释等信息。若一个工程中有多个“新程序”段，则PLC将按设定的顺序扫描执行各段程序，当然也可通过“程序属性”中的命令来改变各“新程序”的执行顺序。

(7) 程序段　一个新程序可以分成多个程序段，可分别对这些段进行编辑、定义和标识。当PLC处于在线状态时，工程窗口还会显示PLC的“错误日志”等图标。

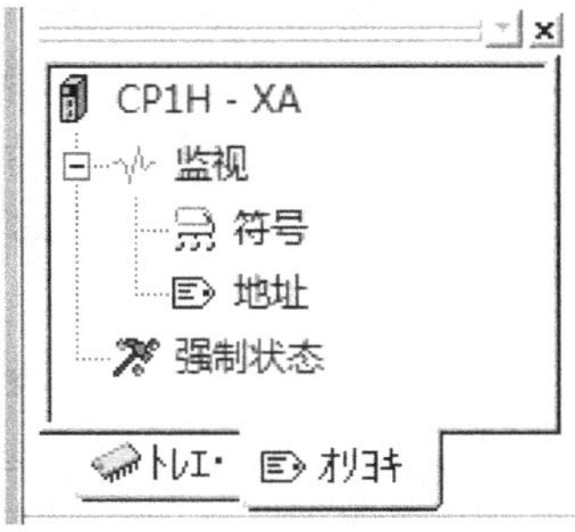

图3-13　“PLC内存”窗口的“地址”标签

3. 绘制梯形图

下面以“电动机的定时控制”程序为例，简要说明使用CX-Programmer软件编写梯形图的过程。电动机的定时控制要求电动机起动运行2min后自动停止。

1) 先用鼠标选取工具栏中的“动合触点”按钮，然后在如图3-7所示的梯形图编辑窗口中，单击第一条指令行的开始位置，将弹出如图3-14所示的“新接点”对话框，输入图中的各项内容后，单击“确定”按钮。

2) 图3-15显示第一个触点已经输入到第一行的起始位置。触点的上方是该常开触点的名称和地址，下方是注释。触点左侧红色（图中显示为黑色）标记表示所在指令条存在逻辑错误或者不完整。

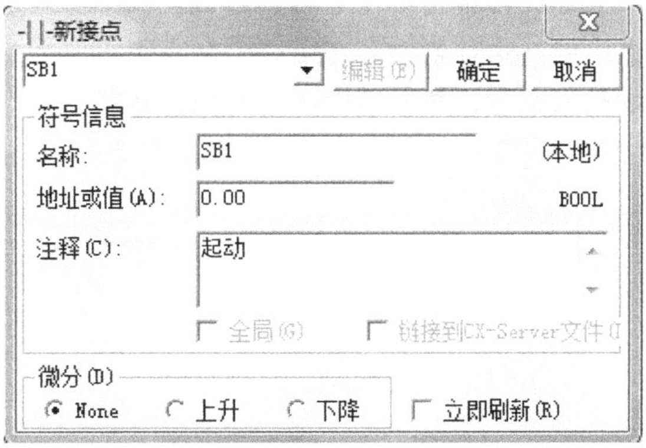

图3-14　输入“新接点”对话框

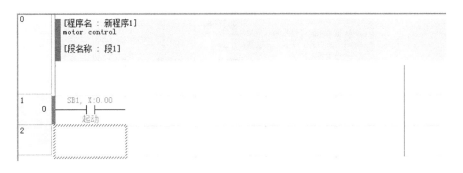

图3-15　显示常开触点

如果想改变触点的显示方式，则可利用“工具”菜单中的“选项”命令来实现，如图3-16所示。

3) 要在第一个触点右边串联一个常闭触点，可用鼠标选取工具栏中的“动断触点”按钮，然后单击第一个触点右侧，在弹出的对话框中输入相应内容，完成第二个触点输入。

4) 要在第一行的最后输入一个线圈，可用鼠标选取工具栏中的“新线圈”按钮，然后按照上述方法完成线圈的输入。当光标离开线圈时，软件会自动将该线圈调整到紧靠右母线的位置，如图 3-17 所示。线圈输入完毕后，第一个触点左侧的红色标记会自动消失。

图 3-16 “选项”对话框（梯形图信息）

如果要改变右母线在梯形图中的显示位置，则可以通过“工具”菜单中的“选项”命令来实现。选项对话框如图 3-18 所示，只要改变图中“初始位置（单元格）”的数值即可。

5）要在第一个触点下方并联一个动合触点，可用鼠标选取工具栏中“新的纵线”按钮，再单击第一个触点右侧，添加一条纵线，此时软件会在第一个触点下方自动插入空行，然后按第一步方法，在第一个触点下方添加一个动合触点，如图 3-19 所示。

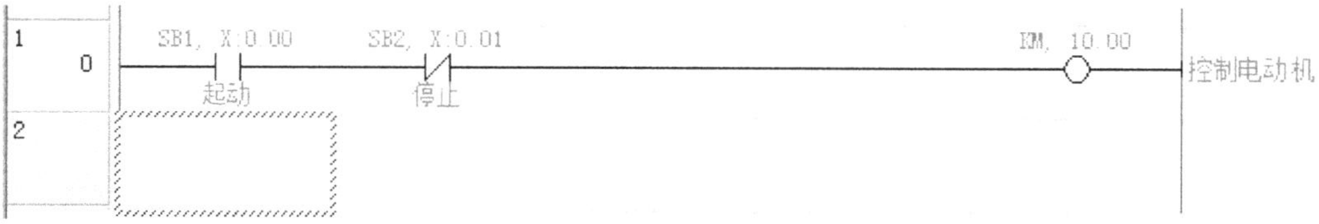

图 3-17 添加输出线圈

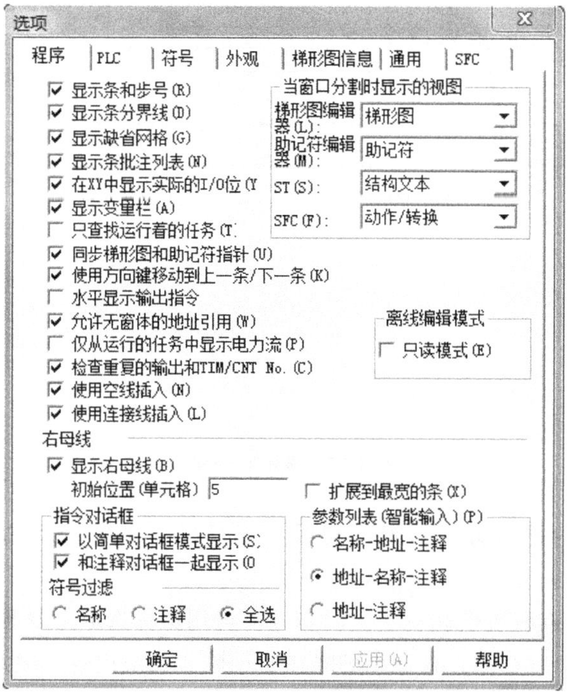

图 3-18 “选项”对话框（梯形图）

图 3-19 添加纵线以并联一个触点

6）在第二行首先输入动合触点 KM，10.00，再输入定时器线圈，用鼠标单击工具栏中“新的 PLC 指令（I）”按钮，并单击第二行右边空白处，将出现如图 3-20 所示的对话框，输入定时器指令和操作数后，单击“确定”按钮，显示内容如图 3-21 所示。

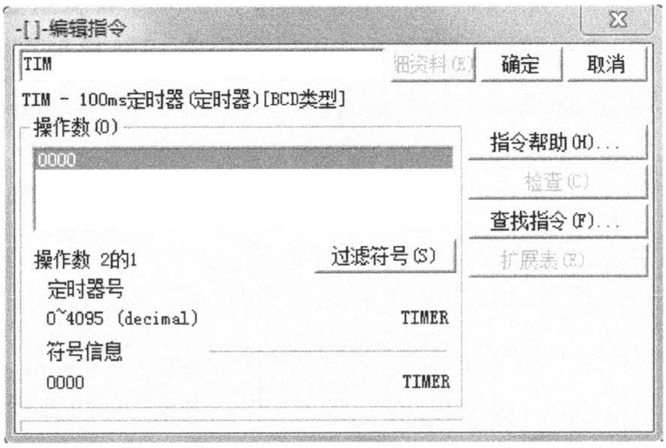

图 3-20 “输入定时器指令”对话框

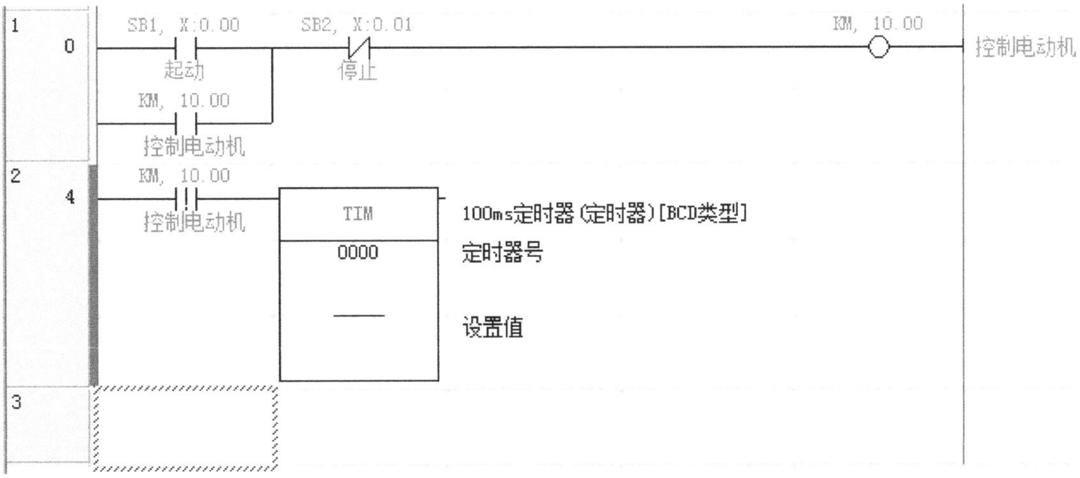

图 3-21 显示定时器指令

用鼠标双击图 3-21 中定时器“设置值”的左边，将出现如图 3-22 所示的对话框，在“操作数”栏的第二行输入定时器的定时常数“#1200”后，单击“确定”按钮完成定时器的输入。

7）在输出线圈 KM，10.00 前插入一个定时器动断触点，按照 3）的方法来完成。

8）输入程序结束指令“END”。用鼠标单击工具栏中的“新的 PLC 指令（I）”按钮，并单击梯形图中第三行的起始处，在弹出对话框的“指令”栏中输入“END”，单击“确定”按钮后，显示的内容如图 3-23 所示。至此，全部程序输入完毕。

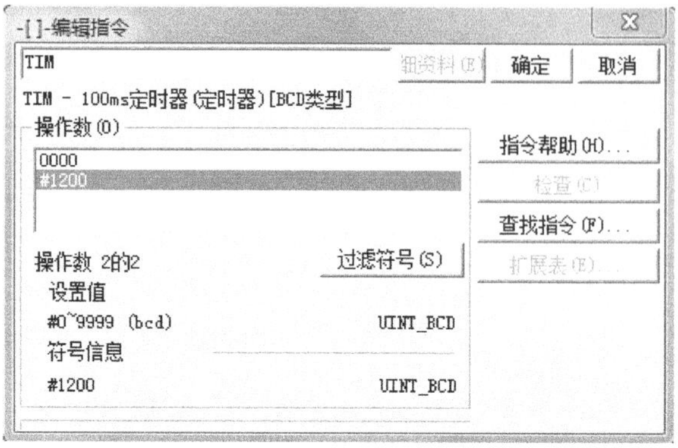

图 3-22 “输入定时器设置值”对话框

梯形图程序编辑完成后，可以通过双击工程窗口中“新程序”下的“符号”项，显示本地符号表，查看该程序段中各符号的使用情况。用“视图”菜单中的“助记符（M）”命令来切换梯形图与助记符的显示窗口，显示助记符程序，如图 3-24 所示。

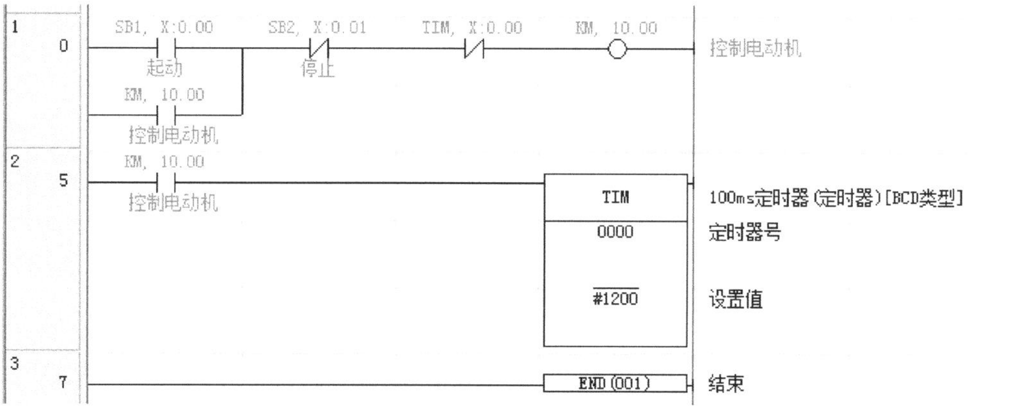

图 3-23 添加定时器动断触点和 END 指令

条	步	指令	操作数	值	注释
1	0	LD	SB1		起动
	1	OR	KM		控制电动机
	2	ANDNOT	SB2		停止
	3	ANDNOT	TIM		
	4	OUT	KM		控制电动机
2	5	LD	KM		控制电动机
	6	TIM	0000 #1200		
3	7	END(001)			

图 3-24 助记符程序

4. 程序的检查和编译

可通过“PLC”菜单中的“程序检查选项”命令来实现程序编辑过程的语法、数据等检查，当出现错误时，会在相应指令条左母线前出现红色标记，并在输出窗口中显示错误信息。

程序编辑完成后，单击工具栏中“编译程序”按钮，或者选择“编程（P）”菜单中

“编译”命令进行程序编译，检查程序的正确性，编译结果将显示在输出窗口中。当“错误”级别较高时，可能会导致程序无法运行，而“警告”级别较低，程序仍然可以运行。

5. 下载程序

程序编译完成后，要将程序传送到 PLC 中，可按以下三个步骤进行：

1）使用专用电缆连接 PLC 与计算机，并在离线的状态下进行 PLC 的接口设置。

2）选择“PLC”菜单中的“在线工作”命令，或单击工具栏中的“在线工作”按钮，在出现的确认对话框中，选择“是”，建立起 PLC 与计算机的通信。此时 CPU 面板上的通信灯不断闪烁，梯形图编辑窗口的背景由白色变为灰色，表明系统已经正常进入在线状态。

3）开始下载程序。选择“PLC”菜单中的“传送”命令，在弹出的下拉菜单中单击“到 PLC”，将出现下载选项对话框，在选项中选取“程序”，并确认，就可以实现程序的下载。也可单击工具栏中的“传送到 PLC”按钮来实现程序的下载。

6. 程序的调试及监控

（1）程序监控　首先选择“PLC”菜单中“操作模式”下的“运行”或“监视”命令，PLC 开始运行程序；然后选择“PLC”菜单中的“监视”命令，使程序进入监控状态，以上操作也可利用工具栏中的快捷按钮实现。进入程序的监控状态后，梯形图窗口中被点亮的元件表示是导通的，否则为断开。

通过“视图”→“窗口”→“查看”也能实现程序的运行监视，将要观察的地址添加到查看窗口中，利用元件值信息就可知道该元件的工作情况，如图 3-25 所示。

PLC名称	名称	地址	数据类...	功能块...	值	值(二...	注释
新PLC1	新程序...	0.00	BOOL ...				起动
新PLC1	新程序...	0.01	BOOL ...				停止
新PLC1	新程序...	10.00	BOOL ...				控制电动机

图 3-25　“查看”窗口

（2）暂停程序监控　暂停监视能够将程序的监视冻结在某一时刻，这一功能对程序的调试有很大帮助。触发暂停监视功能可以用手动触发或者触发器触发来实现，步骤如下：

1）在监视模式下，选择需要暂停监视的梯级。

2）单击工具栏中“以触发器暂停”按钮，在出现的对话框中选择触发类型，即手动或触发器。若选择触发器，则在“地址和姓名”栏中键入触发信号地址，并选择“条件”类型。当触发条件满足时，“暂停监视”将出现在刚才所选择的区域。要恢复完全监视，可再单击“以触发器暂停”按钮。若选择手动，则在监视开始后，等屏幕中出现所需的内容时，单击工具条中“暂停”按钮，使暂停监视功能发生作用。要恢复完全监视，可再次单击“暂停”按钮。

（3）强制操作　强制操作是指对梯形图中的元件进行强制性的赋值，来模拟真实的控制过程，以验证程序的正确性。先选中要操作的元件，再选择“PLC”菜单中的“强制”命令，此时，进行强制操作的元件会出现强制标记。元件的强制操作可通过相同的方法解除。

（4）在线编辑程序　下载完成后，程序变成灰色，将无法进行直接修改，但可利用在线编辑功能来修改程序，提高编程效率。

先选择要编辑的对象，再选择程序菜单中“在线编辑”命令，在弹出的子菜单中选择“开始”，此时，编辑对象所在的梯级的背景将由灰色变为白色，表示可以对其进行编辑。当编辑完成时，利用程序菜单的“在线编辑”中的“发送修改”命令将修改的内容传送到PLC。传送结束后，梯级的背景又会变成灰色，处于只读状态。

3.2 仿真软件 CX-Simulator

编程软件 CX-Programmer 安装后才能集成仿真软件 CX-Simulator，使用时不用单独打开，只要在编程软件中单击仿真按钮即可打开。CX-Programmer V4.0 之前基本不用模拟器，从 V6.1 开始与 CX-Simulator 都集成在 CX-One 中，基本不存在无法匹配的问题。

3.2.1 CX-Simulator 的组成

如图 3-26 所示，CX-Simulator 软件由五个部分组成，即梯形图驱动、FINS 网关、调试、虚拟外部 I/O 功能、网络通信。

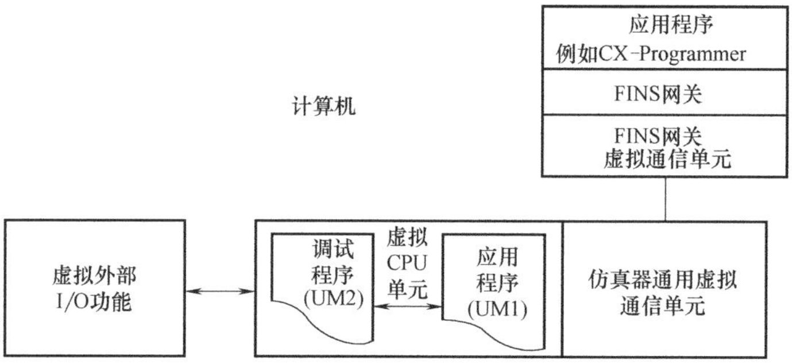

图 3-26 CX-Simulator 组成

CX-Simulator 软件的主要调试功能包括：①单步执行；②指定启动点、暂停点及 I/O 暂停条件；③继电器扫描；④任务执行后的数据和时间检查、估算 PLC 扫描周期；⑤模拟中断启动；⑥提供串口通信和网络通信的调试手段等。

3.2.2 CX-Simulator 的使用

支持 CX-Simulator 仿真的 PLC 型号有：CS1G、CS1H、CJ1G、CJ1H、CJ1M、CS1D、CP1H、CJ2H、CP1E、CJ2M 等。

1. CX-Simulator 的启动

有两种启动 CX-Simulator 的方法。一是从 CX-Programmer 中通过“在线模拟”启动，如图 3-27 所示；二是从 Windows 开始菜单中，直接选择 CX-Simulator 启动。

启动 CX-Simulator 后，会弹出如图 3-28 所示的调试控制台，可实现运行/监视模式、停止/程序模式、暂停、单步运行、连续步运行、扫描运行、连续扫描运行、运行重演、重置、显示单步运行、任务管理和 I/O 中断条件设置等操作。

右键单击 CX-Simulator 调试控制台的标题栏，弹出如图 3-29 所示的功能菜单。可实现 I/O 操作条件、数据回放、PLC 时钟设置、PLC 操作设置、窗口前置和帮助等。

图 3-27　在 CX-Programmer 中启动 Simulator

图 3-28　CX-Simulator 的调试控制台

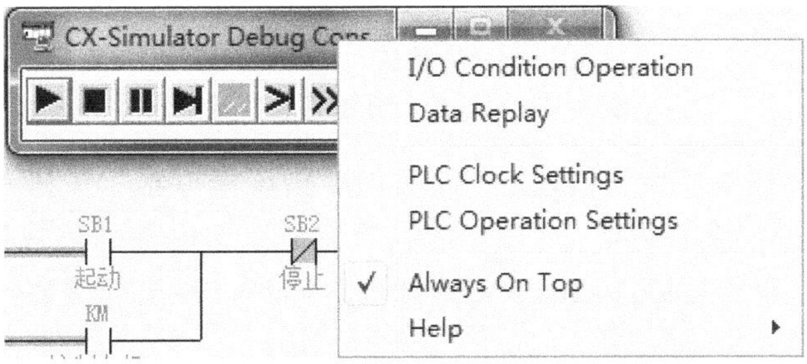

图 3-29　CX-Simulator 操作面板弹出的功能菜单

2. CX-Simulator 的基本操作

下面介绍如何使用 CX-Simulator 来模拟欧姆龙 CP1H 系列的 PLC。

1）打开 CX-Programmer 软件，PLC 型号选择 CP1H，至于通信方式，在使用 CX-Simulator 软件仿真中并不重要，默认（USB）即可。在所选择 PLC 型号可以模拟的情况下，看到在线模拟按钮呈可选择状态（如图 3-30），而如果不能模拟，则呈灰色不可选择状态。

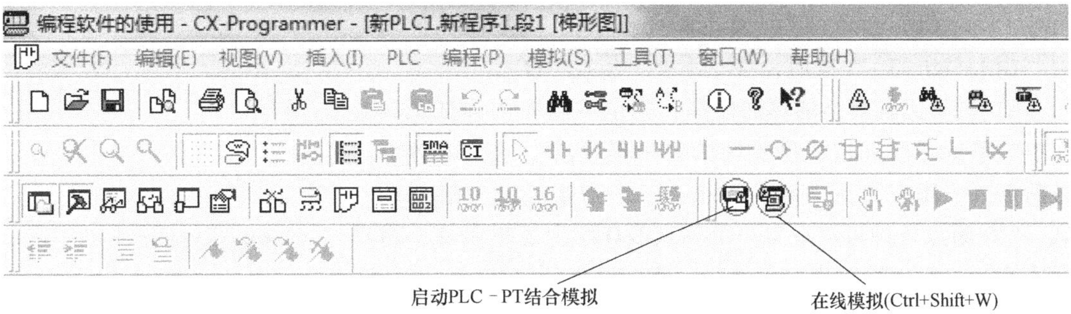

图 3-30　在线模拟按钮呈可选择状态

2）对编辑完成的程序，系统会自动编译，直接单击在线模拟按钮。如果程序出错，则将不能模拟，输出窗会出现提示，修改完毕后重新选择在线模拟按钮。出现如图 3-31 所示的画面，就可以实际进行模拟了。

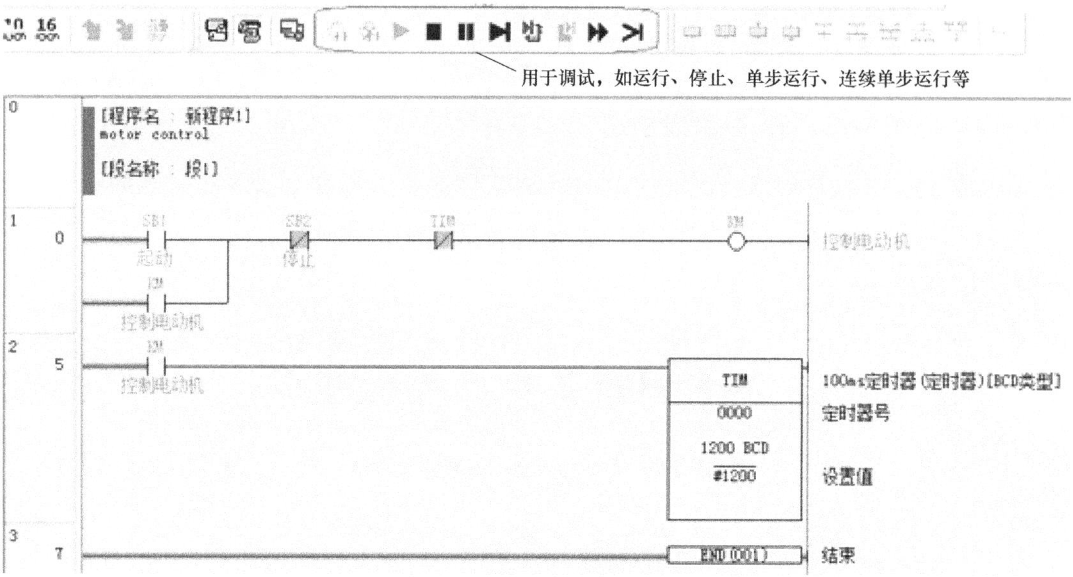

图 3-31　可以进行在线模拟的状态

图 3-31 调试工具栏中“在线模拟”“启动 PLC 错误模拟器”按钮右边有十个用于仿真的按钮，分别是：设置/清除断点（F9）、清除所有断点、运行（监视模式）（F8）、停止（编程模式）、暂停、单步运行（F10）、走入函数（F11）、走出（函数）（Shift+F11）、连续单步运行、扫描运行。

3）在触点上单击鼠标右键出现如图 3-32 的显示，即可进行触点微分、强制、设置。

4）单击调试工具栏或 Cx-Simulator Debug Console（调试控制台）中的三角形按钮 Run（Monitor Mode），Run 指示灯变绿，模拟 PLC 开始运行，可下传或上传梯形图程序。

5）下传可从菜单点击“PLC”→“传送（R）”→“到 PLC（T）…Ctrl+T”，或在工具条单击“传送到 PLC（Ctrl+T）”按钮；上传从菜单单击“PLC”→“传送（R）”→“从 PLC（F）…Ctrl+Shift+T”，或在工具条单击“从 PLC 传送到（Ctrl+Shift+T）”按钮，注意不能上传空 PLC。

6）对于比较复杂的算法模拟，完全可以使用调试工具栏中的单步运行（按程序步调试应用程序的手段）或者设置断点（程序在执行中自动暂停的一个指定点）等进行调试。I/O 断点条件可以设置一个多点 I/O 组合逻辑条件，当程序执行中 I/O 满足指定条件时，程序进入暂停状态。

7）任务调试，在任务控制窗口可以监视每个任务的状态、执行次数及时间。

8）如果有什么程序逻辑问题需要修改，那么只需要将在线模拟按钮再次单击就可以处于离线状态，修改好之后

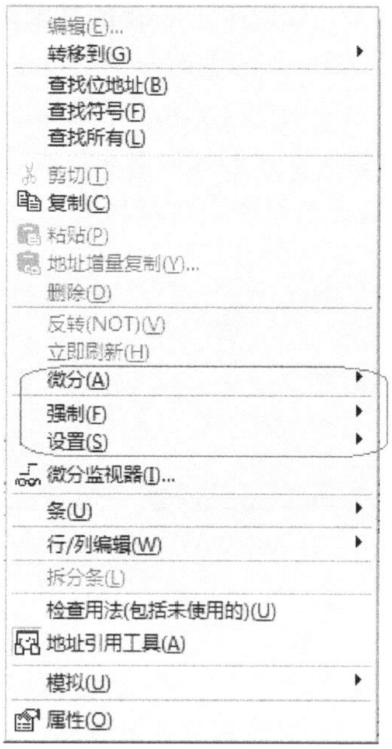

图 3-32　设置触点状态

再单击它则重新进入调试仿真。

3.3　集成工具包 CX-One

CX-One 是一种综合性软件包，为 PLC 编程软件集成了支持软件，可对网络、可编程终端（PT）、伺服系统、变频器、电子温度控制器等进行设置。

3.3.1　CX-One 介绍

CX-One V4.30 包含 CX-Programmer V9.5.0.0、CX-Simulator V1.9.94.0、CX-Designer V3.5.5.0，还含有 SwitchBox Utility、NV-Designer、CX-Integrator、CX-Drive、CX-Motion、CX-Motion Pro、CX-Motion-MCH、CX-Motion-NCF、CX-Position、Face Plate Auto-Builder for NS、CX-Thermo、CX-Protocol、CX-Process Tool、Network Configurator、CX-ConfiguratorFDT、CX-FLnet、CX-One Upgrade Utility、CX-Server、Common Driver、TJ1 Driver、Generic FINS Ethernet Driver 等组件。

1. CX-One 的安装

打开压缩包，双击 setup.exe 即可进行安装，过程截图如图 3-33～图 3-45 所示。

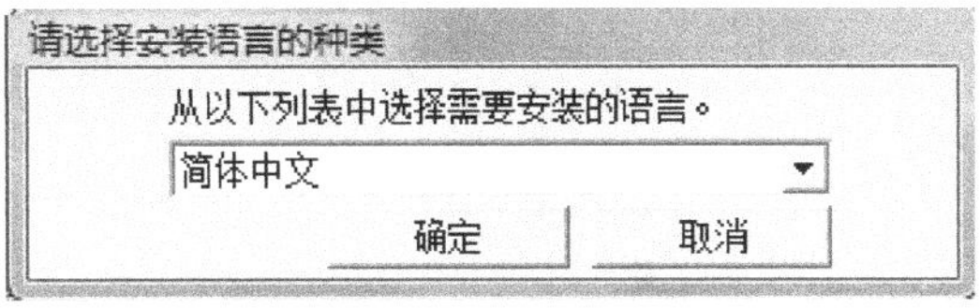

图 3-33　选择安装语言种类

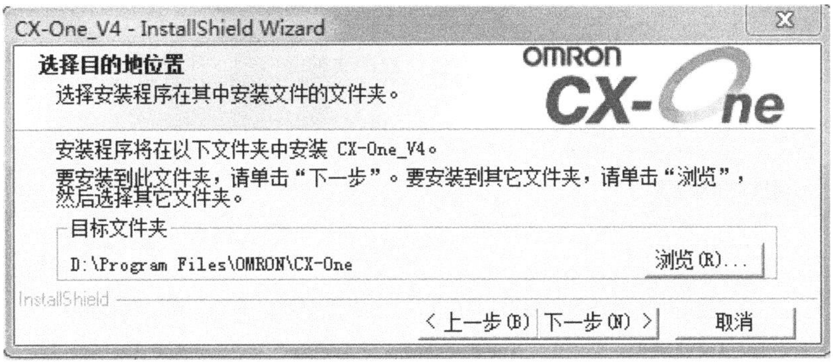

图 3-34　选择 CX-One 的安装目的地位置

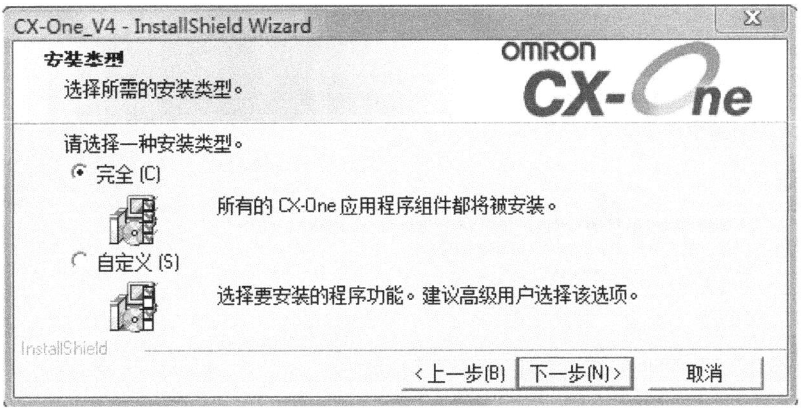

图 3-35　选择安装类型

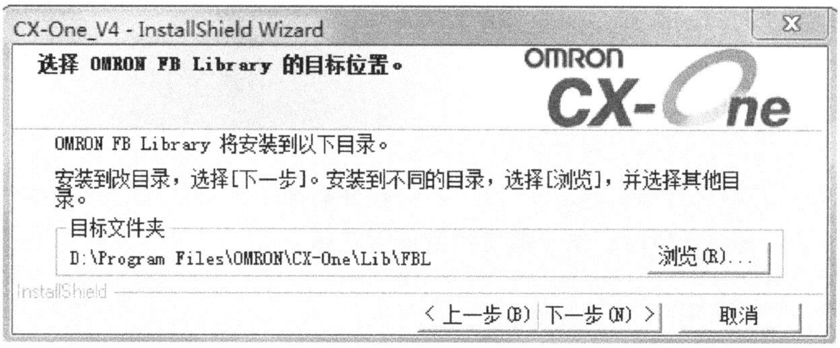

图 3-36　选择 FB Library 的安装目标

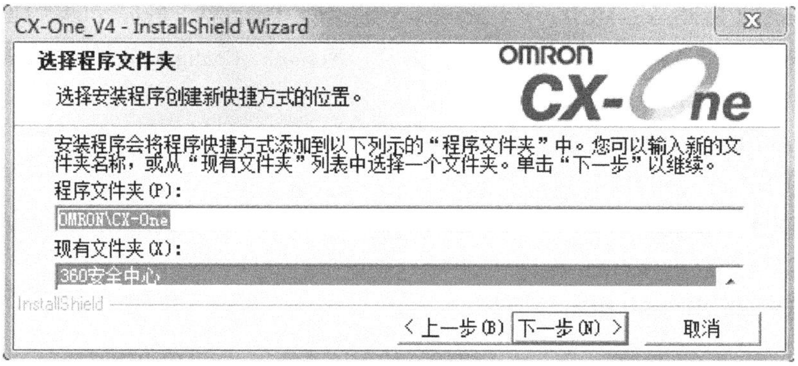

图 3-37　选择程序文件夹

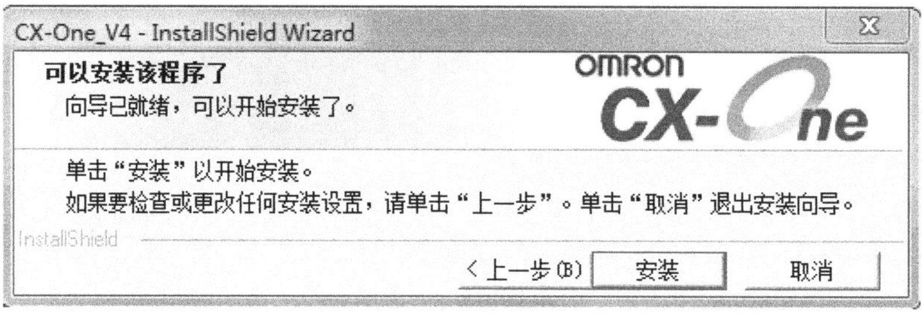

图 3-38　开始安装

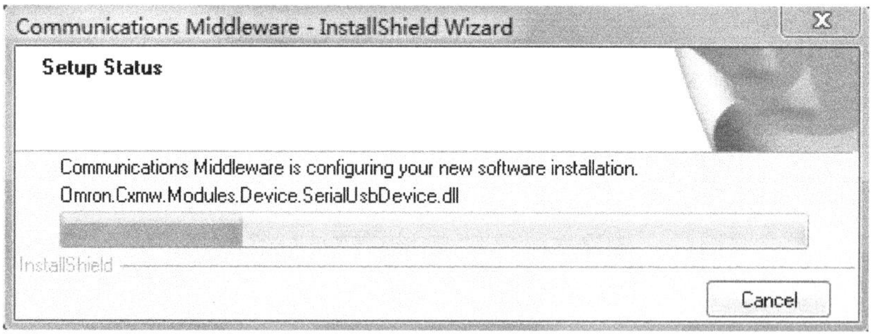

图 3-39　安装的状态指示

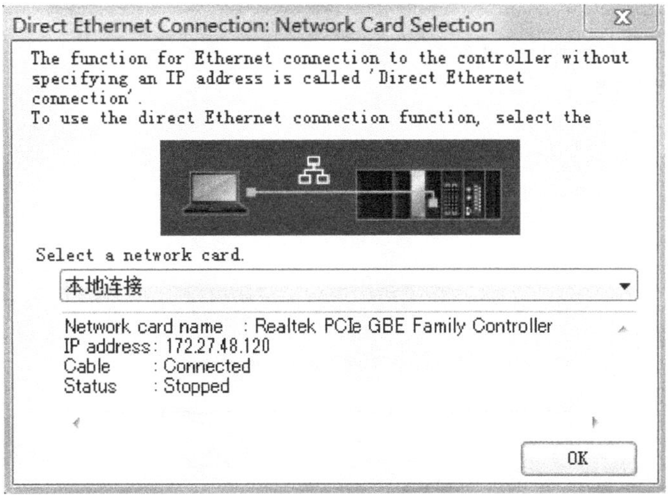

图 3-40　选择直接以太网连接网卡

图 3-41　正在安装梯形图程序变换器

图 3-42　正在安装 CX-Position 操作手册

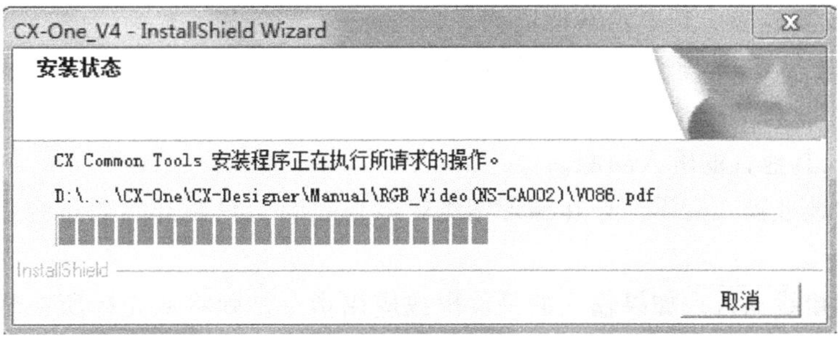

图 3-43　正在安装 CX-Designer 手册

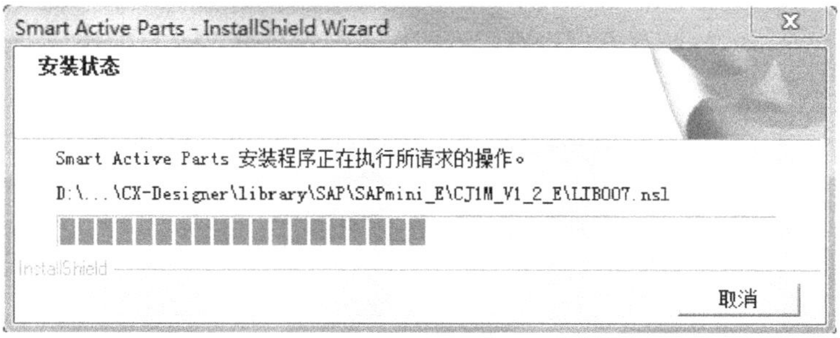

图 3-44　正在安装 CX-Designer 资源库

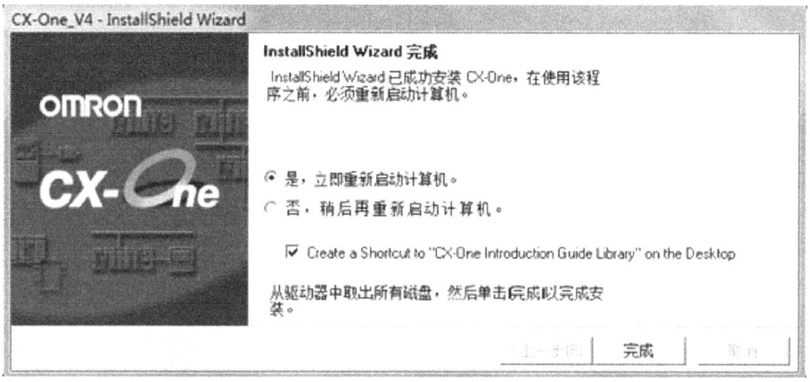

图 3-45　安装完成

2. CX-One 的一些新功能

（1）数据结构、计时器数据类型和计数器数据类型均可用于 ST 和 SFC 程序　数据结构是指由用户定义的、将各类数据进行分组的数据类型，通过分组，由程序处理的大量数据不但容易理解，而且可以更轻松地进行注册或更改。

计时器和计数器数据类型目前可视为 ST 和 SFC 程序中的变量，因此可将它们用作数组中的变量，以构建轻松重复使用的程序。

（2）使用向导快速调整增益　CX-Drive 附随的自动调整功能使伺服驱动器增益的调整工作更加轻松，通过向导，每个轴的增益调整工作只需大约 5min 或更少时间即可完成，方法是选择机构配置并输入目标设置时间。Ver2.0 以上 CJ2M 单元的脉冲 I/O 模块可轻松监视脉冲 I/O 模块设置、输出频率及其他值。

（3）智能输入功能　使用记忆码直接输入指令或使用一键输入，大幅度减少了输入梯形图所需的工作，包括运算量（含输入位和输出位）的自动寻址、输出和应用指令的自动连接线插入以及其他智能输入功能。

1）指令和地址输入助手。处在梯形图编辑器窗口时，只要开始通过键盘键入指令，就会显示建议指令。

2）自动连接线插入。如果输入的是输出或应用指令，则将从光标所在位置开始自动插入所需的连接线。

3）地址增量拷贝。要多次创建相同的梯形图指令组，借助地址增量拷贝功能可通过输入地址偏移轻松重用指令。此外，地址偏移可单独设置，而 I/O 注释可自动创建。

4）从列表输入辅助位。可从列表中选择始终脉冲标志、条件标志和辅助设备中的其他特殊位，无需再记忆地址。

5）地址递增。下一个运算量的地址（含输入位和输出位）会相应递增一，并显示为默认值。

6）快捷键输入指令和运算量，连续输入指令。如果显示的指令带有默认运算量，则只需按 Shift+Enter 键确认指令和运算量的输入即可。若要连续输入相同的指令，则只需按 Ctrl+Enter 键。

7）数据可轻松作为一个实体重复使用。若有相同模式在数据中重复出现，则可定义数据结构让数据在编程中轻松重复使用。

8）轻松更改数据。若存在数据变动，则可通过修改数据结构定义来自动更改变量表中的数据结构变量。

9）ST 语言。数值计算、条件分支和文本字符串处理对于梯形图都可能是难题，但借助于 ST 语言却可轻松实现编程。使用数值计算和条件分支，从 *X*、*Y* 坐标计算长度和角度；使用文本字符串操作，从 PLC 收集日期信息。

（4）位置控制的增强功能

1）为位置控制的存储器操作提供初步验证。对于 CJ1W-NC□□4/NC□81，在将存储器操作数据传输到该单元之前执行验证操作，这样能够使启动更加流畅，并能减少系统验证工作量。

2）显示两个插补轴或所有轴的轴移图。每个任务可以显示最多四个轴，可为每个任务验证轴的移动情况。只需通过单击鼠标左键切换参考图样框即可确认单/双轴插补、所有轴和脉冲输出指令之前的操作图样。

3）位置控制单元和通信设置已集成到 CX-Programmer 中轻松实现位置控制。

4）通过一个连接设置位置控制单元和伺服驱动器。对于 CJ1W-NC□81，只需将计算机连接到一个 CPU 端口，便可设置带 EtherCAT 接口的位置控制单元和 EtherCAT 通信。还可以通过直接启动 CX-Drive 支持软件来设置已连接到位置控制单元的伺服驱动器。

5）自动化网络设置。只需选择一个菜单命令便可为带 EtherCAT 接口的位置控制单元设置通信参数。

（5）网络功能

1）CJ2 CPU 提供了 USB 和 EtherNet/IP 接口。使用一根标准 USB 线可以轻松连接到 CPU 前面的 USB 接口；使用 EtherNet/IP，只需通过制定计算机 LAN（以太网）接口和 IP 地址，即可轻松连接。

2）通过验证 PLC 名称防止连接错误。CJ2 CPU 可以记录 PLC 名称，在线连接时将其与项目文件中的名称进行对比，以防止在传输中发生错误。

3）从 EtherNet/IP 连接列表中浏览和连接。即使不知道 IP 地址，也可浏览与该 EtherNet/IP 相连的 PLC 的列表，选择一个 PLC 后连接到该 PLC。这样做可以在现场顺利地执行远程调试和维护。

4）集成了网络构建和参数设置。轻松为 EtherNet/IP 设置标记数据连接。除了通过 EtherNet/IP Datalink Tool（EtherNet/IP 数据连接工具）使用 I/O 内存地址来创建数据连接外，还可以使用 tag 的网络标记轻松创建数据连接。

通过 EtherNet/IP，可以对每个应用设备使用不同的周期规格来创建快速、大容量的数据连接。

5）EtherNet/IP 标记数据连接设置向导。使用向导可以轻松地为 Ethernet/IP 设置标记数据连接，方法是从 CX-Programmer 中导入 tag 的网络标记。

6）EtherNet/IP 数据连接工具。通过在数据连接表中设置 I/O 内存地址来轻松创建 EtherNet/IP 数据连接。

（6）调试功能

1）对网络进行全面调试，显著减少了现场启动和调试所需的时间。从 CX-One 可以同时恢复包括多个网络的网络配置操作，这些网络有 PLC 网络（EtherNet/IP 和 Controller Link）、现场网络（如 DeviceNet 和 CompNet）以及用于可编程终端和串行设备的网络。由于可在操作过程中选择要将程序和参数传送到计算机的 PLC 和设备，因此可以有效地执行现场启动和调试，而且不会出现任何错误。

2）对多个 PLC 梯形图监视。可以通过将多个 PLC 以串联方式显示在屏幕上对其进行监视。这种方式便于调试 PLC 之间的数据连接和监视不同 PLC 的输入和输出。

3）在 Watch Window（观察窗口）中对多个 PLC 输入/输出进行群组监视。可从多个 PLC 中选择所需的 I/O 数据，如输入位、输出位和地址子 I/O 数据，还可同时监视这些数据。还有一些功能可通过图形化方式监视地址字数据的 ON/OFF 状态，如 Binary Monitor（二进制监视）和 Forced Set/Reset（强制设定/复位）功能。

4）全面数据跟踪功能减少调试所需的时间。新的数据跟踪功能提供了全面调试，如采样地址的 I/O 注释显示、使用变量的规格、检查两个选定点之间的测量时间以及波形分层。而且还可按照指定的频率将从 CPU 跟踪存储器中采样的数据保存到计算机上的文件中，用作长期的数据日志记录。

5）模拟调试。无需真实的 PLC，使用计算机即可对程序进行调试。支持多种语言，如梯形图、时序功能图（SFC）、ST 语言和功能块中的程序。而且可以在线编辑程序，对位进行强制设定/复位，设置断点，还可以使用 PLC 错误模拟器。

（7）屏幕设计　欧姆龙 PLC 具有很强的兼容性并且易于使用，CX-Designer 简化了 NS、NSJ 系列可编程终端从屏幕设计到调试的过程。由于与 CJ 系列 PLC 兼容，所以大幅缩减了设计所需时间，适用扩展功能让设计屏幕的过程变得更加容易。

1）模拟功能与 PLC 梯形图集成在一起。CX-Designer 和 CX-Programmer 的测试功能通过计算机的 CX-Simulator 连接在一起，可同时检查屏幕和梯形图，大大提高了调试效率。CX-Programmer 上新增了 Integrated Simulation Button（集成模拟按钮），大幅度提高了工作效率，不仅可以将工作窗口固定在前面，而且提供了灵活的缩放功能。

2）在计算机上可以同时检查屏幕和梯形图。

3）支持 CJ2 数据结构，提高了设计效率并减少了整个系统的设计工作量。这是专为带有 CJ2 和 NS 系列可编程终端的系统提供的功能，只需将 CX-Programmer 上的数据结构拖放至 CS-Designer 上即可。

4）数据结构在 PLC 梯形图程序和可编程终端的屏幕编辑器之间的共享。要使用 CJ2 数据接口，需安装 CX-Designer Ver3.2 或以上和 NS 系统程序 Ver8.4。当通过 EtherNet/IP 连接

PLC 和可编程终端时，可使用这一功能。

5）通信器件 Smart Active Parts（SAP）库显著减少了创建梯形图和屏幕所需的时间。有超过 3000 个 Smart Active Parts 能直接访问欧姆龙 PLC 和器件，只需从 SAP 库中选择部件并将其粘贴到屏幕上即可，不需创建详细的屏幕和梯形图。

6）通过使用软件器件，无需计算机即可完成错误检查和参数设置。在软件功能 SAP 库（Software Function SAP Library）中有许多软件器件可以很容易地插入 NS 系列可编程终端中，也只需要选择软件器件并粘贴到屏幕上即可，无需计算机就能检查设备错误和设置参数。

7）故障排除 SAP 库可以现场使用，无需计算机等工具。提供一个故障排除 SAP 库，涵盖所有 PLC 单元。如果出现 PLC 错误，则故障排除 SAP 库将会通过容易理解的方式说明原因以及如何采取对策。

除了 DeviceNet 单元和位置控制单元之外，CX-Designer 还包括基本 I/O 单元、模拟 I/O 单元、串行通信单元、高速计数器单元、Controller Link 单元和 ID 传感器单元。还将包括 EtherNet 单元和运动控制单元，使用 NV-Designer 便于为 NV 系列紧凑型 PT 设计屏幕。

（8）运动控制　最佳运动系统支持有运动网络或一般接口的应用，以构建智能运动控制。

1）提供从系统启动到维护的支持，还提供 EtherCAT 兼容性 CX-Drive。可轻松设置伺服驱动器或变频器参数，如同使用数字操作器一样，每个轴调整增益，只需输入机构配置和目标设置时间。可测量系统频率特征并诊断谐振频率，应用陷波滤波器谐振频率以实现更好的响应，数据跟踪可用于轻松监视速度和转矩，如同使用示波器一样。

2）在连接到 PLC 时用 CX-Motion-NCF 管理参数。可在连接时轻松地设置、传送和验证参数；可在连接时监视状态和计时值，同时监视伺服驱动器（最多四轴）；可在连接时执行伺服锁定、点动和错误复位，为每个轴显示错误代码和 ON/OFF 状态，监视计时值和运行状态。

3）用 CX-Motion-MCH 更轻松地启动系统。编程时设置、传送和验证任务和轴参数，对运动程序执行语法检查；调试时执行伺服锁定、点动、步进、原点搜索、原点返回、强制设定原点、错误复位、绝对原点设定和示教，为每个轴显示错误代码和 I/O 的 ON/OFF 状态；使用数据跟踪运动控制单元中的变量，以图形方式显示结果以轻松检查操作并进行调整。

（9）温度控制器　从参数设置到温度数据管理，CX-Thermo/CX-Process Tool 软件支持高级温度控制。

1）轻松设置参数。即使对于不支持通信的温度控制器，也可以设置和保存参数，然后进行拷贝，或者重用并编辑（能以 CSV 或 HTML 格式导出参数）。

2）显示正在使用的内容。为避免意外使用参数，可以遮挡（即隐藏）不使用的参数。适用类型有 E5GN/E5CN/E5CN-H/E5AN/E5AN-H/E5EN/E5EN-H、EJ1、E5ZN、E5AR/E5AR-T/E5ER/E5ER-T，排除了 DeviceNet 类型。

3）针对过程控制器的编程更加简单：CX-Process Tool。

4）可以通过粘贴功能块来构建控制程序。

5）可以定制控制。通过线粘贴后连接功能块来构造控制程序，可用于简单 PID 控制、程序控制和串联控制。

6）轻松创建 HMI。可通过功能块程序自动生成 NS 系列 PT 屏幕（NS 运行时屏幕），不需手动创建标准控制屏幕和调整屏幕。适用类型有 CJ1G-CPU4□P/CPU4□P-GTC、CS1D-CPU6□P、CS1W-LCB01/LCB05/LCB05-GTC、2012 年 3 月停产的 CS1W-LC001。

7）在监视趋势时调整参数。可以在监视计时值（PV）、设定点（SP）和操作量（MV）时调整参数，能以 CSV 格式保存趋势数据。

8）通过可靠的控制算法进行控制。通过一个直观用户界面，可轻松执行自动调节（AT）功能（可计算 PID 常量）和微调（FT）功能（可根据具体来提高可控制性）。支持干扰超程调整功能以用于在发生干扰的情况下调整超程，并且梯度温度控制功能在有干扰的情况下实现了多点温度控制的恒定内部温度。

（10）FA 通信软件

1）通过 VB 或 VC#轻松编写程序以及读写 PLC 数据。CX-Compolet 是一款开发 PLC 通信的软件器件，在不需要考虑网络间差异的情况下读写 PLC 数据；支持 Microsoft Visual Studio . NET 2008；对于带有 EtherNet/IP 功能的 CJ2，可通过使用名称而非地址来访问 PLC 中的 I/O 存储器；可进行数组变量。

2）用于连接计算机和 SYSMAC PLC 的通信中间件。SYSMAC Gateway 直接连接行业以太网 EtherNet/IP，直接访问高速且大容量的网络。除了 FINS 通信外，已在 EtherNet/IP 上验证了 SYSMAC Gateway 的操作。吸收 RS-232C、USB、Ethernet、EtherNet/IP 和 Controller Link 之间物理层中的差异。只需在计算机上安装软件，就可为空间和信息启用数据通信，当然也可通过 USB 和 Ethernet 进行通信。

3.3.2 CX-Designer 简要介绍

CX-Designer 是创建 NS 系列 PT 屏幕数据的应用软件。

1. 可编程终端

可编程终端（触摸屏）是一种主要用于现场监控的辅助设备，如图 3-46 所示。可实现对系统和生产过程的实时显示、报警及对现场设备操作等多项功能，需要时还可以代替简易编程器实现在线编程。

图 3-46 可编程终端

欧姆龙的触摸屏可编程终端产品包括低成本的 NP 系列、性价比较高的 NP 系列和高性能的 NS 系列等多种产品。NS 系列 PT 上的屏幕显示数据（监控画面）由 CX-Designer 创建，字符串、数字、图形、灯和按钮等各种元素都可以在一个屏幕上显示，如图 3-47 所示。

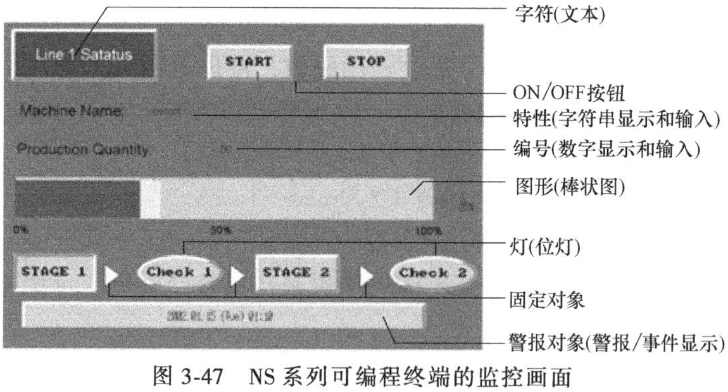

图 3-47 NS 系列可编程终端的监控画面

（1）NS 系列可编程终端外观　NS 系列可编程终端外观背面侧面如图 3-48 所示。

在图 3-48 中，1、2 为串行口 A、B 连接器，用于连接主机、CX-Designer 和条形码阅读器；3 为 USB 从属连接器；4 为以太网连接器，接入以太网电缆，链路层 10Base-T/100Base-TX；5 为存储卡连接器，用于连接存储卡以存储和传送画面数据，记录数据和系统程序；6 为总线接口连接器，用于连接视频输入单元或 Controller Link 接口单元；7 为主电路 DC 输入接口，用于连接电源；8 为 DIP 开关，用于设置传送画面数据；9 为复位开关，用于初始化 PT；10 为电池盖。

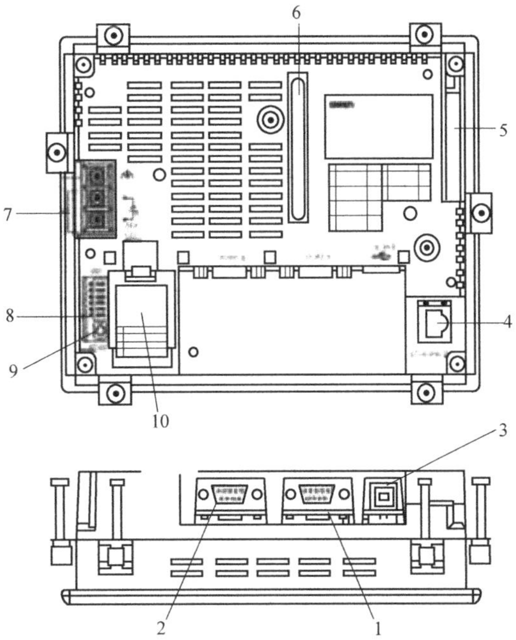

图 3-48　NS 系列可编程终端外观背面侧面图

（2）可编程终端硬件系统配置　典型的 NS 系列可编程终端硬件系统配置如图 3-49 所示。

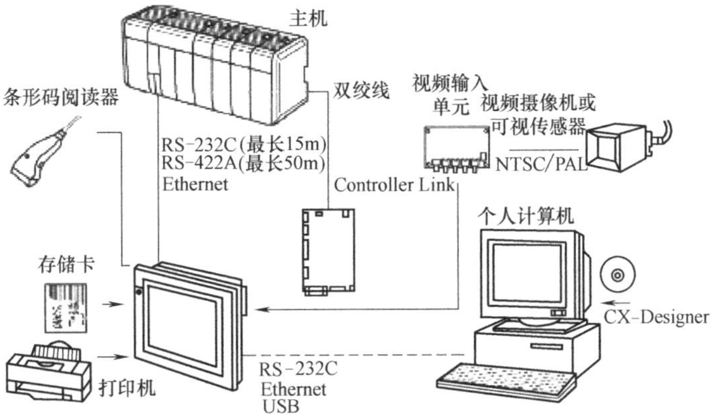

图 3-49　可编程终端硬件系统配置

（3）可编程终端主要功能　通过图 3-50 和图 3-51 选择 NS 系列可编程终端的主要功能有：

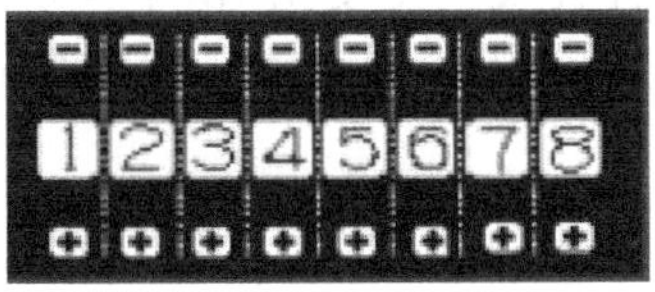

图 3-50　指轮开关对象

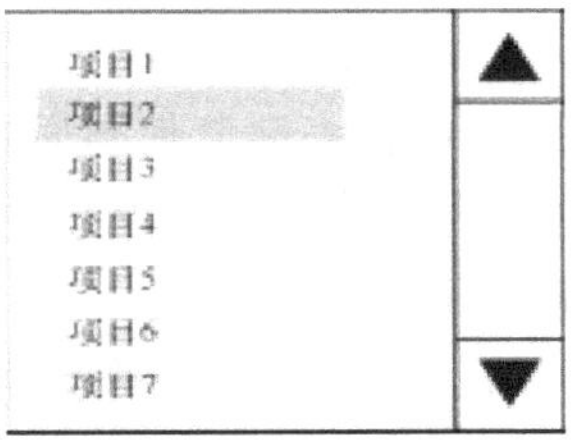

图 3-51　列表选择对象

1）字符、内存数据、图形、警报/事件的显示功能；

2）使用 NT Link、以太网、Controller Link 等连接到 PLC 进行主机通信；

3）控制 PT 中蜂鸣器的输出功能；

4）通过触摸开关、弹出窗口、条形码阅读器等的数字/字符串输入功能；

5）控制标志：将主机地址分配给控制位可以控制功能对象的显示，而且可以从主机上启用或禁用输入功能；

6）包括系统菜单（执行系统设置和维护）、屏幕数据、屏保程序、内置时钟、设备监视、数据传输、操作日志、警报/事件、趋势图和背景执行的数据日志、宏、启动外部应用、打印、PT 存储卡手持编程、NS 开关盒的系统功能。

（4）可编程终端内存　NS 系列可编程终端分为内部存储区和系统内存两部分。内部存储区可用来作为功能对象的操作地址，系统内存用于 PLC 和可编程终端之间的数据交换。

（5）可编程终端的运行模式和系统菜单　NS 系列可编程终端具有以下操作模式：

1）系统菜单（对 PT 设置参数）；

2）RUN（显示内容、数据输入、进行通信）；

3）TRANSFER（与 NS-Designer 数据传送或存储卡传送）；

4）ERROR（致命错误或非致命错误）。

系统菜单可用来设置各种不同 PT 的设定值，通过显示屏上的触摸开关进行设置。系统菜单项目和功能有：

1）初始化或保存：初始化或保存操作运行记录、警报/事件历史、数据记录、错误记录和格式化画面数据；初始化内部保持存储器；提供功能取出存储卡；设置系统语言。

2）PT：设置系统启动等待时间、屏幕保护程序及其启动时间、按键声音、蜂鸣器声音、背景灯和日历检查，同时还可为与 PT 相连的打印机设置控制方法、纸张方向、打印方法，更改设备监视器设定值，调节 NS5-SQ/MQ 的屏幕对比度。

3）项目：显示项目主题、标签号、警报/事件/数据/操作运行/错误的记录方法以及分配到系统存储器的地址，显示并设置启动时显示的屏幕号、标签号。

4）密码：设置并修改共 5 级密码以便功能对象输入。

5）Comm：自动返回，设置超时监视时间、通信重试数、串行口 A 和 B、调制解调器（数据传送）、Host Link、以太网和 Controller Link 的通信条件。

6）数据检查：未通信情况下，检查已存储的屏幕号、对象的通信地址。

7）特殊屏幕：显示警报历史、操作运行记录、错误记录、设备监视器、通信测试、系统版本和捕获数据，进行视频配置，此外列出与 USB 接口连接的设备。

8）硬件检查：进行 LCD、触摸开关等硬件检查，例如检查接触面板是否正常运行。

2. 可编程终端支持工具软件 CX-Designer

NS 系列可编程终端监控画面可通过 CX-Designer 软件开发，先使用 CX-Designer 创建一个项目文件，再传输到可编程终端。CX-Designer 有方便的画面编辑、画面文件管理、参数设定以及仿真调试等功能。

CX-Designer 软件界面的典型主窗口如图 3-52 所示。CX-Designer 主窗口上方是标题栏、菜单栏和工具栏；左侧是项目工作区，用于管理背景画面、NS 参数等；左下方是属性列表，用于统一多个对象的属性参数，提高工作效率；中间是编辑界面，用于 NS 监控画面的制

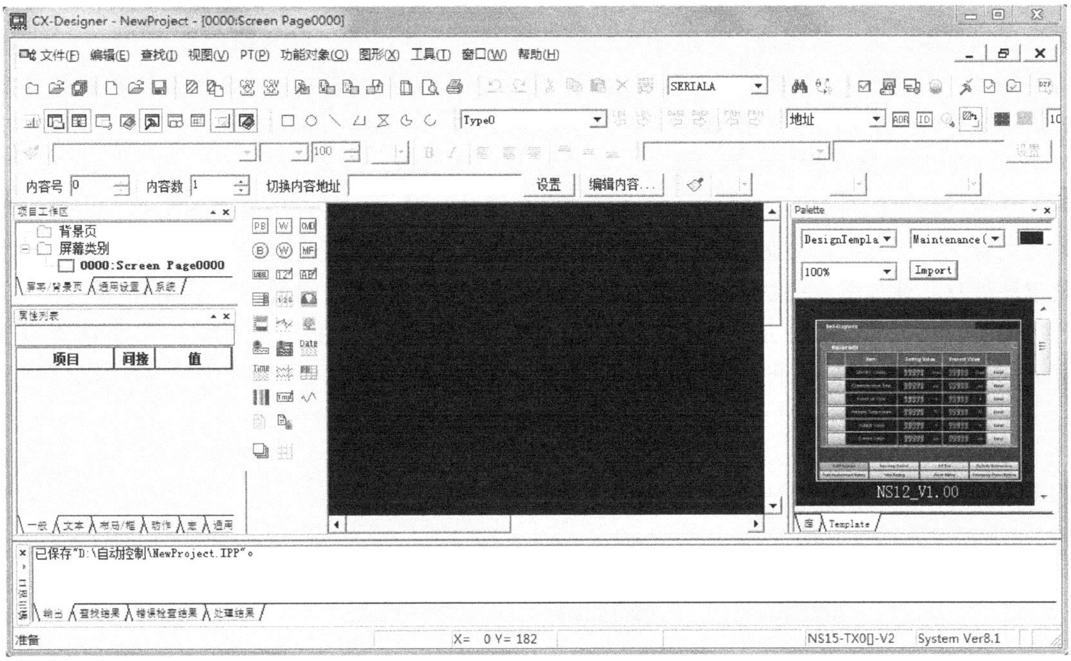

图 3-52　CX-Designer 的典型主窗口

作；右侧是调色板；下方是输出窗口；最下方是状态栏，可查看硬件型号及系统版本。图 3-53 和图 3-54 所示分别为功能对象工具和固定对象工具。

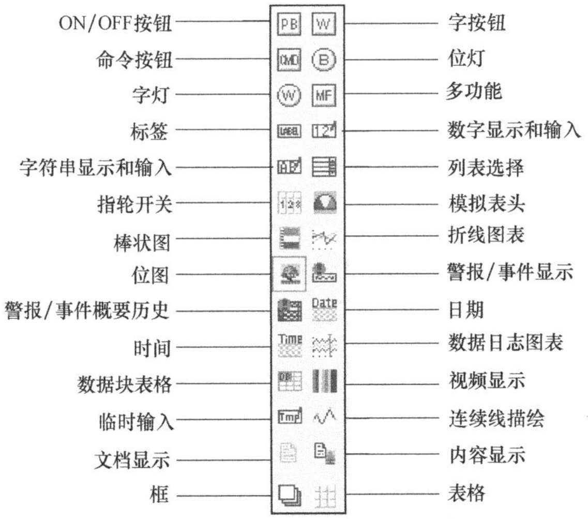

图 3-53　CX-Designer 的功能对象工具

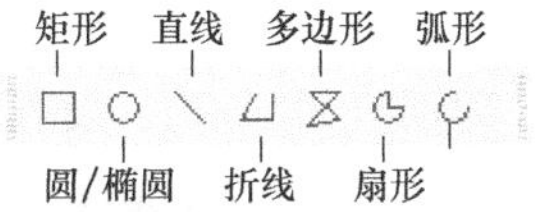

图 3-54　CX-Designer 的固定对象工具

CX-Designer 自带 1000 多个高质量图形，当需要给功能对象（如开关、灯）选择美观又恰当的外形时，可在图库中进行选择。它提供 28 个功能对象，按用途可分为开关类、灯类、数据显示和输入、信息显示、图表、报警、其他，为不同现场的功能要求提供了丰富的解决方案。功能对象结合宏功能还能实现更高的监控要求，宏功能即 NS 的编程功能，除了可以实现逻辑控制、数学编程外，还能实现较复杂的控制，例如 IF、FOR 语句等。

矩形、圆/椭圆、直线、折线、多边形、扇形、弧形等七种固定对象仅是显示在屏幕上的图形数据，不能和主机交换数据、执行操作或更改显示属性（闪动除外）。

3. CX-Designer 软件的基本操作——文本与位图显示

开发过程首先是画面的设计，并为画面对象分配地址。然后开始画面的操作，一般需要先建立背景页、并按需要创建若干个画面页。为每个画面建立所需要的对象，并为每个对象设定地址及其他参数。完成画面数据存储，最后向可编程终端传送数据。

（1）文本（Text）显示　文本对象是用于显示固定字符串的功能对象。文本对象用于屏幕标题（见图 3-55）、条目名称及其他不要求任何特殊功能的字符串显示。

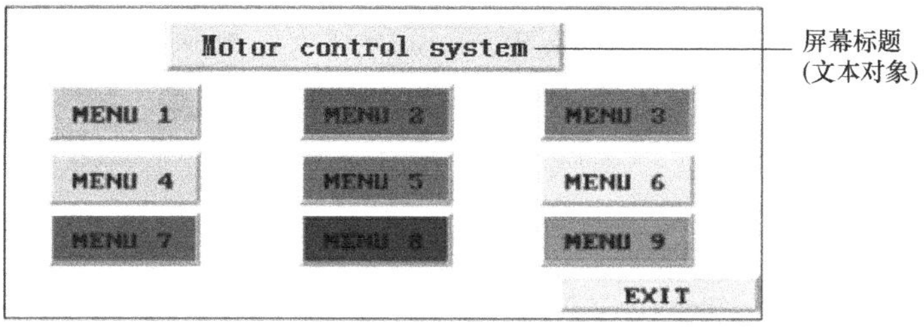

图 3-55　文本功能对象

文本功能对象（Functional Object）属性设置：

1）一般（General）：设置对象注释（Comment）；

2）背景（Background）：设置文本对象的背景颜色；

3）标签（Label）：设置标签显示；

4）框（Frame）：设置对象框显示；

5）闪动（Flicker）：设置闪动显示；

6）控制标志（Control Flag）：设置显示/不显示对象；

7）大小/位置（Size/Position）：设置对象大小和位置。

其中 5）、6）、7）项需勾选左下角显示扩展选项卡（Display Expansion Tabs）。

（2）位图（Bitmaps）显示　位图是显示由点组成图像的对象，用于显示复杂图片或不能绘制的摄影图像。用位图对象可显示 BMP（.bmp）和 JPEG（.jpg）文件。

位图功能对象（Functional Object）属性设置：

1）一般（General）：设置要显示的图像文件和对象注释；

2）框（Frame）：设置位图对象框显示；

3）闪动（Flicker）：设置闪动显示；

4）控制标志（Control Flag）：设置显示/不显示对象；

5）大小/位置（Size/Position）：设置对象大小和位置。

同样，其中 3）、4）、5）项需勾选左下角显示扩展选项卡（DET）。

4. 可编程终端与 PLC 的通信连接

（1）主机注册和地址　使用 NS 系列 PT 可以访问显示所需的数据，输入数据存储的字和位可以分配给 PLC 中的任何区域。分配的字和位可直接读出并写入，PT 屏幕上对象的显示状态可进行更改，而且还能控制或报告 PT 状态。与多个 PLC 进行通信时可以使用 NS 系列 PT，为相连 PLC 注册主机名称（最多 100 条），而且 PLC 中任何区域可通过主机名称和地址进行访问，如图 3-56 所示。连接主机的方法有：①1 ：1 NT Link，15m RS-232C 或 500m RS-422A 加 NS-AL002；②1 ：N NT Link（标准、高速）或 N ：1 NT Link；③以太网；④Controller Link（已安装接口）；⑤主机链接（Host Link）；⑥温度控制器连接；⑦存储器连接；⑧连接到其他公司的 PLC。

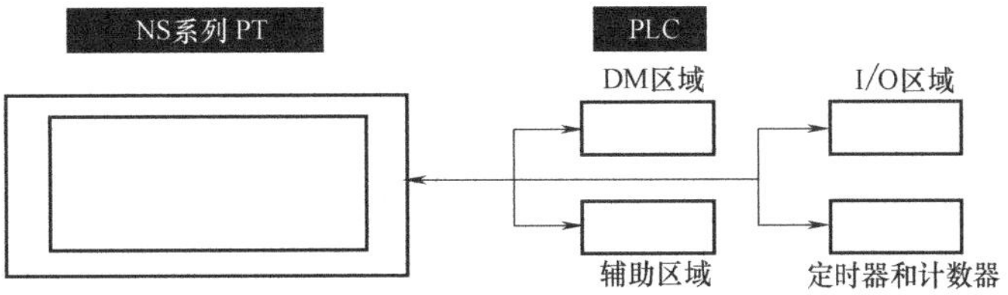

图 3-56　可编程终端与 PLC 的通信连接

（2）以太网　连接到以太网的主机可以和支持 FINS（工厂接口网络服务：标准的欧姆龙通信）报文的设备通信，NS 系列 PT 可以方便高速地从配套 PLC 以太网单元读出并写入数据、字内容和位状态，且无需考虑协议。用以太网可以连接 CS1G/CS1H-E（V1）、CS1G/CS1H-H、CVM1/CV、CJ1G、CJ1G-H/CJ1H-H 和 CJ1M 等 PLC。

（3）控制器链接　控制器链接（Controller Link）是一种可以灵活方便地在欧姆龙 PLC 和 IBM PC/AT 或兼容计算机之间发送和接收大量数据包的 FA 网络。Controller Link 支持一种数据链路，允许数据共享，并在需要时提供发送并接收数据的报文服务。用 Controller Link 可以连接 CS1G/CS1H-E（V1）、CS1G/CS1H-H、CVM1/CV、C200HX/HG/HE（-Z）、CVM1（-V2）、CQM1、CJ1G、CJ1G-H/ CJ1H-H 和 CJ1M 等 PLC，仅有 NS12 和 NS10 支持 Controller Link 接口单元。

（4）NT Link　NT Link 协议采用可与欧姆龙 PLC 进行高速通信的特殊设计，用 NT Link 可以连接 CPM1A、CPM2A、CPM2C、CQM1、CQM1H、C200HS、C200HX/HG/HE-E/-ZE、CS1G/CS1H-E（V1）、CS1G/CS1H-H、CVM1/CV、CJ1G、CJ1G-H/ CJ1H-H 和 CJ1M 等 PLC。除了一个 PT 串口连接到一个 PLC 的 1 ：1 NT Link 外，NS 系列 PT 还可以使用 1 ：N NT Link，其中最多可以在一个 PLC 上连接 8 个 PT。

用 1 ：N NT Link 可以连接 CQM1H、C200HX/HG/HE-E/-ZE、CS1G/CS1H-E（V1）、CS1G/CS1H-H、CJ1G、CJ1G-H/CJ1H-H 和 CJ1M 等 PLC。NS 系列 PT 还支持高速 1 ：N NT Link，以便更快通信，用高速 1 ：N NT Link 可连接 CS1G/CS1H、CS1G/CS1H-H、CJ1G、CJ1G-H/CJ1H-H 和 CJ1M 等 PLC。

（5）主机链接　主机链接（Host Link）方法使用的是在主机和 PT 之间 1 ：1 的连接方式，以从主机读取显示字和位数据。通过自带的接入串行接口或主机链接可将 C200HS、C200HX/HG/HE（-Z）、CQM1、CQM1H、CPM2A/CPM2C、CPM1/CPM1A、C500、C1000H、C2000H；CV500、CV1000、CV2000、CVM1；CS1G/CS1H、CS1G-H/CS1H-H、CJ1G、CJ1G-H/CJ1H-H 和 CJ1M 等 PLC 连接到 NS 系列 PT。

（6）PT 存储器　PT 内存由内部存储器和系统内存组成。内部存储器（Internal memory）由用户写入或读出，可按照需要分配设置如功能对象的地址，分为位内存、字内存、内部保持位、内部保持字等四部分。系统内存（System Memory）用于在主机和PT之间更改信息，如控制PT并通知主机PT的状态，分为系统位内存、系统字内存两部分。

（7）在软件上的设置要求 PT替代仪表盘、操作盘，PLC代替控制盘。先在PC上用CX-Designer编写程序，下载到PT上，再把PT和PLC连接起来，实现预期功能。

1）在CX-Designer中的操作步骤：

① 创建项目文件和屏幕。

② 创建功能对象并测试。

③ 项目文件及通信设置。项目文件传送前要在CX-Designer中沿路径“PT”→“系统设置”进行设置（PT操作、初始化、历史），有些也可在PT的系统菜单中进行；再沿路径“PT”→“通信设置”对通信进行设置（PT的连接设备、通信协议、通信速度、连接单元数），然后传送项目文件。选中图3-57中SERIALA，可见PLC选型菜单，仔细检查所选PLC与现场的是否一致，如图3-58所示。

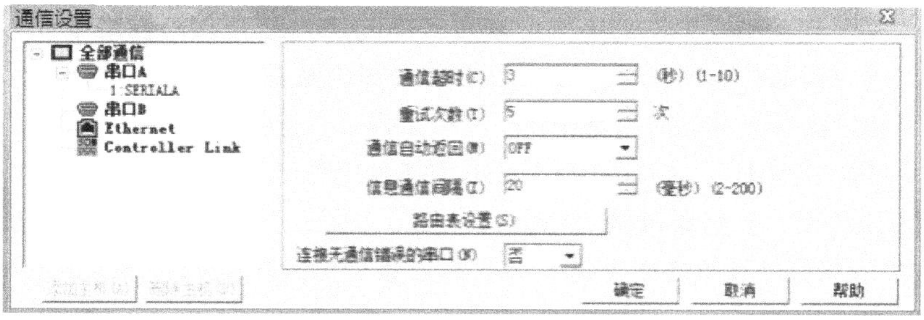

图3-57 通信设置

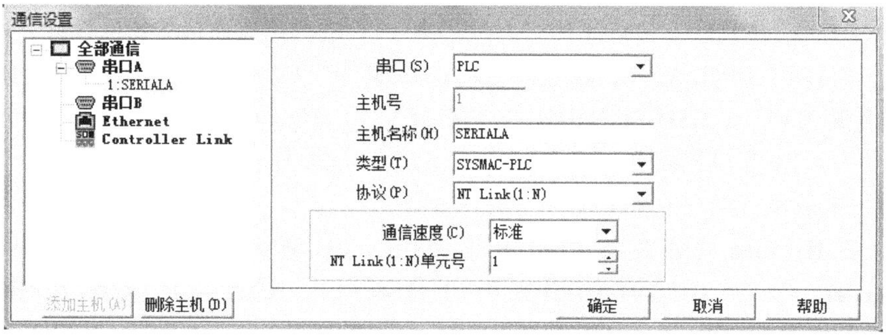

图3-58 检查所选PLC类型

④ PC与PT连接。用RS-232C接口连接PC与PT，下载屏幕数据，在传送数据之前，先要进行传输接口的设置，保证软件设置与硬件使用一致，然后在菜单栏PT中选择“传输”→“传输（PC→PT）”项，并对通信进行简单设置。

2）在PLC上完成硬件设置后用CX-Programmer进行软件设置。当PLC和PT通信时应将相应接口的DIP开关拨到OFF位置上，即使用在软件中设置的1∶N的NT链接通信协议，CP1H的DIP开关设定见表3-1。

表 3-1　CP1H 的 DIP 开关设定

序号	名称
1	ON:User Memory Protected(ON:用户存储器保护)
2	ON:Auto Transferred(ON:自动转移)
3	Must Be OFF(必须 OFF)
4	PORT1 ON:Auto;OFF:Setup(接口 1 ON:自动;OFF:设置)
5	PORT2 ON:Auto;OFF:Setup(接口 2 ON:自动;OFF:设置)
6	custom user setting(用户自定义设置)

如果要更改 PLC 属性，则打开 CX-Programmer 找到路径“新工程”→“新 PLC1”→“设置”，在通信设置模式中选择 NT Link（1∶N），当 PT 设置通信速度为标准，此处波特率选 38400，将 NT/PC 链接最大选项根据链接的 PT 修改。设置完毕后，把程序及 PLC 设置一同下载到 PLC，PT 与 PLC 之间用专用电缆连接。

第二篇

编程指令

第4章

时序指令

欧姆龙指令系统包括基本指令和高级指令。基本指令又分为时序指令和定时器/计数器指令，本章将介绍的CP系列时序指令可分为时序输入指令、时序输出指令、时序控制指令三种。

4.1 时序输入指令

时序输入指令共有17种，见表4-1。

表4-1 CP系列的时序输入指令

指令语句	助记符	FUN编号	指令语句	助记符	FUN编号
读	LD		非	NOT	520
读非	LD NOT		功率流上升沿微分	UP	521
与	AND		功率流下降沿微分	DOWN	522
与非	AND NOT		LD型位测试	LD TST	350
或	OR		LD型位测试非	LD TSTN	351
或非	OR NOT		AND型位测试	AND TST	350
块与	AND LD		AND型位测试非	AND TSTN	351
块或	OR LD		OR型位测试	OR TST	350
			OR型位测试非	OR TSTN	351

4.1.1 读/读非/与/与非/或/或非

1. 读

读（LD）指令表示逻辑起始，读取指定接点的ON/OFF内容。如图4-1a所示，用于从母线开始的第一个a接点，或者电路块的第一个a接点。无每次刷新指定时，读取I/O存储器指定位的内容；有每次刷新指定时，读取CPU内置输入端子的实际接点状态。

2. 读非

读非（LD NOT）指令也表示逻辑起始，将指定接点的ON/OFF内容取反后读入。如图4-1b所示，用于从母线开始的第一个b接点，或者电路块的第一个b接点。无每次刷新指定时，对 I/O 存储器的指定位的内容取反后读取；有每次刷新指定时，对 CPU 内置输入端子的实际接点状态取反后读出。

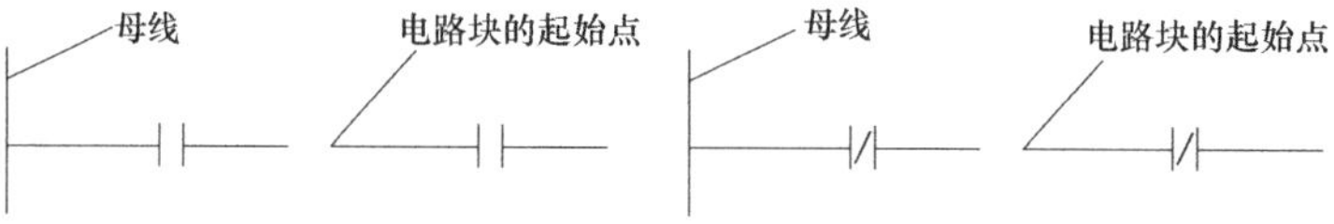

a) LD指令的使用　　b) LD NOT指令的使用

图 4-1　读（LD）/读非（LD NOT）指令的用法

3. 与

与（AND）指令取指定接点的 ON/OFF 内容与前面的输入条件之间的逻辑积。如图 4-2a 所示，用于串联的 a 接点，不能直接连接在母线上，也不能用于电路块的开始部分。无每次刷新指定时，读取 I/O 存储器指定位的内容；有每次刷新指定时，读取 CPU 内置输入端子的实际接点状态。

4. 与非

与非（AND NOT）指令对指定接点的 ON/OFF 内容取反，再取与前面的输入条件之间的逻辑积。如图 4-2b 所示，用于串联的 b 接点，不能直接连接在母线上，也不能用于电路块的开始部分。无每次刷新指定时，对 I/O 存储器指定位的内容取反后读出；有每次刷新指定时，对 CPU 内置输入端子的实际接点状态取反后读出。

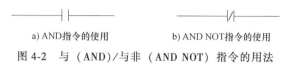

a) AND指令的使用　　b) AND NOT指令的使用

图 4-2　与（AND）/与非（AND NOT）指令的用法

5. 或

或（OR）指令取指定接点的 ON/OFF 内容与前面的输入条件之间的逻辑和。如图 4-3a 所示，用于并联连接的 a 接点，从 LD/LD NOT 指令开始，构成与到本指令之前为止的电路之间的 OR（逻辑和）的 a 接点。无每次刷新指定时，读取 I/O 存储器指定位的内容；有每次刷新指定时，读取 CPU 内置输入端子的实际接点状态。

6. 或非

或非（OR NOT）指令对指定接点的 ON/OFF 内容取反，取与前面的输入条件之间的逻辑和。如图 4-3b 所示，用于并联连接的 b 接点，从 LD/LD NOT 指令开始，构成与到本指令之前为止的电路之间的 OR（逻辑和）的 b 接点。无每次刷新指定时，对 I/O 存储器指定位的内容取反后读出；有每次刷新指定时，对 CPU 内置输入端子的实际接点状态取反后读出。

a) OR指令的使用　　b) OR NOT指令的使用

图 4-3　或（OR）/或非（OR NOT）指令的用法

4.1.2　块与/块或/非

1. 块与

块与（AND LD）指令取电路块间的逻辑积。如图 4-4 所示，将 AND LD 指令之前的电路块 A 和电路块 B 串联连接。所谓电路块在物理上是直观的，在程序上是指从 LD/LD NOT 指令开始到下一个 LD/LD NOT 指令之前的电路。

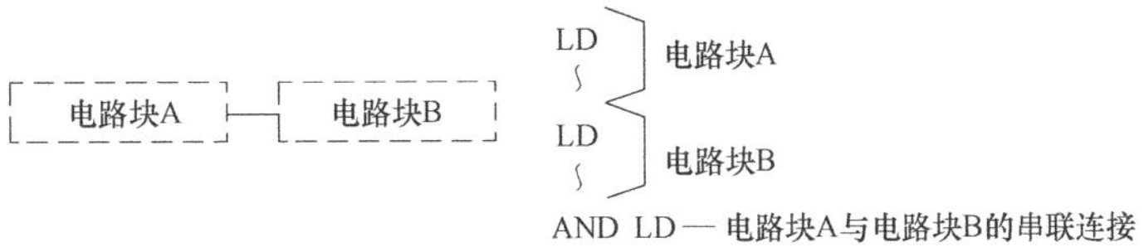

a) 电路块的串联连接　　b) AND LD指令的使用

图 4-4　块与（AND LD）指令的用法

串联三个以上的电路块时，可采取顺次连接的形式，即先通过块与指令串联两个电路块后，再通过块与指令串联下一个电路块。AND LD 指令在理论上可以无限制连续使用，结合实际也可在三个以上、八个以下的电路块之后连续配置 AND LD 指令，进行一次性串联。

2. 块或

块或（OR LD）指令取电路块间的逻辑和。如图 4-5 所示，将 OR LD 指令之前的电路块 A 和电路块 B 并联连接。

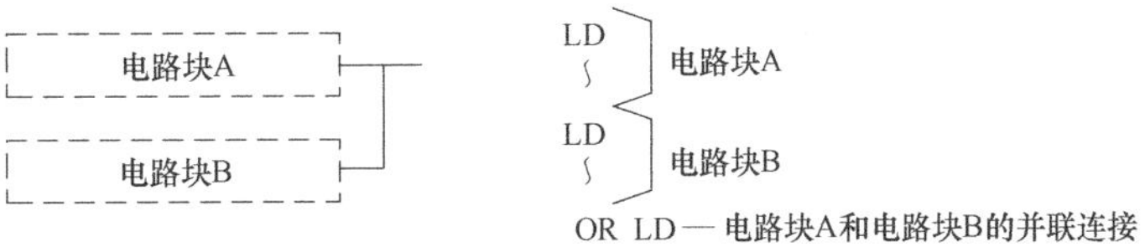

a) 电路块的并联连接　　b) OR LD指令的使用

图 4-5　块或（OR LD）指令的用法

并联三个以上的电路块时，可采取顺次连接的形式，即先通过块或指令并联两个电路块后，再通过块或指令并联下一个电路块。OR LD 指令在理论上可以无限制连续使用，结合实际也可在三个以上、八个以下的电路块之后连续配置 OR LD 指令，进行一次性并联。

通过 AND LD 指令或 OR LD 指令连接电路块时，AND LD/OR LD 指令的合计数应等于 LD/LD NOT 指令的合计数（即电路块数）减一。

3. 非

如图 4-6 所示，非（NOT）指令的 FUN 编号为 520，用于将输入条件取反，连接到下一段。

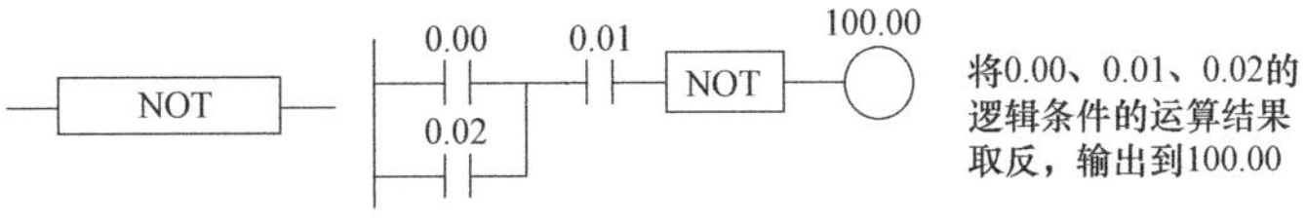

a) NOT的符号　　b) NOT的动作说明

图 4-6　非（NOT）指令的符号和动作说明

NOT 指令为下一段连接型指令；需在 NOT 指令的最终段中加上输出类指令（OUT 类指令以及下段连接型指令之外的应用指令）；NOT 指令不能在回路的最终段中使用。

4.1.3　功率流上升沿微分/功率流下降沿微分

1. 功率流上升沿微分

如图 4-7 所示，输入信号上升沿（OFF→ON）时，一周期内为 ON，是一种下一段连接型的上升沿微分（UP）指令，FUN 编号为 521。

a) UP的符号　b) UP 的动作说明

图 4-7　功率流上升沿微分（UP）指令的符号和用法

上升沿微分指令的最终段中需加上输出类指令，但不能在回路的最终段中进行使用。

2. 功率流下降沿微分

如图 4-8 所示，输入信号下降沿（ON→OFF）时，一周期内为 ON，是一种下一段连接型的下降沿微分（DOWN）指令，FUN 编号为 522。

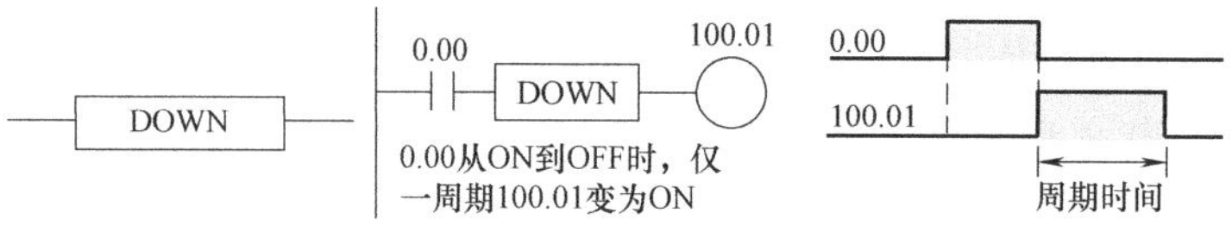

a) DOWN的符号　b) DOWN的动作说明

图 4-8　功率流下降沿微分（DOWN）指令的符号和用法

下降沿微分指令的最终段中需加上输出类指令，但不能在回路的最终段中进行使用。

4.1.4　LD 型位测试/LD 型位测试非/AND 型位测试/AND 型位测试非/OR 型位测试/OR 型位测试非

1. LD 型位测试

如图 4-9 所示，LD 型位测试（LD TST）指令的 FUN 编号为 350，当指定位为 1 时，在下一段上进行 LD（读）连接。

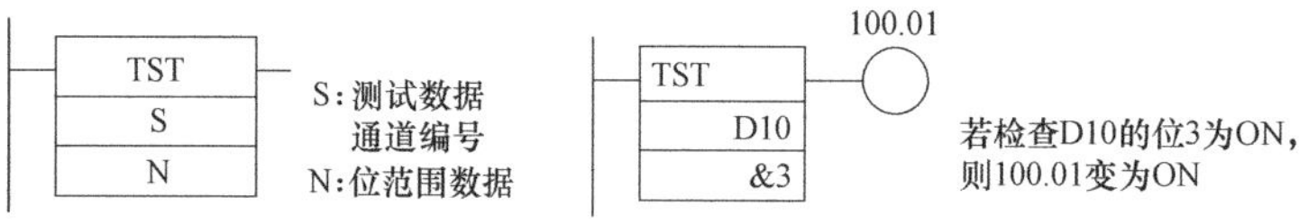

a) LD TST指令的符号　b) LD TST指令的动作说明

图 4-9　LD 型位测试（LD TST）指令的符号和动作说明

操作数 N：当十六进制 0000～000F 或十进制 &0～15 指定通道时，如果是范围之外的值，则只有低位四位（十六进制 0～F）有效。

LD TST 指令是可以直接连接母线的下一段连接型指令，将 S 的 N 位的 ON/OFF 内容反映在输入条件中。需在 LD TST 指令的最终段中附加输出类指令，但不适于电路的最终段。

2. LD 型位测试非

如图 4-10 所示，LD 型位测试非（LD TSTN）指令的 FUN 编号为 351，当指定位为 0 时，在下一段上进行 LD（读）连接。

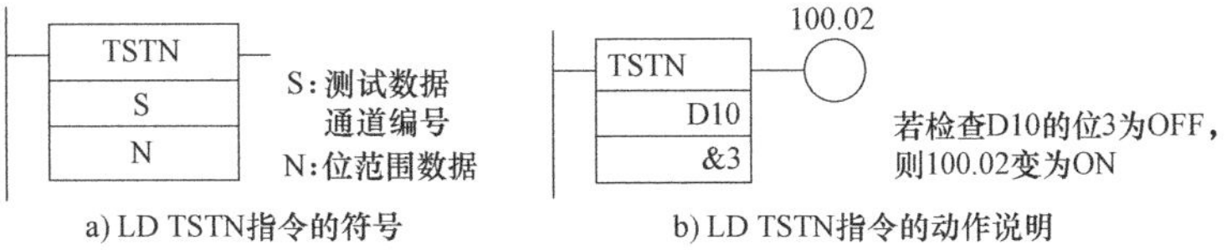

图 4-10　LD 型位测试非（LD TSTN）指令的符号和动作说明

LD TSTN 指令是可以直接连接母线的下一段连接型指令，将 S 的 N 位的 ON/OFF 内容取反后反映在输入条件中。需在 LD TSTN 指令最终段中附加输出类指令，但不适于电路的最终段。

3. AND 型位测试

如图 4-11 所示，AND 型位测试（AND TST）指令的 FUN 编号为 350，不直接连接母线。当指定位为 1 时，在下一段上进行 AND（串联）连接。

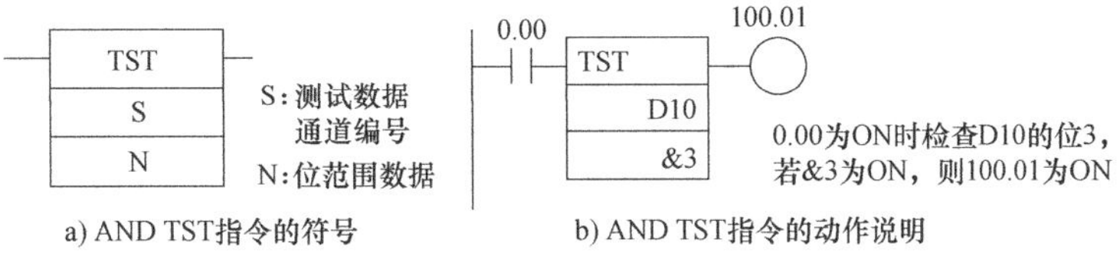

图 4-11　AND 型位测试（AND TST）指令的符号和动作说明

4. AND 型位测试非

如图 4-12 所示，AND 型位测试非（AND TSTN）指令的 FUN 编号为 351，不直接连接母线。当指定位为 0 时，在下一段上进行 AND（串联）连接。

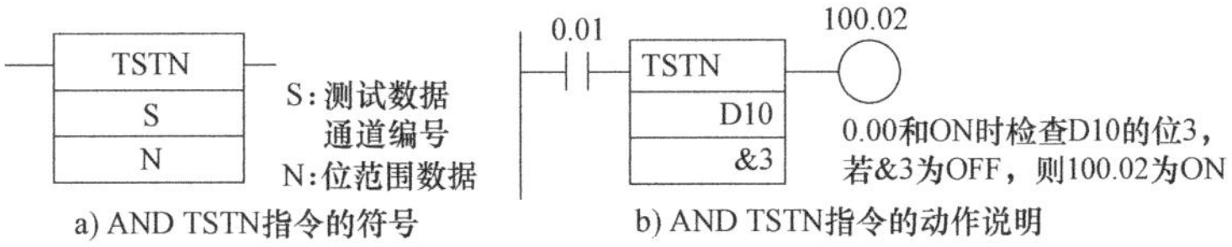

图 4-12　AND 型位测试非（AND TSTN）指令的符号和动作说明

5. OR 型位测试

如图 4-13 所示，OR 型位测试（OR　TST）指令的 FUN 编号为 350。当指定位为 1 时，在下一段上进行 OR（并联）连接。

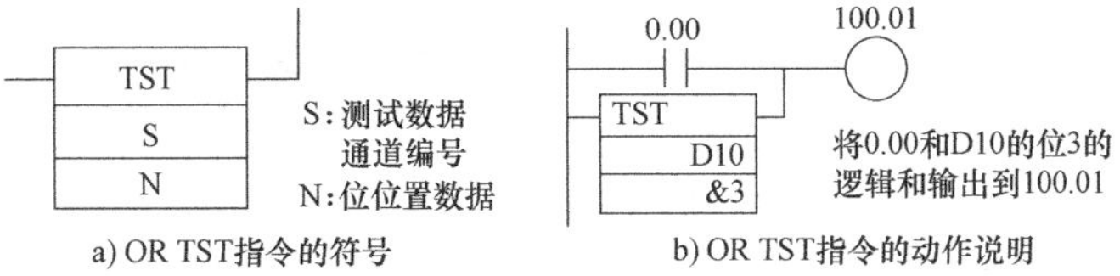

图 4-13　OR 型位测试（OR TST）指令的符号和动作说明

6. OR 型位测试非

如图 4-14 所示，OR 型位测试非（OR TSTN）指令的 FUN 编号为 351。当指定位为 0 时，在下一段上进行 OR（并联）连接。

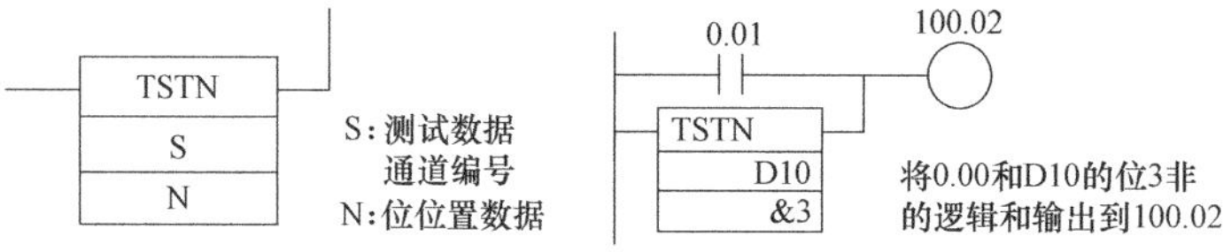

a) OR TSTN指令的符号　　b) OR TSTN指令的动作说明

图 4-14　OR 型位测试非（OR TSTN）指令的符号和动作说明

4.2　时序输出指令

时序输出指令共有 13 种，见表 4-2。

表 4-2　CP 系列的时序输出指令

指令语句	助记符	FUN 编号	指令语句	助记符	FUN 编号
输出	OUT		置位	SET	
输出非	OUT NOT		复位	RSET	
临时存储继电器	TR		多位置位	SETA	530
保持	KEEP	011	复位置位	RSTA	531
上升沿微分	DIFU	013	一位置位	SETB	532
下降沿微分	DIFD	014	一位复位	RSTB	533
			一位输出	OUTB	534

4.2.1　输出/输出非/临时存储继电器/保持/上升沿微分/下降沿微分

1. 输出

如图 4-15 所示，输出（OUT）指令将逻辑运算结果（输入条件）输出到指定接点。无每次刷新指定时，将输入条件（功率流）的内容写入 I/O 存储器的指定位；有每次刷新指定时，将输入条件的内容同时写入 I/O 存储器的指定位和 CPU 内置的实际输出接点。

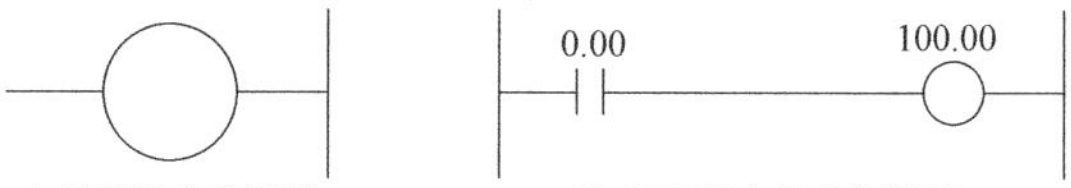

a) OUT指令的符号　　b) OUT指令的动作说明

图 4-15　输出（OUT）指令的符号和动作说明

2. 输出非

如图 4-16 所示，输出非（OUT　NOT）指令将逻辑运算结果（输入条件）取反、输出到指定接点。无每次刷新指定时，将输入条件（功率流）的内容取反后写入 I/O 存储器的指定位；有每次刷新指定时，将输入条件的内容取反后同时写入 I/O 存储器的指定位和 CPU 内置的实际输出接点。

3. 临时存储继电器

临时继电器（TR）在助记符程序中，用于对电路运行中的分支点 ON/OFF 状态进行临时存储。因为外围工具侧可以进行自动处理，所以梯形图中不使用。在以下

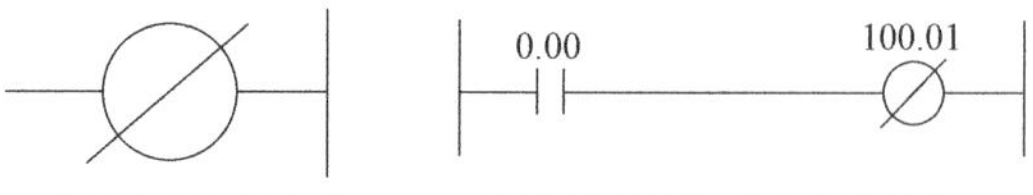

a) OUT NOT指令的符号　　b) OUT NOT指令的动作过程

图 4-16　输出非（OUT NOT）指令的符号和动作说明

的说明中为了便于理解，在如图 4-17 所示梯形图中增加标识用以解释。

（1）TR0～TR15 的使用方法　TR0～TR15 不能用于 LD、OUT 指令之外；TR0～TR15 在继电器编号的使用顺序上没有限制。不需要 TR 的电路和需要 TR 的电路如图 4-18 所示。

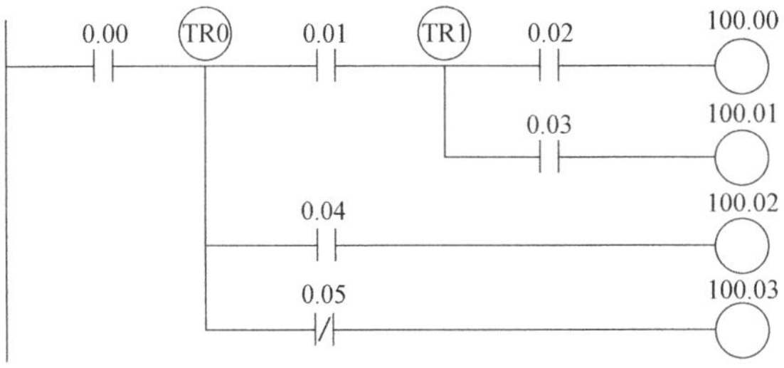

图 4-17　梯形图中临时继电器的位置标注

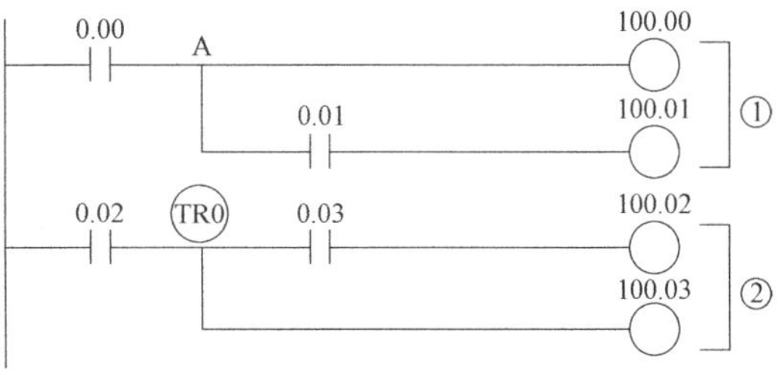

图 4-18　不需要 TR 的电路和需要 TR 的电路

①的情况下，A 点 ON/OFF 状态和输出 100.00 相同，因此可接着 OUT 100.00 进行 AND 0.01、OUT 100.01 的编程，不需要 TR。②的情况下，分支点上的内容与 100.02 的输出内容可能不一致，所以需要使用 TR 进行接收。若把电路②改写成①，则程序步数将减少。

（2）TR0～TR15 的思维方式　由于 TR 仅用于输出分支较多电路的分支点的 ON/OFF 状态存储（OUT TR0～TR15）和再现（LD TR0～TR15），所以与一般继电器、接点不同，在 AND、OR 和 NOT 指令中不能使用。

（3）TR0～TR15 线圈的双重使用　如图 4-19 所示，输出分支电路较多时，同一块内不能重复使用 TR 的继电器编号，但在不同块中可以使用。

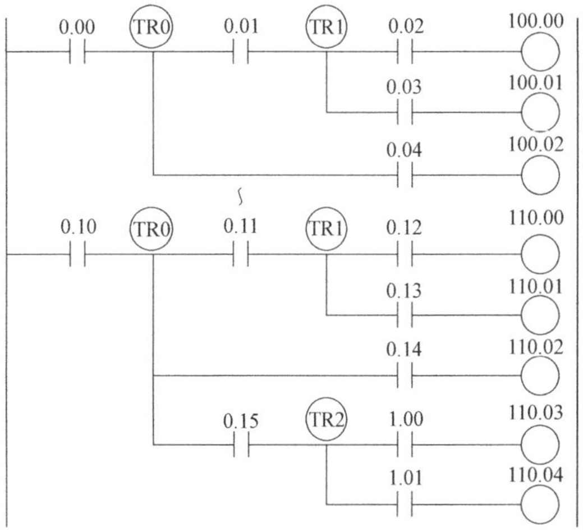

图 4-19　同块内不能重复使用 TR 编号、不同块可以

4. 保持

保持（KEEP）指令进行保持继电器（自保持）的动作。如图 4-20 所示，置位输入（输入条件）为 ON 时，保持 R 所指定的继电器的 ON 状态；复位输入为 ON 时，进入 OFF 状态。当置位输入（输入条件）和复位输入同时为 ON 时，复位输入优先；复位输入为 ON 时，不接受置位输入（输入条件）。

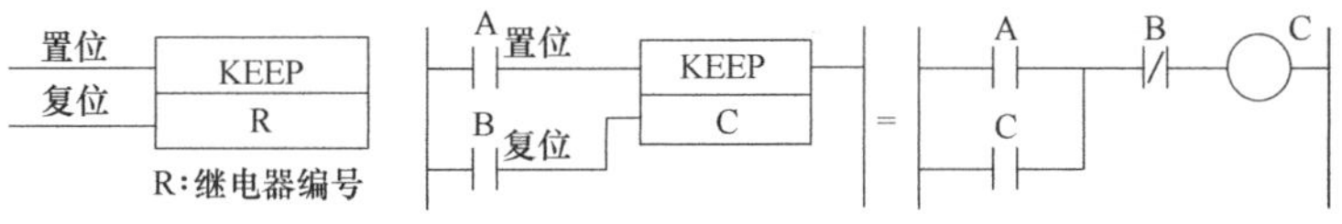

a) KEEP指令的符号　　b) KEEP指令的等效电路

图 4-20　保持（KEEP）指令的符号和等效电路

可将 KEEP 指令作为每次刷新型指令（! KEEP），执行时在 R 中指定 CPU 内置的输出继电器区域；在 R 中指定了外部输出时，对锁定或解除锁定的 R 在指令执行时进行 OUT 刷

新。但不能将 KEEP 指令的复位输入从 B 接点的外部设备中直接读取，否则 AC 电源切断和瞬时停电时，PLC 内部电源将不会立刻 OFF，而先将输入单元的输入 OFF，结果复位输入将为 ON，进入复位状态。使用 KEEP 指令，可以制作如图 4-21 所示的触发电路。

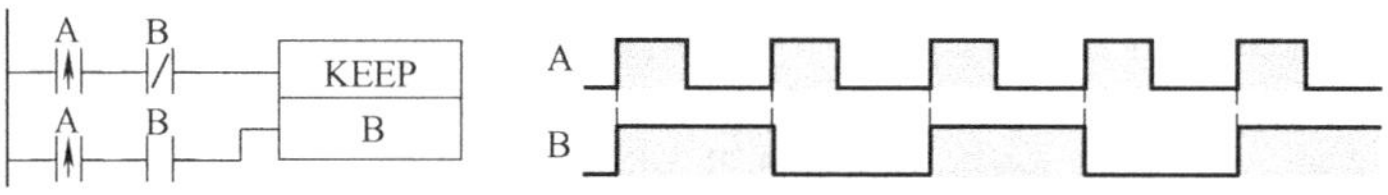

a) KEEP指令的触发电路　　b) 工作波形

图 4-21　用 KEEP 指令的触发电路

KEEP 指令对于梯形图和助记符，输入顺序上存在差异。梯形图：置位输入→KEEP 指令→复位输入；助记符：置位输入→复位输入→KEEP 指令。

5. 上升沿微分

上升沿微分（DIFU）指令的 FUN 编号为 013，如图 4-22 所示。当输入信号的上升沿（OFF→ON）时，将 R 所指定的接点一周期内置 ON、一周期后恢复 OFF。

a) DIFU指令的符号　　b) DIFU指令的工作波形

图 4-22　上升沿微分（DIFU）指令的符号和工作波形

在 IL-ILC 指令间、JMP-JME 指令间或者子程序指令内使用 DIFU 或 DIFD 指令时，根据输入条件不同，动作会出现差异。可将 DIFU 或 DIFD 指令作为每次刷新型指令（！DIFU 或！DIFD），在 R 中指定 CPU 内置的输出继电器区域；在 R 中指定了外部输出时，对 ON 状态下的 R 在执行时刻进行 OUT 刷新（R 在一周期内为 ON）；在一周期内重复电路的 FOR-NEXT 指令间使用 DIFU 时，接点在该电路中常开或常闭。

6. 下降沿微分

下降沿微分（DIFD）指令的 FUN 编号为 014，如图 4-23 所示。当输入信号的下降沿（ON→OFF）时，将 R 所指定的接点一周期内置 ON、一周期后恢复 OFF。

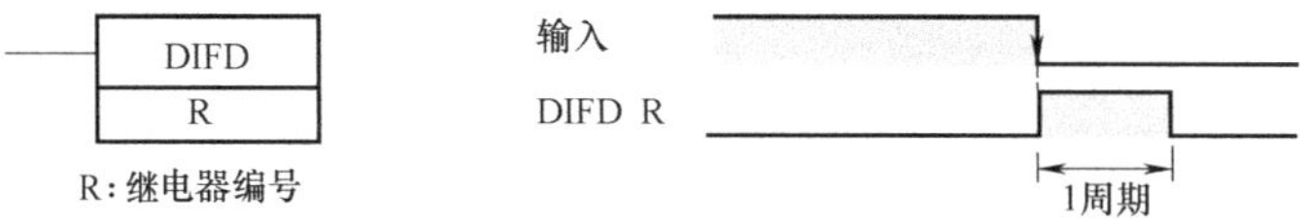

a) DIFD指令的符号　　b) DIFD指令的工作波形

图 4-23　下降沿微分（DIFD）指令的符号和工作波形

4.2.2　置位/复位/多位置位/多位复位

1. 置位

置位（SET）指令的符号和工作波形如图 4-24 所示。当输入条件为 ON 时，将 R 所指定的接点置于 ON；之后无论输入条件是 OFF 还是 ON，指定接点 R 将始终保持 ON 状态。若要 R 进入 OFF 状态，则

a) SET指令的符号　　b) SET指令的工作波形

图 4-24　置位（SET）指令的符号和工作波形

需使用 RSET 指令。

2. 复位

复位（RSET）指令的符号和工作波形如图 4-25 所示。当输入条件为 ON 时，将 R 所指定的接点置于 OFF；之后无论输入条件是 OFF 还是 ON，指定接点 R 将始终保持 OFF 状态。若要 R 进入 ON 状态，则需使用 SET 指令。

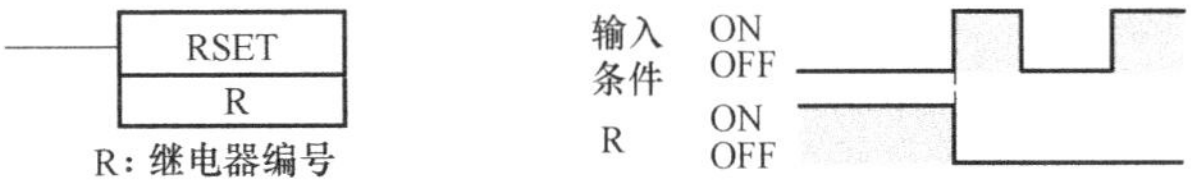

a) RSET指令的符号　　b) RSET指令的工作波形

图 4-25　复位（RSET）指令的符号和工作波形

不能通过 SET/RSET 指令进行定时器、计数器的置位/复位。在 IL-ILC/JMP-JME 指令内使用 SET/RSET 指令时，互锁条件/转移条件为 OFF，指定的输出接点的状态不变。可将 SET/RSET 指令作为每次刷新型指令（！SET/！RSET）使用，此时在 R 中指定 CPU 内置的输出继电器区域。通过！SET（或！RSET）在 R 中指定外部输出时，对 ON（或 OFF）状态下的 R 在执行时刻进行 OUT 刷新。ON（或 OFF）状态下的 R 与平时一样，在执行 RSET（或 SET）指令前，保持 ON（或 OFF）状态。

3. 多位置位

多位置位（SETA）指令的 FUN 编号为 530，用于将连续指定位数的位都置 ON，如图 4-26 所示。

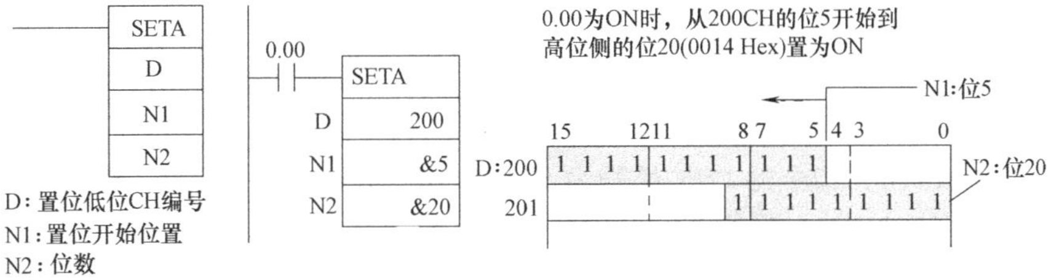

a) SETA指令的符号　　b) SETA指令的动作说明

图 4-26　多位置位（SETA）指令的符号和动作说明

对于操作数（RSTA 同此），N1：十六进制 0000～000F 或十进制 &0～15；N2：十六进制 0000～FFFF 或十进制 &0～65535；D～D+最大 4096CH 必须为同一区域种类。

SETA（或 RSTA）指令的功能是从 D 所指定的低位 CH 编号的 N1 中指定的开始位置（BIN）开始，将高位侧连续指定的位数（N2）置于 ON（或 OFF），指定范围以外的位的数据保持不变。当位数指定为 0 时，位的数据保持不变。

SETA 指令中，即使对于数据存储器、扩展数据存储器等通道（字）单位所处理的区域种类，也可以将指定范围的位区域整体置于 ON。

4. 多位复位

多位复位（RSTA）指令的 FUN 编号为 531，用于将连续指定位数的位都置 OFF，如图 4-27 所示。

将通过 RSTA（或 SETA）指令将 ON（或 OFF）状态下的位置于 OFF（或 ON）时，不限于多位复位（RSTA）指令，也可以使用常用指令。

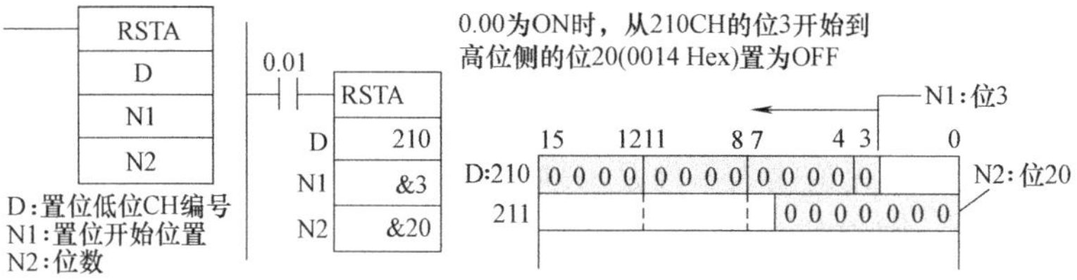

a) RSTA指令的符号　　b) RSTA指令的动作说明

图 4-27　多位复位（RSTA）指令的符号和动作说明

4.2.3　一位置位/一位复位/一位输出

1. 一位置位

一位置位（SETB）指令的 FUN 编号为 532，如图 4-28 所示，当输入条件为 ON 时，将指定 CH 所指定的接点 N 置于 ON。与 SET 指令不同，可以将 DM 区域的指定位作为置位对象。

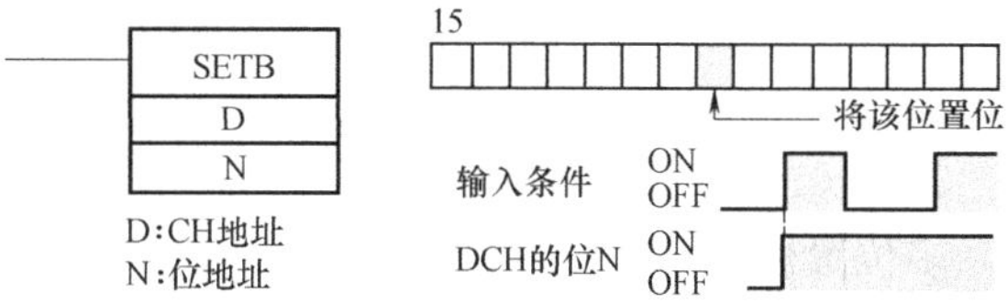

a) SETB指令的符号　　b) SETB指令的动作说明

图 4-28　一位置位（SETB）指令的符号和动作说明

SETB（或 RSTB）指令操作数 N：十六进制 0000～000F 或十进制 &0～15。当 SETB（或 RSTB）指令输入条件为 ON 时，将 D 所指定的 CH 的位地址 N 置于 ON（或 OFF）。即使输入条件为 OFF，D 所指定的 CH 的位地址 N 也保持不变。

2. 一位复位

一位复位（RSTB）指令的 FUN 编号为 533，如图 4-29 所示，当输入条件为 ON 时，将指定 CH 所指定的接点 N 置于 ON。与 RST 指令不同，可以将 DM 区域的指定位作为复位对象。

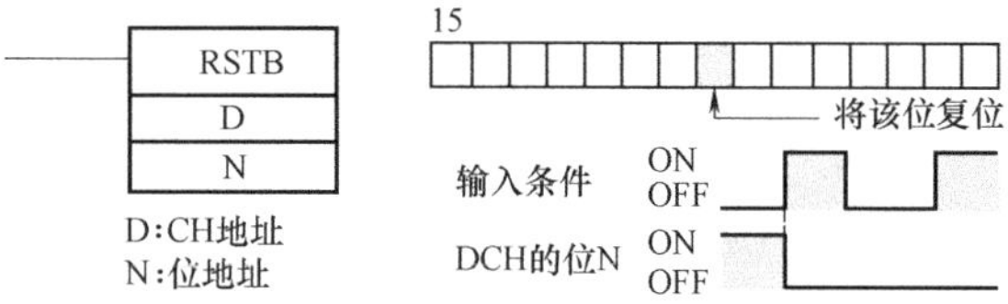

a) RSTB指令的符号　　b) RSTB指令的动作说明

图 4-29　一位复位（RSTB）指令的符号和动作说明

对通过 SETB 指令置位的位进行复位时，可以不使用 RSTB 指令。不能通过该 SETB/RSTB 指令进行定时器、计数器的置位/复位。执行每次刷新型指令（! SETB/! RSTB）时，在 D 中指定 CPU 内置的输出继电器区域。

3. 一位输出

一位输出（OUTB）指令的 FUN 编号为 534，如图 4-30 所示，将逻辑运算处理结果（输

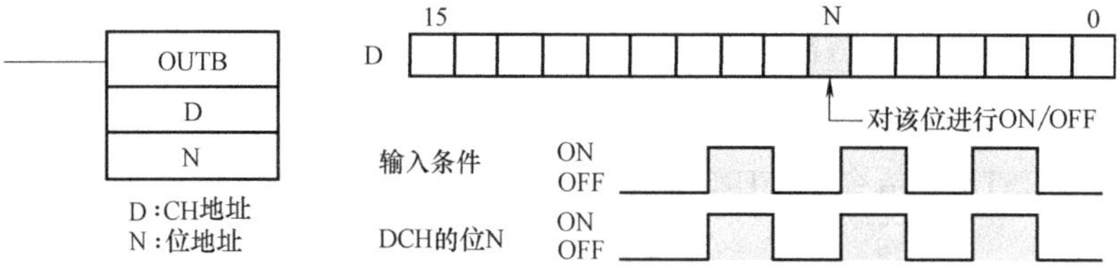

a) OUTB指令的符号　　b) OUTB指令的动作说明

图 4-30　一位输出（OUTB）指令的符号和动作说明

入条件）输出到指定 CH 的指定位 N。与 OUT 指令不同，可以将 DM 区域的指定位作为对象。

OUTB 指令操作数 N：十六进制 0000~000F 或十进制 &0~15。输入条件为 ON 时，将 D 所指定的 CH 的位地址 N 置于 ON。输入条件为 OFF 时，将 D 所指定的 CH 的位地址 N 置于 OFF。

4.3 时序控制指令

时序控制指令共有 16 种，见表 4-3 所示。

表 4-3 CP 系列的时序控制指令

指令语句	助记符	FUN 编号	指令语句	助记符	FUN 编号
无功能	NOP	000	转移	JMP	004
结束	END	001	转移结束	JME	005
互锁	IL	002	条件转移	CJP	510
互锁解除	ILC	003	条件非转移	CJPN	511
多重互锁(保持)	MILH	517	多重转移	JMP0	515
多重互锁(非保持)	MILR	518	多重转移结束	JME0	516
多重互锁解除	MILC	519	循环开始	FOR	512
跳出循环	BREAK	514	循环结束	NEXT	513

4.3.1 无功能/结束/互锁/互锁解除

1. 无功能

无功能（NOP）指令的 FUN 编号为 000，是不进行程序处理的指令，在梯形图中无表示。在指令插入时为确保区域而使用，仅在助记符表示时可以使用。在需要插入接点的位置预先写入 NOP 指令后，插入接点也不会发生程序地址 No. 的偏差。

2. 结束

结束（END）指令的 FUN 编号为 001，如图 4-31 所示，用来表示一个程序的结束。

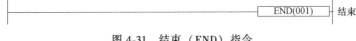

图 4-31 结束（END）指令

对于一个程序，通过 END 指令的执行，结束该程序，因此 END 指令后的其他指令不被执行。一个程序的最后，必须输入该 END 指令。没有 END 指令时，将出现程序错误。

3. 互锁/互锁解除

互锁（IL）指令的 FUN 编号为 002，互锁解除（ILC）指令的 FUN 编号为 003。如图 4-32 所示，当 IL 指令的输入条件为 OFF 时，对从 IL 指令到 ILC 指令为止的各指令的输出进行互锁。IL 指令的输入条件为 ON 时，照常执行从 IL 指令到 ILC 指令为止的各指令。IL 指令和 ILC 指令必须配套使用，但不能嵌套。

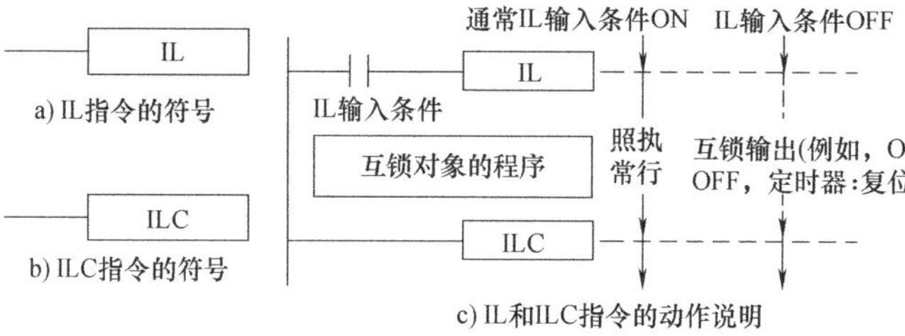

图 4-32　互锁（IL）和互锁解除（ILC）指令

即使已通过 IL 指令进行互锁，IL~ILC 间的程序仍在内部执行，故周期时间不会缩短。

4.3.2　多重互锁（微分标志保持型）/多重互锁（微分标志非保持型）/多重互锁解除

多重互锁（微分标志保持型，MILH）指令的 FUN 编号为 517；多重互锁（微分标志非保持性，MILR）指令的 FUN 编号为 518；多重互锁解除（MILC）指令的 FUN 编号为 519。如图 4-33 所示，当 MILH（或 MILR）指令的输入条件为 OFF 时，对从 MILH（或 MILR）指令到 MILC 指令为止的输出进行互锁。MILH（或 MILR）指令和 MILC 指令必须配套使用，与 IL/ILC 指令的不同在于它们还可以嵌套（如 MILH n-MILH m-MILC m-MILC n），但嵌套不得超过 16 个。MILH 指令和 MILR 指令的区别在于，互锁解除后的微分指令动作不同。

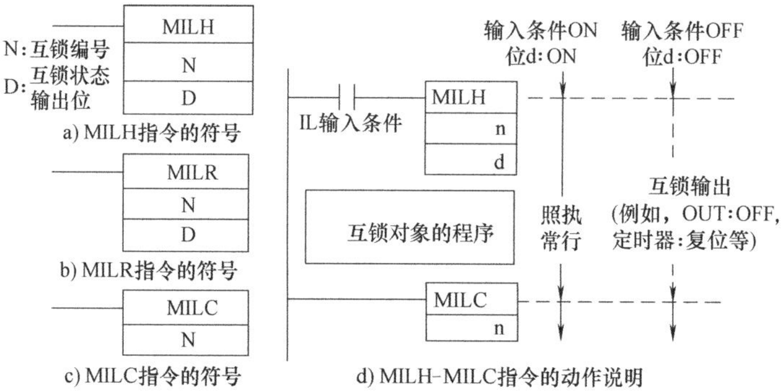

图 4-33　MILH/MILR/MILC 指令

互锁编号 N：0~15。成对的 MILH（或 MILR）和 MILC 指令的互锁编号 N 必须一致，但 N 在使用顺序上不受大小关系的限制。

互锁状态输出位 D：非互锁时 ON；互锁时 OFF。通过 MILH（或 MILR）指令进行的互锁中，通过对该位进行强制置位，可进入非互锁（IL）状态。相反，在非互锁中对该位进行强制复位，可以进入互锁（IL）状态。

当到 MILC 指令为止的各指令中含有 DIFU/DIFD/@/%等微分指令时，MILH 指令和 MILR 指令的动作是不同的。执行 MILR 指令时，即使在互锁中微分条件成立，互锁解除后也不执行微分指令；而执行 MILH 指令时，微分条件成立便生效，互锁解除后，执行微分指令。

4.3.3　转移/转移结束/条件转移/条件非转移/多重转移/多重转移结束

1. 转移/转移结束

转移（JMP）指令的 FUN 编号为 004；转移结束（JME）指令的 FUN 编号为 005。如图

4-34 所示，JMP 指令的输入条件为 OFF 时，直接转移至 JME 指令。JMP 指令与 JME 指令必须配套使用，两者的转移编号 N 必须相同：十六进制 0000~00FF 或十进制 &0~255。

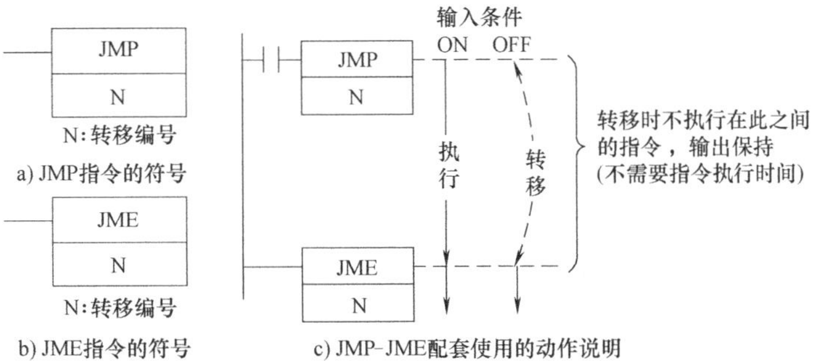

图 4-34　转移（JMP）与转移结束（JME）指令

具有相同编号的 JME 指令有两个以上时，程序地址较小的 JME 指令有效，地址较大的 JME 指令将被忽略。向程序地址较小的一方转移时，JMP 的输入条件为 OFF 期间，在 JMP-JME 间重复执行。JMP 的输入条件为 ON 时，重复结束。此外，在这种情况下，只要 JMP 的输入条件不为 ON，就不执行 END 指令，有可能出现周期超时现象。

2. 条件转移/转移结束

条件转移（CJP）指令的 FUN 编号为 510。如图 4-35 所示，CJP 指令的输入条件为 ON 时，直接转移到相同转移编号的 JME 指令；输入条件为 OFF 时，则执行下一条指令以后的内容。CJP 指令与 JME 指令必须配套使用。

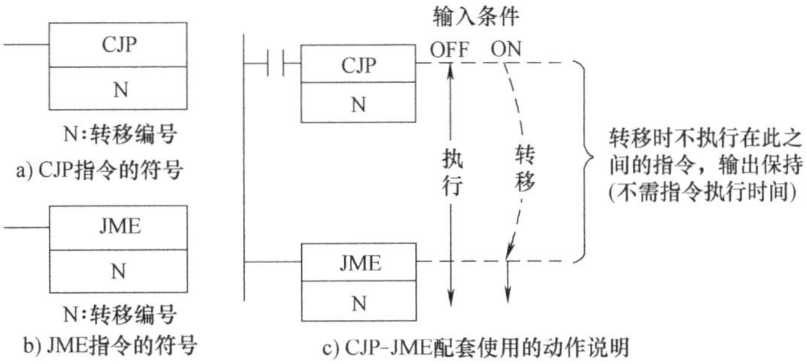

图 4-35　条件转移（CJP）与转移结束（JME）指令

转移编号 N：十六进制 0000~00FF 或十进制 &0~255。

3. 条件非转移/转移结束

条件非转移（CJPN）指令的 FUN 编号为 511。如图 4-36 所示，CJPN 指令的输入条件为 OFF 时，直接转移到相同转移编号的 JME 指令；输入条件为 ON 时，则执行下一条指令以后的内容。CJPN 指令与 JME 指令必须配套使用。

转移编号 N：十六进制 0000~00FF 或十进制 &0~255。

CJP（或 CJPN）指令的输入条件为 ON（或 OFF）时，由于直接转移至 JME 指令，而不执行 CJP（或 CJPN）-JME 间的指令，所以在此间没有指令执行时间，因此可使周期时间的缩短。与此相反，在 JMP0 指令的情况下，JMP0 条件为 OFF 时，由于在 JMP0-JME0 间执

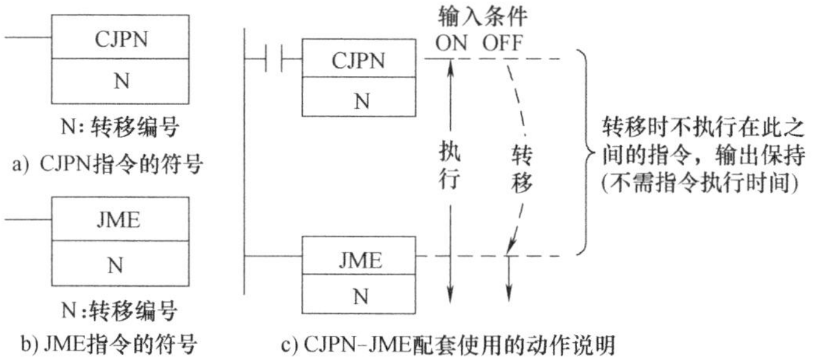

图 4-36 条件非转移（CJPN）与转移结束（JME）指令

行 NOP 处理而花费时间，所以不会实现周期时间的缩短。

4. 多重转移/多重转移结束

多重转移（JMP0）指令的 FUN 编号为 515；多重转移结束（JME0）指令的 FUN 编号为 516，如图 4-37 所示，如果 JMP0 指令的输入条件为 OFF，则对从 JMP0 到 JME0 之间的指令进行 NOP 处理；输入条件为 ON 时，执行下一条指令后面的内容。JMP0 指令与 JME0 指令须配套使用，程序上可以有多个配套。与 JMP/CJP/CJPN 指令不同，由于不使用转移编号，故可以在程序中的任何地点使用。

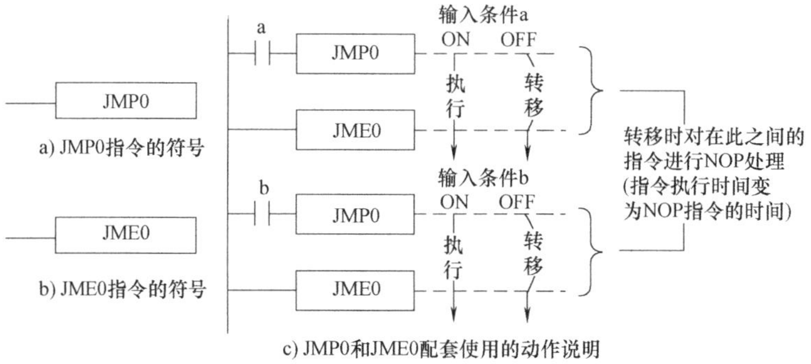

图 4-37 多重转移（JMP0）指令与多重转移结束（JME0）指令

与直接转移至 JME 的 JMP/CJP/CJPN 指令不同，由于需要对 JMP0～JME0 间的指令进行 NOP 处理，所以需要执行时间，不会使周期时间缩短。此外，由于不执行指令，故输出将会保持。JMP0 指令可在同一程序上多次使用，但是 JMP0～JME0 间不要重叠和嵌套；JMP0/JME0 指令在块程序区域内不能使用。

4.3.4 循环开始/循环结束/循环中断

1. 循环开始与循环结束

循环开始（FOR）指令的 FUN 编号为 512；循环结束（NEXT）指令的 FUN 编号为 513。如图 4-38 所示，无条件循环执行 FOR～NEXT 间的程序 N 次后，执行 NEXT 指令以后的指令。FOR 和 NEXT 必须配套使用，还可 15 层内嵌套使用；中断重复时，使用 BREAK 指令；当 N=0 时，对 FOR～NEXT 间的指令进行 NOP 处理。在较小的程序容量下，可以处理表格数据等。

循环次数 N：十六进制 0000～FFFF 或十进制 &0～65535。在一周期内重复循环，FOR-

NEXT 间的微分接点在该循环中变为常 ON 或常 OFF 状态。在 FOR-NEXT 间执行转移 JMP 指令，不能向外转移；在 FOR-NEXT 间，不能使用块程序、多重转移 JMP0/多重转移结束 JME0、步进开始 SXNT/步进定义 STEP。

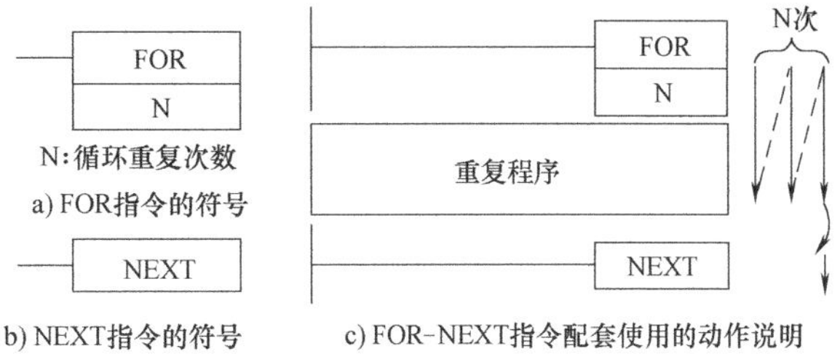

图 4-38　循环开始（FOR）指令与循环结束（NEXT）指令

2. 循环中断

循环中断（BREAK）指令的 FUN 编号为 515。BREAK 指令配置在 FOR-NEXT 指令间的一段程序内，如图 4-39 所示。当输入条件为 ON 时，强制结束 FOR-NEXT 循环（重复处理），并对从 BREAK 到 NEXT 为止的指令进行 NOP 处理。

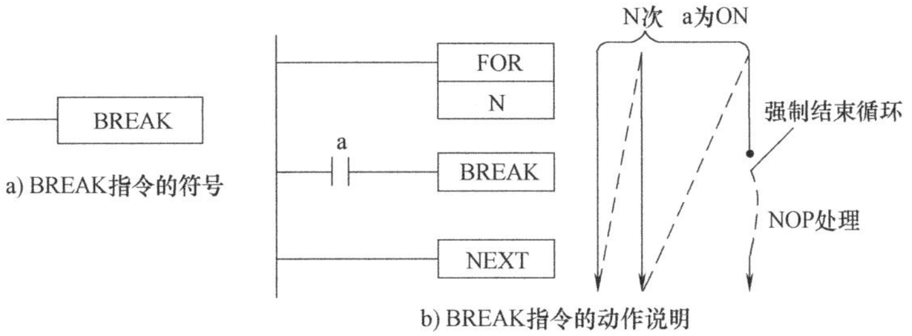

图 4-39　循环中断（BREAK）指令

BREAK 指令只能在 FOR-NEXT 指令间使用，只能用于一个嵌套，若要使多重嵌套结束，则必须执行与嵌套层数相同数量的 BREAK 指令。

第5章

定时器/计数器指令

CP 系列可选择 BCD 或 BIN 模式，作为定时器/计数器相关指令的当前值更新方式。通过 BIN 模式，设定时间从之前的 0~9999（四位）扩展到 0~65535（五位）；也可将 BIN 数据作为设定值。定时器/计数器指令共有 18 种，见表 5-1；另外块程序指令有六种。

表 5-1　CP 系列的定时器/计数器指令

指令语句		助记符	FUN 编号	指令语句			助记符	FUN 编号
定时器	BCD	TIM		计数器		BCD	CNT	
	BIN	TIMX	550			BIN	CNTX	546
高速定时器	BCD	TIMH	015	可逆计数器		BCD	CNTR	012
	BIN	TIMHX	551			BIN	CNTRX	548
超高速定时器	BCD	TMHH	540	定时器/计数器复位		BCD	CNR	545
	BIN	TMHHX	552			BIN	CNRX	547
累计定时器	BCD	TTIM	087	定时器等待（100ms）	块程序指令	BCD	TIMW	813
	BIN	TTIMX	555			BIN	TIMWX	816
长时间定时器	BCD	TIML	542	高速定时器等待（10ms）		BCD	TMHW	815
	BIN	TIMLX	553			BIN	TMHWX	817
多输出定时器	BCD	MTIM	543	计数等待		BCD	CNTW	814
	BIN	MTIMX	554			BIN	CNTWX	818

通过 MOVRW 指令及变址寄存器进行的定时器/计数器编号的间接指定，可以在具有定时器/计数器编号的指令中使用。

5.1　定时器指令

CP 系列定时器指令包括定时器 TIM/TIMX、高速定时器 TIMH/TIMHX、超高速定时器 TMHH/TMHHX、累计定时器 TTIM/TTIMX、长时间定时器 TIML/TIMLX、多输出定时器 MTIM/MTIMX、定时器复位 CNR/CNRX 等。

5.1.1　定时器/高速定时器/超高速定时器

1. 定时器

定时器（TIM/TIMX）指令的 FUN 编号为 550，如图 5-1 所示。TIM/TIMX 指令可进行减法式接通延迟 0.1s 单位的定时器动作。设定时间在 BCD 方式时为 0~999.9s；BIN 方式时为 0~6553.5s。时间精度为-0.01~0s。

N:定时器编号，0～4095(十进制)
S:定时器设定值，#0000～9999(BCD)

a) 当前值更新方式：BCD

N:定时器编号，0～4095(十进制)
S:定时器设定值，&0～65535(十进制)
或#0000～FFFF(十六进制)

b) 当前值更新方式：BIN

图 5-1　定时器（TIM/TIMX）指令的符号与操作数说明

定时器输入为 OFF 时，对 N 编号的定时器进行复位（在定时器当前值中代入设定值 S，将时间到时标志设置为 OFF）。定时器输入由 OFF 变为 ON 时，启动定时器，开始定时器当前值的减法运算。定时器输入 ON 的过程中，进行定时器当前值的更新，定时器当前值变为 0 时，时间到时标志置为 ON（时间已到）。定时结束后，保持定时器当前值及时间到时标志的状态。如果要重启，则需要将定时器输入从 OFF 变为 ON，或者（通过 MOV 指令等）将定时器当前值变更为 0 以外的值。

定时器指令、高速定时器指令、超高速定时器指令、累计定时器指令、块程序的定时器等待指令、高速定时器等待指令可共用定时器编号，但这些定时器计时单位及精度各不相同。如果周期超过 100ms，则编号为 16~4095 的定时器将不能正确动作，需使用 0~15。定时器编号在 0~15 时，即使任务处于待机状态，定时器指令也将更新当前值，编号为 16~4095 时，任务处于待机状态时保持当前值。

2. 高速定时器

高速定时器（TIMH/TIMHX）指令的 FUN 编号为 015/551，如图 5-2 所示。TIMH/TIMHX 指令可进行减法式接通延迟 10ms（0.01s）单位的定时器动作。设定时间在 BCD 方式时为 0~99.99s；BIN 方式时为 0~655.35s。时间精度为-0.01~0s。

N:定时器编号，0～4095(十进制)
S:定时器设定值，#0000～9999(BCD)

a) 当前值更新方式：BCD

N:定时器编号，0～4095(十进制)
S:定时器设定值，&0～65535(十进制)
或#0000～FFFF(十六进制)

b) 当前值更新方式：BIN

图 5-2　高速定时器（TIMH/TIMHX）指令的符号与操作数说明

高速定时器（TIMH/TIMHX）指令动作过程与定时器（TIM/TIMX）指令的一样。

3. 超高速定时器

超高速定时器（TMHH/TMHHX）指令的 FUN 编号为 540/552，如图 5-3 所示。TMHH/

TMHHX 指令表示 1ms 单位的高速接通延迟（减法式）定时器的动作。设定时间在 BCD 方式时为 0~9.999s；BIN 方式时为 0~65.535s。时间精度为-0.001~0s。

N:定时器编号，0～15(十进制)
S:定时器设定值，#0000～9999(BCD)

N:定时器编号，0～15(十进制)
S:定时器设定值，&0～65535(十进制)
或#0000～FFFF(十六进制)

a) 当前值更新方式：BCD　　b) 当前值更新方式：BIN

图 5-3　超高速定时器（TMHH/TMHHX）指令的符号与操作数说明

超高速定时器（TMHH/TMHHX）指令动作过程与定时器（TIM/TIMX）指令的也一样。

5.1.2　累计定时器/长时间定时器/多输出定时器

1. 累计定时器

累计定时器（TTIM/TTIMX）指令的 FUN 编号为 087/555，如图 5-4 所示。TTIM/TTIMX 指令进行累计式接通延迟，以 100ms（0.1）s 为单位的定时器动作。设定时间在 BCD 方式时为 0~999.9s；BIN 方式时为 0~6553.5s。时间精度为-0.01~0s。

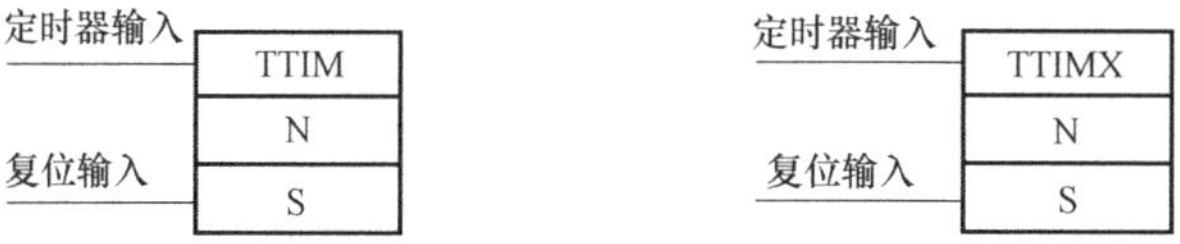

N:定时器编号，0～4095(十进制)
S:定时器设定值，#0000～9999(BCD)

N:定时器编号，0～4095 (十进制)
S:定时器设定值，&0～65535(十进制)
或#0000～FFFF(十六进制)

a) 当前值更新方式：BCD　　b) 当前值更新方式：BIN

图 5-4　累计定时器（TTIM/TTIMX）指令的符号与操作数说明

累计定时器输入为 ON 的过程中，对当前值进行加法运算（累计）。定时器输入为 OFF 时，停止累计，保持当前值。如果定时器输入再次为 ON，则开始累计。定时器当前值到达设定值后，时间到时标志为 ON。时间到后，保持定时器当前值以及时间到时标志的状态。如果要重启，则需要通过（MOV 指令等）将定时器当前值设置为设定值以下，或者使用复位输入 ON 或 CNR/CNRX 指令进行定时器复位。

2. 长时间定时器

长时间定时器（TIML/TIMLX）指令的 FUN 编号为 542/553，如图 5-5 所示。TIML/TIMLX 指令表示减法式接通延迟 100ms 的长时间定时器的动作。最大时间设定（以 s 为单位）在 BCD 方式时为 115 日；BIN 方式时 49710 日。时间精度为-0.01~0s。

图 5-5 所示为长时间定时器（TIML/TIMLX）指令的符号和操作数说明，D2、S 的范围：在 BCD 方式时为#00000000~99999999（BCD）；在 BIN 方式时为 &00000000~4294967295（十进制）或#00000000~FFFFFFFF（十六进制）。D2+1、D2、S+1、S 是属于同一区域种类。

定时器输入为 OFF 时，对定时器进行复位（在定时器当前值 D2+1、D2 中代入设定值

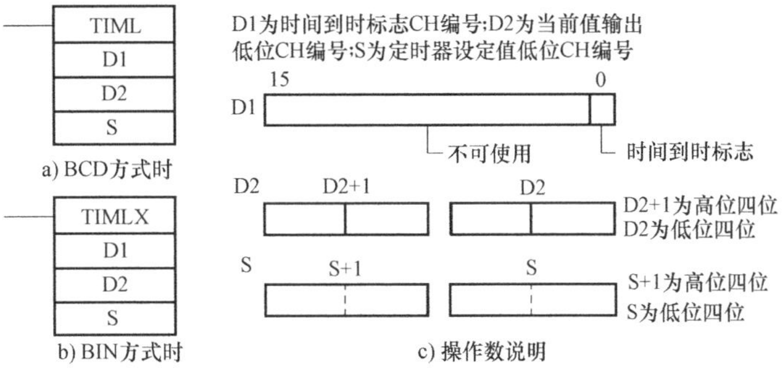

图 5-5　长时间定时器（TIML/TIMLX）指令

S+1、S，将时间到时标志置为 OFF)。定时器输入从 OFF 变为 ON 时，启动定时器，开始定时器当前值 D2+1、D2 的减法运算。定时器输入 ON 的过程中，进行定时器当前值的更新，定时器当前值变为 0 时，时间到时标志置为 ON（时间已到)。定时结束后，保持定时器当前值及时间到时标志的状态。如果要重启，则必须将定时器输入由 OFF 变为 ON，或者通过 MOV 指令等将定时器当前值 D2+1、D2 变更为 0 以外的值。

3. 多输出定时器

多输出定时器（MTIM/MTIMX）指令的 FUN 编号为 543/554，如图 5-6 所示。多输出定时器是一种可得八点任意的时间到时标志值的累计式定时器，精确到 0.1s。设定时间在 BCD 方式时为 0~999.9s；BIN 方式时为 0~6553.5s。时间精度为-0.01~0s。

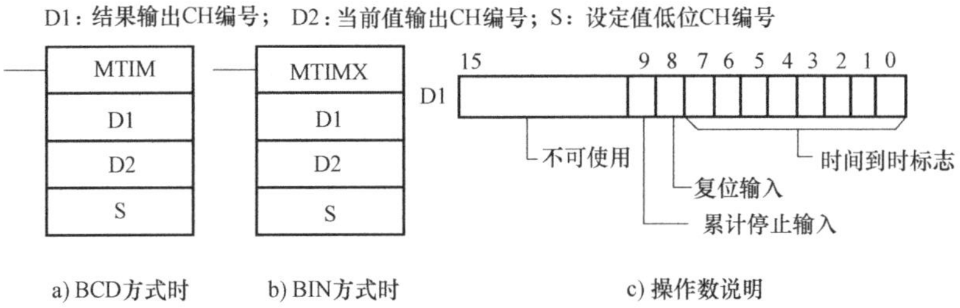

图 5-6　多输出定时器（MTIM/MTIMX）指令

图 5-6 中，D2（当前值)、S~S+7（八点定时器设定值）的范围在 BCD 方式时为 #0000~9999（BCD)；BIN 方式时为 &0~65535（十进制）或#0000~FFFF（十六进制)。

多输出定时器输入条件为 ON 的状态下，累计停止输入以及复位输入为 OFF 时，对 D2 所指定的当前值进行累计。累计停止输入为 ON 后，停止累计，保持当前值。累计停止输入再次为 OFF 后，开始累计。对于 S~S+7 CH 的各设定值，如果当前值≥设定值，则相应的八点时间到时标志为 ON。当前值在到达 9999（BCD）或 FFFF（BIN ）后返回 0，所有时间到时标志转为 OFF。累计过程中即使复位输入转为 ON，当前值也会返回 0，所有时间到时标志转为 OFF。

5.2　计数器指令

CP 系列计数器指令包括计数器（CNT/CNTX）指令、可逆计数器（CNTR/CNTRX）指令、计数器复位（CNR/CNRX）指令等。

5.2.1 计数器/可逆计数器

1. 计数器

计数器（CNT/CNTX）指令的 FUN 编号为 546，如图 5-7 所示。CNT/CNTX 指令进行减法计数的动作。设定值 S 在 BCD 方式时为 0~9999 次；BIN 方式时为 0~65535 次。

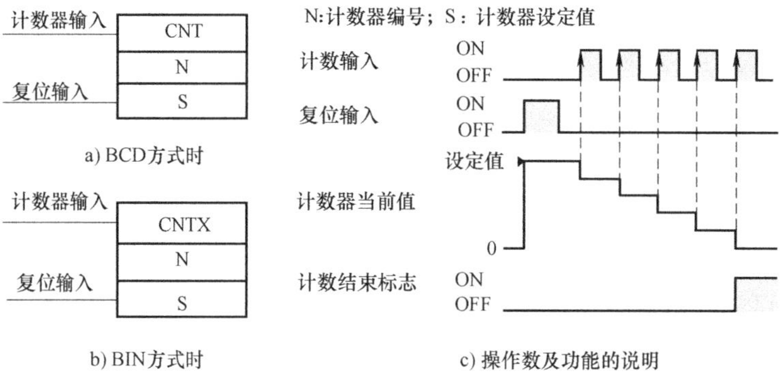

图 5-7 计数器（CNT/CNTX）指令

每次计数输入上升时，计数器当前值将进行减法计数。计数器当前值=0 时，计数结束标志为 ON。计数结束后，如果不使用复位输入 ON 或 CNR/CNRX 指令进行计数器复位，则将不能进行重启。复位输入为 ON 时被复位（当前值=设定值、计数结束标志=OFF），计数输入无效。

计数器当前值即使在电源切断时也将保持，因此在电源接通时，需要将当前值从设定值开始，而不是从电源切断之前的计数器当前值开始，需要在计数器复位输入中置入第一周期 ON 标志 A200.11（特殊辅助继电器仅在运转开始时的一周期之内为 ON）。

2. 可逆计数器

可逆计数器（CNTR/CNTRX）指令的 FUN 编号为 012/548，如图 5-8 所示。CNTR/CNTRX 指令进行加减法计数的动作。

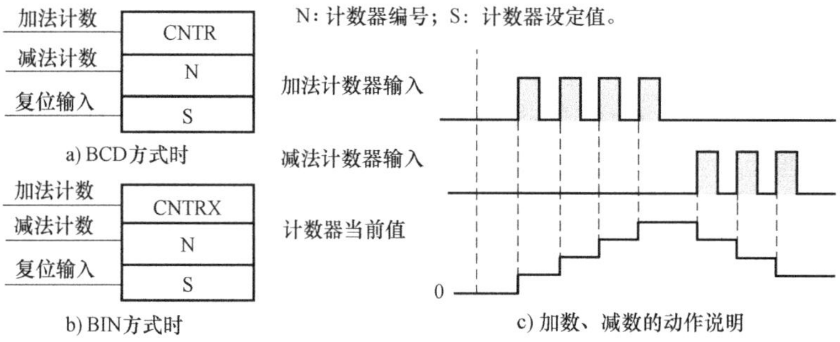

图 5-8 可逆计数器（CNTR/CNTRX）指令

操作数 BCD 方式时，编号 N 为 0~4095（十进制），设定值 S 为#0000~9999（BCD）；BIN 方式时，N 为 0~4095（十进制），S 为 &0~65535（十进制）或#0000~FFFF（十六进制）。

在加法计数输入的上升沿进行加法运算、在减法计数输入的上升沿进行减法运算。通过加法使当前值从设定值升位至 0 时，计数结束标志为 ON，从 0 加至 1 时为 OFF。同时通过减法使当前值从 0 降位至设定值时为 ON，从设定值进行一次减法时为 OFF。

可逆计数器指令的梯形图和助记符在输入顺序上不同。梯形图：加法输入→CNTR/CNTRX 指令→减法输入→复位输入；助记符：加法输入→减法输入→复位输入→CNTR/CNTRX 指令。

例　如图 5-9 所示，复位输入 0.02 为 ON 时，计数器当前值变为 0。加法计数输入 0.00 每次 OFF→ON 后，计数器当前值都会+1。计数器当前值由设定值 3 的状态开始，加法计数输入 0.00 由 OFF→ON 后，计数器当前值变为 0，同时计数器标志转为 ON。减法计数输入 0.01 每次 OFF→ON 后，计数器当前值都会-1。计数器当前值由 0 状态开始，接着减法计数输入 0.01 由 OFF→ON 后，计数器当前值变为设定值 3，同时计数器标志转为 ON。

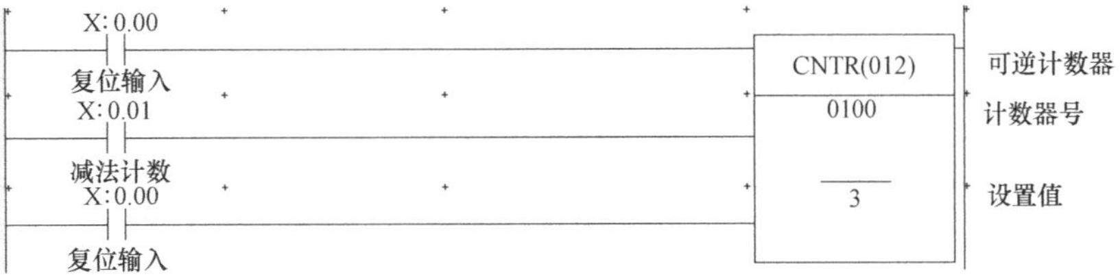

图 5-9　可逆计数器

该可逆计数器工作波形如图 5-10 所示。

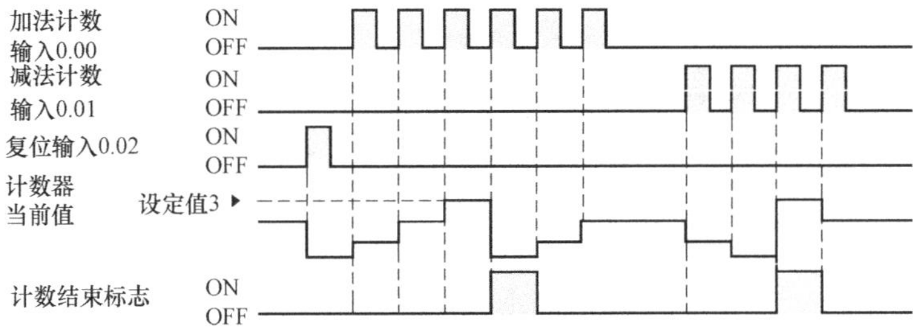

图 5-10　可逆计数器的工作波形

5.2.2　定时器/计数器复位

定时器/计数器复位（CNR/CNRX）指令的 FUN 编号为 545/547，如图 5-11 所示。CNR/CNRX 指令用于对编号 D1～D2 的定时器/计数器的到时标志/结束标志进行复位，同时

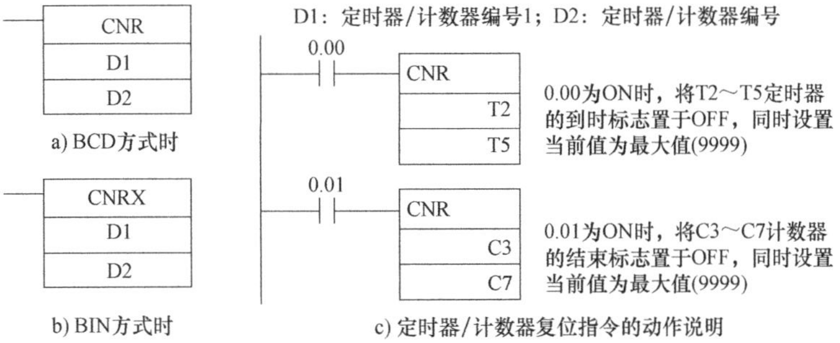

图 5-11　定时器/计数器复位（CNR/CNRX）指令

将当前值设置为最大值9999（BCD）或FFFF（BIN）。执行D1～D2编号的定时器/计数器指令时，在当前值中设置设定值。

操作数范围：D1为T0000～T4095或C0000～C4095；D2为T0000～T4095或C0000～C4095。D1和D2必须属于同一区域种类（定时器或计数器中的某个）。

该指令复位对象有TIM/TIMX（定时器）、TIMH/TIMHX（高速定时器）、TMHH/TMHHX（超高速定时器）、TTIM/TTIMX（累计定时器）、TIMW/TIMWX（块程序的定时器等待）、TMHW/TMHWX（块程序的高速定时器等待）、CNT/CNTX（计数器）、CNTR/CNTRX（可逆计数器）、CNTW/CNTWX（计数器等待）等；但是，TIML/TIMLX（长时间定时器）指令以及MTIM/MTIMX（多输出定时器）指令不属于复位的对象。

该指令并不是对指令进行复位，而是将该指令所使用的定时器/计数器的当前值设置为最大值，对到时/结束标志进行复位。

第 6 章

数据指令

数据指令包括数据比较、传送、移位、转换、控制等方面的分类。

6.1 数据比较指令

数据比较指令共有 12 种，见表 6-1。

表 6-1 CP 系列的数据比较指令

指令语句	助记符	FUN 编号	指令语句	助记符	FUN 编号
无符号比较	CMP	020	表格一致	TCMP	085
无符号倍长比较	CMPL	060	无符号表格比较	BCMP	068
带符号 BIN 比较	CPS	114	扩展表格间比较	BCMP2	502
带符号 BIN 倍长比较	CPSL	115	区域比较	ZCP	088
多通道比较	MCMP	019	倍长区域比较	ZCPL	116
符号比较	助记符：=、<>、<、<=、>、>=(S、L)(LD/AND/OR 型)				300~328
时刻比较	助记符：=DT、<>DT、<DT、<=DT、>DT、>=DT(LD/AND/OR 型)				341~346

6.1.1 符号比较/时刻比较

1. 符号比较

符号比较［=、<>、<、<=、>、>=（S、L）（LD/AND/OR 型）］指令的 FUN 编号为 300~328。符号比较指令对两个 CH 数据或常数进行无符号或带符号比较，结果为真时，连接到下一段之后。如图 6-1 所示，按连接型分为 LD（读）、AND（与）、OR（或）三类；按符号

a) LD(读)连接型　b) AND(与)连接型　c) OR(或)连接型

图 6-1 符号比较指令

分为无符号和带符号（S）两类；按数据长分为 CH 数据比较和倍长 CH 数据比较两类。

对 S1 和 S2 进行无符号或带符号的比较，结果为真时，连接到下一段之后。和 LD、AND、OR 指令具有相同操作，接在各指令后面对其他指令进行编程。LD 型时，能直接连接到母线；AND 型时，不能直接连接到母线；OR 型时，能直接连接到母线。

比较指令通过符号和选项的组合，表现为 72 种助记符。无符号比较指令（无 S 选项）中，可以处理无符号 BIN 数据以及 BCD 数据；带符号比较指令（带 S 选项）中，可以处理带符号 BIN 数据。

2. 时刻比较

时刻比较［=DT、<>DT、<DT、<= DT、>DT、>= DT（LD/AND/OR 型）］指令的 FUN 编号为 341~346。时刻比较指令比较两个时刻的 BCD 数据，结果为真时，连接到下一段之后。如图 6-2 所示，按连接型分为 LD（读）连接、AND（与）连接、OR（或）连接三类；由于能够限定比较对象数据，可以实现日历定时器功能。

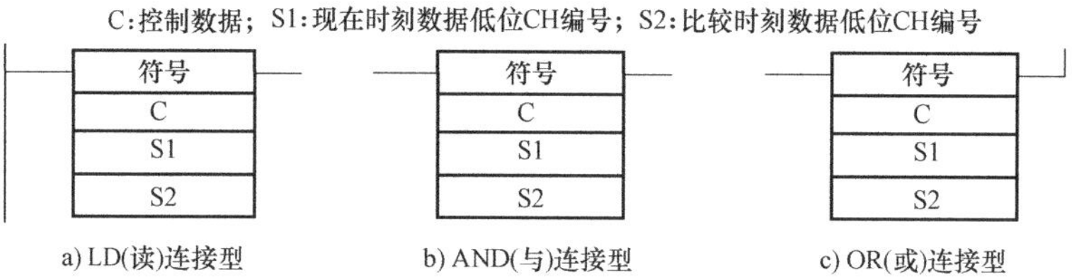

图 6-2　时刻比较指令

C：在（年/月/日/时/分/秒）之内，通过位 00~05 来分别指定将哪一个作为比较屏蔽（对象外）。全屏蔽（位 00~05 均为 1）时，不执行指令，不被连接至下一段之后，此时出错（ER）标志 ON。

S1：将当前时刻（年/月/日/时/分/秒）数据保存在 S1（分/秒）、S1+1（日/时）、S1+2（年/月）中。将 CPU 的内部时钟数据作为比较基准时，以 S1=A351 CH 来指定 CPU 的内部时钟数据（A351~A353 CH）。

S2：将比较时刻（年/月/日/时/分/秒）数据保存在 S2~S2+2 中。

关于通过 C 指定为 0（比较对象）的时刻项目（年/月/日/时/分/秒），对 S1 和 S2 进行 BCD 比较，结果为真时，连接至下一段。同时反映到状态标志（=、<>、<、<=、>、>=）中。时刻比较指令表现为 18 种助记符。不进行通过 C 指定为 1（比较屏蔽）的项目的比较，此外指令执行后各状态标志如图 6-3 所示根据比较结果进行 ON/OFF。

比较结果	=	<>	<	<=	>	>=
S1=S2	ON	OFF	OFF	ON	OFF	ON
S1>S2	OFF	ON	OFF	OFF	ON	ON
S1<S2	OFF	ON	ON	ON	OFF	OFF

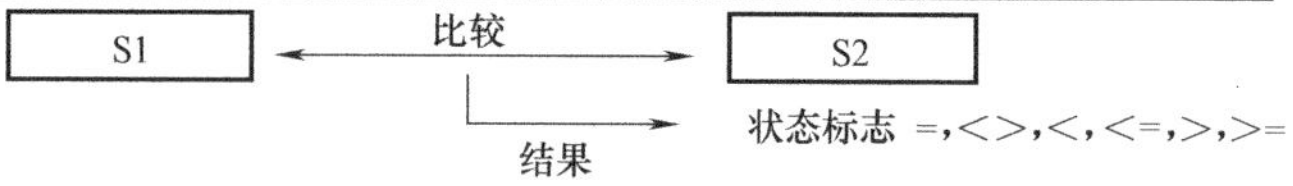

图 6-3　指令执行后各状态标志

时刻数据的比较屏蔽是指屏蔽（隐藏）比较对象之外的时刻数据的功能。由此，可以分别比较通过 C 指定为 0（比较对象）的（年/月/日/时/分/秒）这六个时刻数据。

例 1　如图 6-4 所示，当 0.00 为 ON、且时刻为 13 时 0 分 0 秒时，将 100.00 置于 ON。对 CPU 内置时钟 A351 ~ A352 CH 的当前时刻及 D100 ~ D102 的设定时刻进行（时/分/秒）的比较。

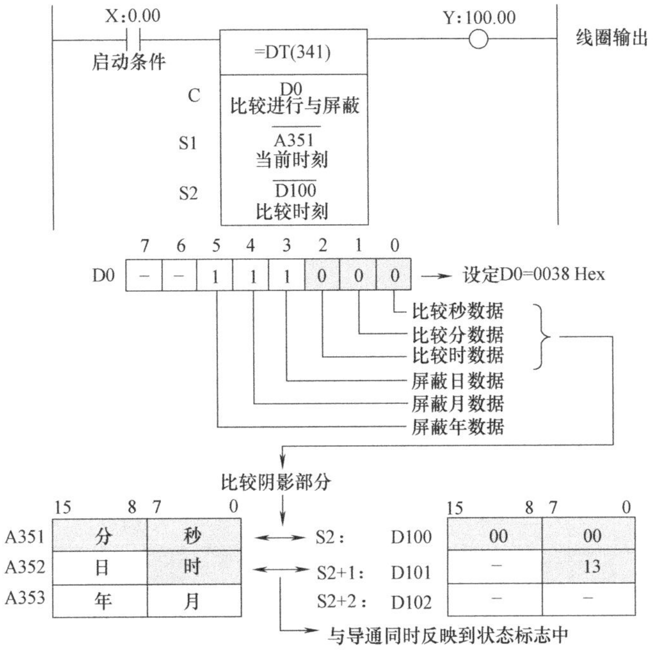

图 6-4　时刻比较指令的动作说明

6.1.2　无符号比较/无符号倍长比较/带符号 BIN 比较/带符号 BIN 倍长比较

1. 无符号比较

无符号比较（CMP）指令的 FUN 编号为 020。CMP 指令对两个 CH 数据或常数（S1 和 S2）进行无符号 BIN 16 位（十六进制四位）的比较，将结果反映到状态标志（>、>=、=、<>、<、<=）中，如图 6-5 所示。

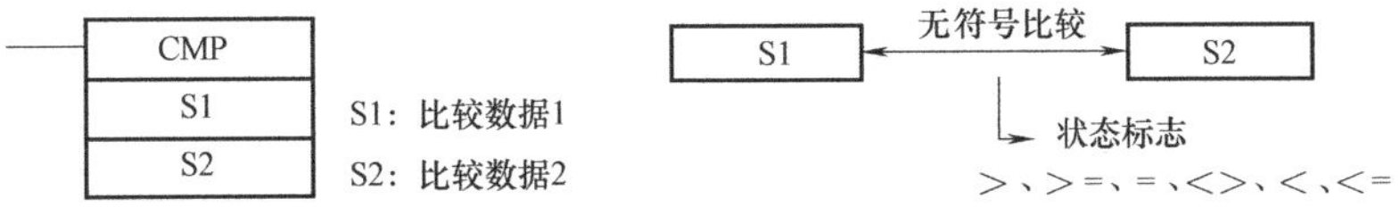

a) CMP 指令的符号　　b) CMP 指令的功能说明

图 6-5　无符号比较（CMP）指令的符号和功能说明

2. 无符号倍长比较

无符号倍长比较（CMPL）指令的 FUN 编号为 060。CMPL 指令将两个 CH 数据或常数（将 S1 和 S2）作为倍长数据，进行无符号 BIN 32 位（十六进制八位）的比较，结果反映到状态标志（>、>=、=、<>、<、<=）中，如图 6-6 所示。

在 CX-Programmer 中，>、≧、=、≠、<、≦标志分别用 P_GT、P_GE、P_EQ、P_NE、P_LT、P_LE 来表示。

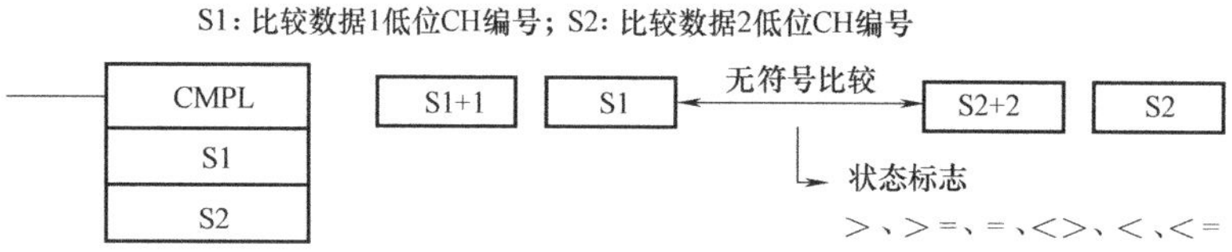

a) CMPL指令的符号　　b) CMPL指令的功能说明

图 6-6　无符号倍长比较（CMPL）指令的符号和功能说明

例 2　如图 6-7 所示，输入继电器 0.00 为 ON 时，对 1001、1000 CH 和 1501、1500 CH 的数据内容进行十六进制八位的比较，结果 1000、1001 CH 较大时 100.00 为 ON，相等时 100.01 为 ON，1501、1500 CH 较大时 100.02 为 ON。

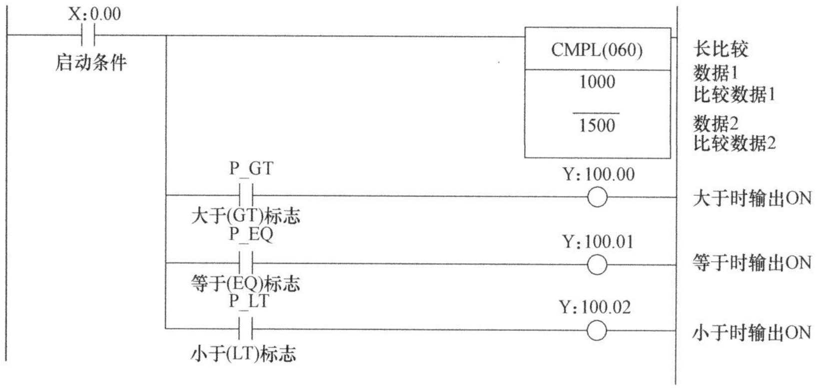

图 6-7　CMPL 指令应用举例

3. 带符号 BIN 比较

带符号 BIN 比较（CPS）指令的 FUN 编号为 114。如图 6-8 所示，CPS 指令对两个 CH 数据或常数（S1 和 S2）进行带符号 BIN 16 位（最高位作为符号位的十六进制四位）比较，结果反映到状态标志（>、>=、=、<>、<、<=）中。

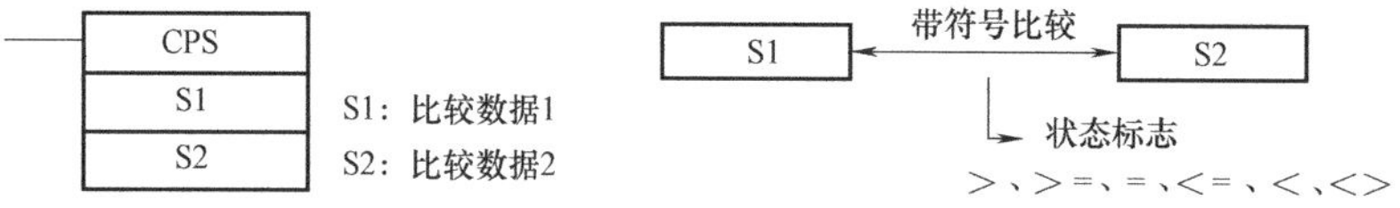

a) CPS指令的符号　　b) CPS指令的功能说明

图 6-8　带符号 BIN 比较（CPS）指令的符号和功能说明

S1、S2 的内容：十六进制-8000～7FFF（十进制-32768～32767）。

4. 带符号 BIN 倍长比较

带符号 BIN 倍长比较（CPSL）指令的 FUN 编号为 115。如图 6-9 所示，CPSL 指令对两个倍长 CH 数据或常数（S1 和 S2）进行带符号倍长 BIN 32 位（最高位为符号位的十六进制八位）比较，结果反映到状态标志（>、>=、=、<>、<、<=）中。

S1+1、S1 以及 S2+1、S2 的内容：十六进制-80000000～7FFFFFFF（十进制-2147483648～2147483647）。

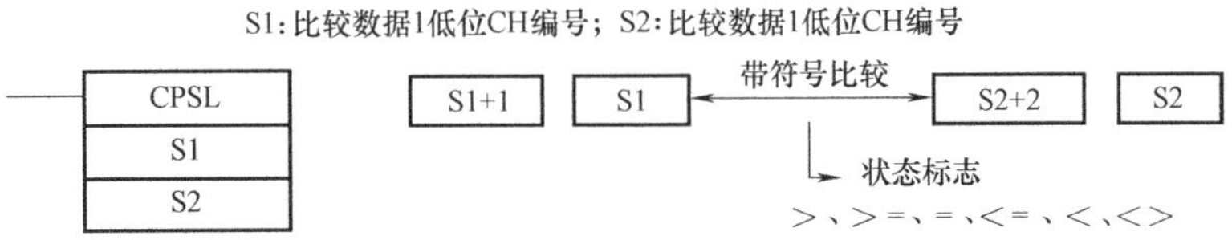

a) CPSL指令的符号　　b) CPSL指令的功能说明

图 6-9 带符号 BIN 倍长比较（CPSL）指令的符号和功能说明

6.1.3 多通道比较/表格一致/无符号表间比较/扩展表间比较

1. 多通道比较

多通道比较（MCMP）指令的 FUN 编号为 019。MCMP 指令对 S1 所指定的 16 通道（字）的数据和 S2 所指定的 16 通道的数据分别进行通道单位的比较，若一致则将 0、不一致则将 1 输出到 D 的相应位，如图 6-10 所示。

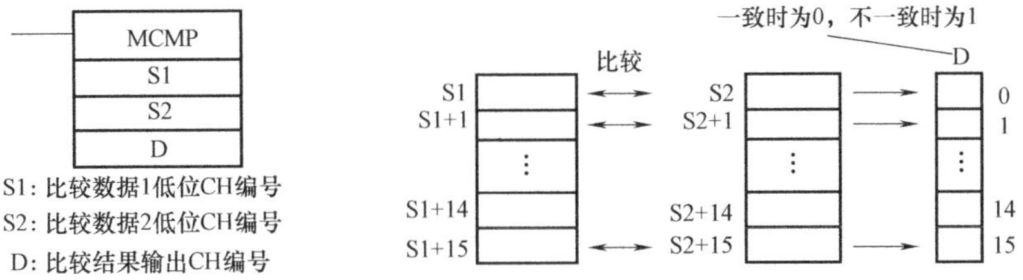

a) 符号　　b) 功能说明

图 6-10 多通道比较（MCMP）指令

具体地，比较 S1 和 S2，如果一致则在 D CH 的位 0 中输出 0，如果不一致则输出 1；比较 S1+1 和 S2+1，如果一致则在 D CH 的位 1 中输出 0，如果不一致则输出 1；以此类推……比较 S1+15 和 S2+15，如果一致则在 D CH 的位 15 中输出 0，如果不一致则输出 1。

2. 表格一致

表格一致（TCMP）指令的 FUN 编号为 085。TCMP 指令对 S 所指定的 1 通道（字）和 T~T+15 所指定的 16 通道（字）的数据分别进行比较，如果一致则将 1 输出到 D CH 的相应位，如果不一致则输出 0，如图 6-11 所示。

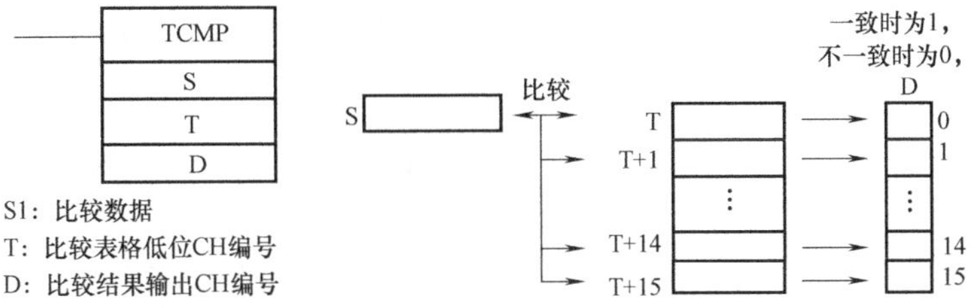

a) 符号　　b) 功能说明

图 6-11 表格一致（TCMP）指令

具体地，比较 S 和 T，如果一致则在 D CH 的位 0 中输出 1，如果不一致则输出 0；比较 S 和 T+1，如果一致则在 D CH 的位中输出 1，如果不一致则输出 0；以此类推……；比较 S

和 T+15，如果一致则在 D CH 的位 15 中输出 1，如果不一致则输出 0。

3. 无符号表间比较

无符号表间比较（BCMP）指令的 FUN 编号为 068。BCMP 指令判断比较数据的内容是否在 16 组比较数据的上下限范围内。如果在范围内，则在输出 CH 的相应位输出 1，如图 6-12 所示。

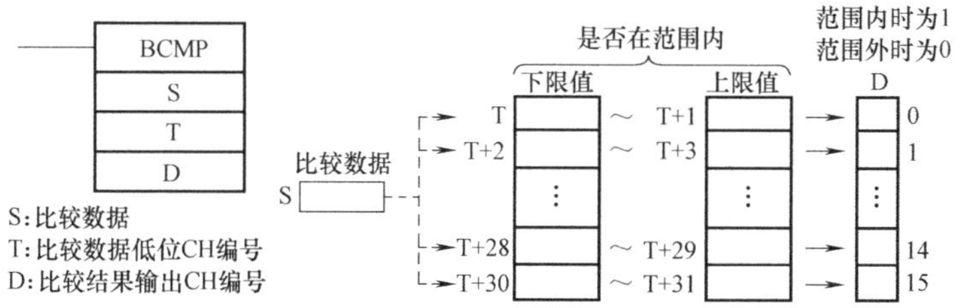

a) 符号　　b) 功能说明

图 6-12　无符号表间比较（BCMP）指令

T 所指定的 32 字数据被视为 16 组的上限值、下限值数据，比较 S 是否分别在各自的范围内（包括上限值、下限值）。比较结果如果在范围内（包括一致）则在 D CH 的相应位上输出 1，如果在范围外（不包括一致）则输出 0。T、T+2、…、T+28、T+30 为下限值，T+1、T+3、…、T+29、T+31 为上限值。比较 S 是否在 T（下限值）~T+1（上限值）、T+2（下限值）~T+3（上限值）、…的范围内，输出结果到 D CH 的位 0、1…。

4. 扩展表间比较

扩展表格间比较（BCMP2）指令的 FUN 编号为 502。BCMP2 指令判断比较数据 S 是否在 T+1 之后的各区间（最大 256 个）的设定范围内。如果比较数据 S 在设定范围（定义区间）内，则在 D~D+最大 15 CH 的相应位上输出 1，如果在设定范围之外则输出 0，如图 6-13 所示。此外，最终区间 N 由 T 的低位字节来指定（N=0~255），且 T 的高位字节必须为 00 Hex。

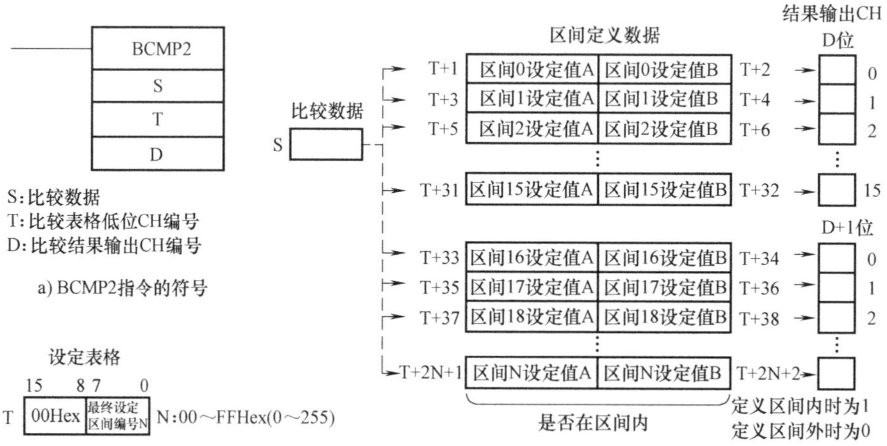

b) BCMP2指令的功能说明

图 6-13　扩展表格间比较（BCMP2）指令

区间的个数通过设定表格的开始通道进行设定，区间最多可以登录 256 个。定义区间取决于设定值 A 和设定值 B 的大小关系：设定值 A ≦设定值 B 时，设定值 A ≦定义区间≦设定值 B；设定值 A>设定值 B 时，定义区间≦设定值 B、设定值 A ≦定义区间。

6.1.4　区域比较/倍长区域比较

1. 区域比较

区域比较（ZCP）指令的 FUN 编号为 088，如图 6-14a 所示。ZCP 指令对指定的一个 CH 数据或常数（S）是否在指定的上限值和下限值之间（T1≤S≤T2）进行无符号 BIN 16 位（十六进制四位）的比较，将结果反映在状态标志（>、=、<）中。

2. 倍长区域比较

倍长区域比较（ZCPL）指令的 FUN 编号为 116，如图 6-14b 所示。ZCPL 指令对指定的一个倍长 CH 数据或常数（S）是否在指定的上限值和下限值之间（T1≤S≤T2）进行无符号 BIN 32 位（十六进制八位）的比较，将结果反映在状态标志（>、=、<）中。

ZCP、ZCPL 指令执行后，>、=、<的各状态标志进行 ON/OFF；>=、<=、<>标志不进行 ON/OFF。

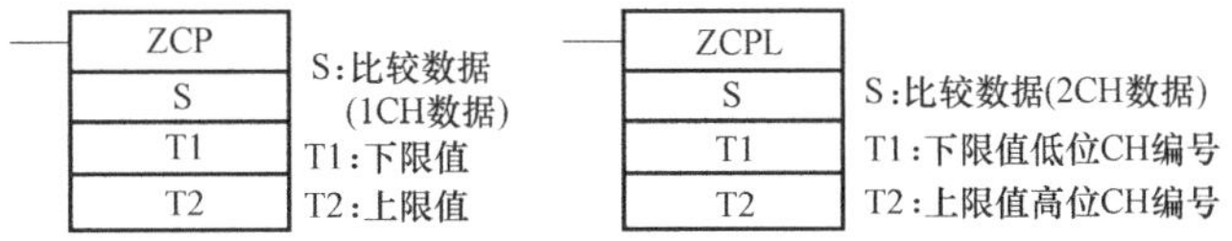

a) ZCP指令符号　　b) ZCPL指令符号

图 6-14　区域比较（ZCP）指令和倍长区域比较（ZCPL）指令

6.2　数据传送指令

数据传送指令共有 15 种，见表 6-2。

表 6-2　CP 系列的数据传送指令

指令语句	助记符	FUN 编号	指令语句	助记符	FUN 编号
传送	MOV	021	块设定	BSET	071
倍长传送	MOVL	498	数据交换	XCHG	073
非传送	MVN	022	数据倍长交换	XCGL	562
非倍长传送	MVNL	499	数据分配	DIST	080
位传送	MOVB	082	数据抽出	COLL	081
数字传送	MOVD	083	变址寄存器设定	MOVR	560
多位传送	XFRB	062	变址寄存器设定	MOVRW	561
块传送	XFER	070			

6.2.1　传送/倍长传送/非传送/倍长非传送

1. 传送

传送（MOV）指令的 FUN 编号为 021，如图 6-15 所示 MOV 指令将 S CH 数据或常数以

16 位输出至传送目的 D CH。S 为常数时，可用于数据设定。

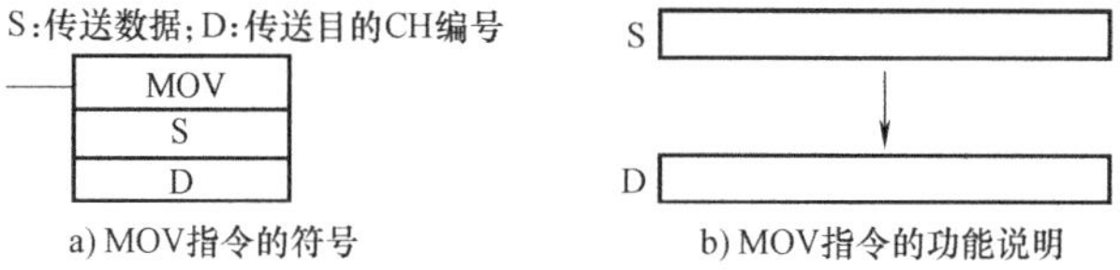

图 6-15　传送（MOV）指令的符号和功能说明

2. 倍长传送

倍长传送（MOVL）指令的 FUN 编号为 498，如图 6-16 所示。MOVL 指令将两个 CH 数据或常数（S+1、S）以 32 位为单位输出至传送目的地 D+1、D。S、S+1 为常数时，可用于数据设定。

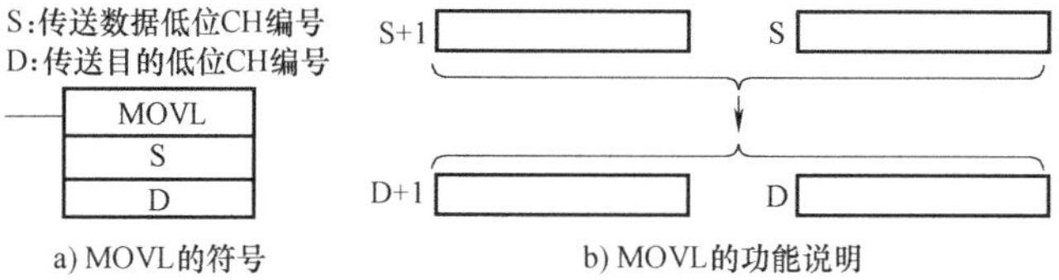

图 6-16　倍长传送（MOVL）指令的符号和功能说明

3. 非传送

非传送（MVN）指令的 FUN 编号为 022，如图 6-17 所示。MVN 指令将 S CH 数据或常数的位取反以 16 位为单位传送到指定的 D CH。

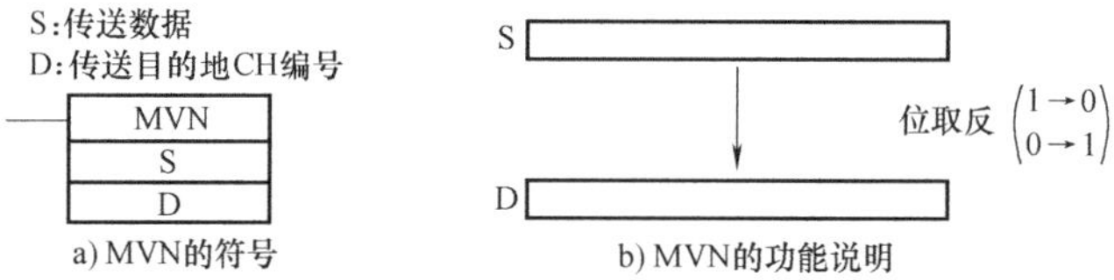

图 6-17　非传送（MVN）指令的符号和功能说明

4. 倍长非传送

倍长非传送（MVNL）指令的 FUN 编号为 499，如图 6-18 所示。MVNL 指令将两个 CH 数据或常数（S+1、S）的位取反后以 32 位为单位传送到指定的（D+1、D）CH。

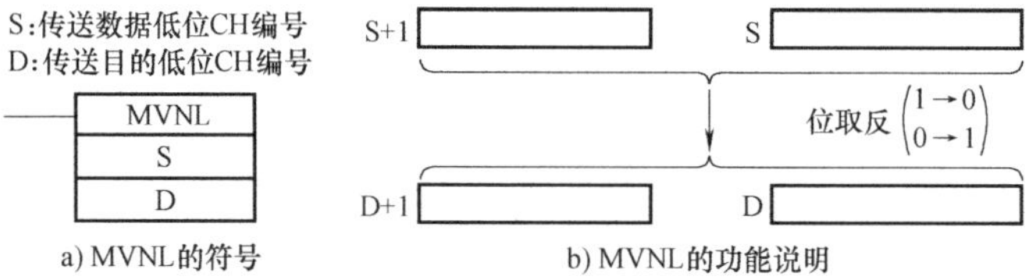

图 6-18　倍长非传送（MVNL）指令的符号和功能说明

6.2.2　位传送/数字传送/多位传送

1. 位传送

位传送（MOVB）指令的 FUN 编号为 082，如图 6-19 所示。MOVB 指令将 S 的指定位位置（C 的 n）的内容（0/1）传送给 D 的指定位位置（C 的 m）。

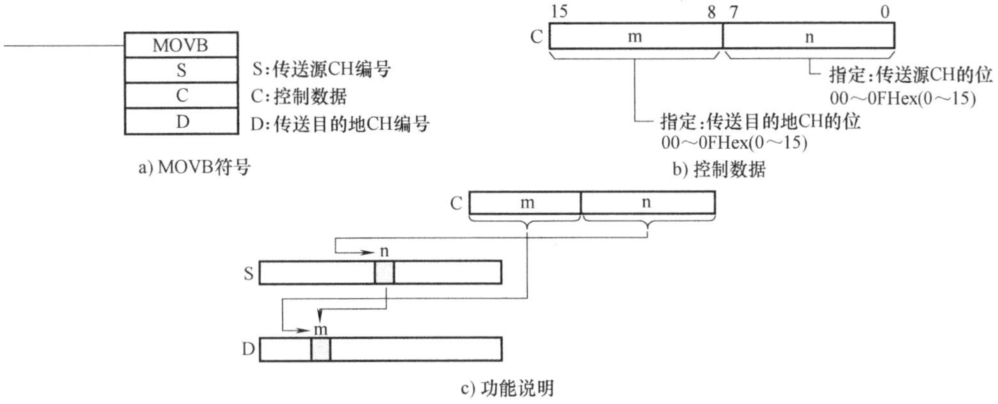

图 6-19　位传送（MOVB）指令

传送对象 CH 的数据不会改变到被传送的位之外。控制代码 C 的内容位于指定范围以外时，将发生错误，ER 标志为 ON。在 S 和 D 中指定相同通道时，可用于变更位置等方面。

2. 数字传送

数字传送（MOVD）指令的 FUN 编号为 083，如图 6-20 所示。MOVD 指令以四位为单位，将从 S 的指定传送开始位（C 的 m）到指定传送位数（C 的 n）的内容传送到 D 的指定输出开始位（C 的 l）以后。

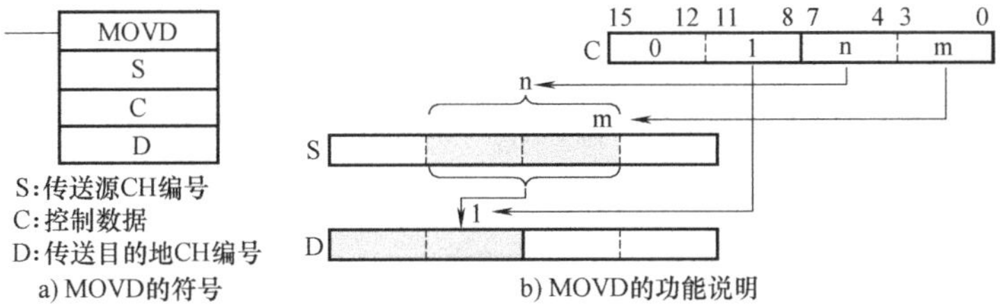

图 6-20　数字传送（MOVD）指令

MOVD 指令的操作数说明如图 6-21 所示。

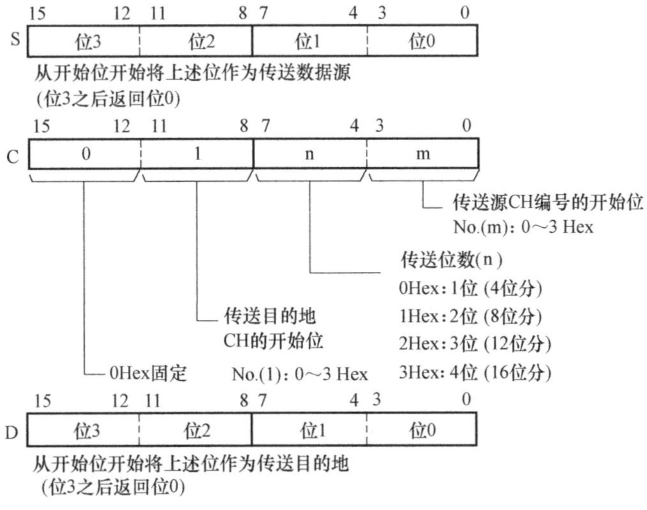

图 6-21　MOVD 指令的操作数说明

3. 多位传送

多位传送（XFRB）指令的 FUN 编号为 062，如图 6-22 所示。XFRB 指令从 S 指定的传送源低位 CH 编号所指定的开始位位置（C 的 l）开始，将指定位数（C 的 n）的数据传送到 D 所指定的传送目的地低位 CH 编号所指定的开始位位置（C 的 m）之后。

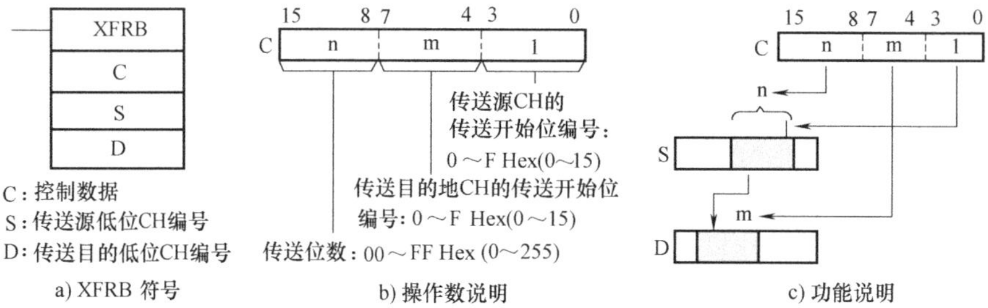

图 6-22 多位传送（XFRB）指令

通过一个 XFRB 指令最多可传送 255 位跨越多个通道的数据，传送源、传送目的地的数据范围不能超出区域的最大范围；当传送位数（C 的 n）为 0 时不传送。传送目的地 CH 的内容在被传送的位之外不发生变化；可以进行传送源与传送目的地的数据区域重叠的指定。指令执行时，将 ER 标志置于 OFF。

6.2.3 块传送/块设定

1. 块传送

块传送（XFER）指令的 FUN 编号为 070，如图 6-23 所示。XFER 指令将从 S 所指定的传送源低位 CH 编号开始到 W 所指定的数据数（BIN），一次性传送到 D 所指定的传送目的地低位 CH 编号之后。

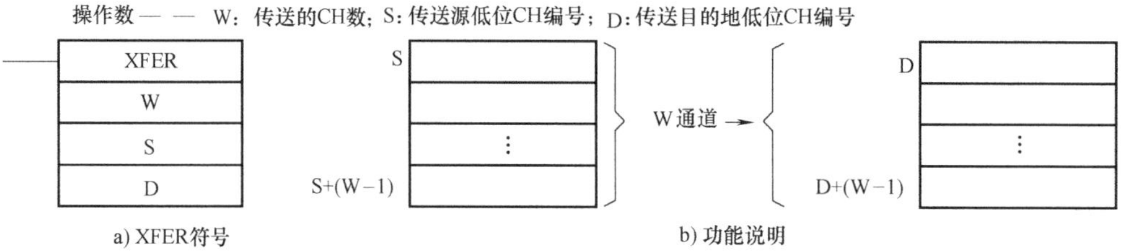

图 6-23 块传送（XFER）指令

传送 CH 数 W 的范围：十六进制 0000～FFFF 或十进制 &0～65535。可以进行类似将传送源和传送对象的数据区域进行重叠的指定（字移位动作）；不能使传送源、传送对象 CH 超出数据区域；指令执行时，将 ER 标志置于 OFF。在 S 与 D 中指定相同的区域种类，使用 XFER 指令，可以对数据进行移位。

2. 块设定

块设定（BSET）指令的 FUN 编号为 071，如图 6-24 所示。BSET 指令将 S 的数据输出到从 D1 指定的传送目的地低位 CH 编号到 D2 指定的传送目的地高位 CH 编号，实现在连续的多个 CH 中全部设定相同的数据。

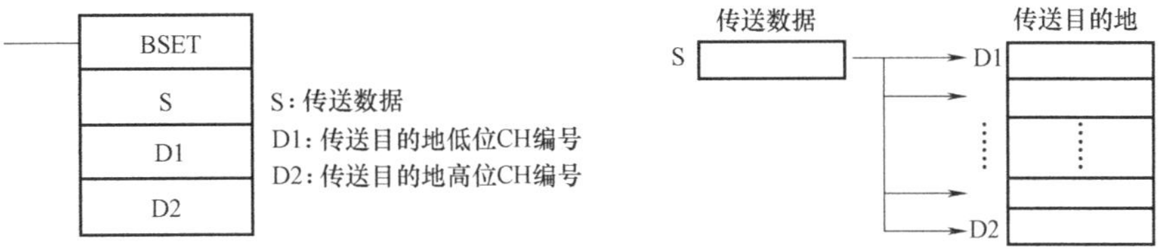

a) BSET符号　　b) 功能说明

图 6-24　块设定（BSET）指令

D1～D2 必须为同一区域种类，且 D1≤D2，而当 D1>D2 时，将发生错误，ER 标志为 ON。

6.2.4　数据交换/数据倍长交换/数据分配/数据抽取

1. 数据交换

数据交换（XCHG）指令的 FUN 编号为 073，如图 6-25 所示。XCHG 指令以 16 位为单位交换 D1 和 D2 两 CH 间的数据。

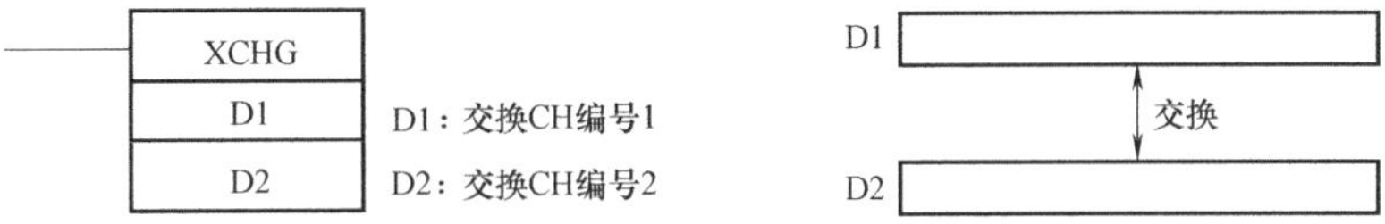

a) XCHG符号　　b) 功能说明

图 6-25　数据交换（XCHG）指令

2. 数据倍长交换

数据倍长交换（XCGL）指令的 FUN 编号为 562，如图 6-26 所示。XCGL 指令将 D1 和 D2 作为倍长数据（32 位为单位、两个通道的 CH 数据）进行交换。

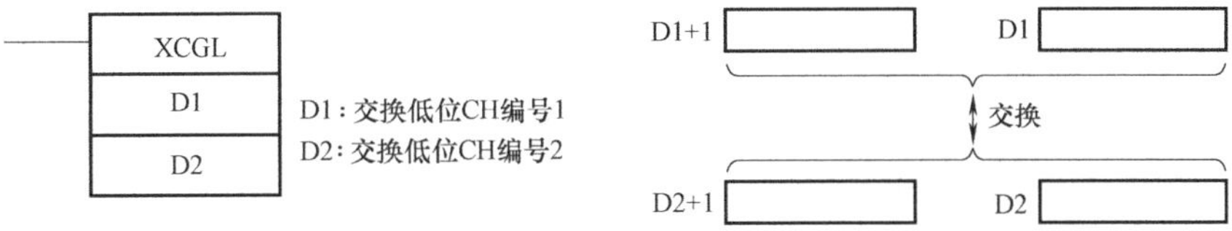

a) XCGL符号　　b) 功能说明

图 6-26　数据倍长交换（XCGL）指令

3. 数据分配

数据分配（DIST）指令的 FUN 编号为 080，如图 6-27 所示。DISK 指令将 S1 从 D 指定的传送对象基准 CH 号，传送到按由 S2 指定的偏移数据长度进行移位的地址中。

偏移数据 S2：十六进制 0000～FFFF 或十进制 &0～65535。D～D+S2 必须为同一区域类型，不能使偏移数据（S2）的内容超过传送对象的区域范围。指令执行时，将 ER 标志置于 OFF。传送数据 S1 的内容为 0000 Hex 时，=标志为 ON；S1 为 0000 Hex 以外时，=标志为 OFF。传送数据 S1 的内容的最高位为 1 时，N 标志为 ON。通过改变偏移数据（S2）的内容，使用一个此类 DIST 指令可将数据传送（分配）到任意位置。

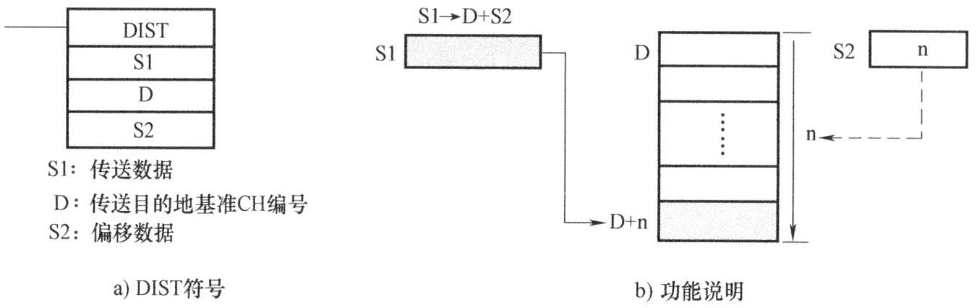

图 6-27　数据分配（DIST）指令

4. 数据抽取

数据抽取（COLL）指令的 FUN 编号为 081，如图 6-28 所示。COLL 指令将由 S2 所指定的按偏移数据长度进行移位的地址数据，从由 S1 所指定的传送源基准 CH 传送到目的地 D。

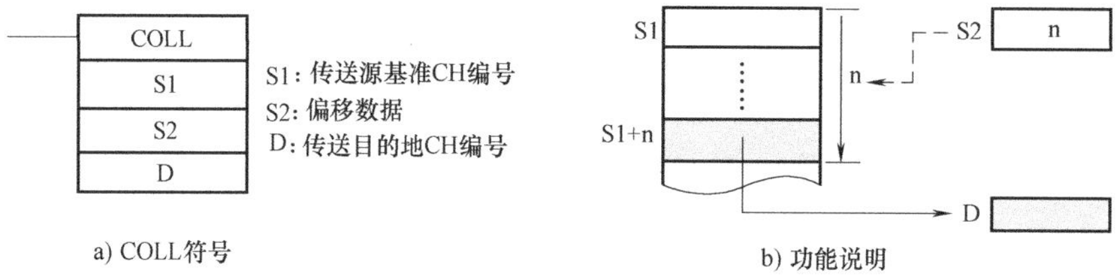

图 6-28　数据抽取（COLL）指令

偏移数据 S2 范围：十六进制 0000～FFFF 或十进制 &0～65535。S1～S1+S2 必须为同一区域种类，偏移数据（S2）的内容不能超出传送源 S1 的区域范围。指令执行时，将 ER 标志置于 OFF。传送数据的内容为 0000 Hex 时，=标志为 ON；为 0000 Hex 以外时，=标志为 OFF。传送数据内容的最高位为 1 时，N 标志为 ON。通过改变偏移数据（S2）的内容，可以用一个 COLL 指令从任意位置取出（抽出）数据。

6.2.5　变址寄存器设定

变址寄存器设定（MOVR）指令的 FUN 编号为 560。MOVR 指令用于常规通道、接点、定时器/计数器完成标志。如图 6-29 所示，将 S 指定的 CH 编号/接点编号的 I/O 存储器有效地址设定（传送）到 D 所指定的变址寄存器中。

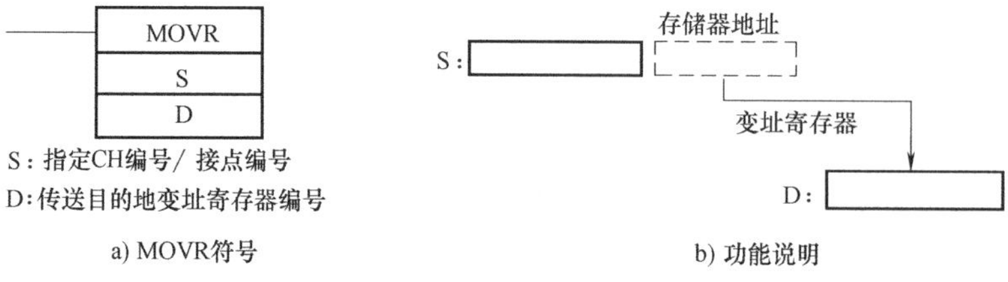

图 6-29　变址寄存器设定（MOVR）指令

对于变址寄存器（D：IR0～IR15）的 I/O 存储器有效地址设定（除定时器/计数器的当前值外）根据 MOVR 执行。如果通过常规 I/O 存储器地址（每个区域种类的地址）来指定

S，则将自动使其转换为I/O存储器有效地址，保存在D中；如果通过MOVR在S中指定定时器/计数器，则完成标志的I/O存储器有效地址将保存在D中。定时器/计数器当前值的I/O存储器有效地址不通过本指令，而通过MOVRW指令进行设定。中断任务下的IR具有不确定性，必须在中断任务中使用MOVR进行设定，此外中断任务下执行的IR/DR不影响周期执行任务。

变址寄存器设定（MOVRW）指令的FUN编号为561。MOVRW指令用于定时器/计数器当前值。如图6-30所示，将S指定的定时器/计数器当前值的I/O存储器有效地址（当前值区域），设定（传送）到D所指定的变址寄存器中。

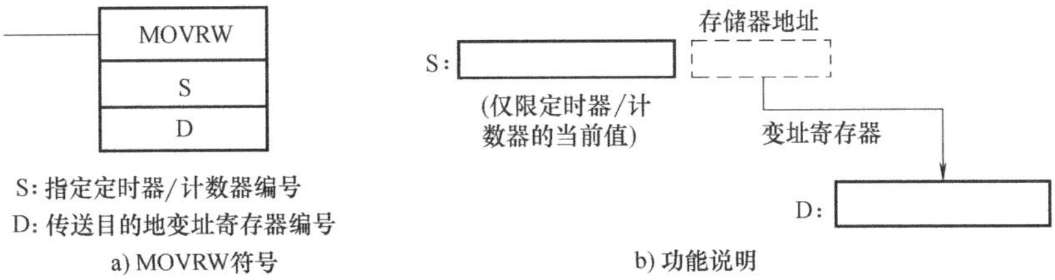

图6-30 变址寄存器设定（MOVRW）指令

定时器/计数器编号S的范围：T0000～T4095或C0000～C4095；变址寄存器编号D的范围：IR0～15。对于变址寄存器的定时器/计数器当前值的I/O存储器有效地址设定，可通过MOVRW指令执行。如果在常规定时器/计数器地址中指定S，则将自动使其转换为定时器/计数器当前值的I/O存储器有效地址，保存在D中。定时器/计数器完成标志的I/O存储器有效地址不通过MOVRW指令，而通过MOVR指令进行设定。

6.3 数据移位指令

数据移位指令共有24种，见表6-3。

表6-3 CP系列的数据移位指令

指令语句	助记符	FUN编号	指令语句	助记符	FUN编号
移位寄存器	SFT	010	带CY右循环一位	ROR	028
左右移位寄存器	SFTR	084	带CY倍长右循环一位	RORL	573
非同步移位寄存器	ASFT	017	无CY右循环一位	RRNC	575
字移位	WSFT	016	无CY倍长右循环一位	RRNL	577
左移一位	ASL	025	左移一大位	SLD	074
倍长左移一位	ASLL	570	右移一大位	SRD	075
右移一位	ASR	026	N位数据左移一位	NSFL	578
倍长右移一位	ASRL	571	N位数据右移一位	NSFR	579
带CY左循环一位	ROL	027	数据左移N位	NASL	580
带CY倍长左循环一位	ROLL	572	倍长左移N位	NSLL	582
无CY左循环一位	RLNC	574	数据右移N位	NASR	581
无CY倍长左循环一位	RLNL	576	倍长右移N位	NSRL	583

6.3.1 移位寄存器/左右移位寄存器/非同步移位寄存器/字移位

1. 移位寄存器

移位寄存器（SFT）指令的 FUN 编号为 010，如图 6-31 所示。SFT 指令能进行移位寄存器的动作。当移位信号输入上升（OFF→ON）时，从 D1 到 D2 均向左（最低位→最高位）移一位，在最低位中反映数据输入的 ON/OFF 内容。

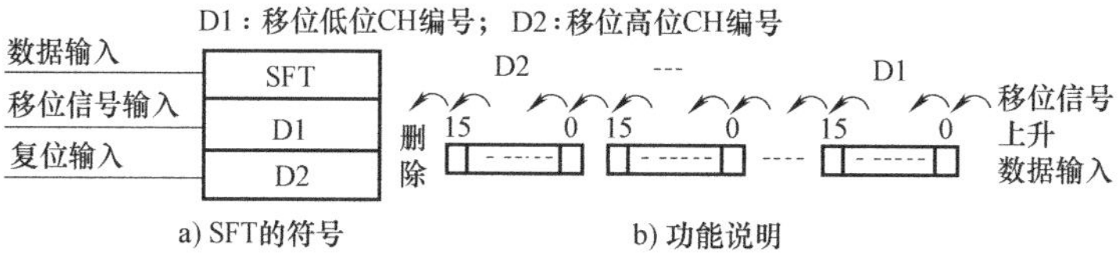

图 6-31　移位寄存器（SFT）指令

移位低位 CH 编号 D1、高位 CH 编号 D2 必须为同一区域种类。溢出移位范围的位内容将被删除。复位输入为 ON 时，对从 D1 所指定的移位低位 CH 编号到 D2 所指定的移位高位 CH 编号为止进行复位（=0），并且复位输入优先于其他输入。移位范围的设定一般为 D1≤D2，但也可指定 D1>D2，不会出错，仅 D1 进行一个通道（字）的移位。D1、D2 在间接变址寄存器指定中，该 I/O 存储器有效地址不是数据内容所指定的区域种类的地址时，将会发生错误，ER 标志为 ON。

2. 左右移位寄存器

左右移位寄存器（SFTR）指令的 FUN 编号为 084，如图 6-32 所示。SFTR 指令进行移位方向可以切换的移位寄存器动作。移位信号输入继电器（C 的位 14）为 ON 时，将从 D1 到 D2 向移位方向设定继电器（C 的位 12）所指定的方向移一位，在最低位或最高位中反映数据输入继电器（C 的位 13）的 ON/OFF 内容。溢出移位范围的位内容反映在进位标志（CY）中。

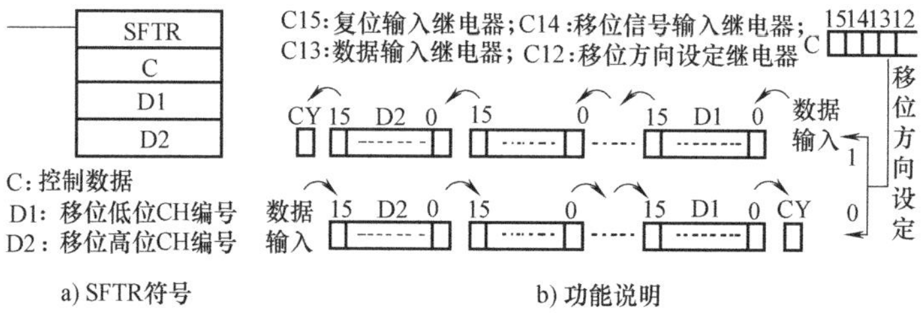

图 6-32　左右移位寄存器（SFTR）指令

寄存器的移位动作发生在复位输入继电器（C 的位 15）为 OFF 时，而复位输入继电器（C15）为 ON 时，从 D1 到 D2 全部复位（=0）。当 D1>D2 时，发生错误，ER 标志为 ON。

3. 非同步移位寄存器

非同步移位寄存器（ASFT）指令的 FUN 编号为 017，如图 6-33 所示。在指定 CH 范围的通道数据中，将 0000 Hex 以外的通道向前对齐或向后对齐，替换与 0000 Hex 的通道数据之间的位置。

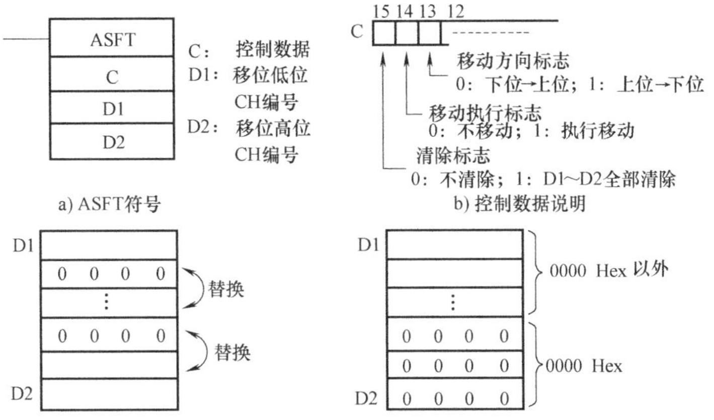

a) ASFT符号　b) 控制数据说明

c) ASFT的功能说明

图 6-33　非同步移位寄存器（ASFT）指令

移位执行标志（C14）为 ON 时，在 D1~D2 的通道数据范围中，将 0000 Hex 以外的数据对齐于移位方向标志（C13）所指定的方向，每执行一次 ASFT 指令，即替换 0000 Hex 以外的数据和邻近的 0000 Hex 的通道数据。由此，可将 D1~D2 范围内的数据分配到 0000 Hex 和 0000 Hex 以外的数据中。

清除标志（C15）为 ON 时，用 0 清除从 D1~D2 的全部内容；清除标志优先于移位执行标志（C14）。当 D1>D2 时，发生错误，ER 标志为 ON。

4. 字移位

字移位（WSFT）指令的 FUN 编号为 016，如图 6-34 所示。WSFT 指令进行以字为单位的移位动作。从 D1~D2，逐字移位到高位 CH，在最低位 CH（D1）中输出 S 所指定的数据。此时，清除原来的最高位 CH（D2）的数据。

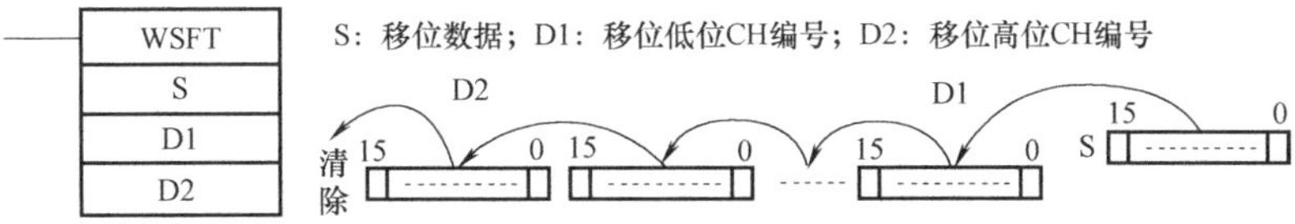

a) WSFT符号　b) 功能说明

图 6-34　字移位（WSFT）指令

D1、D2 须为同一区域种类；当 D1>D2 时，发生错误，ER 标志为 ON。

6.3.2　左移一位/倍长左移一位/右移一位/倍长右移一位

1. 左移一位

左移一位（ASL）指令的 FUN 编号为 025，如图 6-35 所示。ASL 指令将 D CH 数据向左（最低位→最高位）移一位。同时在最低位上设置 0，最高位移位到进位标志（CY）。

ASL 指令执行时，ER 标志置于 OFF。根据移位结果，D 的内容为 0000 Hex 时，=标志为 ON；根据移位结果，D 的内容的最高位为 1 时，N 标志为 ON。

2. 倍长左移一位

倍长左移一位（ASLL）指令的 FUN 编号为 570，如图 6-36 所示。ASLL 指令将 D 作为

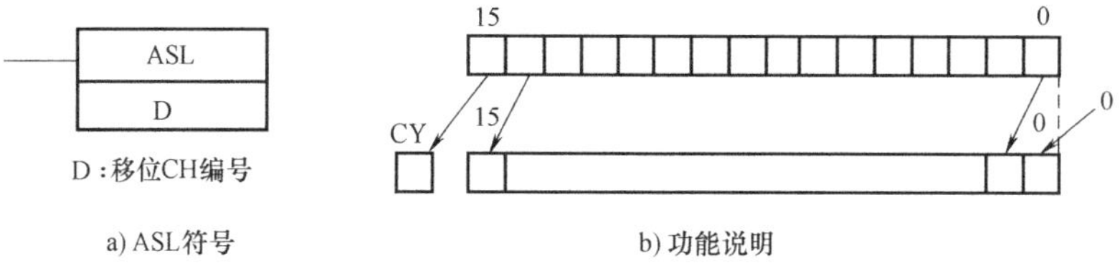

图 6-35　左移一位（ASL）指令

倍长数据（2 CH 的数据），向左（最低位→最高位）移一位。在 D CH 的最低位上设置 0，（D+1）CH 的最高位移位至进位标志（CY）。

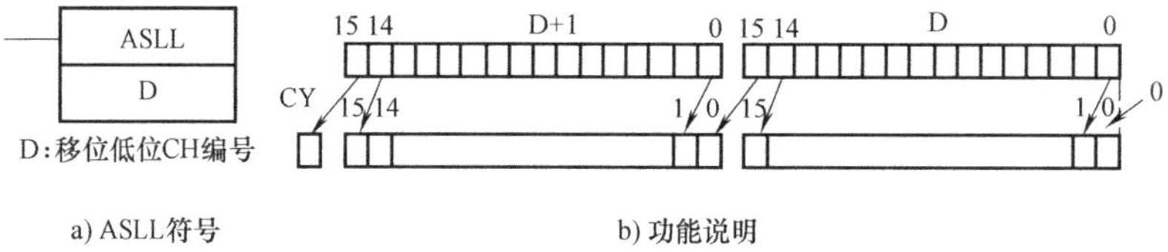

图 6-36　倍长左移一位（ASLL）指令

ASLL 指令执行时，ER 标志置于 OFF。根据移位结果，D+1、D 的内容为 00000000 Hex 时，=标志为 ON；根据移位结果，D+1 的最高位为一时，N 标志为 ON。

3. 右移一位

右移一位（ASR）指令的 FUN 编号为 026，如图 6-37 所示。ASR 指令将 D CH 数据向右（最高位→最低位）移一位，同时在最高位中设置 0，最低位移位至进位标志（CY）。

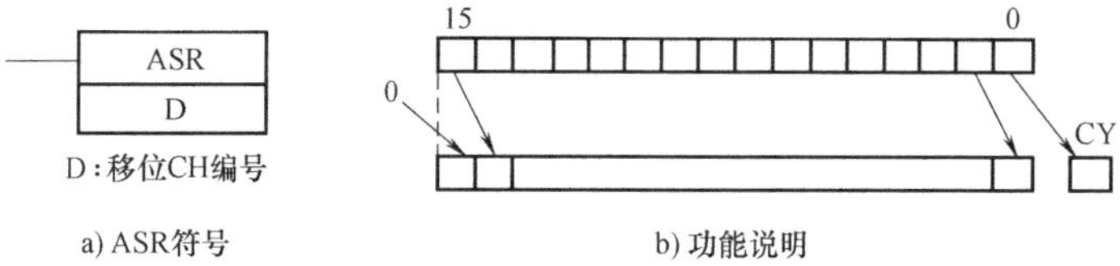

图 6-37　右移一位（ASR）指令

ASR 指令执行时，ER 标志及 N 标志置于 OFF。根据移位结果，D 的内容为 0000 Hex 时，=标志为 ON。

4. 倍长右移一位

倍长右移一位（ASRL）指令的 FUN 编号为 571，如图 6-38 所示。ASRL 指令将 D 作为倍长（2 CH）数据，向右（最高位→最低位）移 1 位。同时在（D+1）CH 的最高位中设置 0，D CH 的最低位移位到进位标志（CY）。

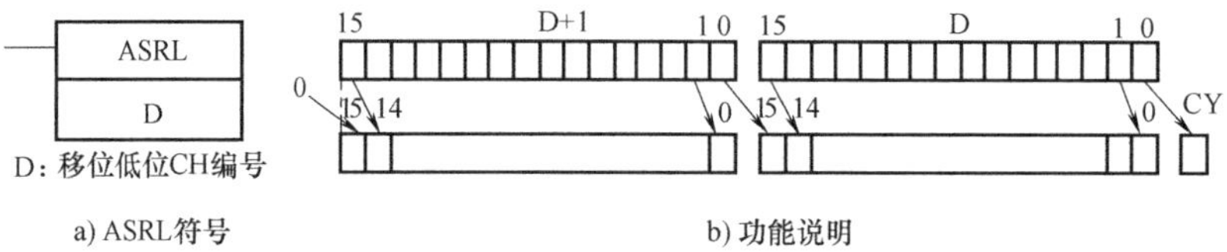

图 6-38　倍长右移一位（ASRL）指令

ASRL 指令执行时，ER 标志及 N 标志置于 OFF。根据移位结果，D+1、D 的内容位 00000000 Hex 时，=标志为 ON。

6.3.3 带CY左循环一位/带CY倍长左循环一位/无CY左循环一位/无CY倍长左循环一位

1. 带CY左循环一位

带CY左循环一位（ROL）指令的FUN编号为027，如图6-39所示。ROL指令对16位的通道数据D包括进位（CY）标志在内向左（最低位→最高位）循环一位。

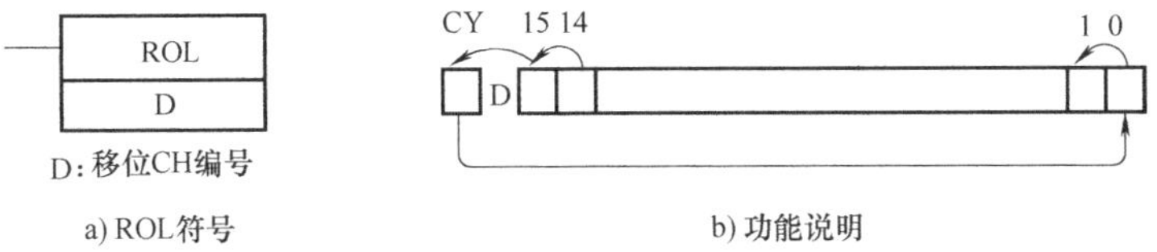

图6-39 带CY左循环一位（ROL）指令

ROL指令执行时，ER标志置于OFF。根据移位结果，D的内容为0000 Hex时，=标志为ON；根据移位结果，D的内容的最高位为1时，N标志为ON。

2. 带CY倍长左循环一位

带CY倍长左循环一位（ROLL）指令的FUN编号为572，如图6-40所示。ROLL指令对32位的通道数据（倍长数据）D包括进位（CY）标志在内向左（最低位→最高位）循环一位。

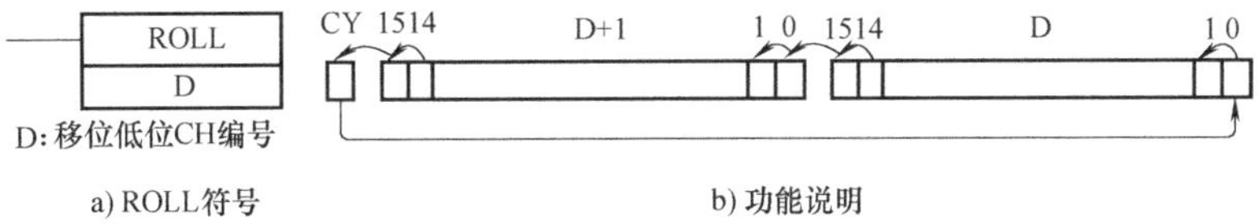

图6-40 带CY倍长左循环一位（ROLL）指令

ROLL指令执行时，ER标志置于OFF。根据移位结果，D+1、D的内容位00000000 Hex时，=标志为ON；根据移位结果，D+1的内容的最高位为1时，N标志为ON。

3. 无CY左循环一位

无CY左循环一位（RLNC）指令的FUN编号为574，如图6-41所示。RLNC指令对16位的通道数据D不包括进位（CY）标志在内向左（最低位→最高位）循环一位。D的最高位数据移位到最低位，同时输出到CY标志。

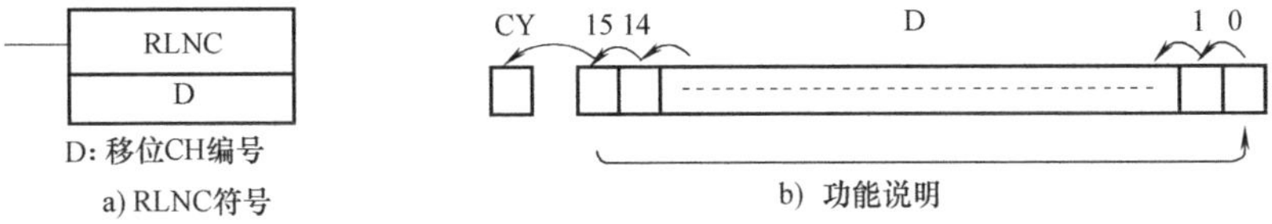

图6-41 无CY左循环一位（RLNC）指令

RLNC指令执行时，ER标志置于OFF。根据移位结果，D的内容为0000 Hex时，=标志为ON；根据移位结果，D的内容的最高位为1时，N标志为ON。

4. 无CY倍长左循环一位

无CY倍长左循环一位（RLNL）指令的FUN编号为576，如图6-42所示。RLNL指令对 32 位的通道数据（倍长数据）D 不包括进位（CY）标志在内向左（最低位→最高位）循环一位。D+1 的最高位数据移位到最低位，同时输出到 CY 标志。

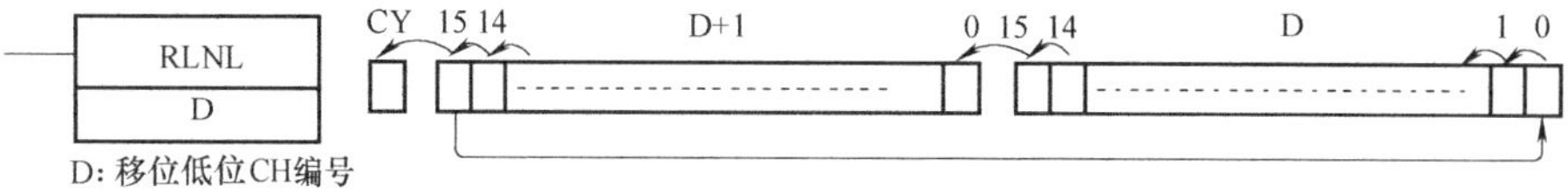

a) RLNL符号　　b) 功能说明

图 6-42　无 CY 倍长左循环一位（RLNL）指令

RLNL 指令执行时，ER 标志置于 OFF。根据移位结果，D+1、D 的内容位 00000000 Hex 时，=标志为 ON；根据移位结果，D+1 的内容的最高位为 1 时，N 标志为 ON。

6.3.4 带 CY 右循环一位/带 CY 倍长右循环一位/无 CY 右循环一位/无 CY 倍长右循环一位

1. 带 CY 右循环一位

带 CY 右循环一位（ROR）指令的 FUN 编号为 028，如图 6-43 所示。ROR 指令对 16 位的通道数据 D 包括进位（CY）标志在内，向右（最高位→最低位）循环一位。

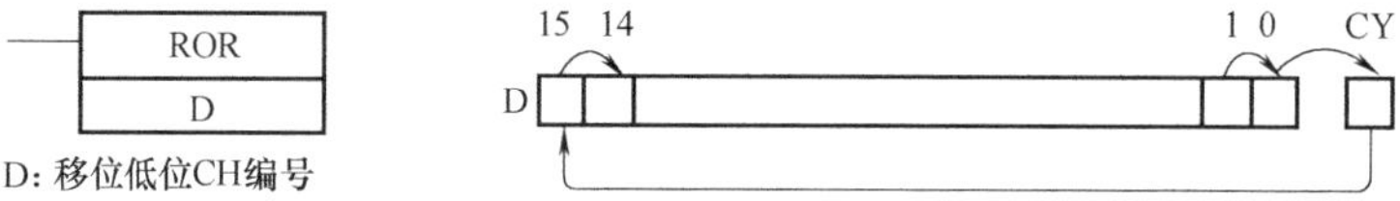

a) ROR符号　　b) 功能说明

图 6-43　带 CY 右循环一位（ROR）指令

ROR 指令执行时，ER 标志置于 OFF。根据移位结果，D 的内容为 0000 Hex 时，=标志为 ON；根据移位结果，D 的内容的最高位为 1 时，N 标志为 ON。

2. 带 CY 倍长右循环一位

带 CY 倍长右循环一位（RORL）指令的 FUN 编号为 573，如图 6-44 所示。RORL 指令对 32 位的通道数据（倍长数据）D 包括进位（CY）标志在内，向右（最高位→最低位）循环一位。

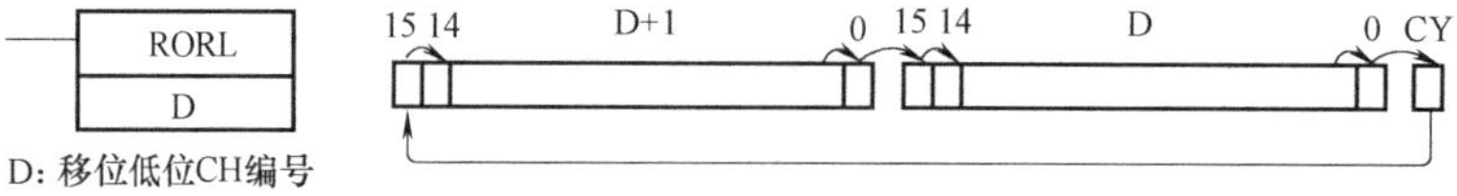

a) RORL符号　　b) 功能说明

图 6-44　带 CY 倍长右循环一位（RORL）指令

RORL 指令执行时，ER 标志置于 OFF。根据移位结果，D+1、D 的内容位 00000000 Hex 时，=标志为 ON；根据移位结果，D+1 的内容的最高位为 1 时，N 标志为 ON。

3. 无 CY 右循环一位

无 CY 右循环一位（RRNC）指令的 FUN 编号为 575，如图 6-45 所示。RRNC 指令将 16 位的通道数据 D 不包括进位（CY）标志在内，向右（最高位→最低位）循环一位。D 的最低位数据移位到最高位，同时也输出到 CY 标志。

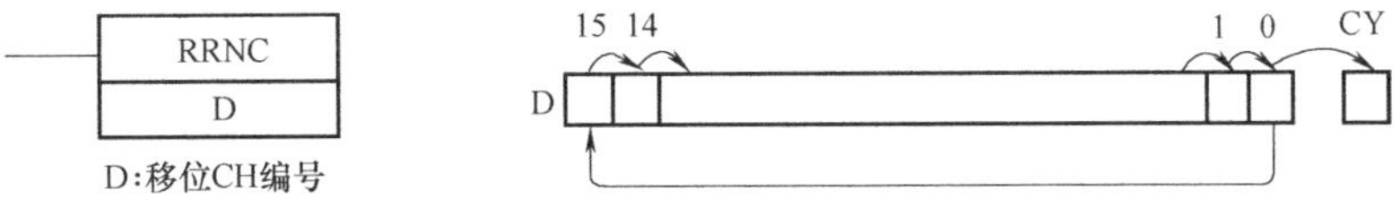

a) RRNC符号　　b) 功能说明

图 6-45　无 CY 右循环一位（RRNC）指令

RRNC 指令执行时，ER 标志置于 OFF。根据移位结果，D 的内容为 0000 Hex 时，=标志为 ON；根据移位结果，D 的内容的最高位为 1 时，N 标志为 ON。

4. 无 CY 倍长右循环一位

无 CY 倍长右循环一位（RRNL）指令的 FUN 编号为 577，如图 6-46 所示。RRNL 指令，将 32 位的通道（倍长）数据 D 不包括进位（CY）标志在内，全部向右（最高位→最低位）循环移动一位。D 的最低位数据移位到最高位，同时也输出到 CY 标志。

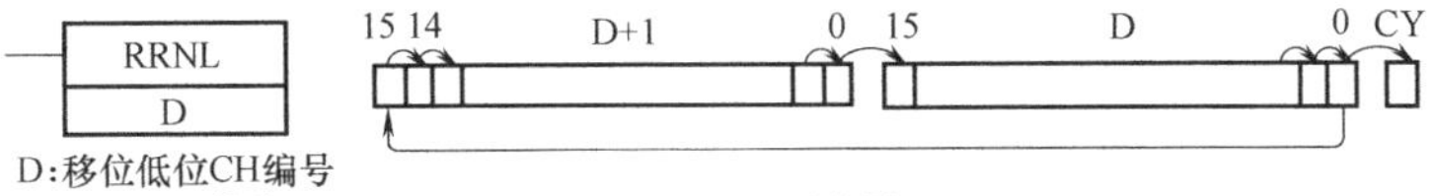

a) RRNL符号　　b) 功能说明

图 6-46　无 CY 倍长右循环一位（RRNL）指令

RRNL 指令执行时，ER 标志置于 OFF。根据移位结果，D+1、D 的内容位 00000000 Hex 时，=标志为 ON；根据移位结果，D+1 的内容的最高位为 1 时，N 标志为 ON。

6.3.5　左移一大位/右移一大位/N 位数据左移一位/N 位数据右移一位

1. 左移一大位

左移一大位（SLD）指令的 FUN 编号为 074，如图 6-47 所示。SLD 指令将 D1～D2 的范围以一个数字（四位）为单位向高位侧移动（左移）一大位。此时，最低位数字（D1 的位 3～0）中输入 0，原来的最高位数字（D2 的位 15～12）数据被清除。

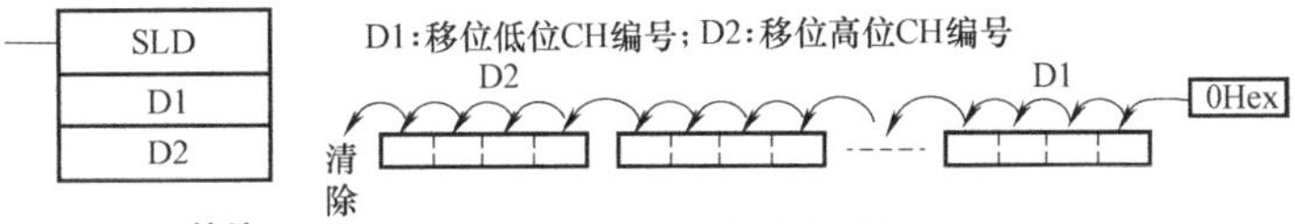

a) SLD符号　　b) 功能说明

图 6-47　左移一大位（SLD）指令

2. 右移一大位

右移一大位（SRD）指令的 FUN 编号为 075，如图 6-48 所示。SRD 指令将 D1～D2 的范围以一个数字（四位）为单位进行右移（高位→低位）一大位动作。此时，在最高位（D2 的位 15～12）中输入 0，原来的最低位（D1 的位 3～0）数据被清除。

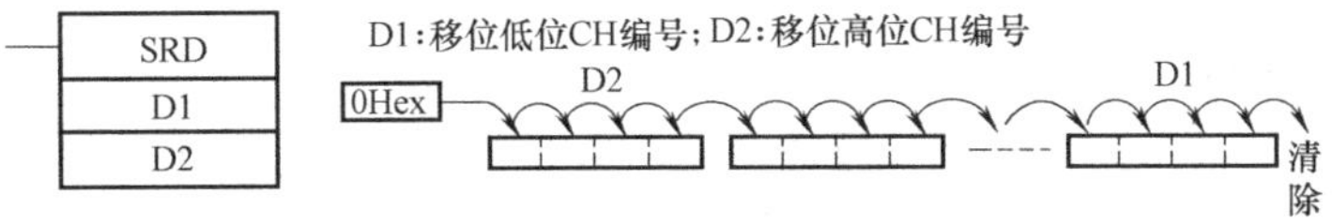

a) SRD符号　　b) 功能说明

图 6-48　右移一大位（SRD）指令

SLD、SRD 指令中的 D1、D2 须为同一区域种类；若 D1>D2 则发生错误，则 ER 标志为 ON。

3. N 位数据左移一位

N 位数据左移一位（NSFL）指令的 FUN 编号为 578，如图 6-49 所示。NSFL 指令将从 D 所指定的移位低位 CH 的移位开始位（C）开始的移位数据长（N）的位数据全部向左（低位→高位）移动一位。此时，在移位开始位中输入 0，移位范围的最高位内容移位到进位标志（CY）。

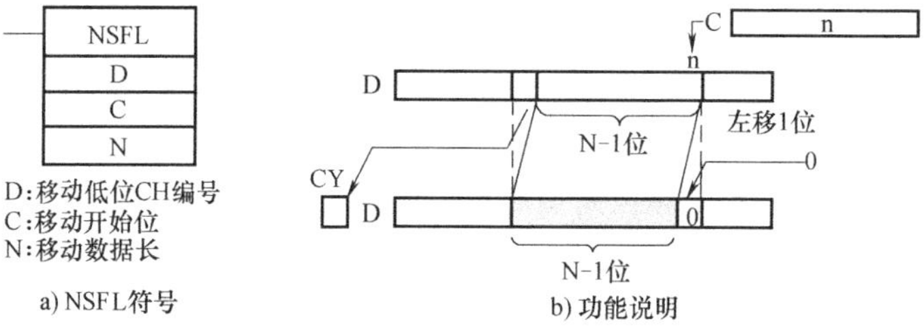

图 6-49 N 位数据左移一位（NSFL）指令

NSFL（或 NSFR）指令的移位开始位 C 范围：十六进制 0000～000F 或十进制 &0～15；移位数据长 N 范围：十六进制 0000～FFFF 或十进制 &0～65535。D～D+最大 65535 CH 的移位对象必须为同一区域种类。当 N=0 时，将移位开始位的数据复制到进位标志（CY），本身的数据内容不发生变化。移位范围的最低位 CH 以及最高位 CH 的数据在移位对象位以外不发生变化。

4. N 位数据右移一位

N 位数据右移一位（NSFR）指令的 FUN 编号为 579，如图 6-50 所示。NSFR 指令，将从 D 所指定的移位低位 CH 的移位开始位（C）开始的移位数据长（N）的位数据全部向右（高位→低位）移动一位。此时，在移位开始位中输入 0，移位范围的最低位内容移位到进位标志（CY）。

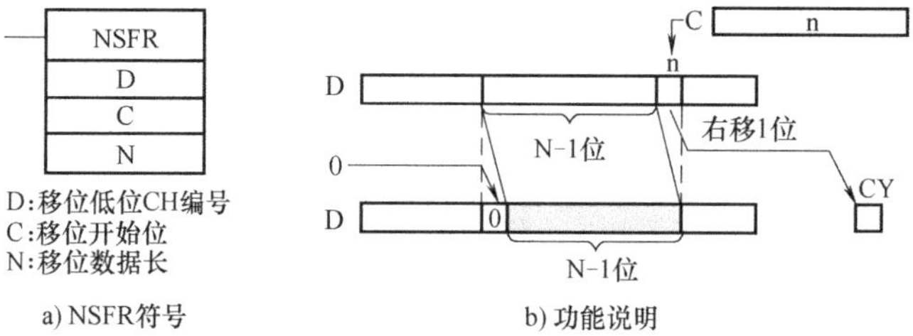

图 6-50 N 位数据右移一位（NSFR）指令

6.3.6 数据左移 N 位/倍长左移 N 位/数据右移 N 位/倍长右移 N 位

1. 数据左移 N 位

数据左移 N 位（NASL）指令的 FUN 编号为 580，如图 6-51 所示。NASL 指令将 16 位的通道数据 D 向左（最低位→最高位）移动 C 所指定的位数（BIN）。此时，在从指定 CH 的最低位开始到移位位数的位中输入依据空位插入数据（C）的数据。

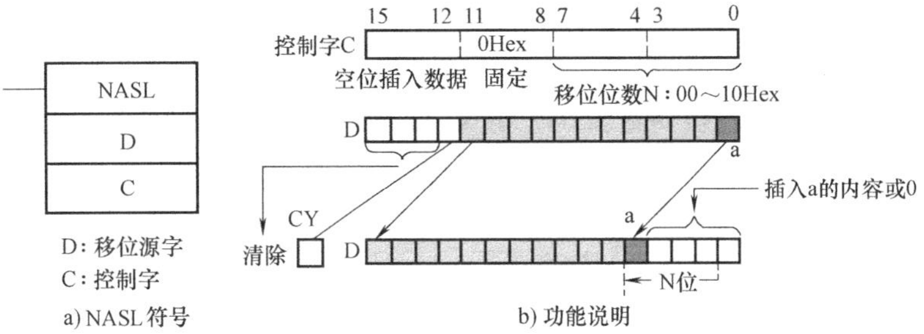

图 6-51　数据左移 N 位（NASL）指令

NASL/NASR（或 NSLL/NSRL）指令对于从指定 CH 中溢出的位，将最后位的内容移位到进位标志（CY），除此之外加以清除。移位位数（C）为 0 时，不进行移位动作。但是，根据指定通道的数据，对各标志进行 ON/OFF。控制数据 C 的内容位于范围外时，发生错误，ER 标志为 ON。根据移位结果，D（或 D+1、D）的内容为 0000 Hex（或 00000000 Hex）时，=标志为 ON。根据移位结果，D（或 D+1）的内容的最高位为 1 时，N 标志为 ON。

2. 倍长左移 N 位

倍长左移 N 位（NSLL）指令的 FUN 编号为 582，如图 6-52 所示。NSLL 指令将 32 位的通道（倍长）数据 D 全部向左（最低位→最高位）移动 C 所指定的位数（BIN）。此时，在从指定 CH 的最低位开始到移位位数的位中输入依据空位插入数据（C）的数据。

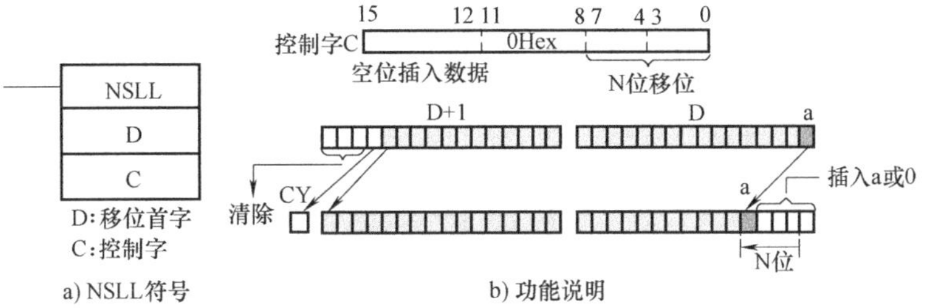

图 6-52　倍长左移 N 位（NSLL）指令

3. 数据右移 N 位

数据右移 N 位（NASR）指令的 FUN 编号为 581，如图 6-53 所示。NASR 指令将 16 位的通道数据 D 全部向右（最高位→最低位）移 C 所指定的位数（BIN）。此时，从指定 CH 的最高位开始到移位位数的位中输入依据空位插入数据（C）的数据。

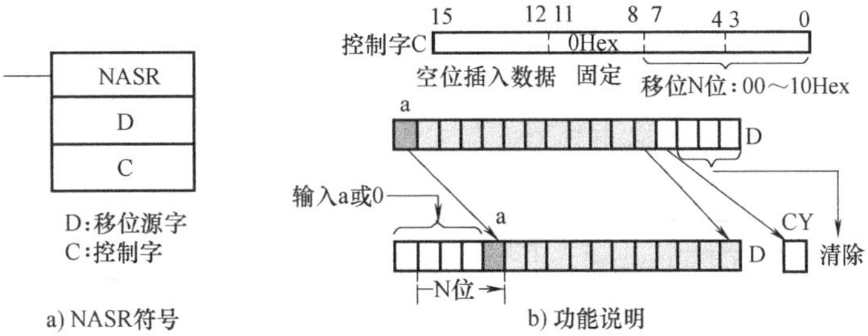

图 6-53　数据右移 N 位（NASR）指令

4. 倍长右移 N 位

倍长右移 N 位（NSRL）指令的 FUN 编号为 583。如图 6-54 所示，NSRL 指令将 32 位的通道数据 D 全部向右（最高位→最低位）移 C 所指定的位数（BIN）。此时，从指定 CH 的最高位开始到移位位数的位中输入依据空位插入数据（C）的数据。

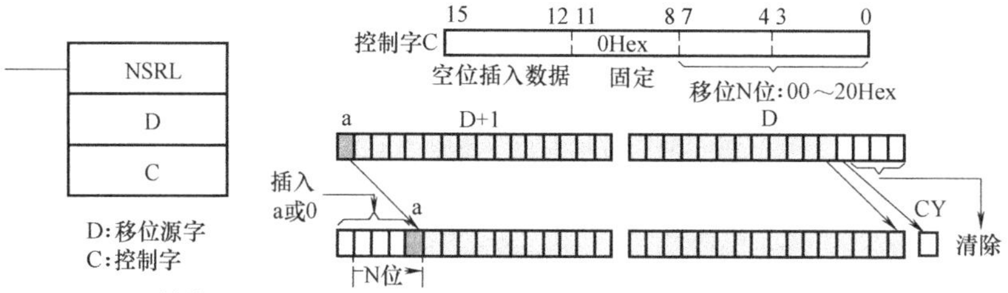

a) NSRL符号　　b) 功能说明

图 6-54　倍长右移 N 位（NSRL）指令

6.4　数据转换指令

数据转换指令共有 18 种，见表 6-4。

表 6-4　CP 系列的数据转换指令

指令语句	助记符	FUN 编号	指令语句	助记符	FUN 编号
BCD→BIN 转换	BIN	023	ASCII 代码转换	ASC	086
BCD→BIN 倍长转换	BINL	058	ASCII→HEX 转换	HEX	162
BIN→BCD 转换	BCD	024	位列→位行转换	LINE	063
BIN→BCD 倍长转换	BCDL	059	位行→位列转换	COLM	064
单字 2 求补码	NEG	160	带符号 BCD→BIN 转换	BINS	470
双字 2 求补码	NEGL	161	带符号 BCD→BIN 倍长转换	BISL	472
符号扩展	SIGN	600	带符号 BIN→BCD 转换	BCDS	471
4→16/8→256 解码器	MLPX	076	带符号 BIN→BCD 倍长转换	BDSL	473
16→4/256→8 编码器	DMPX	077	格雷码转换	GRY	474

6.4.1　BCD→BIN 转换/BCD→BIN 倍长转换/BIN→BCD 转换/BIN→BCD 倍长转换

1. BCD→BIN 转换

BCD→BIN 转换（BIN）指令的 FUN 编号为 023，如图 6-55 所示。BIN 指令将 S 所指定的 BCD 数据转换为 BIN 数据，输出到 D。

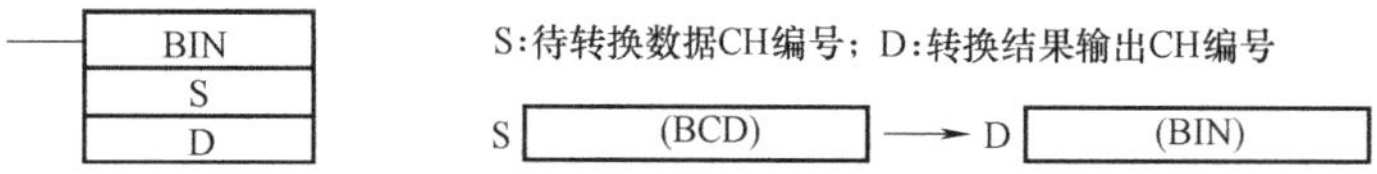

a) BIN指令符号　　b) 功能说明

图 6-55　BCD→BIN 转换（BIN）指令

BIN（或 BINL）指令中 S（或 S+1、S）的内容不为 BCD 时，ER 标志为 ON。指令执行时，N 标志置于 OFF；转换结果 D（或 D+1、D）的内容为 0000（或 00000000）Hex 时，= 标志为 ON。

例 3　S（BCD）→D（BIN）如图 6-56 所示。

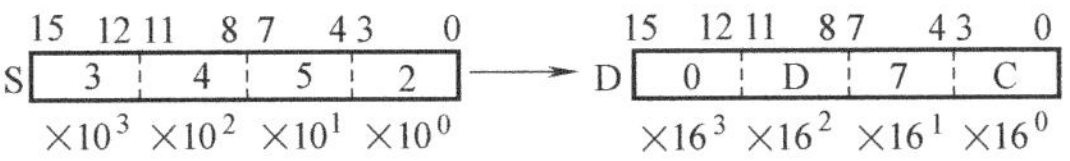

图 6-56　S（BCD）→D（BIN）示例

2. BCD→BIN 倍长转换

BCD→BIN 倍长（双字）转换（BINL）指令的 FUN 编号为 058，如图 6-57 所示。BINL 指令对 S+1、S 的双字 BCD 数据进行 BIN 转换，将结果输出到 D+1、D。其中 S~S+1 及 D~D+1 必须为同一区域种类。

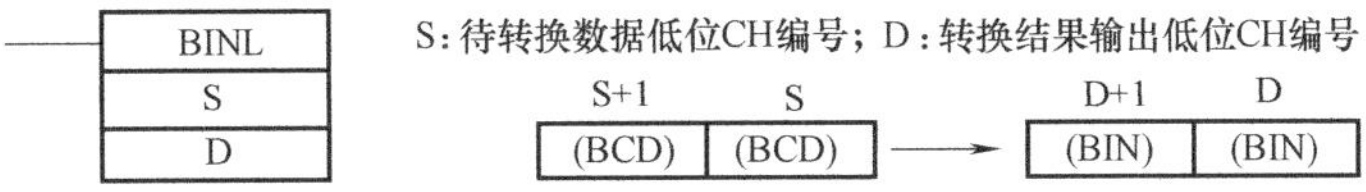

a) BINL指令符号　　b) 功能说明

图 6-57　BCD→BIN 倍长转换（BINL）指令

例 4　如图 6-58 所示，当 X：0.00 为 ON 时，将 201、200 CH 的 BCD 8 位数据转换为 BIN 32 位数据，输出到 D1001、D1000。

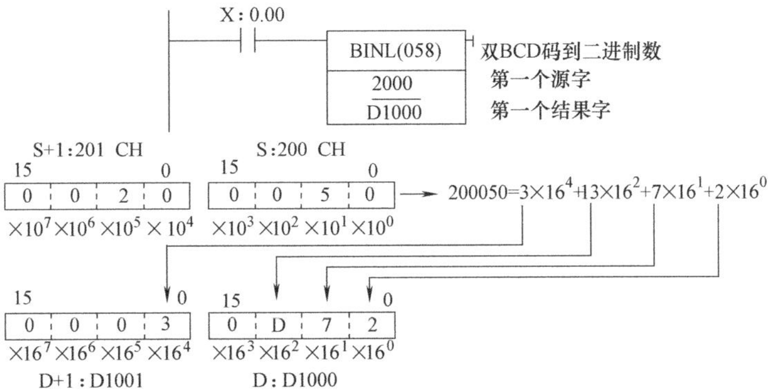

图 6-58　S（BCD 8 位）→D（BIN 32 位）示例

3. BIN→BCD 转换

BIN→BCD 转换（BCD）指令的 FUN 编号为 024，如图 6-59 所示。BCD 指令对 S 所指定的 BIN 数据进行 BCD 转换，将结果输出到 D。操作数 S：0000~270F（十六进制）；转换

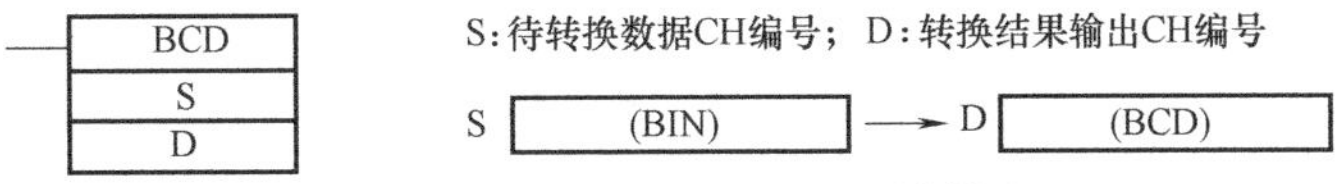

a) BCD指令符号　　b) 功能说明

图 6-59　BIN→BCD 转换（BCD）指令

后 D：0000~9999（十进制）。

在 BCD（或 BCDL）指令中，S（或 S+1、S）的内容不在 0000~270F（或 00000000~5F5E0FF）Hex 范围内时，ER 标志为 ON。转换结果 D（或 D+1、D）的内容为 0000（或 00000000）Hex 时，=标志为 ON。

4. BIN→BCD 倍长转换

BIN→BCD 倍长（双字）转换（BCDL）指令的 FUN 编号为 059，如图 6-60 所示。BCDL 指令将 S+1、S 所指定的双字 BIN 数据进行 BCD 转换，将结果输出到 D+1、D。

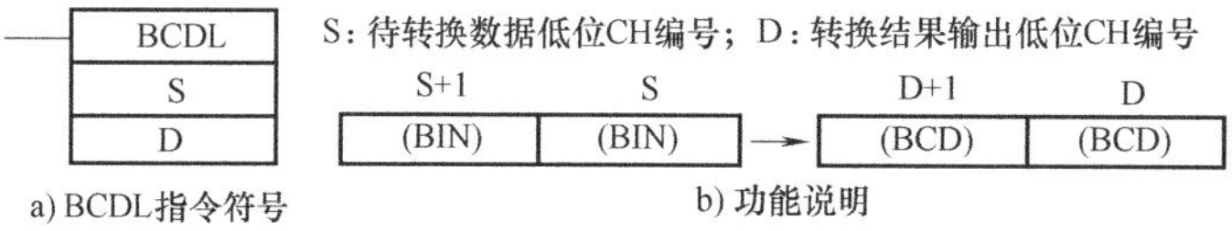

图 6-60　BIN→BCD 倍长转换（BCDL）指令

6.4.2　单字 2 求补码/双字 2 求补码/符号扩展

1. 单字 2 求补码

单字 2 求补码（NEG）指令的 FUN 编号为 160，如图 6-61 所示。NEG 指令取 BIN 16 位数据的 2 的补数，即对 S 所指定的数据进行位取反后+1，将结果输出到 D。

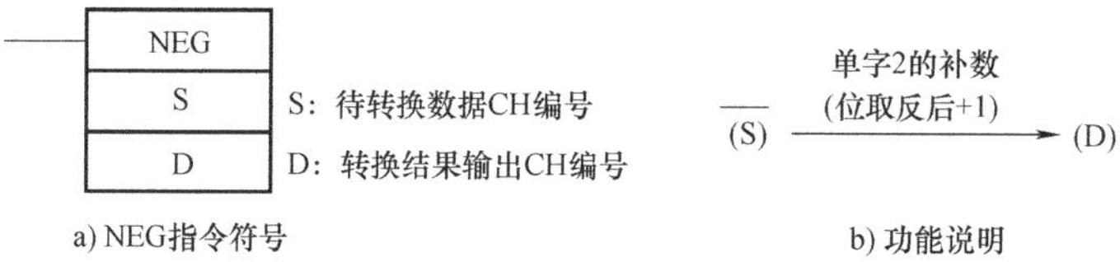

图 6-61　单字 2 求补码（NEG）指令

NEG（或 NGEL）指令执行时，ER 标志置于 OFF。转换结果 D（或 D+1、D）的内容为 0000（或 00000000）Hex 时，=标志为 ON；最高位为 1 时，N 标志为 ON；8000（或 80000000）Hex 的转换结果为 8000（或 80000000）Hex。位取反后+1 的操作相当于从 0000（00000000）Hex 中减去 S 内容的操作。

2. 双字 2 求补码

双字 2 求补码（NEGL）指令的 FUN 编号为 161，如图 6-62 所示。NEGL 指令取 BIN 32 位数据的 2 的补数，即将 S 所指定的双字数据进行位取反后+1，将结果输出到 D+1、D。

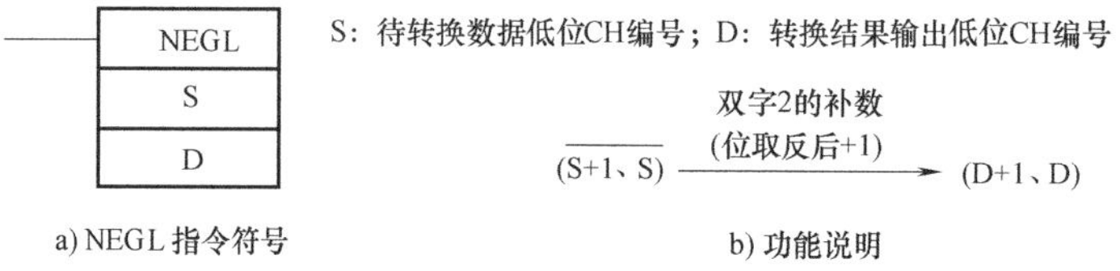

图 6-62　双字 2 求补码（NEGL）指令

3. 符号扩展

符号扩展（SIGN）指令的 FUN 编号为 600。如图 6-63 所示。当 S 的符号位（MSB）的内容为 1 时，向（D+1）CH 输出 FFFF Hex；当为 0 时向（D+1）CH 输出 0000 Hex，S 的内容照原样输出到 D。因此，S 指定的 1 CH 的带符号 BIN 数据向 2 CH 进行符号扩展，输出到（D+1、D）。

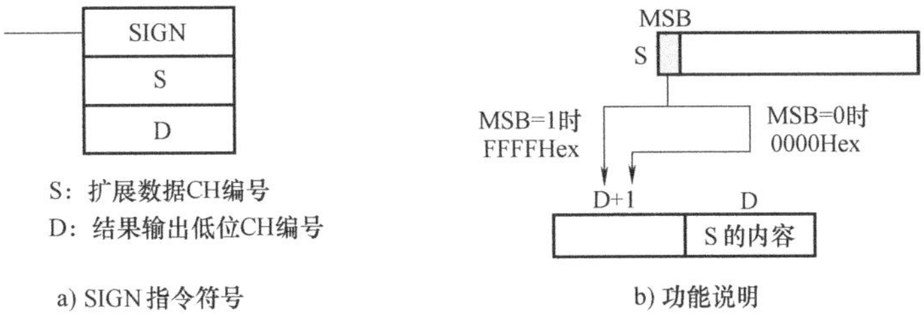

图 6-63　符号扩展（SIGN）指令

SIGN 指令中，D+1 和 D 必须为同一区域种类；执行后，D 为 S 的内容，（D+1）为 0000 或 FFFF Hex。SIGN 指令执行时，ER 标志置于 OFF；转换结果 D+1、D 的内容为 00000000 Hex 时，=标志为 ON；结果（D+1）内容的最高位为 1 时，N 标志为 ON。

6.4.3　4→16/8→256 解码器/16→4/256→8 编码器

1. 4→16/8→256 解码器

4→16/8→256 解码器（MLPX）指令的 FUN 编号为 076，如图 6-64 所示。MLPX 指令读取指定 CH 的指定位（或指定字节），在指定 CH 的相应位输出 1，在其他位输出 0。

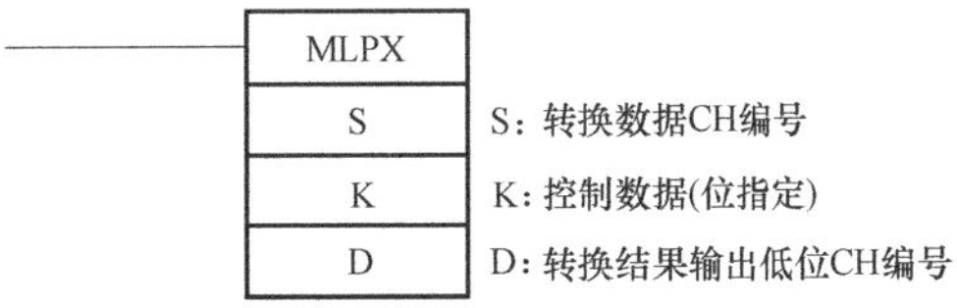

图 6-64　4→16/8→256 解码器（MLPX）指令

（1）当 4→16 解码器时　如图 6-65 所示，操作数 D～D+3 必须为同一区域种类。D：解码位第 1 位解码结果；D+1：解码位第 2 位解码结果；D+2：解码位第 3 位解码结果；D+3：解码位第 4 位解码结果。

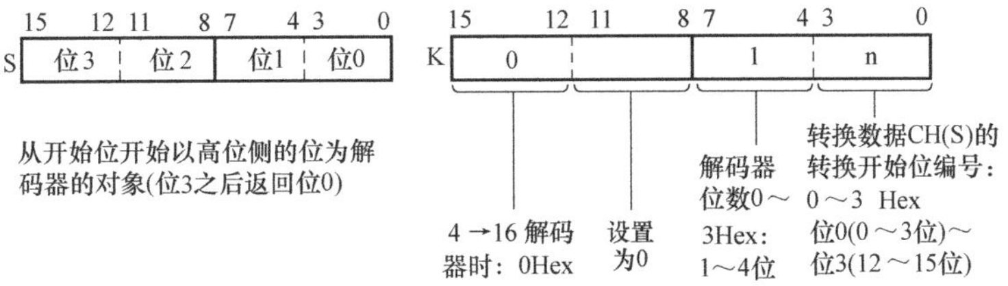

图 6-65　4→16 解码器时的操作数说明

（2）当 8→256 解码器时　如图 6-66 所示，操作数 D～D+31 必须为同一区域种类。D+15～D：解码位第 1 位解码结果；D+31～D+16：解码位第 2 位解码结果。

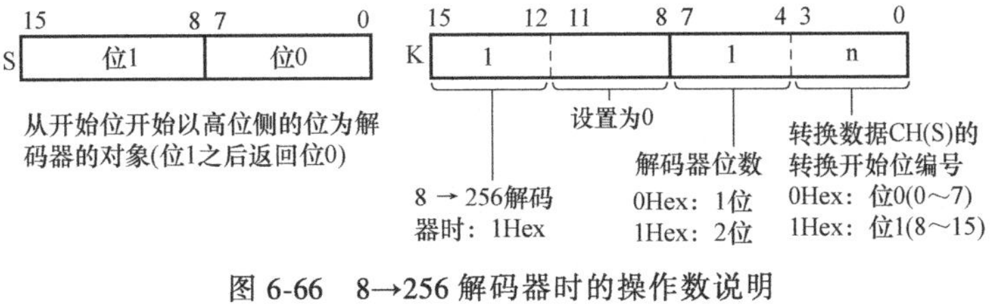

图 6-66　8→256 解码器时的操作数说明

根据转换种类（K），指定 4→16 解码器或 8→256 解码器。

（3）当 4→16 解码器指定时　如图 6-67 所示，将 S 所指定的数据的 K 所指定的（从位 n 开始 l+1 个的）四位内容（0～F Hex）视为位位置（0～15），在 D 指定的各 CH（16 位）之后的相应位输出 1，在其他各位输出 0。

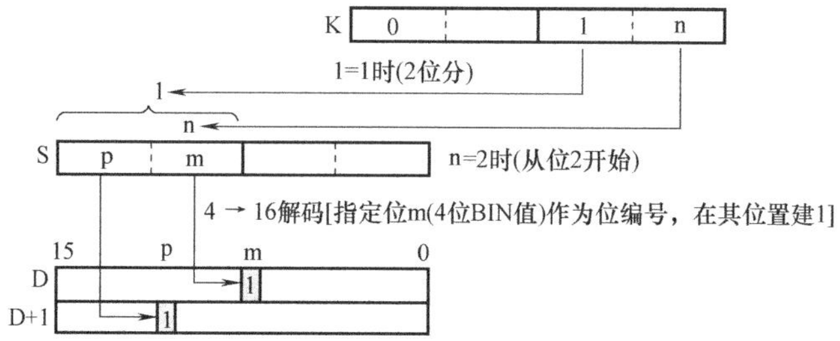

图 6-67　4→16 解码器指定时的功能说明

所谓 4→16 解码是指将 4 位 BIN 值作为位编号，在 16 位中的该位编号上建 1，其他则为 0。

（4）当 8→256 解码器指定时　如图 6-68 所示，将 S 所指定的数据的 K 所指定的（从位 n 开始 l+1 位的）八位内容（00～FF Hex）视为位位置（0～255），在 D 指定的各 CH（16 位）之后的相应位中输出 1，在其他各位输出 0。

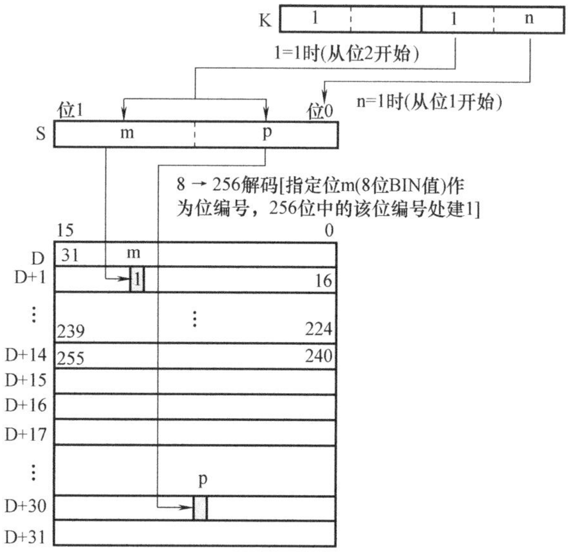

图 6-68　8→256 解码器指定时的功能说明

所谓 8→256 解码是指将 8 位 BIN 值作为位编号，在 256 位中的该位编号上建 1，其他则为 0。

2. 16→4/256→8 编码器

16→4/256→8 编码器（DMPX）指令的 FUN 编号为 077，如图 6-69 所示，DMPX 指令读取指定 CH 的 16 位或 256 位中 ON 的最高位或最低位，输出到指定 CH 的指定位或指定字节。

图 6-69b 所示为 16→4 编码，是指将从 16 位中建 1 的最高位或最低位编号（m）转换为 4 位 BIN 值；图 6-69c 所示为 256→8 编码，是指将 256 位中为 1 的最高位或最低位编号

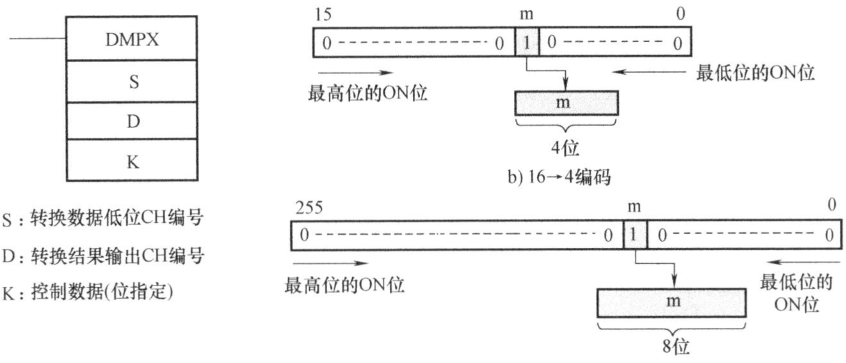

a) DMPX指令符号　　c) 256→8编码

图 6-69　16→4/256→8 编码器（DMPX）指令

（m）转换为 8 位 BIN 值。

6.4.4 ASCII 代码转换/ASCII→HEX 转换/位列→位行转换/位行→位列转换

1. ASCII 代码转换

ASCII 代码转换（ASC）指令的 FUN 编号为 086，如图 6-70 所示。ASC 指令将 16 位数据的指定位转换为 ASCII 代码。

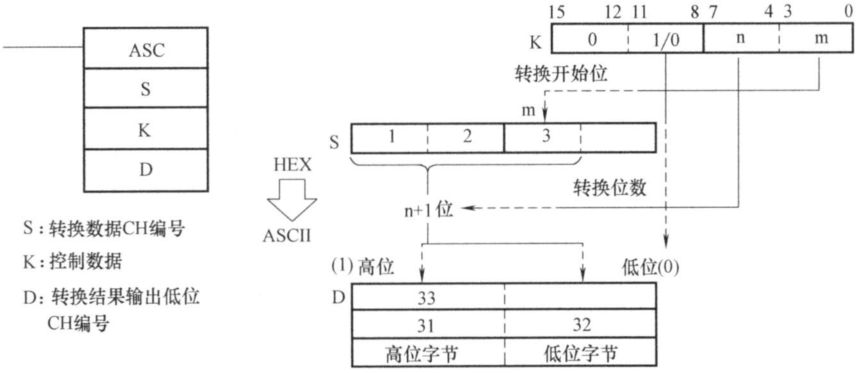

a) ASC指令符号　　b) 功能说明

图 6-70　ASCII 代码转换（ASC）指令

将 S 视为 4 位的 HEX 数据，并将转换开始位编号（K 的 m）及转换位数（K 的 n）所指定的位的数据（0~F Hex）转换为 8 位的 ASCII 代码数据［“0”(30Hex)~“9”(39 Hex)，“A”(41 Hex)~“F”(46 Hex)］，将结果输出到 D、K 所指定的输出位置（从高位或低位开始保存）。此外，ASCII 代码数据的最高位可以指定奇偶校验（K 的位 12~15：0 无、1 偶、2 奇），可以转换为奇数或偶数校验位（将 8 位中 1 的位数调整为奇数或偶数）。

通过转换位数（K）指定多位转换时，转换对象位的顺序转成从开始位到高位位侧（位 3 之后返回位 0），转换结果按照从 D 的输出位置到高位 CH 侧（8 位单位）的顺序进行保存。转换结果输出 CH 的数据之中，保持非输出对象的位置的数据。若 K 的数据位于范围外，则 ER 标志为 ON。

2. ASCII→HEX 转换

ASCII→HEX 转换（HEX）指令的 FUN 编号为 162，如图 6-71 所示。HEX 指令将 CH 数据的指定位的内容作为四个字节 ASCII 数据处理，作为指定 CH 的指定位所对应的 HEX 数据输出。

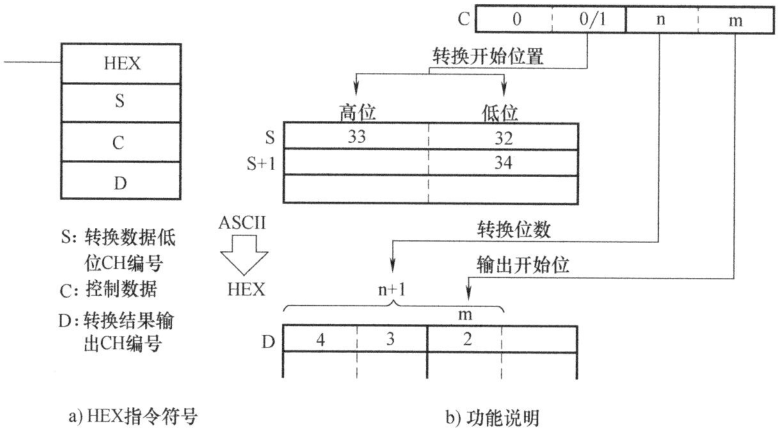

图 6-71　ASCII→HEX 转换（HEX）指令

将 S 视为高位 8 位、低位 8 位的 ASCII 代码数据［“0”(30 Hex)～“9”(39 Hex)，“A”(41 Hex)～“F”(46 Hex)］，转换为 HEX 数据，将结果输出到 D。将转换开始位置（C）所指定的数据转换为 1 位（4 位）的 HEX 数据（0～F Hex），并将结果输出到 D 的指定输出开始位（C）。可将 ASCII 代码数据的最高位视为根据奇偶校验指定（C）的奇数或偶数奇偶校验位，进行数据转换。

3. 位列→位行转换

位列→位行转换（LINE）指令的 FUN 编号为 063，如图 6-72 所示。LINE 指令从 S 指定的转换数据低位 CH 编号开始 16 CH 的数据中，抽取 N 指定的位位置的 ON/OFF 内容，作为 16 位的数据输出到 D。

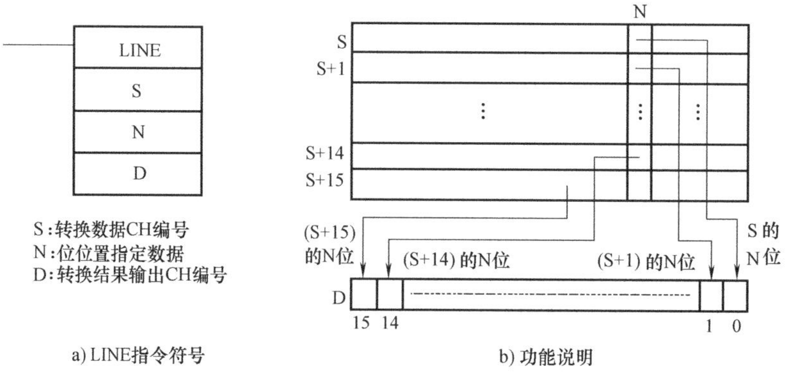

图 6-72　位列→位行转换（LINE）指令

操作数 N 的范围：十六进制 0000～000F 或十进制 &0～15，若不在该范围内，则 ER 标志为 ON。转换的结果，D 的内容为 0000 Hex 时，=标志为 ON。

4. 位行→位列转换

位行→位列转换（COLM）指令的 FUN 编号为 064，如图 6-73 所示。COLM 指令将 S（16 位）指定的各位内容（从位 0~位 15）分别输出到 D 指定的转换结果输出低位 CH 编号开始的 16 CH 数据的指定位位置（N），转换结果输出 CH 的指定位以外的数据保持不变。

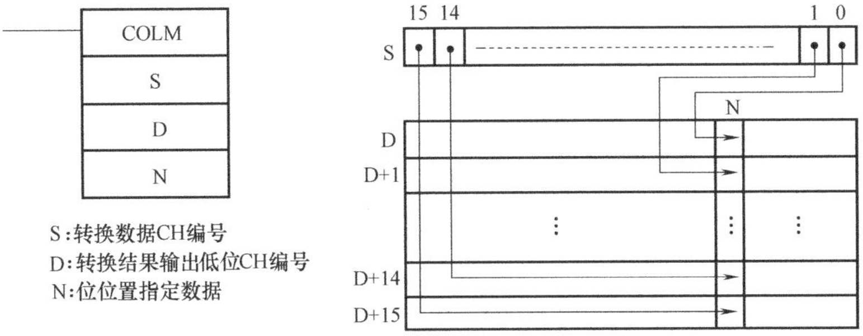

a) COLM指令符号　　b) 功能说明

图 6-73　位行→位列转换（COLM）指令

操作数 N 的范围：十六进制 0000~000F 或十进制 &0~15，若不在该范围内，则 ER 标志为 ON。转换结果 D~D+15 必须为同一区域种类，D~D+15 的指定位（N）全部为 0 时，=标志为 ON。

6.4.5 带符号 BCD→BIN 转换/带符号 BCD→BIN 倍长转换/带符号 BIN→BCD 转换/带符号 BIN→BCD 倍长转换/格雷码转换

1. 带符号 BCD→BIN 转换

带符号 BCD→BIN 转换（BINS）指令的 FUN 编号为 470，如图 6-74 所示。BINS 指令将 S 作为 C 指定类型的带符号单字 BCD 数据，转换为带符号 BIN 数据（16 位），将结果输出到 D。

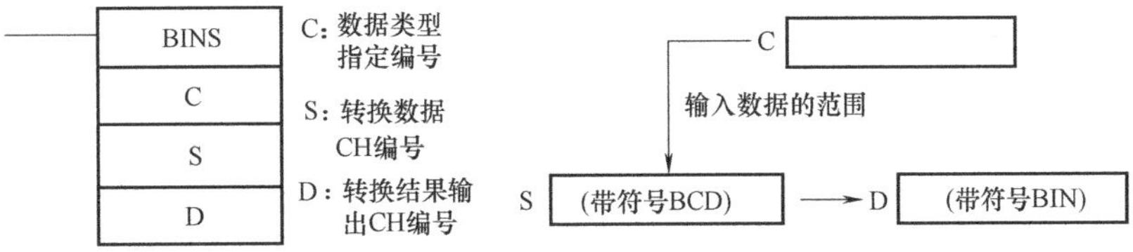

a) BINS指令符号　　b) 功能说明

图 6-74　带符号 BCD→BIN 转换（BINS）指令

操作数 C 的范围：十六进制 0000~0003。

当 C=0000 Hex 时，S=-999~999（BCD），-999~-1（BCD）转换为 D 的 FC19~FFFF（BIN），0~999（BCD）转换为 0000~03E7（BIN）；S 的第 0~11 位为 BCD 3 位、第 12 位为符号位（0 正 1 负）、第 12~15 位为三个状态位。

当 C=0001 Hex 时，S=-7999~7999（BCD），-7999~-1（BCD）转换为 E0C1~FFFF（BIN），0~7999（BCD）转换为 0000~1F3F（BIN）；S 的第 0~11 位为 BCD 3 位、第 12~14 位为 BCD 第 4 位（0~7）、第 15 位为符号位（0 正 1 负）。

当 C=0002 Hex 时，S=-999~9999（BCD），-999~-1（BCD）转换为 D 的 FC19~FFFF（BIN），0~9999（BCD）转换为 0000~270F（BIN）；S 的第 0~11 位为 BCD 3 位、第 12~15 位为 0~9 时为 BCD 第 4 位/A~E 为出错/F 为负。

当 C=0003 Hex 时，S=-1999~9999（BCD），-1999~-1（BCD）转换为 F831~FFFF（BIN），0~9999（BCD）转换为 0000~270F（BIN）；S 的第 0~11 位为 BCD 3 位、第 12~15 位为 0~9 时为 BCD 第 4 位/B~E 为出错/A 或 F 为负。

2. 带符号 BCD→BIN 倍长转换

带符号 BCD→BIN 倍长转换（BISL）指令的 FUN 编号为 472，如图 6-75 所示。BISL 指令将 S+1、S 作为 C 指定类型的带符号双字 BCD 数据，转换为带符号 32 位 BIN 数据，将结果输出到 D+1、D。结果为负时，表示为 2 的补数。

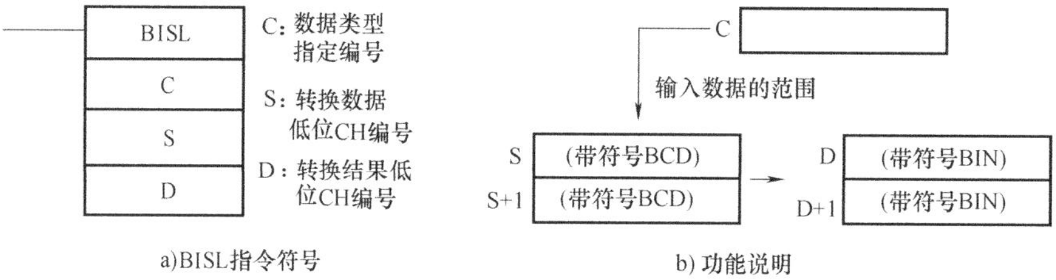

图 6-75　带符号 BCD→BIN 倍长转换（BISL）指令

操作数 C 的范围：十六进制 0000~0003。

当 C=0000 Hex 时，(S+1、S)=-9999999~9999999（BCD），-9999999~-1（BCD）转换为 FF676981~FFFFFFFF（BIN），0~9999999（BCD）转换为 0000000~0098967F（BIN）；S 的第 0~15 位和 S+1 的第 0~11 位为 BCD 7 位，S+1 的第 12 位为符号位（0 正 1 负），S+1 的第 13~15 位为三个状态位。

当 C=0001 Hex 时，(S+1、S)=-79999999~79999999（BCD），-79999999~-1（BCD）转化为 FB3B4C01~FFFFFFFF（BIN），0~79999999（BCD）转化为 00000000~04C4B3FF（BIN）；S 的第 0~15 位和 S+1 的第 0~11 位为 BCD 7 位，S+1 的第 12~14 位为三个 BCD 位（0~7），S+1 的第 15 位为符号位（0 正 1 负）。

当 C=0002 Hex 时，(S+1、S)=-9999999~99999999（BCD），-9999999~-1（BCD）转换为 FF676981~FFFFFFFF（BIN），0~99999999（BCD）转换为 00000000~05F5E0FF（BIN）；S 的第 0~15 位和 S+1 的第 0~11 位为 BCD 7 位，S+1 的第 12~15 位为 0~9 时为 BCD 第 8 位/A~E 为出错/F 为负。

当 C=0003 Hex 时，(S+1、S)=-19999999~99999999（BCD），-19999999~-1（BCD）转化为 FECED301~FFFFFFFF（BIN），0~99999999（BCD）转化为 00000000~05F5E0FF（BIN）；S 的第 0~15 位和 S+1 的第 0~11 位为 BCD 7 位，S+1 的第 12~15 位为 0~9 时为 BCD 第 8 位/A 为负/B~E 为出错/F 为负。

3. 带符号 BIN→BCD 转换

带符号 BIN→BCD 转换（BCDS）指令的 FUN 编号为 471，如图 6-76 所示。BCDS 指令将 S 指定的带符号 BIN 数据（16 位）转换为 C 指定类型的带符号 BCD 数据，将结果输出到 D。

操作数 C 的范围：十六进制 0000~0003。

图 6-76 带符号 BIN→BCD 转换（BCDS）指令

当 C＝0000 Hex 时，D＝－999～999（BCD），S 中 FC19～FFFF（BIN）转换为 D 的 －999～－1（BCD），S 中 0000～03E7（BIN）转换为 D 的 0～999（BCD）；D 的第 0～11 位为 BCD 3 位，D 的第 12 位为符号位（0 正 1 负），D 的第 13～15 位为三个状态位。

当 C＝0001 Hex 时，D＝－7999～7999（BCD），S 中 E0C1～FFFF（BIN）转换为－7999～－1（BCD），S 中 0000～1F3F（BIN）转换为 0～7999（BCD）；D 的第 0～11 位为 BCD 3 位，D 的第 12～14 位为 BCD 第 4 位，D 的第 15 位为符号位（0 正 1 负）。

当 C＝0002 Hex 时，D＝－999～9999（BCD），S 中 FC19～FFFF（BIN）转换为－999～－1（BCD），S 中 0000～270F（BIN）转换为 0～9999（BCD）；D 的第 0～11 位为 BCD 3 位，D 的第 12～15 位为 0～9 时为 BCD 第 4 位/F 时为负数。

当 C＝0003 Hex 时，D＝－1999～9999（BCD），S 中 F831～FFFF（BIN）转换为－1999～－1（BCD），S 中 0000～270F（BIN）转换为 0～9999（BCD）；D 的第 0～11 位为 BCD 3 位，D 的第 12～15 位为 0～9 时为 BCD 第 4 位/A 或 F 时为负数。

4. 带符号 BIN→BCD 倍长转换

带符号 BIN→BCD 倍长转换（BDSL）指令的 FUN 编号为 473，图 6-77 所示。BDSL 指令将（S+1、S）指定的带符号双字 BIN 数据（32 位）转换为 C 指定类型的带符号 BCD 数据，将结果输出到 D+1、D。

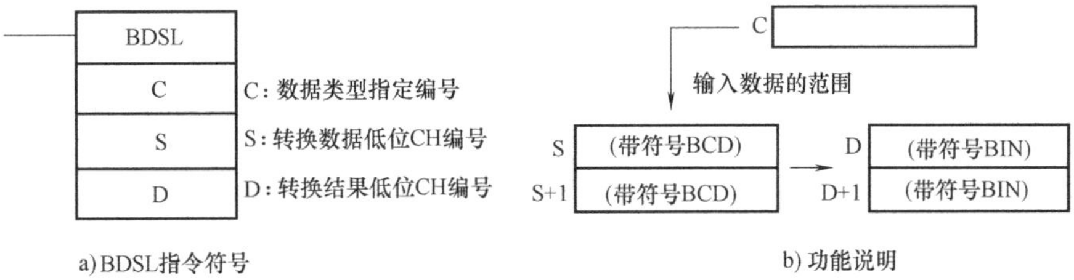

图 6-77 带符号 BIN→BCD 倍长转换（BDSL）指令

操作数 C 的范围：十六进制 0000～0003。

当 C＝0000 Hex 时，（S+1、S）＝－9999999～9999999（BIN），S 中－9999999～－1 转换为 D 的 FF676981～FFFFFFFF（BCD），S 中 0～9999999 转换为 00000000～0098967F（BCD）；D 的第 0～15 位和（D+1）的第 0～11 位为 BCD 7 位，（D+1）的第 12 位为符号位（0 正 1 负），（D+1）的第 13～15 位为三个状态位。

当 C＝0001 Hex 时，（S+1、S）＝－79999999～79999999（BIN），S 中－79999999～－1 转换为 FB3B4C01～FFFFFFFF（BCD），S 中 0～79999999 转换为 00000000～04C4B3FF（BCD）；D 的第 0～15 位和（S+1）的第 0～11 位为 BCD 7 位，（D+1）的第 12～14 位（0～7）为

BCD 第 8 位，(D+1) 的第 15 位为符号位 (0 正 1 负)。

当 C=0002 Hex 时，(S+1、S)=-9999999~99999999 (BIN)，S 中-9999999~-1 转换为 FF676981~FFFFFFFF (BCD)，S 中 0~99999999 转换为 00000000~05F5E0FF (BCD)；D 的第 0~15 位和 (D+1) 的第 0~11 位为 BCD 7 位，(D+1) 的第 12~15 位 (0~9) 时为 BCD 第 8 位/A~E 时为出错/F 时为负。

C=0003 Hex 时，(S+1、S)=-19999999~99999999 (BIN)，S 中-19999999~-1 转换为 FECED301~FFFFFFFF (BCD)，S 中 0~99999999 转换为 00000000~05F5E0FF (BCD)；D 的第 0~15 位和 (D+1) 的第 0~11 位为 BCD 7 位，(D+1) 的第 12~15 位为 0~9 时为 BCD 第 8 位/A 或 F 时为负/B~E 时为出错。

5. 格雷码转换

格雷码转换 (GRY) 指令的 FUN 编号为 474，如图 6-78 所示。GRY 指令根据 C 所设定的分辨率及 (BIN、BCD、360°) 转换模式，对 S 指定的 CH 内的格雷二进制代码数据进行 BIN 数据、BCD 数据或角度 (°) 数据中任意一种的转换，将结果输出到 D。

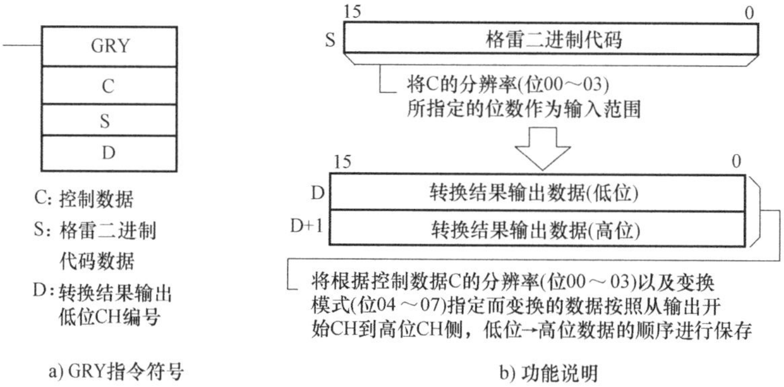

a) GRY指令符号　　b) 功能说明

图 6-78　格雷码转换 (GRY) 指令

C 是控制数据，第 0~3 位存有分辨率：0 (用户在 C+2 的第 12~15 位指定)、1~F Hex (十进制 1~15 位)；第 4~7 位是转换模式：0 Hex 为 BIN、1 Hex 为 BCD、2 Hex 为 360°；第 8~11 位不可使用 (0)；第 12~15 位是操作模式：0 Hex 表示格雷码转换。

C+1 的 0~15 位储存的是原点补偿值 0000~7FFF Hex (BIN 数据)，不可进行超过控制数据 C 所指定的分辨率的原点补正值指定。

C+2 的第 0~11 位存有编码器余数补偿值 (BIN 数据)，可以设定的值 (范围) 根据用户指定的分辨率；C+2 的第 12~15 位存有用户指定分辨率：0 Hex 为 256、1 Hex 为 360、2 Hex 为 720、3 Hex 为 1024、4~F Hex 未定义，这些设定只有当 C 的 00~03 位 (即分辨率) 设定为 0 Hex 时才有效。

S 中存有格雷二进制代码，将控制数据 C 的分辨率 (位 00~03) 所指定的位数作为输入范围，指定分辨率以外 (输入范围外) 的位被忽略，例如分辨率为 08 Hex 时，若 S 为 FFFF Hex，则被视为 00FF Hex。

D 中数据范围：当 BIN 模式时为十六进制 00000000~00007FFF；当 BCD 模式时为 00000000~00032767；当 360°模式时为 00000000~00003599 (0.0~359.9°，以 0.1°为单位的 BCD 数据)。

一般用于通过 DC 输入单元读取格雷二进制代码输出型绝对编码器发出的并行信号（2^n）。S 指定的 CH 分配到输入单元的 CH 时，转换对象输入数据会变成最大一个 CPU 单元周期以前的格雷码值，请注意。

6.5 表格数据处理指令

表格数据处理大致可以分为栈处理和表格处理。栈处理将数据存储到栈区域，可以进行出入的处理；表格处理分为 1 记录为 1 字的表格处理和 1 记录为多个字的表格处理。表格数据处理指令共有 18 种，见表 6-5。

表 6-5 CP 系列的表格数据处理指令

指令语句	助记符	FUN 编号	指令语句	助记符	FUN 编号
栈区域设定	SSET	630	最大值检索	MAX	182
栈数据存储	PUSH	632	最小值检索	MIN	183
先入先出	FIFO	633	总数值计算	SUM	184
后入先出	LIFO	634	帧检验序列值计算	FCS	180
表格区域宣言	DIM	631	栈数据数输出	SNUM	638
记录位置设定	SETR	635	栈数据读取	SREAD	639
记录位置读取	GETR	636	栈数据更新	SWRIT	640
数据检索	SRCH	181	栈数据插入	SINS	641
字节交换	SWAP	637	栈数据删除	SDEL	642

6.5.1 栈区域设定/栈数据存储/先入先出/后入先出

1. 栈区域设定

栈区域设定（SSET）指令的 FUN 编号为 630，如图 6-79 所示。SSET 指令从 D 指定的栈区域低位 CH 编号中确保以 W 指定的区域 CH 数作为栈区域。在确保的栈区域开端 2 CH（D+1、D+0）中输出栈区域最终 CH 的 I/O 存储器有效地址（32 位），在随后的 2 CH（D+3、D+2）中作为栈指针输出栈区域开端+4 CH（D+4），即数据存储区域的开端 I/O 存储器有效地址（32 位）。同时，数据存储区域［D+4~D+(W-1)］全部以 0 进行清空。

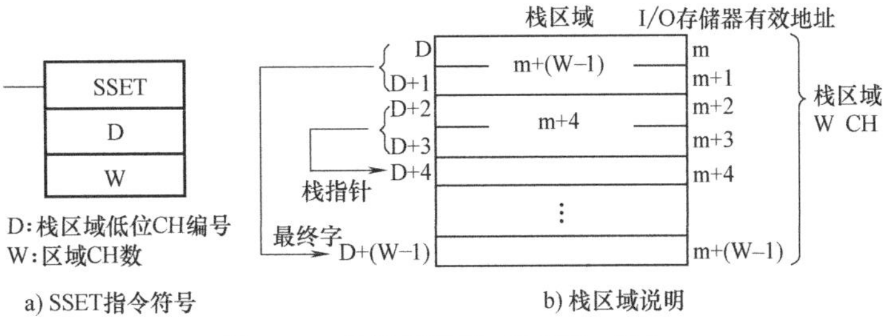

图 6-79 栈区域设定（SSET）指令

D~D+(W-1) 必须为同一区域种类，D~D+3 为栈管理信息（固定 4 CH）；为了使区域 CH 数 W 中包含栈管理信息（栈区域最终存储器地址+栈指针），需要指定 5 以上的值，取十六进制 0005～FFFF 或者十进制 &5～65535。

2. 栈数据存储

栈数据存储（PUSH）指令的 FUN 编号为 632，如图 6-80 所示。PUSH 指令在栈区域 D 的栈指针（D+3、D+2）所指示的地址中，存入 S 中指定的数据（1 CH），并将栈指针的内容中+1。

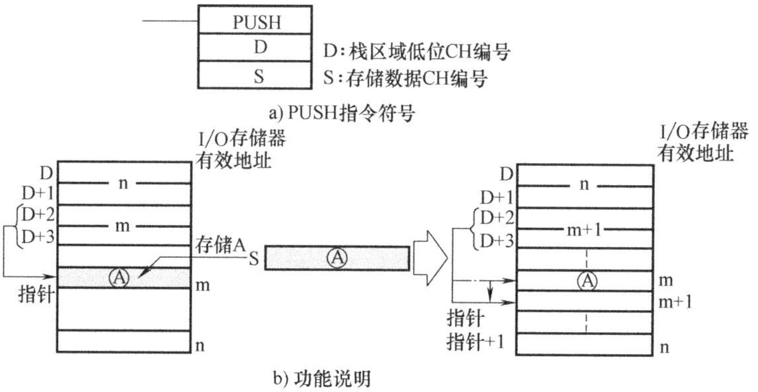

图 6-80　栈数据存储（PUSH）指令

PUSH 指令执行时，栈指针值比栈存储区域最终 CH 的 I/O 存储器有效地址（D+1、D+0）还大时叫作栈溢出，将发生错误；栈区域必须通过 SSET（栈区域设定）指令事先加以设定。通过 PUSH 指令存储数据后，可使用 FIFO（先入先出）或 LIFO（后入先出）指令。

3. 先入先出

先入先出（FIFO）指令的 FUN 编号为 633，如图 6-81 所示。FIFO 指令从 S 指定的栈区域的数据存储区域开端（S+4）中读取数据，输出到 D。此后对栈指针（S+3、S+2）的内容-1，将数据存储区域开端+1（S+5）～栈指针所示的位置的数据向低位 CH 侧移位 1 CH（通道）。这时消除数据存储区域开端（S+4）原来的数据，并且栈指针位置的数据在移位后保持不变。

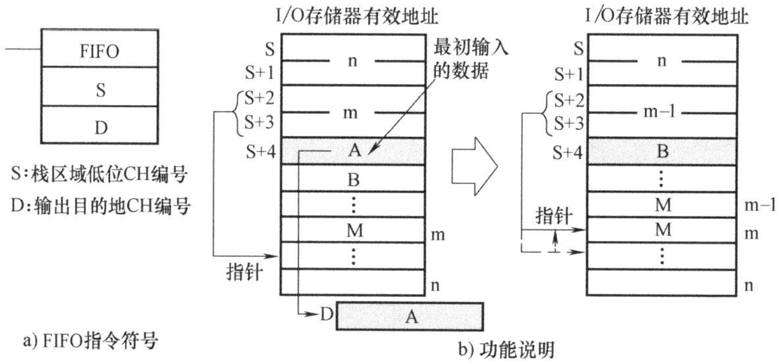

图 6-81　先入先出（FIFO）指令

栈区域必须通过 SSET（栈区域设定）指令事先加以设定。执行 FIFO 时，栈指针已经在数据存储区域开端（S+4）的 I/O 存储器有效地址以下时（栈下溢），发生错误。

4. 后入先出

后入先出（LIFO）指令的 FUN 编号为 634，如图 6-82 所示。LIFO 指令将 S 指定的栈区域的栈指针（S+3、S+2）数据-1，从该地址中读取数据后输出到 D，而读取位置的内容保持不变。

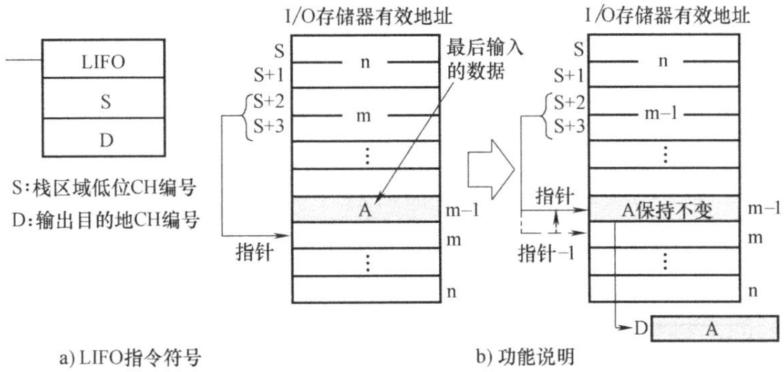

图 6-82　后入先出（LIFO）指令

执行 LIFO 时，栈指针已经在数据存储区域开端（S+4）的 I/O 存储器有效地址以下时（栈下溢），发生错误，ER 标志为 ON。

6.5.2　表格区域宣言/记录位置设定/记录位置读取

1. 表格区域宣言

表格区域宣言（DIM）指令的 FUN 编号为 631，如图 6-83 所示。DIM 指令将从 D 指定的表格区域低位 CH 编号起记录长（S1）×记录数（S2）部分的区域作为 N 所指定的编号的表格区域进行登录，表格区域的数据不变。

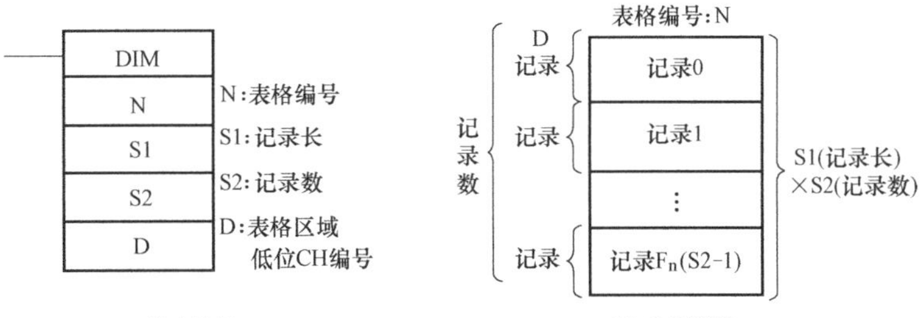

图 6-83　表格区域宣言（DIM）指令

表格编号 N：0~15；记录长 S1 及记录数 S2：十六进制 0001~FFFF 或者十进制 &1~65535。根据 S1 和 S2 的设定，可对 1 个表格区域 D~D+(S1 记录长×S2 记录数）-1 进行跨区域指定。

2. 记录位置设定

记录位置设定（SETR）指令的 FUN 编号为 635，如图 6-84 所示。SETR 指令将 N 指定编号的表格区域指定记录（S1）开端的 I/O 存储器有效地址，输出到 D 指定的变址寄存器。

表格编号 N：0~15；记录编号 S1：十六进制 0000~FFFE 或者十进制 &0~65534；目的变址寄存器 D：IR0~15。

3. 记录位置读取

记录位置读取（GETR）指令的 FUN 编号为 635，如图 6-85 所示。GETR 指令在表格编

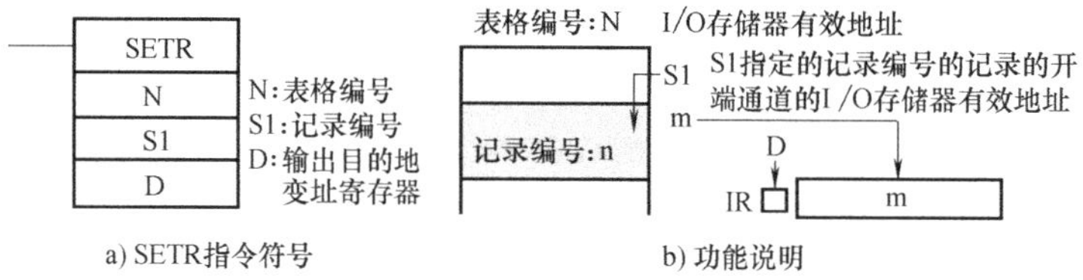

a) SETR指令符号　b) 功能说明

图 6-84　记录位置设定（SETR）指令

号 N 中，将包含 S1 指定的变址寄存器中存储的值（I/O 存储器有效地址）在内的记录编号输出到 D。存储在变址寄存器中的 I/O 存储器有效地址可以不位于相应记录的开端。

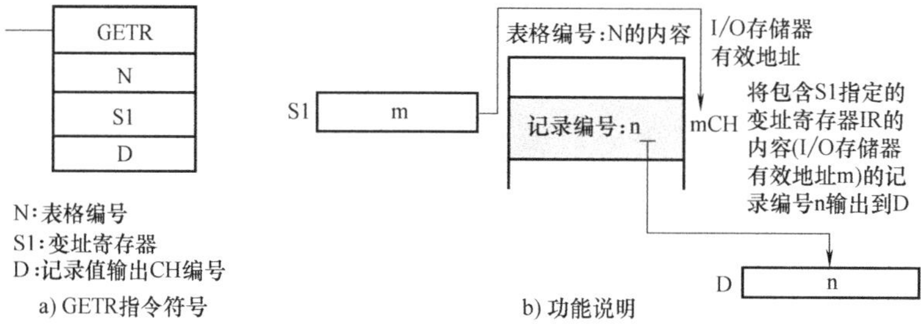

a) GETR指令符号　b) 功能说明

图 6-85　记录位置读取（GETR）指令

表格编号 N：0～15；变址寄存器 S1：IR0～15。表格区域必须通过表格区域宣言（DIM）指令实现登录，N 所指定的表格区域没有根据 DIM 指令进行登录时，或者变址寄存器所示的地址不在指定表格区域内时，发生错误，ER 标志为 ON。

6.5.3　数据检索/字节交换/最大值检索/最小值检索

1. 数据检索

数据检索（SRCH）指令的 FUN 编号为 181，如图 6-86 所示。SRCH 指令从 S1 指定的表格低位 CH 编号中，对于表格长（W）的表格数据，以通道为单位检索指定数据（S2），存在一致的数据时，将存在数据的 CH（有多个时为低位 CH）的 I/O 存储器有效地址输出到变址寄存器 IR00，同时将=标志转换为 ON。一致个数数据寄存器输出（W+1 的位 15）指定为有输出（1）时，将一致个数以 BIN 值（0000～FFFF Hex）输出到数据寄存器 DR00；指定为无输出（0）时，DR00 无变化。

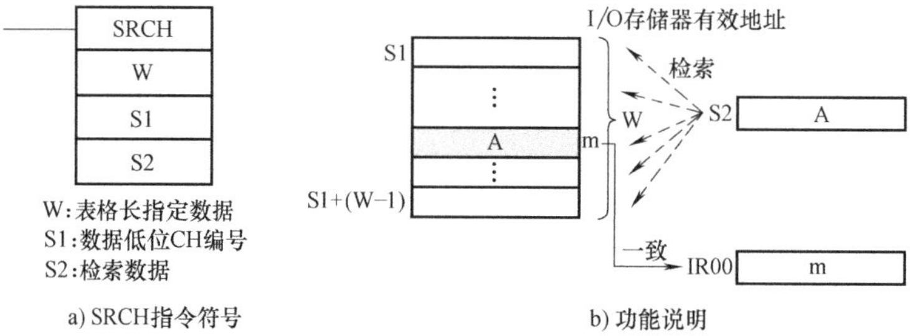

a) SRCH指令符号　b) 功能说明

图 6-86　数据检索（SRCH）指令

表格长数据 W：十六进制 0001～FFFF；检索数据 S2：十六进制 0000～FFFF。W、W+1 及 S1～S1+（W-1）必须为同一区域种类。

SRCH 指令是 1 记录对于 1 CH 的表格数据进行检索的指令。1 记录对于多个 CH 的表格数据进行检索时，可以组合使用 DIM、SETR、GETR 指令和 FOR~NEXT、BREAK 指令以及通过变址寄存器（IR）进行的间接参见而实现。

2. 字节交换

字节交换（SWAP）指令的 FUN 编号为 637，如图 6-87 所示。SWAP 指令从 D 指定的表格数据开端 CH 起，指定表格长（S）的表格数据，分别交换各个数据（16 位）的高位 8 位和低位 8 位，将结果输出到 D。

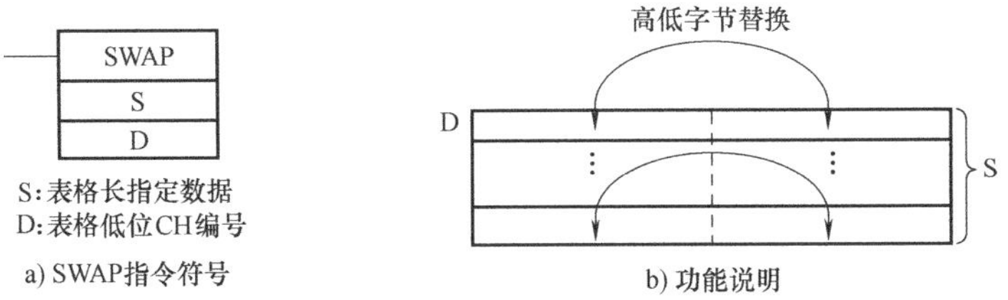

图 6-87　字节交换（SWAP）指令

表格长 S：十六进制 0001~FFFF 或十进制 &1~65535。此处所指表格区域是指通过 SWAP 指令设定的区域，与表格区域宣言（DIM）指令所设定的表格。SWAP 指令可用于将字符串（ASCII 代码）的存储顺序反转等时。当 S 的数据为 0000 Hex 时，发生错误，ER 标志为 ON。

3. 最大值检索

最大值检索（MAX）指令的 FUN 编号为 182，如图 6-88 所示。MAX 指令从 S 指定的表格低位 CH 编号起将 C 所指定的表格长（字数）作为表格数据，检索其中的最大值，输出到 D。

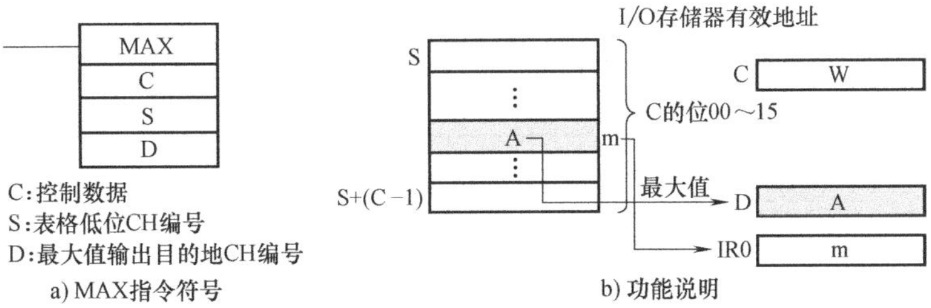

图 6-88　最大值检索（MAX）指令

MAX（或 MIN）指令中 C+1 的位 0~13 固定为 0。变址寄存器输出指定（C+1 位 14：1 有 0 无）指定为有输出时，将最大值所在的 CH（存在于多个 CH 时为低位 CH）的 I/O 存储器有效地址输出到 IR00。带符号指定（C+1 位 15：1 带 0 无）时，将表格的数据作为带符号 BIN 数据（负数为 2 的补数）处理。

MAX（或 MIN）的控制数据（C）不在 0001~FFFF Hex 的范围内时，发生错误，ER 标志为 ON。检索最大（或最小）值为 0000 Hex 时，=标志为 ON；最大（或最小）值的最高位为 1 时，N 标志为 ON。带符号指定位为 1 时，将 8000~FFFF Hex 的数值作为负数处理，因此根据带符号指定的有无，检索结果有所不同。

4. 最小值检索

最小值检索（MIN）指令的FUN编号为183，如图6-89所示。MIN指令从S指定的表格低位CH编号起，将C指定的表格长（字数）作为表格数据，检索其中的最小值，输出到D。变址寄存器输出指定（C+1位14）时，将最小值所在CH（有多个CH时为低位CH）的I/O存储器有效地址输出到IR00。带符号指定（C+1位15）时，将表格的数据作为带符号BIN数据（负数为2的补数）处理。

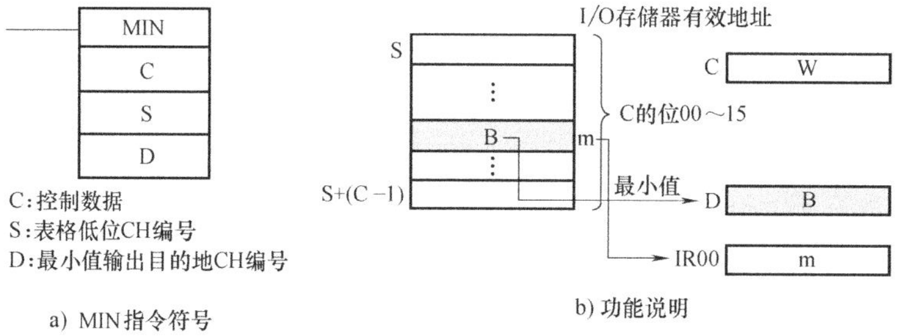

图6-89 最小值检索（MIN）指令

6.5.4 总数值计算/帧检验序列值计算

1. 总数值计算

总数值计算（SUM）指令的FUN编号为184，如图6-90所示。SUM指令，从S指定的表格低位CH编号起，将C所指定的表格长作为表格数据，根据C+1指定的计算单位以及数据类型，计算指定表格内的总数值，将结果输出到D+1、D。

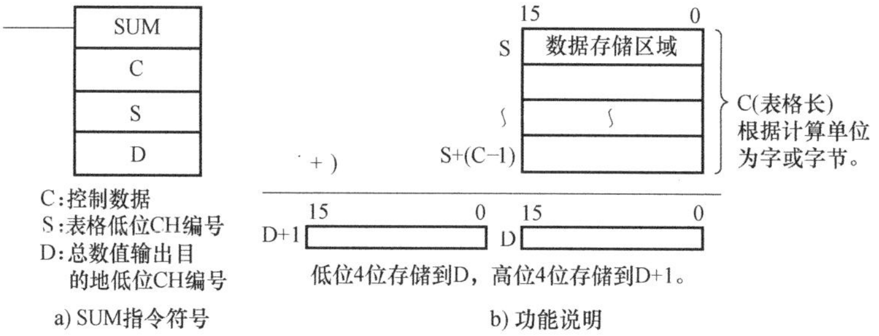

图6-90 总数值计算（SUM）指令

SUM的表格长C：0001～FFFF Hex（计算单位的字数或字节数）。C+1的位0～11固定为0；位12指定计算的开端位置（仅在字节单位时有效），0为高位字节、1为低位字节；位13指定计算单位，0为字、1为字节；位14指定数据类型，0为BIN、1为BCD；位15指定符号（仅在BIN时有效），0为无、1为带。

2. 帧检验序列值计算

帧检验序列值计算（FCS）指令的FUN编号为180，如图6-91所示。FCS指令从S指定的表格低位CH编号起，将C指定的表格长作为表格数据，以C+1所指定的计算单位（字或字节）运算帧检验序列（Frame check sequence，FCS）值，然后转换为ASCII代码数据。在计算单位为字节时，输出到D；在计算单位为字时，输出到D+1、D。

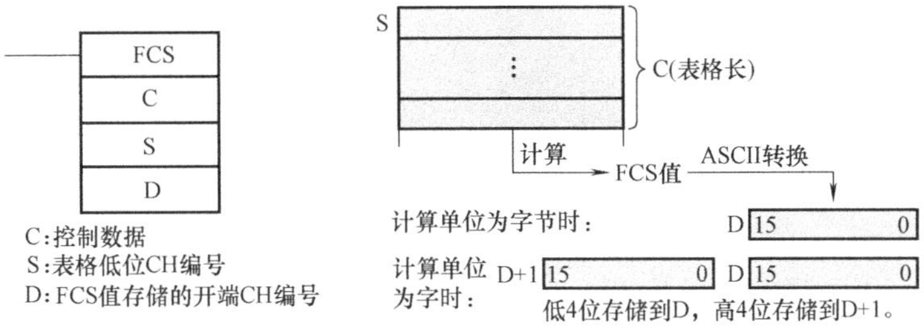

a) FCS指令符号　　b) 功能说明

图 6-91　帧检验序列值计算（FCS）指令

FCS 的表格长 C：0001～FFFF Hex（计算单位的字数或字节数）。C+1 的位 0～11 固定为 0；位 12 指定计算的开始位置（仅在字节单位时有效），0 为高位字节、1 为低位字节；位 13 指定计算单位，0 为字、1 为字节；位 14、位 15 均固定为 0。

6.5.5　栈数据数输出/栈数据读取/栈数据更新/栈数据插入/栈数据删除

1. 栈数据数输出

栈数据数输出（SNUM）指令的 FUN 编号为 638，如图 6-92 所示。SNUM 指令从 S 指定栈区域的数据存储区域开端（S+4）到当前栈指针（S+3、S+2）所指向的位置-1，对数据的 CH 数进行计数，将该 CH 数输出到 D，此时数据存储区域的数据以及栈指针的位置保持不变。

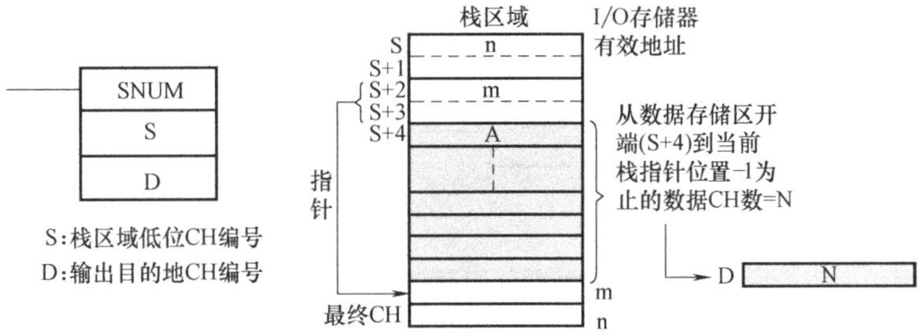

a) SNUM指令符号　　b) 功能说明

图 6-92　栈数据数输出（SNUM）指令

栈区域必须通过 SSET（栈区域设定）指令事先加以设定，S～S+3：栈管理信息（S 为最终 CH 低位、S+1 为最终 CH 高位，S+2 为栈指针初始值低位、S+3 为栈指针初始值高位）；S+4～S+（W-1）：数据存储区域。SNUM 指令可在对当前传送带上存在的工件数进行计数等情况下使用。

2. 栈数据读取

栈数据读取（SREAD）指令的 FUN 编号为 639，如图 6-93 所示。SREAD 指令读取从 S 指定的栈区域指针（S+3、S+2）所指向的位置中减去 C 所指定的 CH 数（偏移）后的位置的数据，输出到 D。此时，数据存储区域的数据以及栈指针的位置保持不变。

SREAD 指令用于在当前传送带上存在的工件中读取某一位置的（从最后投入的工件到指定个数前的）工件的数据等情况下。

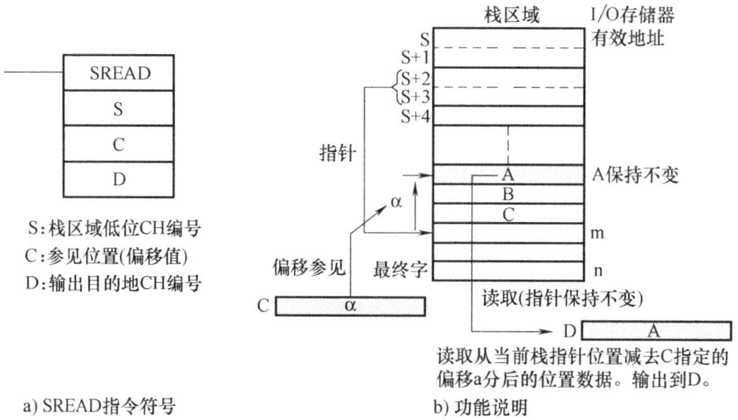

图 6-93　栈数据读取（SREAD）指令

3. 栈数据更新

栈数据更新（SWRIT）指令的 FUN 编号为 640，如图 6-94 所示。SWRIT 指令从 D 指定的栈区域指针（D+3、D+2）位置起，减去 C 所指定的 CH 数（偏移）后的位置上，覆盖 S 所指定的数据。此时，数据存储区域的数据以及栈指针位置保持不变。

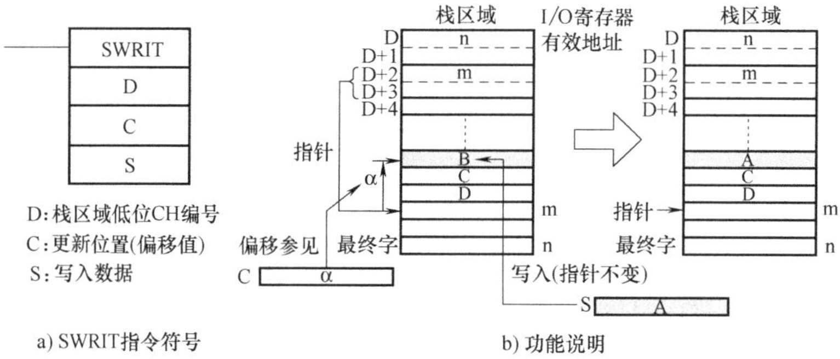

图 6-94　栈数据更新（SWRIT）指令

SWRIT 指令用于从当前传送带上存在的工件中，更新（变更）某一位置的（最后投入的工件到指定个数前的）工件数据等情况。

4. 栈数据插入

栈数据插入（SINS）指令的 FUN 编号为 641，如图 6-95 所示。SINS 指令在从 D 指定的栈区域指针（D+3、D+2）所指向的位置中减去 C 所指定的 CH 数（偏移）后的位置，插入 S 指定的数据 1 CH。此时，从插入的位置到栈指针-1 为止的数据全部+1 CH（向下）移位（栈指针的位置的内容被覆盖）。同时在栈指针（D+3、D+2）的数据上+1。

SINS 指令用于在当前传送带上存在的工件中的某一位置，即从最后投入的工件到指定个数前的位置，插入工件等的情况。

5. 栈数据删除

栈数据删除（SDEL）指令的 FUN 编号为 642，如图 6-96 所示。SDEL 指令将 S 指定的栈区域指针（S+3、S+2）所指向的位置，减去 C 所指定的 CH 数（偏移）后的位置的数据 1 CH，从栈区域中删除，并读取该数据，输出到 D。此时，从删除的位置+1 CH 到栈指针

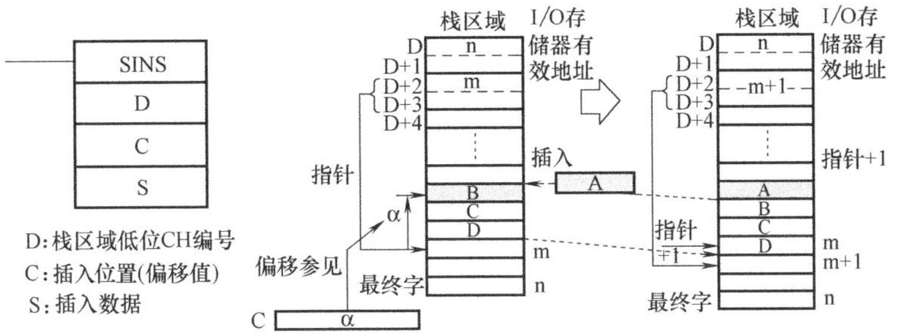

a) SINS指令符号　　b) 功能说明

图 6-95　栈数据插入（SINS）指令

-1 为止的数据全部（向上）移位-1 CH，同时从栈指针（S+3、S+2）的数据中-1。此时，栈指针-1 的数据保持不变。

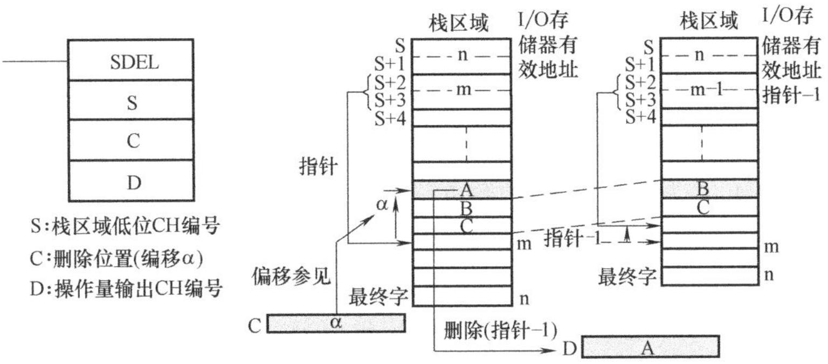

a) SDEL指令符号　　b) 功能说明

图 6-96　栈数据删除（SDEL）指令

SDEL 指令可用于从当前传送带上存在的工件中排除某一位置（最后投入的工件到指定个数前的位置）的工件等的情况下。

6.6　数据控制指令

数据控制指令共有 10 种，见表 6-6 所示。

表 6-6　CP 系列的数据控制指令

指令语句	助记符	FUN 编号	指令语句	助记符	FUN 编号
比积微运算	PID	190	时分割比例输出	TPO	685
自带整定 PID 运算	PIDAT	191	定校比例	SCL	194
上下限限位控制	LMT	680	定校比例 2	SCL2	486
死区控制	BAND	681	定校比例 3	SCL3	487
静区控制	ZONE	682	数据平均化	AVG	195

6.6.1　比积微运算/自带整定 PID 运算

1. 比积微运算

比积微运算（PID）指令的 FUN 编号为 190，如图 6-97 所示。PID 指令根据 C 所指定的参数（设定值、PID 常数等）进行将 S 作为测定值输入的 PID 运算（目标值滤波型 2 自由度 PID 运算)，将 D 输出到操作量。输入条件上升（OFF→ON）时，读取参数，如果在正常范围外，则将 ER 标志置于 ON；如果在正常范围内，则将此时的操作量作为初期值，进行 PID 处理。输入条件为 ON 时，将每个指定采样周期的测定值作为输入，进行运算；输入条件为 OFF 时，PID 运算停止。D 的操作量保持此时的值，必须变更时，可通过梯形图程序或手动操作进行变更。

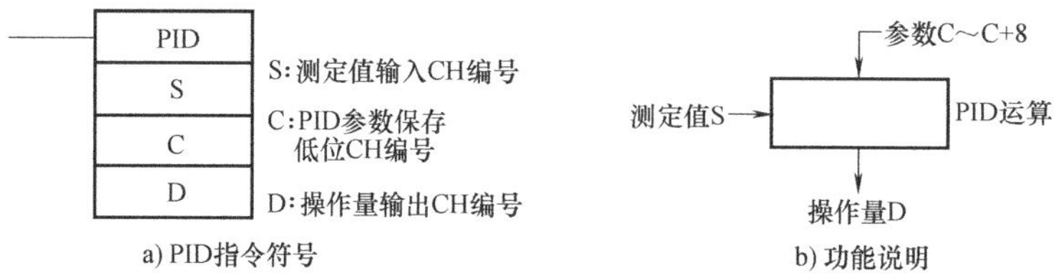

图 6-97　比积微运算（PID）指令

PID 参数保存在 C~C+8 的区域：C 为设定值（SV）；C+1 为比例带（P）；C+2 为积分常数（T_{ik}）；C+3 为微分常数（T_{dk}）；C+4 以 10ms 为单位指定采样周期（0.01~99.99s）；C+5 位 0 为操作量正反动作切换指定，位 1 为 PID 常数反映定时（刷新时间）指定，位 2 固定为 0，位 3 为操作量输出指定，位 4~15 为 2-PID（α）；C+6 位 0~3 为输出范围（有效位数 8~16 位），位 4~7 为微分/积分常数单位，位 8~11 为输入范围（有效位数 8~16 位），位 12 为操作量限位控制指定，位 13~15 固定为 0；C+7 为操作量限位下限值；C+8 为操作量限位上限值。随后的 C+9~C+38 共 30 个通道是工作区域，用户不可使用。

PID 参数（C~C+38）之中，只有 C 的设定值（SV）可以在 ON 的状态下变更输入条件。已变更其他值时，必须将输入条件由 OFF 上升为 ON。

PID 指令将输入条件的上升视为 STOP→RUN 执行。输入条件上升时，对 C+9~C+38 进行初始化（清空）后，下一周期以后输入条件如果保持 ON，执行 PID 运算。因此，将常时 ON 标志（ON）作为 PID 指令的输入条件时，需另行设置在运转开始时对 C+9~C+38 进行初始化（清空）处理。已执行 PID 运算时，CY 标志为 ON。

PID 控制中的运算以如图 6-98 所示的目标值滤波型 2 自由度 PID 的控制方式进行。

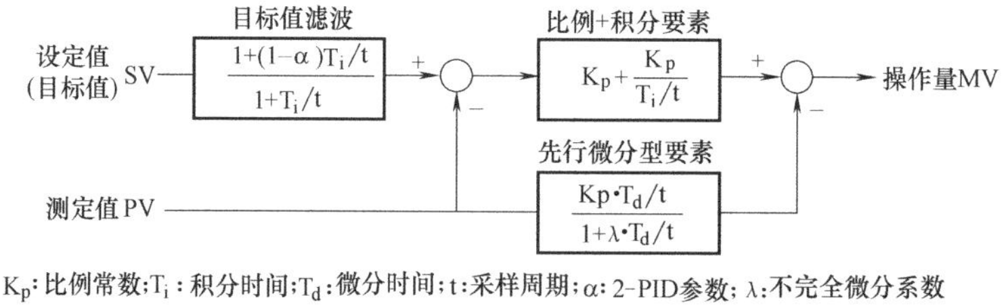

图 6-98　目标值滤波型 2 自由度 PID 框图

当使用简单的 PID 控制防止超调时，对于干扰的稳定性将会变得迟缓；相反如果加快对干扰的稳定，将发生超调，对于目标值的响应将变慢。在 2 自由度 PID 控制中，没有超调，对于目标值的响应将变快，也可以更快地实现对于干扰的稳定。

2. 自带整定 PID 运算

自带整定 PID 运算（PIDAT）指令的 FUN 编号为 191，如图 6-99 所示。PIDAT 指令是在 PID 指令（190）中附加 AT（自整定）功能的指令，关于 PID 控制动作自身，与 PID 指令（190）一致。

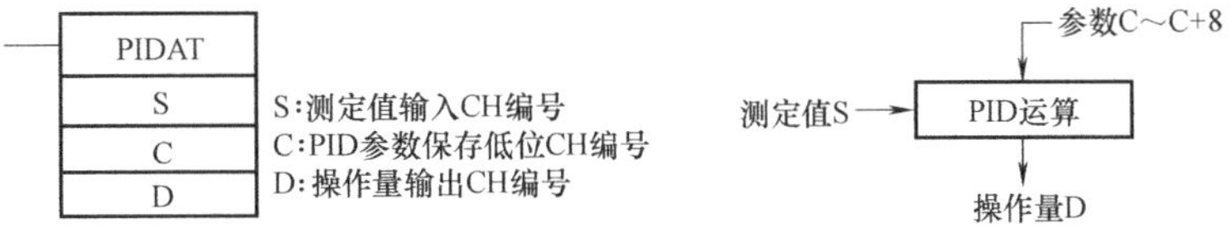
PIDAT
S
C
D
S:测定值输入CH编号
C:PID参数保存低位CH编号
D:操作量输出CH编号
参数C～C+8
测定值S
PID运算
操作量D

a) PIDAT指令符号　　b) 功能说明

图 6-99　自带整定 PID 运算（PIDAT）指令

PIDAT 的参数同 PID 一样保存在 C～C+8 的区域，随后的 C+9、C+10 是 PIDAT 不同于 PID 的地方：C+9 的位 0～11 为 AT 计算增益，位 12～14 固定为 0，位 15 反映指令执行情况（0 停 1 执）；C+10 为限位周期滞后。PIDAT 的工作区域也是 30 个通道、用户不可使用，其范围是 C+11～C+40。

PIDAT 指令将输入条件的上升视为 STOP→RUN 而执行。输入条件上升时将 C+11～C+40 初始化（清除）后，在下一周期以后输入条件为 ON 时，执行 PIDAT 指令。因此，将常时 ON 标志（ON）作为 PIDAT 指令的输入条件时，需另行设置将 C+11～C+40 在运转开始时进行初始化（清除）的处理。

在某一周期中，如果 AT 指令/执行中（C+9 的位 15）转成 1（ON）（每周期检测该位），则开始执行 PID 常数的自整定（AT），并且在 AT 执行中不反映 SV 的变更。

AT 取决于限位周期法，PIDAT 指令强制性改变操作量（最大操作量↔最小操作量），并观测控制对象的特性，基于该观测结果，自动运算 P、I、D 常数，分别自动存储到 C+1、C+2、C+3 中，同时将 C+9 的位 15 由 1（ON）转成 0（OFF），根据自动运算后的 PID 常数（C+1、C+2、C+3）值开始 PID 运算。

AT 执行步骤如图 6-100 所示。PIDAT 指令执行开始、C+9 的位 15 为 1 时，事先执行 AT 后，根据计算出的 PID 常数开始 PID 运算；PIDAT 指令执行中，将 C+9 的位 15 由 0 转成 1 时，中断用户事先存储的 PID 常数下的 PID 运算，执行 AT 后，根据计算出的 PID 常数开始（重新开始）PID 运算。

PID 参数（C～C+40）之中，在输入条件保持 ON 的状态下可以变更的值为以下参数。已变更其他值时，必须将输入条件由 OFF 上升为 ON。

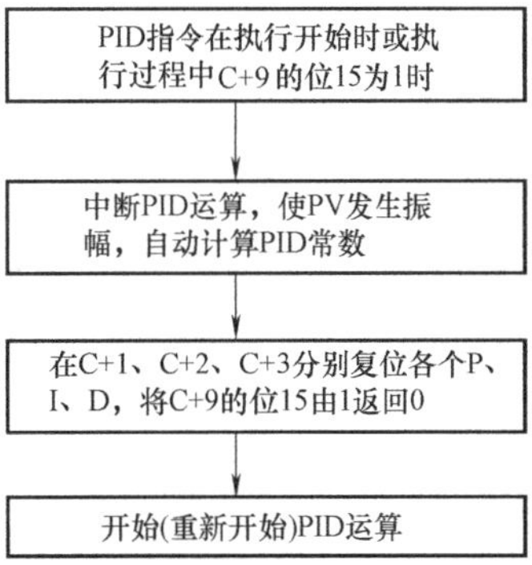
PID指令在执行开始时或执行过程中C+9的位15为1时
中断PID运算，使PV发生振幅，自动计算PID常数
在C+1、C+2、C+3分别复位各个P、I、D，将C+9的位15由1返回0
开始(重新开始)PID运算

图 6-100　AT 执行步骤

6.6.2 上下限限位控制/死区控制/静区控制

1. 上下限限位控制

上下限限位控制（LMT）指令的 FUN 编号为 680，如图 6-101 所示。LMT 指令对于存放在 S 的带符号 BIN 数据，当下限限位数据≤S≤上限限位数据时，将 S 输出到 D；当 S>上限限位数据时，将上限限位数据输出到 D；当 S<下限限位数据时，将下限限位数据输出到 D。

C 与 C+1 必须为同一区域种类，C 内存放下限限位数据（最小输出数据），C+1 内存放上限限位数据（最大输出数据）。

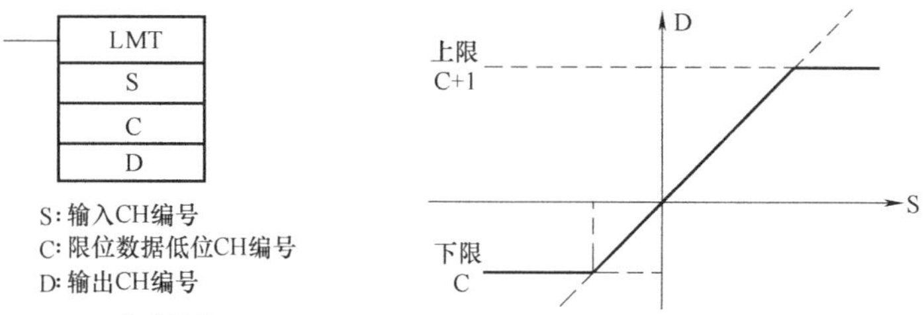

a) LMT指令符号　　b) 功能说明

图 6-101　上下限限位控制（LMT）指令

2. 死区控制

死区控制（BAND）指令的 FUN 编号为 681，如图 6-102 所示。BAND 指令对于 S 指定的带符号 BIN 数据，下限数据<S<上限数据时（死区），将 0000 Hex 输出到 D；S>上限数据时，将（S 指定的数据）-（上限数据）输出到 D；S<下限数据时，将（S 指定的数据）-（下限数据）输出到 D。

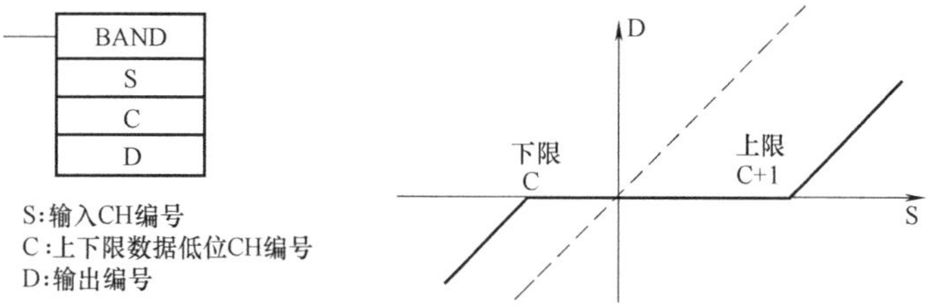

a) BAND 指令符号　　b) 功能说明

图 6-102　死区控制（BAND）指令

C 及 C+1 为同一区域种类。C 存放下限数据（死区下限值）；C+1 存放上限数据（死区上限值）。当输出数据小于 8000 Hex 时，或大于 7FFF Hex 时，符号反转。

3. 静区控制

静区控制（ZONE）指令的 FUN 编号为 682，如图 6-103 所示。ZONE 指令对于 S 指定的带符号 BIN 输入数据，当 S<0 时，将 S+负的偏置值（C+0）输出到 D；当 S>0 时，将 S+正的偏置值（C+1）输出到 D；当 S=0 时，将 0000 Hex 输出到 D。

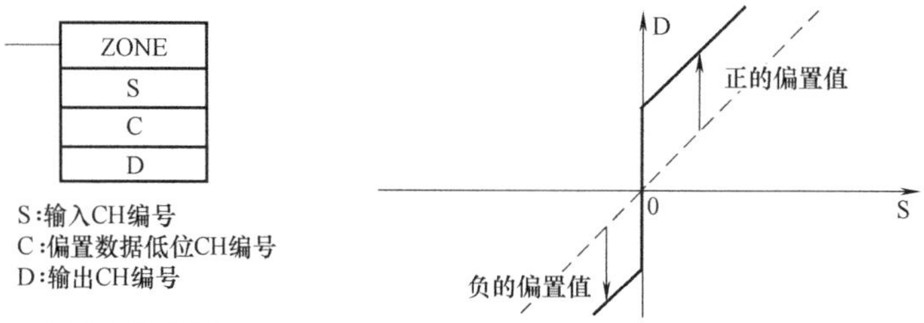

a) ZONE指令符号　　b) 功能说明

图 6-103　静区控制（ZONE）指令

ZONE 指令中的 C 储存负的偏置值，C+1 储存正的偏置值。输出数据小于 8000 Hex 时，或大于 7FFF Hex 时，符号反转。

6.6.3　时分割比例输出/数据平均化

1. 时分割比例输出

时分割比例输出（TPO）指令的 FUN 编号为 685，如图 6-104 所示。TPO 指令输入 S 指定的通道编号内的占空比或操作量，根据 C~C+3 所指定的参数，将占空比转换为时间比例输出（根据 S 按比例变更 ON 和 OFF 的时间比的输出），脉冲输出到 R 所指定的接点。变更 ON 和 OFF 的时间比的周期称为控制周期，指定在 C+1。

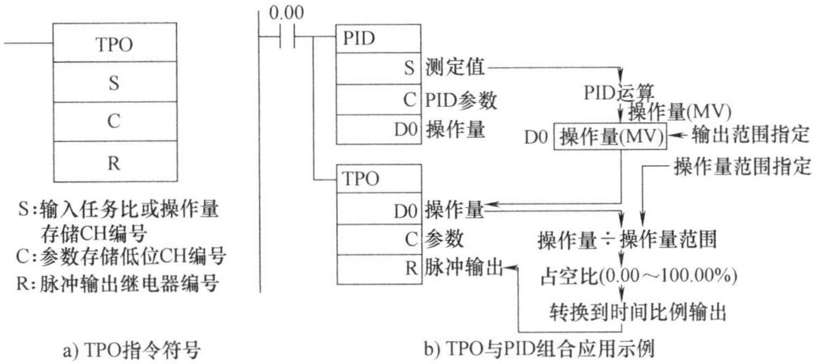

图 6-104　时分割比例输出（TPO）指令

在周期执行任务内，将 TPO 指令与 PID 指令组合使用，且使用中断任务的情况下，在 PID 指令以及 TPO 指令之前，执行 DI，禁止中断任务的执行，TPO 指令之后，执行 EI，允许进入中断。在 PID 指令和 TPO 指令之间，一旦中断进入，控制周期可能发生偏差。

2. 数据平均化

数据平均化（AVG）指令的 FUN 编号为 195，如图 6-105 所示。AVG 指令在更新指定的周期次数（S2）、存储指针（D+1 的位 00~07）的同时，将 S1 所指定的无符号 BIN 数据作为过去值依次存储到 D+2 之后。在这一过程中，S1 的数据直接输出到 D，将平均值有效标志（D+1 的位 15）设为 0（OFF）。指定周期次数（S2）的过去 S1 值被存储到 D+2 之后时，计算该过去值的平均值，将结果以无符号 BIN 数据输出到 D。此时，将平均值有效标志（D+1 的位 15）设为 1（ON）。以后每次扫描时，根据最新 S2 扫描部分的数据计算平均值，输出到 D。指定周期次数（S2）最大为 64，若超过 64，则作为 64 次进行处理。如果过去值的存储指针到达 S2-1，则重新从 0 开始。平均值的小数点以下数据四舍五入。

AVG 指令中，S2：0001~0040 Hex（1~64）；D：平均值；D+1：作业数据（用户不可

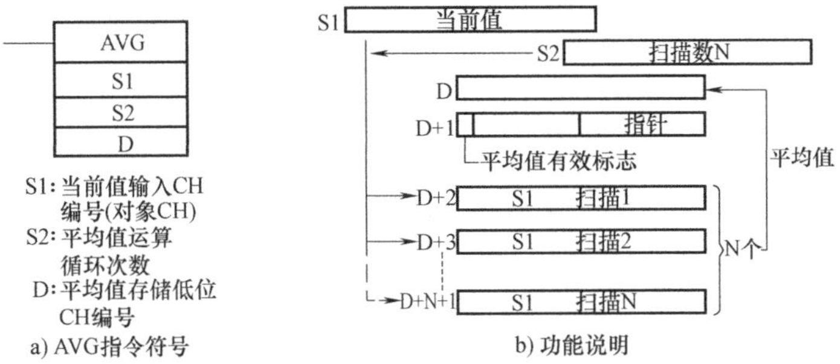

图 6-105　数据平均化（AVG）指令

写入)。

在初次输入条件上升时，根据 AVG 指令，对作业数据（D+1）进行初始化（清空为 0000 Hex)。程序运行的第一周期时，不对作业数据（D+1）进行初始化。因此，从程序运行的第一周期开始执行 AVG 指令时，要根据程序清空 D+1。

6.6.4 定校比例/定校比例 2/定校比例 3

定校比例又称为缩放。

1. 定校比例 1

定校比例 1（SCL1）指令的 FUN 编号为 194，如图 6-106 所示。SCL 指令将 S 指定的无符号 BIN 数据根据 C 所指定的参数（A、B 两点的各自缩放前、后的值）所决定的一次函数，转换为无符号 BCD 数据，将结果输出到 D。

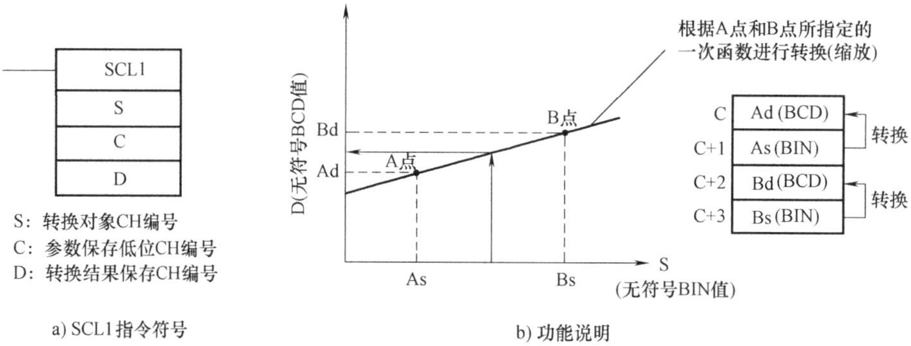

图 6-106 定校比例 1（SCL1）指令

参数保存于 C~C+3：C 为缩放后的 A 点值（Ad），0000~9999（BCD 4 位）；C+1 为缩放前的 A 点值（As），0000~FFFF Hex；C+2 为缩放后的 B 点值（Bd），0000~9999（BCD 4 位）；C+3 为缩放前的 B 点值（Bs），0000~FFFF Hex。

转换式：$D = B_d - \frac{(B_d - A_d)}{(B_s - A_s)\text{的 BCD 转换值}} \times (B_s - S)$ 的 BCD 转换值

A 点和 B 点不仅可以形成正斜率，还可以形成负斜率，因此可以进行逆缩放。转换结果的小数点之后数据四舍五入；转换结果小于 0000 时输出 0000，大于 9999 时输出 9999。

SCL 指令用于将来自模拟输入单元的模拟信号的转换结果转换为用户定义的缩放等情况（比如温控时将对于 1~5V 的 0000~0FA0 Hex 缩放为 50~200℃）。SCL 指令将无符号 BIN 缩放（转换）为无符号 BCD，因此原数据 S 中有负数时，使用 SCL 指令之前，必须在程序中加上一个最大的负值。同时，无法在缩放结果 D 中输出负数。

关于逆缩放也可进行 $A_s < B_s$，$A_d > B_d$。

2. 定校比例 2

定校比例 2（SCL2）指令的 FUN 编号为 486，如图 6-107 所示。SCL2 指令将 S 指定的带符号 BIN 数据根据 C 指定的参数（斜率和偏移）所决定的一次函数，转换为带符号 BCD 数据（为绝对值，CY 标志 ON 时负、OFF 时正)，将结果输出到 D。

操作数 C 为偏移，8000~7FFF Hex（带符号 BIN)；C+1 为 ΔX，8000~7FFF Hex（带符号 BIN)；C 为 ΔY，0000~9999 Hex（BCD)。

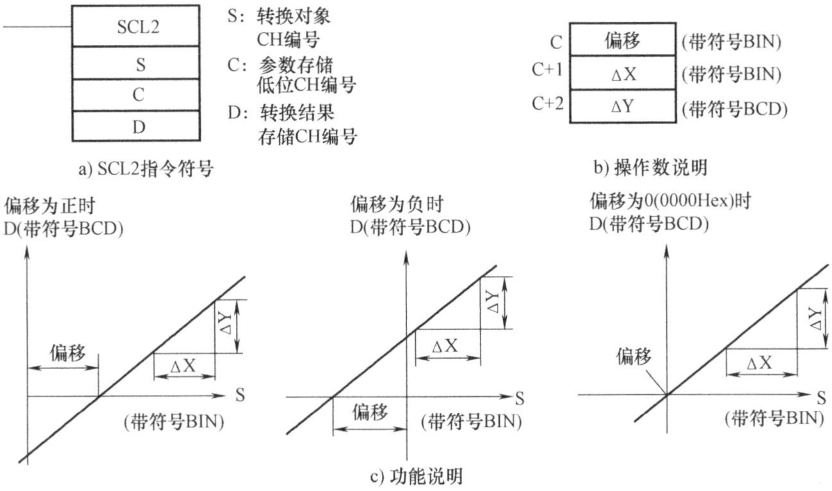

图 6-107　定校比例 2（SCL2）指令

转换式：$D=\dfrac{\Delta Y}{\Delta X\text{ 的 BCD 转换值}}$

式中，X＝{（S 的 BCD 转换值）－（偏移的 BCD 转换值）}，$\dfrac{\Delta Y}{\Delta X}$为斜率。

偏移可以是正数、0、负数；斜率可以是正数、0、负数，因此也可进行逆缩放。转换结果的小数点之后数据四舍五入；D（BCD 数据）表示绝对值，进位标志（CY）表示正负，因此转换结果在-9999～9999 的范围内输出。转换结果超过上限（9999）时，输出 9999，超过下限时，输出-9999。

SCL2 指令用于将来自模拟输入单元的模拟信号的转换结果转换为用户定义的缩放等情况（比如：将对于 1～5V 的 0000～0FA0 Hex 缩放为-100～200℃）。SCL2 指令将带符号 BIN 缩放（转换）为带符号 BCD，因此原数据 S 中即使有负数，也可直接进行缩放。同时，通过缩放结果 D 和 CY 标志也可以在缩放结果中输出负数。

3. 定校比例 3

定校比例 3（SCL3）指令的 FUN 编号为 487，如图 6-108 所示。SCL3 指令将 S 指定的带符号 BCD 数据（为绝对值，CY 标志 ON 负、OFF 正）根据 C 指定的参数（斜率和偏移）所决定的一次函数，转换为带符号 BIN 数据，结果输出到 D。CY 标志可用 STC 指令（040）/CLC 指令（041）进行 ON/OFF。

操作数 C 为偏移，8000～7FFF Hex（带符号 BIN）；C+1 为 ΔX，0001～9999（BCD）；C+2 为 ΔY，8000～7FFF Hex（带符号 BIN）；C+3、C+4 分别为转换最大、最小值，8000～7FFF Hex（带符号 BIN）。

转换式：$D=\dfrac{\Delta Y}{\Delta X\text{ 的 BIN 转换值}}$

式中，X＝{（S 的 BIN 转换值）＋（偏移的 BIN 转换值）}，$\dfrac{\Delta Y}{\Delta X}$为斜率。

偏移可以是正数、0、负数；斜率可以是正数、0、负数，因此也可进行逆缩放。转换结

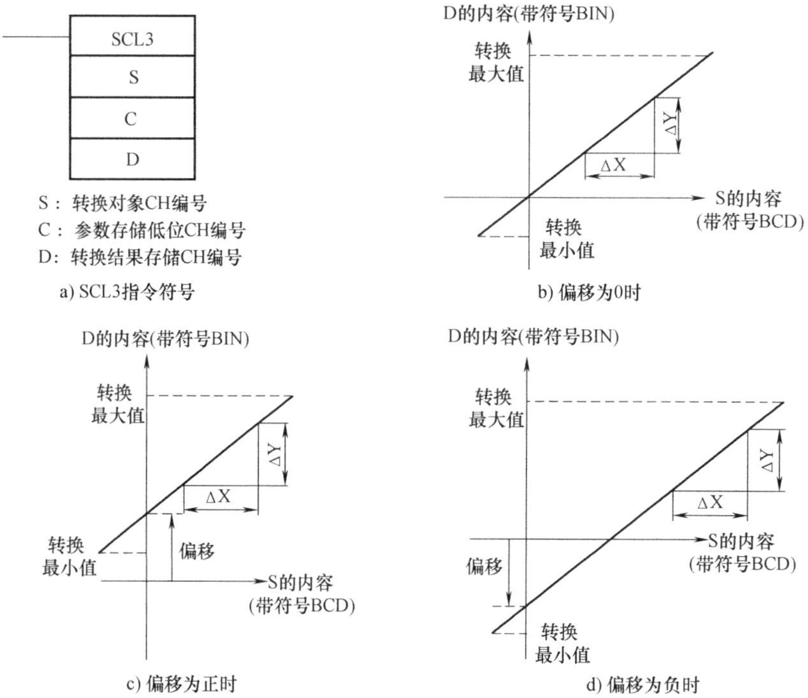

图 6-108　定校比例 3（SCL3）指令

果的小数点之后数据四舍五入；S 的 BCD 数据表示绝对值，进位标志（CY）表示正负，因此转换结果在-9999~9999 的范围内输出。转换结果超过转换最大值（C+3）时，输出转换最大值，超过转换最小值（C+4）时，输出转换最小值。

SCL3 指令用于将用户定义的缩放转换为模拟输出单元用的带符号 BIN 数据时等，例如将 0~200℃ 转换为 0000~0FA0 Hex，从模拟输出单元中输出模拟信号 1~5V。

第7章

运算指令

7.1 自加/自减指令

自加/自减指令共有8种，见表7-1。

表7-1 CP系列的自加/自减指令

指令语句	助记符	FUN编号	指令语句	助记符	FUN编号
BIN增量	++	590	BCD增量	++B	594
BIN倍长增量	++L	591	BCD倍长增量	++BL	595
BIN减量	--	592	BCD减量	--B	596
BIN倍长减量	--L	593	BCD倍长减量	--BL	597

7.1.1 BIN增量/BIN倍长增量/BIN减量/BIN倍长减量

1. BIN增量

BIN增量（++）指令的FUN编号为590，如图7-1所示。++指令对D所指定的十六进制四位的1 CH数据进行BIN运算（+1）。++时，输入条件为ON的过程中（直至OFF），每周期加1；@ ++时，仅在输入条件上升时（仅限1周期）加1。

a) ++指令符号　　b) 功能说明

图7-1 BIN增量（++）指令

++（或++L）的结果，D（或D+1、D）的内容为0000（或00000000）Hex时，=标志为ON；D（或D+1、D）的内容中有进位时，CY标志为ON；D（或D+1、D）内容最高位为1（BIN运算时为负）时，N标志为ON。例如，D（或D+1、D）的内容为“FFFF（或FFFFFFFF）”时+1后，结果转成“0000（或00000000）”，此时=标志及CY标志为ON。

2. BIN倍长增量

BIN倍长增量（++L）指令的FUN编号为591，如图7-2所示。++L指令对D所指定的十六进制八位的 2 CH 数据进行 BIN 运算（+1）。++L 时，输入条件为 ON 的过程中（直至 OFF），每周期加 1；@ ++L 时，仅在输入条件上升时（仅限 1 周期）加 1。

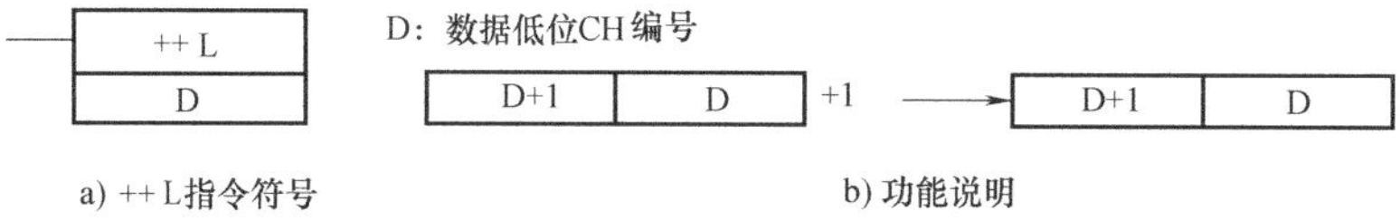

图 7-2　BIN 倍长增量（++L）指令

3. BIN 减量

BIN 减量（--）指令的 FUN 编号为 592，如图 7-3 所示。--指令对 D 所指定的十六进制四位的 1 CH 数据进行 BIN 运算（-1）。--时，输入条件为 ON 的过程中（直至 OFF），每周期减 1；@ --时，仅在输入条件上升时（仅限 1 周期）减 1。

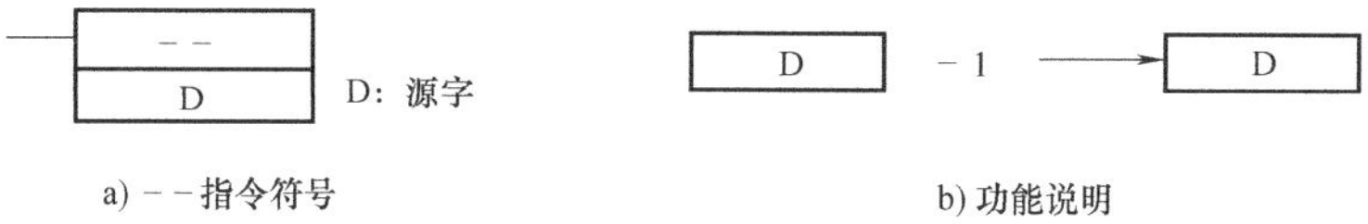

图 7-3　BIN 减量（--）指令

--（或--L）减量的结果，D（或 D+1、D）的内容为 0000（或 00000000）Hex 时，= 标志为 ON；内容中有借位时，CY 标志为 ON；内容最高位为 1（BIN 运算时为负）时 N 标志为 ON。例如，D（或 D+1、D）的内容为"0000（或 00000000）"时-1，转成"FFFF（或 FFFFFFFF）"，此时 CY 标志及 N 标志为 ON。

4. BIN 倍长减量

BIN 倍长减量（--L）指令的 FUN 编号为 593，如图 7-4 所示。--L 指令对 D 所指定的十六进制八位的 2 CH 数据进行 BIN 运算（-1）。--L 时，输入条件为 ON 的过程中（直至 OFF），每周期减 1；@ --L 时，仅在输入条件上升时（仅限 1 周期）减 1。

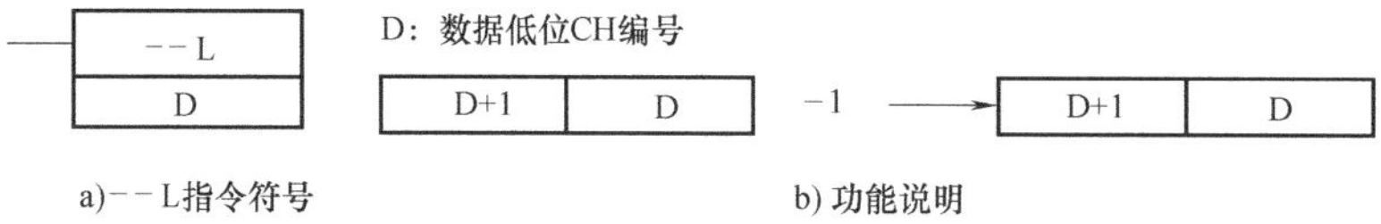

图 7-4　BIN 倍长减量（--L）指令

7.1.2　BCD 增量/BCD 倍长增量/BCD 减量/BCD 倍长减量

1. BCD 增量

BCD 增量（++B）指令的 FUN 编号为 594，如图 7-5 所示。++B 指令对 D 所指定的 BCD 四位的 1 CH 数据进行 BCD 运算（+1）。++B 时，输入条件为 ON 的过程中（直至 OFF）每周期加 1；@ ++B 时，仅在输入条件上升时（仅限 1 周期）加 1。

++B/--B（或++BL/--BL）中，D（或 D+1、D）的数据内容必须设定 BCD 数据，否则发生错误，ER 标志为 ON。增量的结果，D（或 D+1、D）的内容为 0000（或 00000000）

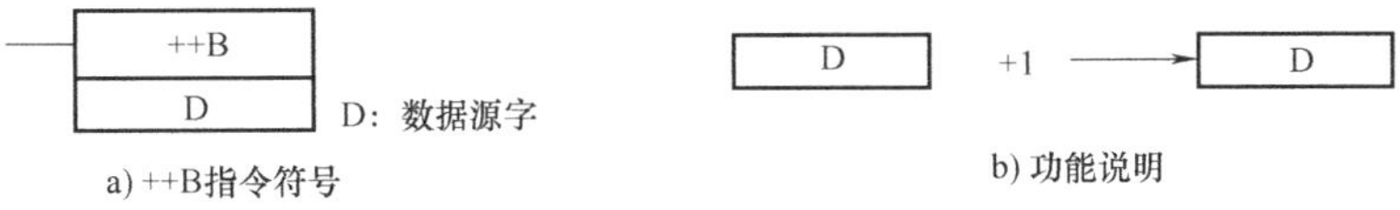

图 7-5　BCD 增量（++B）指令

Hex 时，=标志为 ON；内容中有进位时，CY 标志为 ON。例如，D（或 D+1、D）的数据内容为“9999（或 99999999）”时+1，结果转成“0000（或 00000000）”，此时=标志及 CY 标志为 ON。

2. BCD 倍长增量

BCD 倍长增量（++BL）指令的 FUN 编号为 595，如图 7-6 所示。++BL 指令对 D 所指定的 BCD 八位的 2 CH 数据进行 BCD 运算（+1）。++BL 时，输入条件为 ON 的过程中（直至 OFF）每周期加 1；@ ++BL 时，仅在输入条件上升时（仅限 1 周期）加 1。

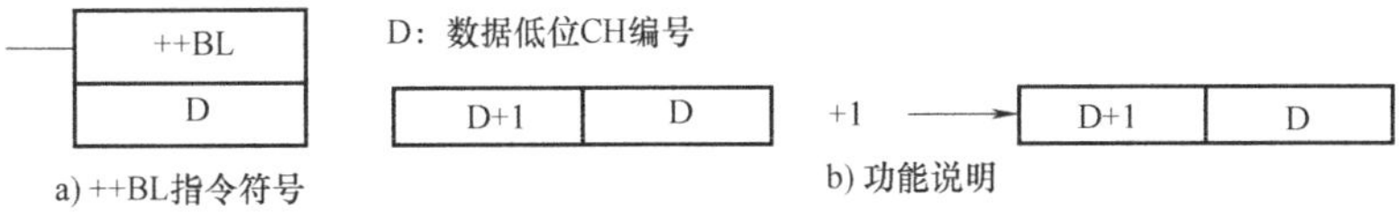

图 7-6　BCD 倍长增量（++BL）指令

3. BCD 减量

BCD 减量（--B）指令的 FUN 编号为 596，如图 7-7 所示。--B 指令对 D 所指定的 BCD 四位的 1 CH 数据进行 BCD 运算（-1）。--B 时，输入条件为 ON 的过程中（直至 OFF），每周期减 1；@ --B 时，仅在输入条件上升时（仅限 1 周期）减 1。

图 7-7　BCD 减量（--B）指令

4. BCD 倍长减量

BCD 倍长减量（--BL）指令的 FUN 编号为 597，如图 7-8 所示。--BL 指令对 D 所指定的 BCD 八位的 2 CH 数据，进行 BCD 运算（-1）。--BL 时，输入条件为 ON 的过程中（直至 OFF），每周期减 1；@ --BL 时，仅在输入条件上升时（仅限 1 周期）减 1。

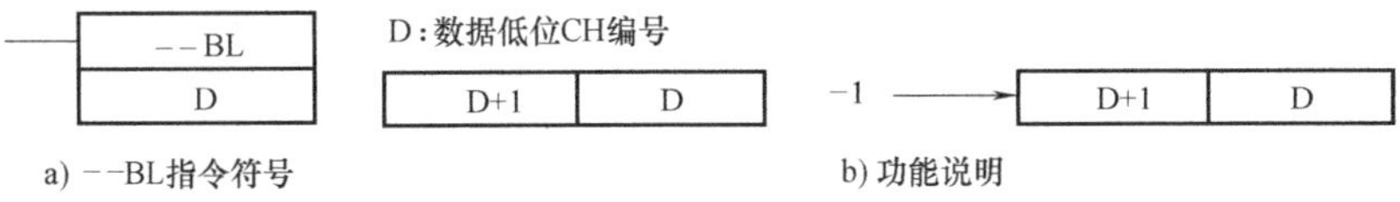

图 7-8　BCD 倍长减量（--BL）指令

7.2 四则运算指令

四则运算指令共有 28 种，见表 7-2。

表 7-2 CP 系列的四则运算指令

指令语句	助记符	FUN 编号	指令语句	助记符	FUN 编号
带符号无 CY BIN 加法运算	+	400	带 CY BCD 减法运算	-BC	416
带符号无 CY BIN 倍长加法运算	+L	401	带 CY BCD 倍长减法运算	-BCL	417
带符号有 CY BIN 加法运算	+C	402	带符号 BIN 乘法运算	*	420
带符号有 CY BIN 倍长加法运算	+CL	403	带符号 BIN 倍长乘法运算	* L	421
无 CY BCD 加法运算	+B	404	无符号 BIN 乘法运算	* U	422
无 CY BCD 倍长加法运算	+BL	405	无符号 BIN 倍长乘法运算	* UL	423
带 CY BCD 加法运算	+BC	406	BCD 乘法运算	* B	424
带 CY BCD 倍长加法运算	+BCL	407	BCD 倍长乘法运算	* BL	425
带符号无 CY BIN 减法运算	-	410	带符号 BIN 除法运算	/	430
带符号无 CY BIN 倍长减法运算	-L	411	带符号 BIN 倍长除法运算	/L	431
带符号有 CY BIN 减法运算	-C	412	无符号 BIN 除法运算	/U	432
带符号有 CY BIN 倍长减法运算	-CL	413	无符号 BIN 倍长除法运算	/UL	433
无 CY BCD 减法运算	-B	414	BCD 除法运算	/B	434
无 CY BCD 倍长减法运算	-BL	415	BCD 倍长除法运算	/BL	435

7.2.1 带符号无 CY BIN 加法运算/带符号无 CY BIN 倍长加法运算/带符号有 CY BIN 加法运算/带符号有 CY BIN 倍长加法运算

1. 带符号无 CY BIN 加法运算

带符号无 CY BIN 加法运算（+）指令的 FUN 编号为 400，如图 7-9 所示。+指令对 S1 所指定的数据与 S2 所指定的数据进行带符号十六进制四位（BIN）的加法运算，将结果输出到 D。

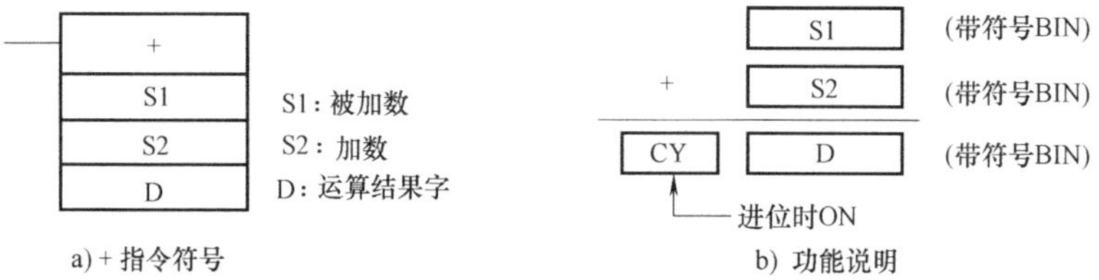

图 7-9 带符号无 CY BIN 加法运算（+）指令

+/+C（或+L/+CL）指令执行时，将 ER 标志置于 OFF。加法运算的结果，D（或 D+1、D）的内容为 0000（或 00000000）Hex 时，=标志为 ON；有进位时，进位（CY）标志为 ON；D 的最高位为 1 时，N 标志为 ON。正数+正数的结果位于负数范围 8000～FFFF（或 80000000～FFFFFFFF）Hex 内时，OF 标志为 ON；负数+负数的结果位于正数范围 0000～

7FFF（或 00000000～7FFFFFFF）Hex 内时，UF 标志为 ON。

2. 带符号无 CY BIN 倍长加法运算

带符号无 CY BIN 倍长加法运算（+L）指令的 FUN 编号为 401，如图 7-10 所示。+L 指令对 S1 所指定的倍长数据与 S2 所指定的倍长数据进行带符号十六进制八位（BIN）加法运算，将结果输到 D。

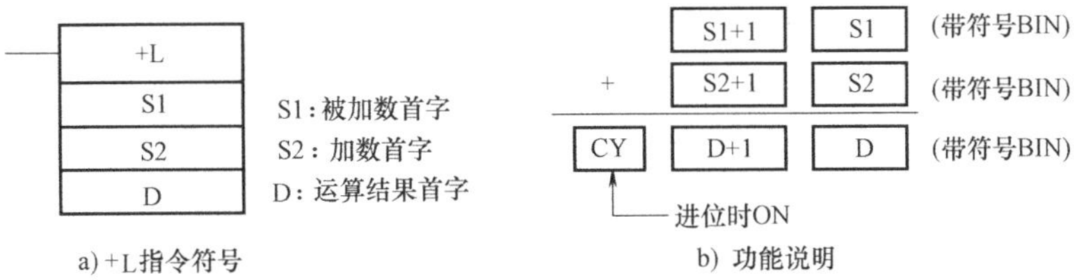

图 7-10 带符号无 CY BIN 倍长加法运算（+L）指令

3. 带符号有 CY BIN 加法运算

带符号有 CY BIN 加法运算（+C）指令的 FUN 编号为 402，如图 7-11 所示。+C 指令对 S1 所指定的数据和 S2 所指定的数据进行包括进位（CY）标志在内的十六进制四位（BIN）加法运算，将结果输出到 D。

图 7-11 带符号有 CY BIN 加法运算（+C）指令

4. 带符号有 CY BIN 倍长加法运算

带符号有 CY BIN 倍长加法运算（+CL）指令的编号为 403，如图 7-12 所示。+CL 指令对 S1、S2 所指定的 2 CH 倍长数据或常数，进行包括进位（CY）标志在内的带符号十六进制八位（BIN）加法运算，将结果输出到 D+1/D。

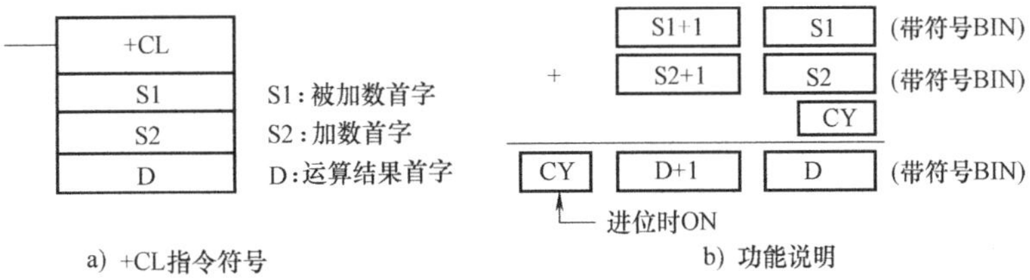

图 7-12 带符号有 CY BIN 倍长加法运算（+CL）指令

7.2.2 无 CY BCD 加法运算/无 CY BCD 倍长加法运算/带 CY BCD 加法运算/带 CY BCD 倍长加法运算

1. 无 CY BCD 加法运算

无 CY BCD 加法运算（+B）指令的 FUN 编号为 404，如图 7-13 所示。+B 指令对 S1、S2 所指定的数据或常数进行 BCD 四位加法运算，将结果输出到 D。

图 7-13　无 CY BCD 加法运算（+B）指令

+B/+BC（或+BL/+BCL）中 S1 或 S2（或 S1+1、S1，或 S2+1、S2）的内容不为 BCD 时，将发生错误，ER 标志为 ON。加法运算的结果，D（或 D+1、D）的内容为 0000（或 00000000）Hex 时，=标志为 ON；有进位时，CY 标志为 ON。

2. 无 CY BCD 倍长加法运算

无 CY BCD 倍长加法运算（+BL）指令的 FUN 编号为 405，如图 7-14 所示。+BL 指令对 S1、S2 所指定的 2 CH 双字数据，进行 BCD 八位加法运算，将结果输出到 D+1、D。

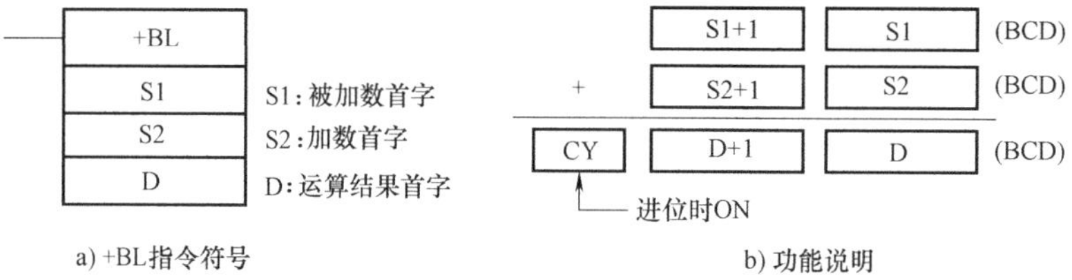

图 7-14　无 CY BCD 倍长加法运算（+BL）指令

3. 带 CY BCD 加法运算

带 CY BCD 加法运算（+BC）指令的 FUN 编号为 406，如图 7-15 所示。+BC 指令对 S1、S2 所指定的通道数据进行包括进位（CY）标志在内的 BCD 四位加法运算，将结果输出到 D CH。

图 7-15　带 CY BCD 加法运算（+BC）指令

4. 带 CY BCD 倍长加法运算

带 CY BCD 倍长加法运算的 FUN 编号为 407，如图 7-16 所示。+BCL 指令对 S1、S2 所

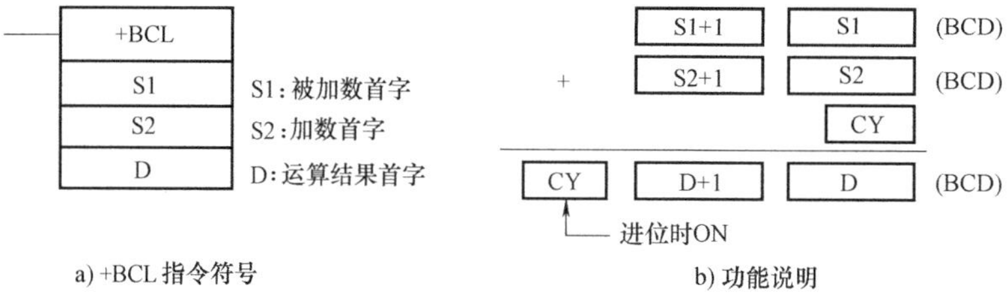

图 7-16　带 CY BCD 倍长加法运算（+BCL）指令

指定的倍长数据进行包括进位（CY）标志在内的 BCD 八位加法运算，将结果输出到（D+1、D）CH。

7.2.3　带符号无 CY BIN 减法运算/带符号无 CY BIN 倍长减法运算/带符号有 CY BIN 减法运算/带符号有 CY BIN 倍长减法运算

1. 带符号无 CY BIN 减法运算

带符号无 CY BIN 减法运算（-）指令的 FUN 编号为 410，如图 7-17 所示。-指令对 S1、S2 所指定的通道数据进行带符号十六进制四位（BIN）减法运算，将结果输出到 D。结果转成负数时，以 2 的补数输出到 D。

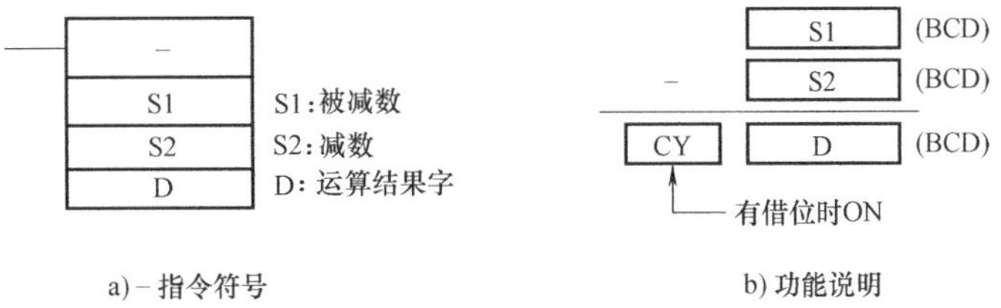

图 7-17　带符号无 CY BIN 减法运算（-）指令

-/-C（或-L/-CL）指令执行时，将 ER 标志置于 OFF。减法运算的结果，D（或 D+1、D）的内容为 0000（或 00000000）Hex 时，=标志为 ON；有借位时，进位（CY）标志为 ON；D 的最高位为 1 时，N 标志为 ON。结果位于负数 8000～FFFF（或 80000000～FFFFFFFF）Hex 的范围内时，OF 标志为 ON；结果位于正数 0000～7FFF（或 00000000～7FFFFFFF）Hex 的范围内时，UF 标志为 ON。

2. 带符号无 CY BIN 倍长减法运算

带符号无 CY BIN 倍长减法运算（-L）指令的 FUN 编号为 411，如图 7-18 所示。-L 指令对 S1、S2 所指定的 2 CH 数据（双字）进行带符号十六进制八位（BIN）减法运算，将结果输出到 D+1、D。结果转成负数时，以 2 的补数输出到 D+1、D。

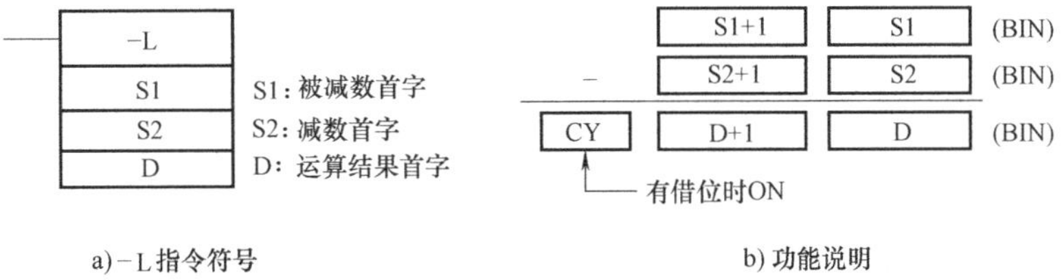

图 7-18　带符号无 CY BIN 倍长减法运算（-L）指令

3. 带符号有 CY BIN 减法运算

带符号有 CY BIN 减法运算（-C）指令的 FUN 编号为 412，如图 7-19 所示。-C 指令对 S1、S2 所指定的通道数据，进行包括进位（CY）标志在内的带符号十六进制四位（BIN）的减法运算，将结果输出到 D。结果转成负数时，以 2 的补数输出到 D。

-C（或-CL）指令执行时，ER 标志置于 OFF。减法运算的结果，D（或 D+1、D）的内容为 0000（或 00000000）Hex 时，=标志为 ON；有借位时，进位（CY）标志为 ON；最高位为 1 时，N 标志为 ON。正数－负数－CY 标志的结果位于负数 8000～FFFF（或

图 7-19　带符号有 CY BIN 减法运算（-C）指令

（80000000~FFFFFFFF）Hex 的范围内时，OF 标志为 ON；结果位于正数 0000~7FFF（或 00000000~7FFFFFFF）Hex 的范围内时，UF 标志为 ON。

4. 带符号有 CY BIN 倍长减法运算

带符号有 CY BIN 倍长减法运算（-CL）指令的 FUN 编号为 413，如图 7-20 所示。-CL 指令对 S1、S2 所指定的 2 CH 倍长数据，进行包括进位（CY）标志在内的带符号十六进制八位（BIN）的减法运算，结果输出到 D+1/D。结果转成负数时，以 2 的补数输出到 D+1/D。

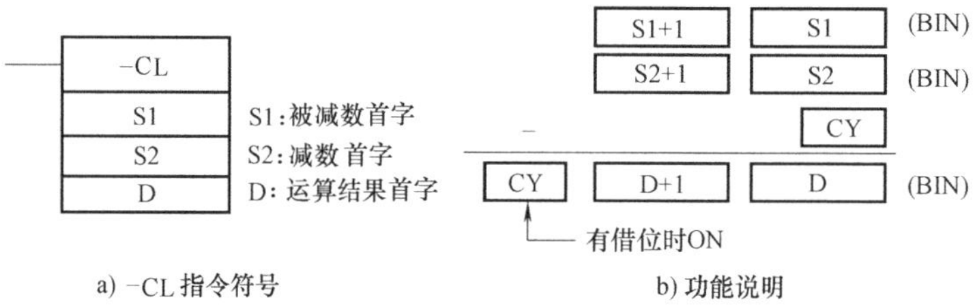

图 7-20　带符号有 CY BIN 倍长减法运算（-CL）指令

7.2.4　无 CY BCD 减法运算/无 CY BCD 倍长减法运算/带 CY BCD 减法运算/带 CY BCD 倍长减法运算

1. 无 CY BCD 减法运算

无 CY BCD 减法运算（-B）指令的 FUN 编号为 414，如图 7-21 所示。-B 指令对 S1、S2 所指定的通道数据进行 BCD 四位的减法运算，将结果输出到 D。结果转成负数时，以 10 的补数输出到 D。

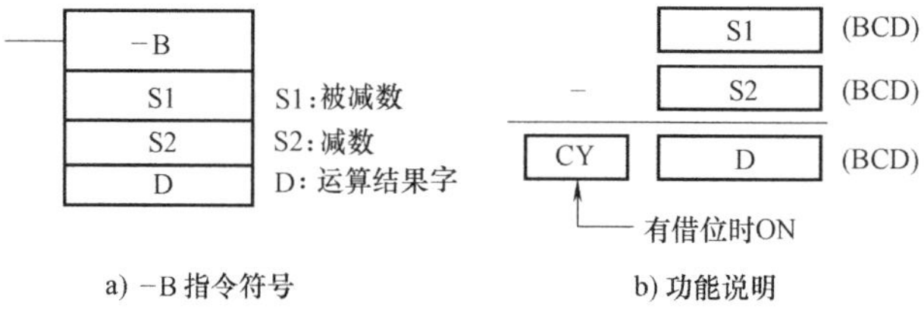

图 7-21　无 CY BCD 减法运算（-B）指令

-B/-BC（或-BL/-BCL）指令 S1 或 S2（或 S1+1、S1，或 S2+1、S2）的内容不为 BCD 时，将发生错误，ER 标志为 ON。减法的结果，D（或 D+1、D）的内容为 0000（或 00000000）Hex 时，=标志为 ON；有借位时，进位（CY）标志为 ON。

2. 无 CY BCD 倍长减法运算

无 CY BCD 倍长减法运算（-BL）指令的 FUN 编号为 415，如图 7-22 所示。-BL 指令对 S1、S2 所指定的 2 CH 倍长数据进行 BCD 八位的减法运算，将结果输出到 D+1、D。结果转成负数时，以 10 的补数输出到 D+1、D。

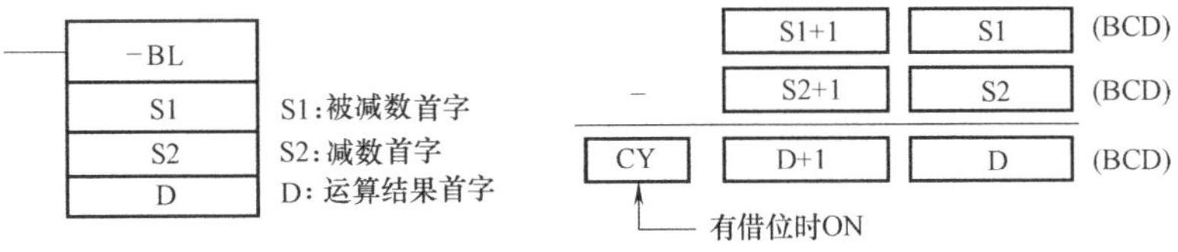

a) -BL指令符号　　b) 功能说明

图 7-22　无 CY BCD 倍长减法运算（-BL）指令

3. 带 CY BCD 减法运算

带 CY BCD 减法运算（-BC）指令的 FUN 编号为 416，如图 7-23 所示。-BC 指令对 S1、S2 所指定的通道数据进行包括进位（CY）标志在内的 BCD 四位的减法运算，将结果输出到 D。结果转成负数时，以 10 的补数输出到 D。

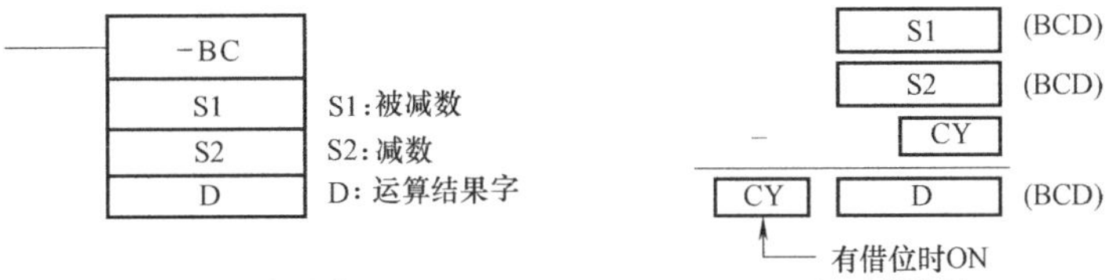

a) -BC指令符号　　b) 功能说明

图 7-23　带 CY BCD 减法运算（-BC）指令

4. 带 CY BCD 倍长减法运算

带 CY BCD 倍长减法运算（-BCL）指令的 FUN 编号为 417，如图 7-24 所示。-BCL 指令对 S1、S2 所指定的 2 CH 倍长数据，进行包括进位（CY）标志在内的 BCD 八位的减法运算，将结果输出到 D+1、D。结果转成负数时，以 10 的补数输出到 D+1、D。

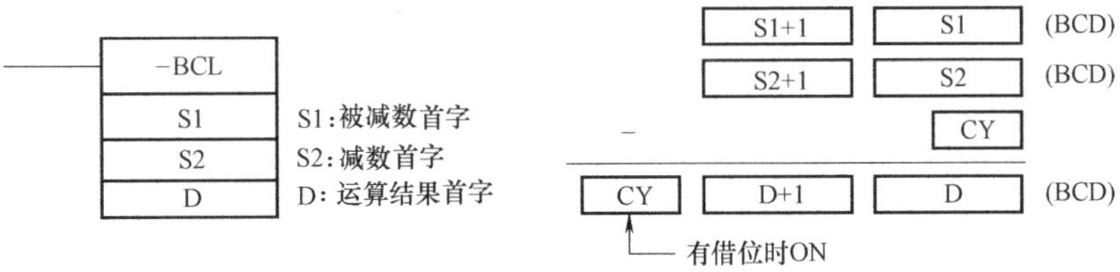

a) -BCL指令符号　　b) 功能说明

图 7-24　带 CY BCD 倍长减法运算（-BCL）指令

7.2.5　带符号 BIN 乘法运算/带符号 BIN 倍长乘法运算/无符号 BIN 乘法运算/无符号 BIN 倍长乘法运算/BCD 乘法运算/BCD 倍长乘法运算

1. 带符号 BIN 乘法运算

带符号 BIN 乘法运算（＊）指令的 FUN 编号为 420，如图 7-25 所示。＊指令对 S1、S2 所指定的通道数据，进行带符号十六进制四位（BIN）的乘法运算，将结果输出到 D+1、D。

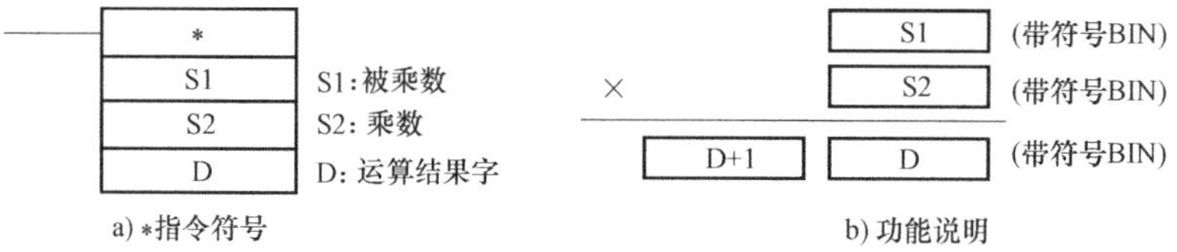

图 7-25 带符号 BIN 乘法运算（*）指令

*/*U（或*L/*UL）指令执行时，将 ER 标志置于 OFF。乘法运算的结果，D+1、D（或 D+3、D+2、D+1、D）的内容为 0000 Hex 时，=标志为 ON；结果 D+1（或 D+3）内容的最高位为 1 时，N 标志为 ON。

2. 带符号 BIN 倍长乘法运算

带符号 BIN 倍长乘法运算（*L）指令的 FUN 编号为 421，如图 7-26 所示。*L 指令对 S1、S2 所指定的 2 CH 倍长数据，进行带符号十六进制八位（BIN）的乘法运算，将结果输出到 D+3、D+2、D+1、D 中。

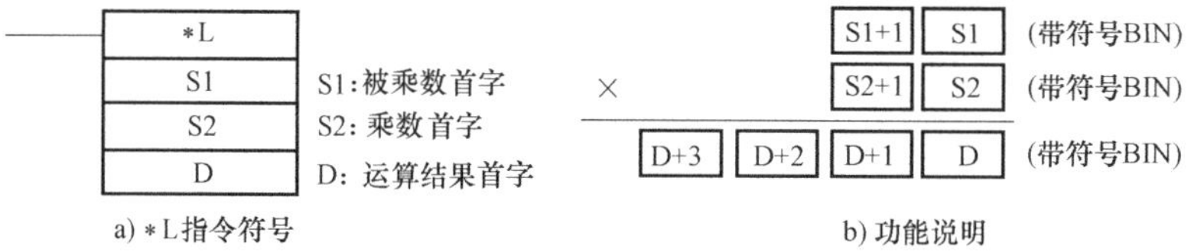

图 7-26 带符号 BIN 倍长乘法运算（*L）指令

3. 无符号 BIN 乘法运算

无符号 BIN 乘法运算（*U）指令的 FUN 编号为 422，如图 7-27 所示。*U 指令对 S1、S2 所指定的通道数据进行无符号十六进制四位（BIN）的乘法运算，将结果输出到 D+1、D。

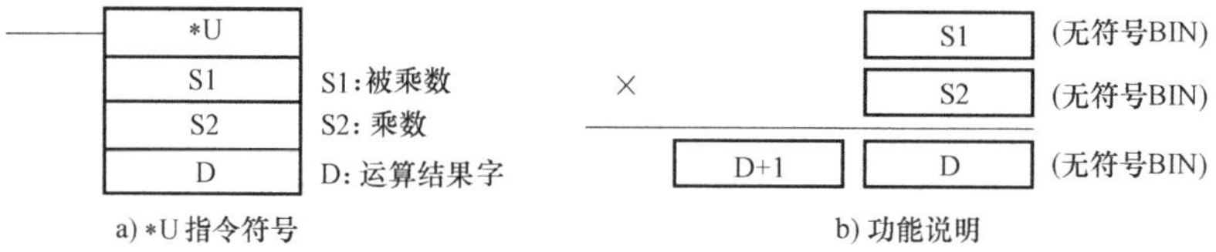

图 7-27 无符号 BIN 乘法运算（*U）指令

4. 无符号 BIN 倍长乘法运算

无符号 BIN 倍长乘法运算（*UL）指令的 FUN 编号为 423，如图 7-28 所示。*UL 指令对 S1、S2 所指定的 2 CH 倍长数据进行无符号十六进制八位（BIN）的乘法运算，将结果输出到 D+3、D+2、D+1、D 中。

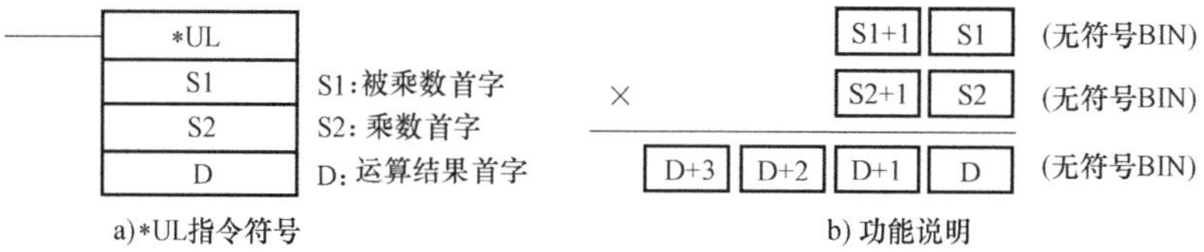

图 7-28 无符号 BIN 倍长乘法运算（*UL）指令

5. BCD 乘法运算

BCB 乘法运算（＊B）指令的 FUN 编号为 424，如图 7-29 所示，＊B 指令对 S1、S2 所指定的通道数据进行 BCD 四位的乘法运算，将结果输出到 D+1、D。

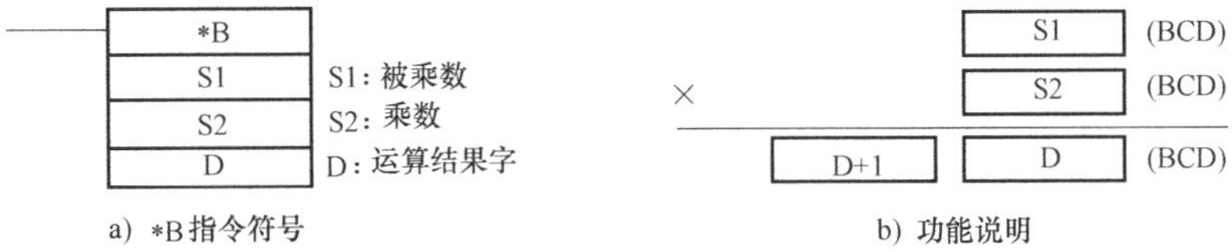

图 7-29　BCD 乘法运算（＊B）指令

＊B/＊（或＊BL/＊）指令中，S1 或 S2（或 S1+1、S1，或 S2+1、S2）的内容不为 BCD 时，将发生错误，ER 标志为 ON；乘法运算的结果，D+1、D（或 D+3、D+2、D+1、D）的内容为 0000 Hex 时，=标志为 ON。

6. BCD 倍长乘法运算

BCD 倍长乘法运算（＊BL）指令的 FUN 编号为 425，如图 7-30 所示。＊BL 指令对 S1、S2 所指定的 2 CH 数据进行 BCD 八位的乘法运算，将结果输出到 D+3～D。

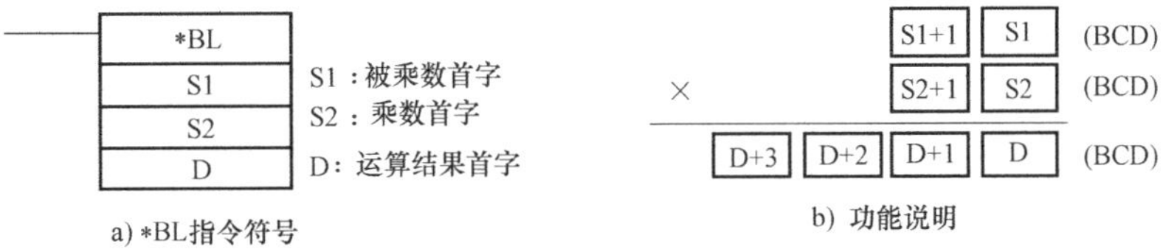

图 7-30　BCD 倍长乘法运算（＊BL）指令

7.2.6　带符号 BIN 除法运算/带符号 BIN 倍长除法运算/无符号 BIN 除法运算/无符号 BIN 倍长除法运算/BCD 除法运算/BCD 倍长除法运算

1. 带符号 BIN 除法运算

带符号 BIN 除法运算（/）指令的 FUN 编号为 430，如图 7-31 所示。/指令对 S1、S2 的通道数据进行带符号十六进制四位（BIN）的除法运算，计算 S1÷S2，将商（16 位）输出到 D，将余数（16 位）输出到 D+1。

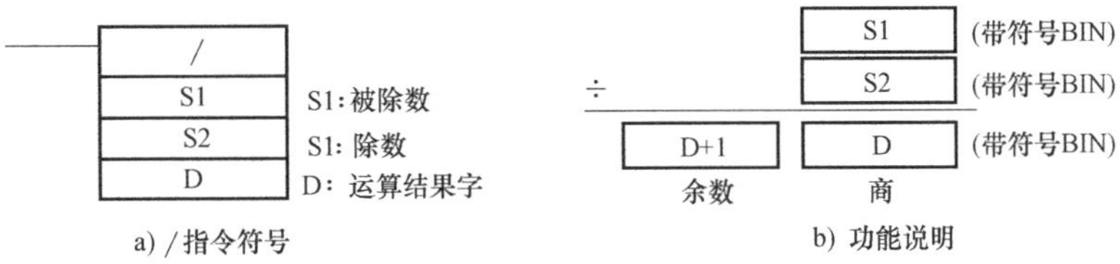

图 7-31　带符号 BIN 除法运算（/）指令

在/（或/L）指令中，8000（或 80000000）Hex÷FFF（FFFFFFF）Hex 的除法运算不固定；除法运算数据 S2（或 S2+1、S2）为 0 时，会发生出错，ER 标志为 ON。除法运算的结果，D（或 D+1、D）的内容为 0000（或 00000000）Hex 时，=标志为 ON；最高位为 1 时，

N 标志为 ON。

2. 带符号 BIN 倍长除法运算

带符号 BIN 倍长除法运算（/L）指令的 FUN 编号为 431，如图 7-32 所示。/L 指令对 S1、S2 的 2 CH 数据作为带符号 BIN 数据（32 位），进行带符号十六进制八位（BIN）的除法运算，计算（S1+1、S1）÷（S2+1、S2），将商（32 位）输出到 D+1、D，将余数（32 位）输出到 D+3、D+2。

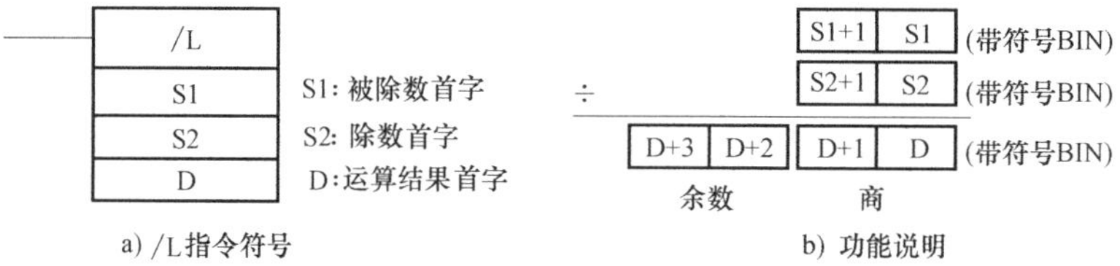

图 7-32　带符号 BIN 倍长除法运算（/L）指令

3. 无符号 BIN 除法运算

无符号 BIN 除法运算（/U）指令的 FUN 编号为 432，如图 7-33 所示。/U 指令将 S1、S2 的通道数据作为无符号 BIN 数据（16 位），进行无符号十六进制四位（BIN）的除法运算（S1÷S2），将商（16 位）输出到 D，将余数（16 位）输出到 D+1。

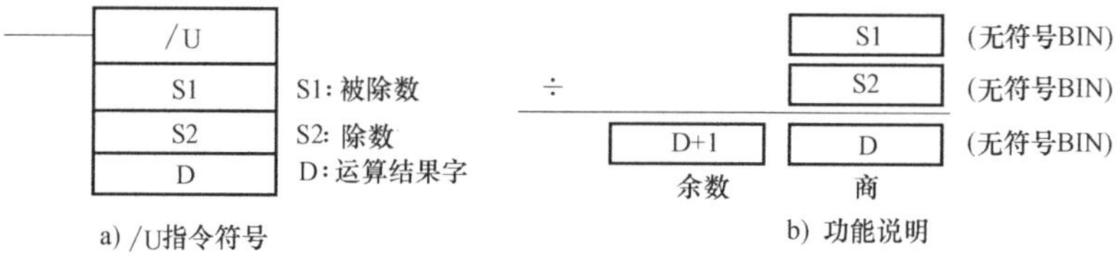

图 7-33　无符号 BIN 除法运算（/U）指令

在/U（或/UL）指令中，除法运算数据 S2（或 S2+1、S2）为 0 时，将发生错误，ER 标志为 ON。除法运算的结果，商 D（或 D+1、D）的内容为 0000 Hex 时，=标志为 ON；最高位为 1 时，N 标志为 ON。

4. 无符号 BIN 倍长除法运算

无符号 BIN 倍长除法运算（/UL）指令的 FUN 编号为 433，如图 7-34 所示。/UL 指令将 2 CH 数据作为无符号 BIN 数据（32 位），进行无符号十六进制八位的除法运算，算出（S1+1、S1）÷（S2+1、S2），将商（32 位）输出到 D+1、D，将余数（32 位）输出到 D+3、D+2。

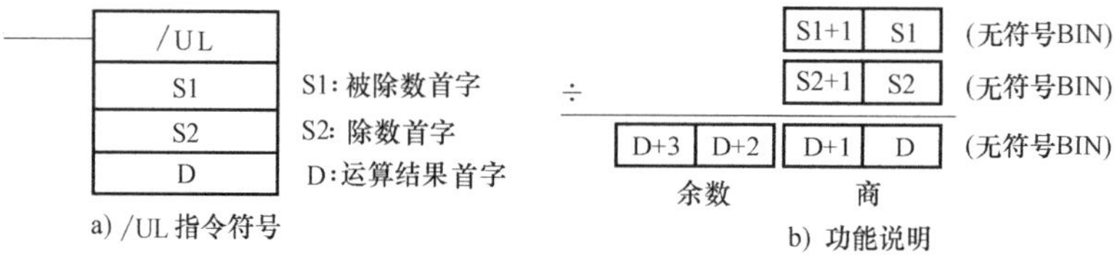

图 7-34　无符号 BIN 倍长除法运算（/UL）指令

5. BCD 除法运算

BCD 除法运算（/B）指令的 FUN 编号为 434，如图 7-35 所示。/B 指令将 S1、S2 所指定的通道数据作为 BCD 数据（16 位），进行 BCD 四位的除法运算，计算 S1÷S2，将商（16 位）输出到 D，将余数（16 位）输出到 D+1。

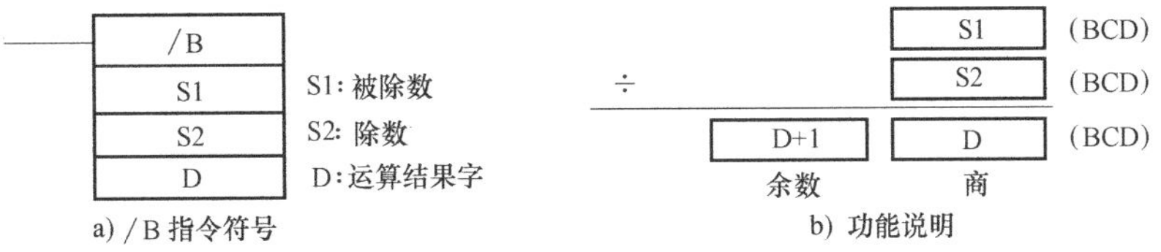

图 7-35 BCD 除法运算（/B）指令

在/B（或/BL）指令中，S1 或 S2（或 S1+1、S1，或 S2+1、S2）的内容不为 BCD 时，且除法运算数据 S2（或 S2+1、S2）为 0 时，将发生错误，ER 标志为 ON。除法运算的结果，商 D（或（D+1、D）的内容为 0000 Hex 时，=标志为 ON。

6. BCD 倍长除法运算

BCD 倍长除法运算（/BL）指令的 FUN 编号为 435，如图 7-36 所示。/BL 指令对 S1、S2 所指定的 2 CH 数据（32 位 BCD 数据），进行 BCD 八位的除法运算，计算（S1+1、S1）÷（S2+1、S2），将商（32 位）输出到 D+1、D，将余数（32 位）输出到 D+3、D+2。

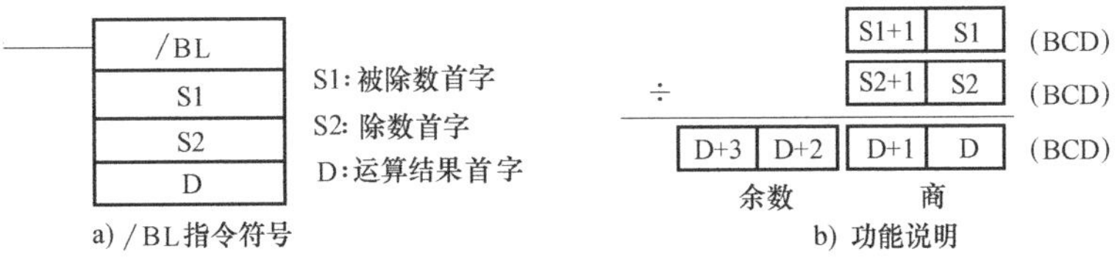

图 7-36 BCD 倍长除法运算（/BL）指令

7.3 逻辑运算指令

逻辑运算指令共有 10 种，见表 7-3。

表 7-3 CP 系列的逻辑运算指令

指令语句	助记符	FUN 编号	指令语句	助记符	FUN 编号
字逻辑与	ANDW	034	双字逻辑与	ANDL	610
字逻辑或	ORW	035	双字逻辑或	ORWL	611
字异或	XORW	036	双字异或	XORL	612
字异或非	XNRL	037	双字异或非	XNRL	613
位取反	COM	029	位双字取反	COML	614

7.3.1 字逻辑与/双字逻辑与/字逻辑或/双字逻辑或

1. 字逻辑与

字逻辑与（ANDW）指令的 FUN 编号为 034，如图 7-37 所示。ANDW 指令取 S1 所指定的 CH 数据和 S2 所指定的 CH 数据的逻辑积，结果输出到 D。

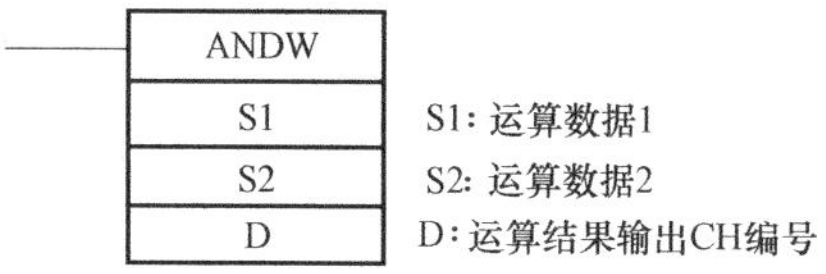

a) ANDW指令符号

S1·S2 →D

S1	S2	D
1	1	1
1	0	0
0	1	0
0	0	0

b) 功能说明

图 7-37　字逻辑与（ANDW）指令

2. 双字逻辑与

双字逻辑与（ANDL）指令的 FUN 编号为 610，如图 7-38 所示。ANDL 指令将 S1 所指定的 2 CH 数据和 S2 所指定的 2 CH 数据进行逻辑与，结果输出到 D+1、D。

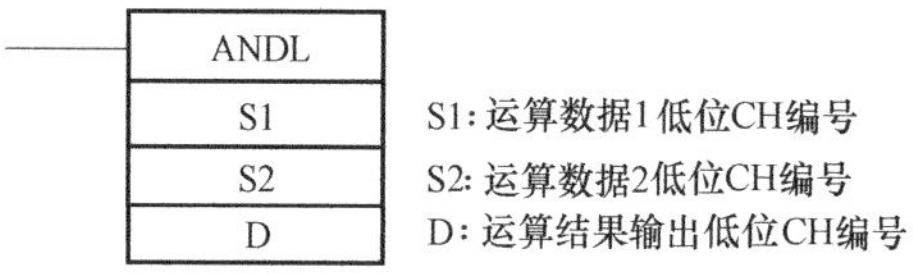

a) ANDL指令符号

(S1+1、S1) · (S2+1、S2) →(D+1、D)

S1+1、S1	S2+1、S2	D+1、D
1	1	1
1	0	0
0	1	0
0	0	0

b) 功能说明

图 7-38　双字逻辑与（ANDL）指令

ANDW/ORW/XORW/XNRW（或 ANDL/ORWL/XORL/XNRL）指令执行时，ER 标志置于 OFF。运算结果 D（或 D+1、D）的内容为 0000（或 00000000）Hex 时，=标志为 ON；最高位为 1 时，N 标志为 ON。

3. 字逻辑或

字逻辑或（ORW）指令的 FUN 编号为 035，如图 7-39 所示。ORW 指令取 S1、S2 所指定的 CH 数据的逻辑和，将结果输出到 D。

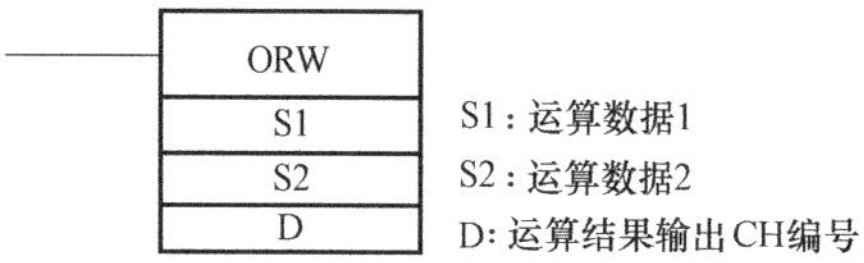

a) ORW指令符号

S1+S2 →D

S1	S2	D
1	1	1
1	0	1
0	1	1
0	0	0

b) 功能说明

图 7-39　字逻辑或（ORW）指令

4. 双字逻辑或

双字逻辑或（ORWL）指令的 FUN 编号为 611，如图 7-40 所示。ORWL 指令将 S1、S2

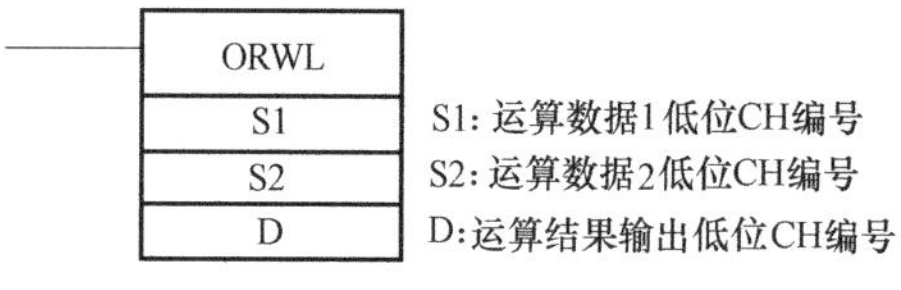

a) ORWL指令符号

(S1+1、S1) + (S2+1、S2) →(D+1、D)

S1+1、S1	S2+1、S2	D+1、D
1	1	1
1	0	1
0	1	1
0	0	0

b) 功能说明

图 7-40　双字逻辑或（ORWL）指令

所指定的数据都作为双字数据，取逻辑和，将结果输出到 D+1、D。

7.3.2 字异或/双字异或/字同或/双字同或

1. 字异或

字异或（XORW）指令的 FUN 编号为 036，如图 7-41 所示。XORW 指令取 S1、S2 所指定的 1 CH 数据的异或，将结果输出到 D。

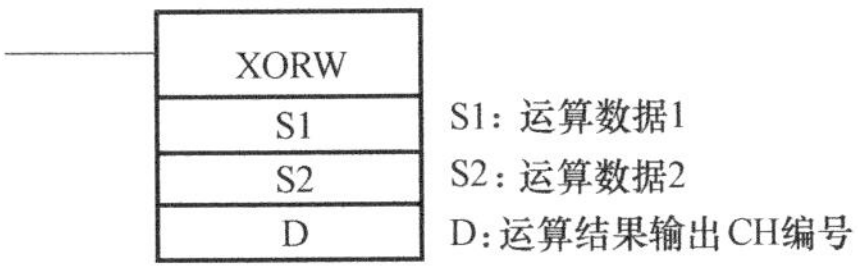

a) XORW指令符号

$S1 \cdot \overline{S2} + \overline{S1} \cdot S2 \rightarrow D$

S1	S2	D
1	1	0
1	0	1
0	1	1
0	0	0

b) 功能说明

图 7-41 字异或（XORW）指令

2. 双字异或

双字异或（XORL）指令的 FUN 编号为 612，如图 7-42 所示。XORL 指令取 S1、S2 所指定的 2 CH（双字）数据的异或，将结果输出到 D+1、D。

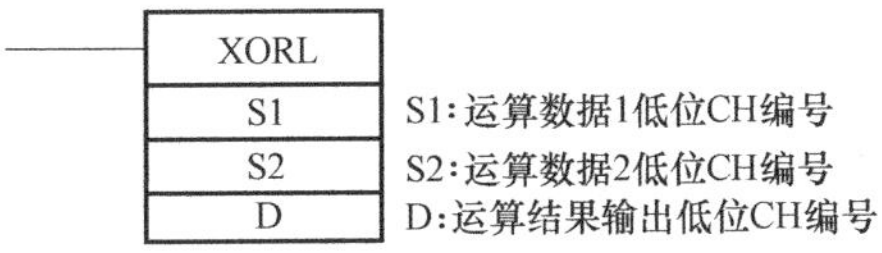

a) XORL指令符号

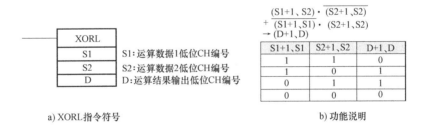

$(S1+1、S2) \cdot \overline{(S2+1、S2)} + \overline{(S1+1、S1)} \cdot (S2+1、S2) \rightarrow (D+1、D)$

S1+1、S1	S2+1、S2	D+1、D
1	1	0
1	0	1
0	1	1
0	0	0

b) 功能说明

图 7-42 双字异或（XORL）指令

3. 字同或

字同或（XNRW）指令的 FUN 编号为 037，如图 7-43 所示。XNRW 指令取 S1、S2 所指定的 1 CH 数据的同或，将结果输出到 D。

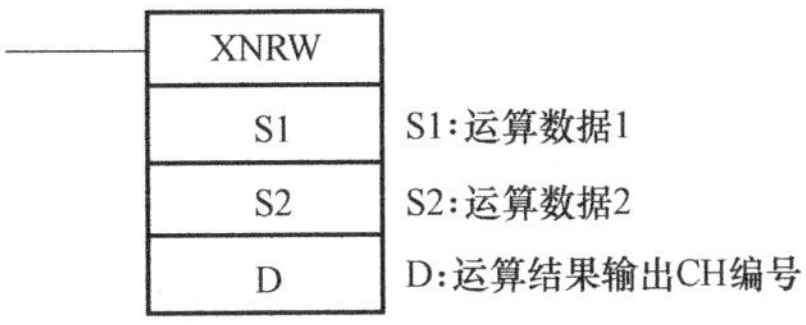

a) XNRW指令符号

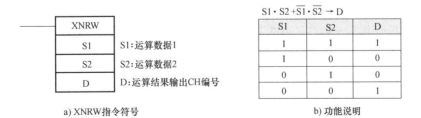

$S1 \cdot S2 + \overline{S1} \cdot \overline{S2} \rightarrow D$

S1	S2	D
1	1	1
1	0	0
0	1	0
0	0	1

b) 功能说明

图 7-43 字同或（XNRW）指令

4. 双字同或

双字同或（XNRL）指令的 FUN 编号为 037，如图 7-44 所示。XNRL 指令取 S1、S2 所指定的 2 CH（双字）数据的同或，将结果输出到 D+1、D。

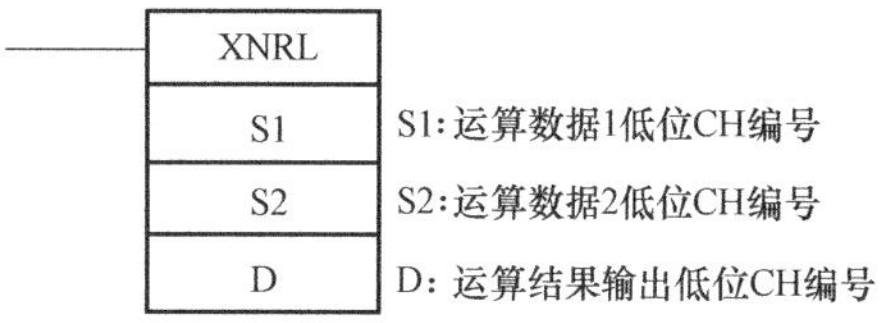

a) XNRL指令符号

$$\overline{(S1+1、S1)}\cdot\overline{(S2+1、S2)}+(S1+1、S1)\cdot(S2+1、S2)\rightarrow(D+1、D)$$

S1+1、S1	S2+1、S2	D+1、D
1	1	1
1	0	0
0	1	0
0	0	1

b) 功能说明

图 7-44　双字同或（XNRL）指令

7.3.3　位取反/位双字取反

1. 位取反

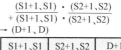

位取反（COM）指令的 FUN 编号为 029，如图 7-45 所示。COM 指令，对 D 所指定的 CH 数据的各位进行取反。

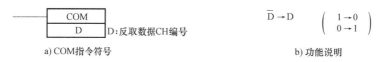

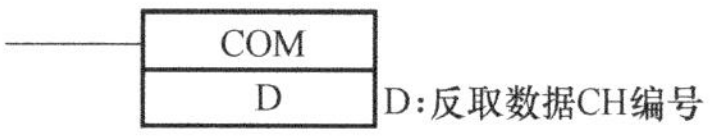

a) COM指令符号

$\overline{D}\rightarrow D$　$\begin{pmatrix}1\rightarrow 0\\0\rightarrow 1\end{pmatrix}$

b) 功能说明

图 7-45　位取反（COM）指令

2. 位双字取反

位双字取反（COML）指令的 FUN 编号为 614，如图 7-46 所示。COML 指令将 D 所指定的数据作为双字数据，对各位进行取反。

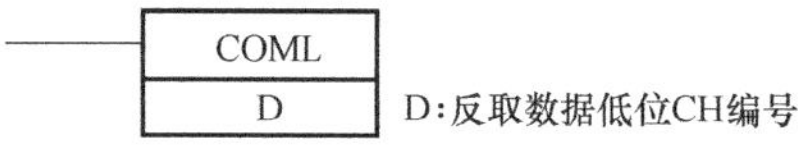

a) COML指令符号

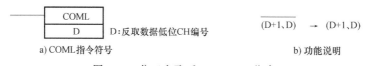

$\overline{(D+1、D)}\rightarrow(D+1、D)$

b) 功能说明

图 7-46　位双字取反（COML）指令

7.4　特殊运算指令

特殊运算指令共有 5 种，见表 7-4。

表 7-4　CP 系列的特殊运算指令

指令语句	助记符	FUN 编号	指令语句	助记符	FUN 编号
BIN 二次方根运算	ROTB	620	BCD 二次方根运算	ROOT	072
数值转换	APR	069	浮点除法运算(BCD)	FDIV	079
位计数	BCNT	067			

7.4.1　BIN 二次方根运算/BCD 二次方根运算

1. BIN 二次方根运算

BIN 二次方根运算（ROTB）指令的 FUN 编号为 620，如图 7-47 所示。ROTB 指令将 S

指定的通道视为带符号 BIN 数据（32 位），如果是正值，则进行二次方根运算，将结果的整数部输出到 D。

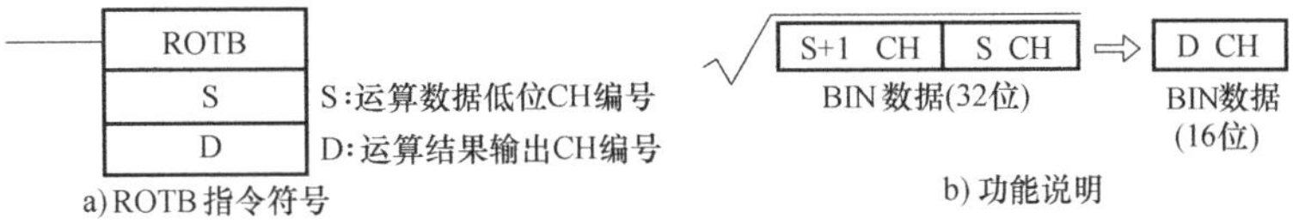

图 7-47　BIN 二次方根运算（ROTB）指令

输入数据（S+1、S）的指定范围是 0000000 ~ 3FFFFFFF Hex，当达 40000000 ~ 7FFFFFFF Hex 时，仅作 3FFFFFFF Hex 进行二次方根运算，舍去小数点之后的数据，同时 OF 标志为 ON。输入最高位为 1 时，ER 标志为 ON。运算结果为 0000 Hex 时，= 标志为 ON。该指令执行时，UF 标志及 N 标志为 OFF。操作数 S+1、S、D 均为 BIN，当输入数据为 BCD 时，请使用 ROOT。

2. BCD 二次方根运算

BCD 二次方根运算（ROOT）指令的 FUN 编号为 072，如图 7-48 所示。ROOT 指令，对 S 指定的数据作为 BCD 八位的倍长数据进行二次方根运算，将结果的整数部作为 BCD 数据输出到 D。

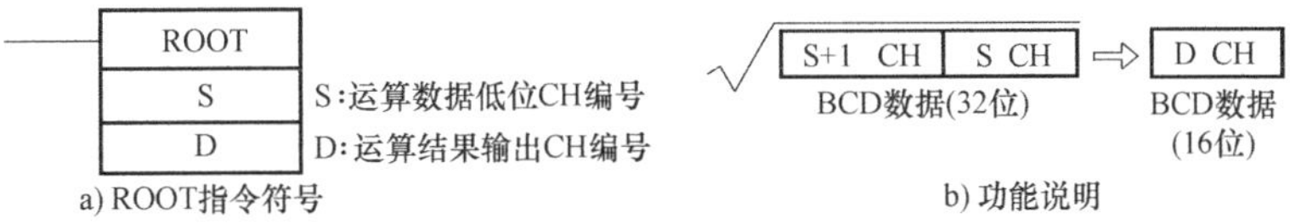

图 7-48　BCD 二次方根运算（ROOT）指令

运算中舍去小数点之后的数据，如要四舍五入则需另外编程实现。S+1、S 的内容不为 BCD 时，ER 标志为 ON。运算结果为 0000 Hex 时，= 标志为 ON。ROOT 指令的操作数 S+1、S、D 均为 BCD，若输入数据为 BIN，则使用 ROTB 指令。

7.4.2　数值转换/BCD 浮点除法运算/位计数器

1. 数值转换

数值转换（APR）指令的 FUN 编号为 069，如图 7-49 所示。APR 指令进行 SIN、COS、折线近似运算（BCD、16/32 位 BIN、单精度浮点数据）。

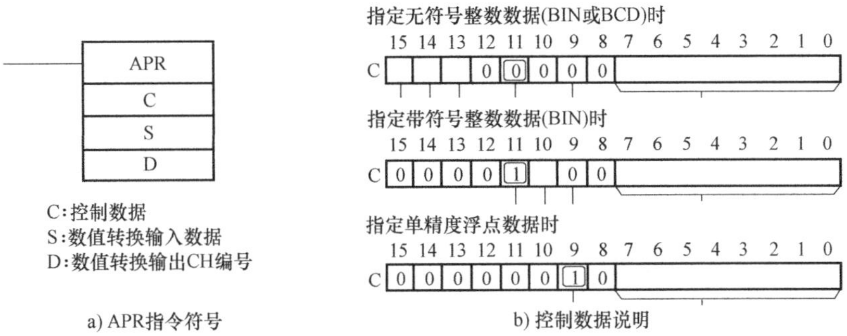

图 7-49　数值转换（APR）指令

通过控制数据（C）指定 SIN 计算、COS 计算、折线近似计算，如图 7-50 所示。指定 SIN 计算（C=0000 Hex）/COS 计算（C=0001 Hex）时，计算 S 指定的角度数据（$\times10^{-1}$ 单位的 BCD）0000~0900（0°~90°）的 SIN 值/COS 值，将结果表示为小数点后 4 位的 BCD 数据 0000~9999（0.0000~0.9999）输出到 D，小数点后第 5 位之后舍去。当折线近似计算（C=CH 编号）指定时，根据下述转换式，以 C 指定的折线数据（X_n，Y_n）为基础，对 S 指定的输入数据进行近似计算，将结果输出到 D 指定的通道。

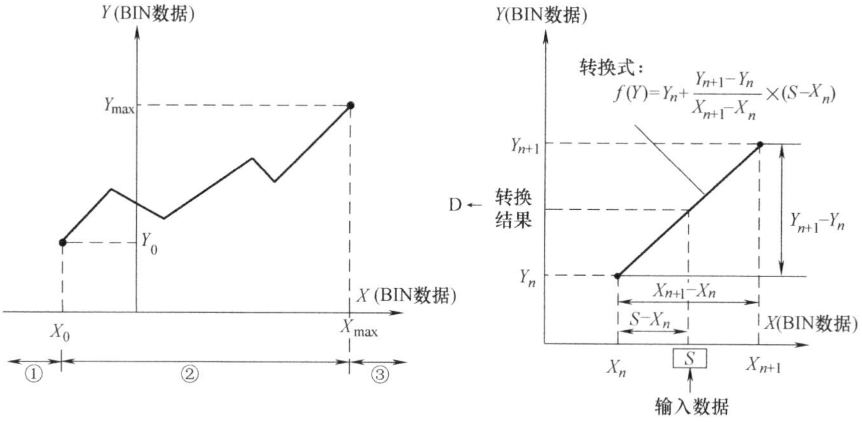

图 7-50 折线近似计算指定

①$S<X_0$ 时，转换结果 $=Y_0$；②$X_0\leqslant S\leqslant X_{max}$ 时，若 $X_n<S<X_{n+1}$，则转换结果 $=Y_n+\dfrac{Y_{n+1}-Y_n}{X_{n+1}-X_n}\times(S-X_n)$；③$X_{max}<S$ 时，转换结果 $=Y_{max}$。

折线表格数据中最多可以保存 256 个数据。可以用于输入/输出数据的种类有以下五种：无符号 BCD 16 位数据、无符号 BIN 16 位数据、带符号 BIN 16 位数据、带符号 BIN 32 位数据、单精度浮点数据。

2. BCD 浮点除法运算

BCD 浮点除法运算（FDIV）指令的 FUN 编号为 079，如图 7-51 所示。FDIV 指令以 S1 指定的数据为被除数，S2 指定的数据为除数，将它们作为“指数部 1 位+尾数部 BCD 7 位”的浮点数据（BCD32 位）进行 2 CH（BCD 8 位）的除法运算，商作为浮点数据输出到 D+1、D。

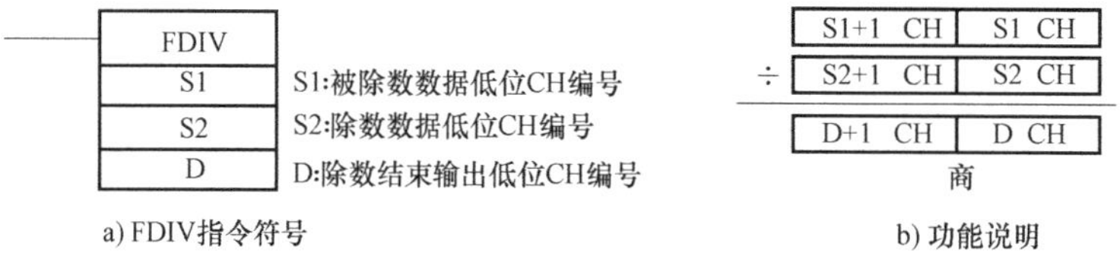

图 7-51 BCD 浮点除法运算（FDIV）指令

S1+1、S2+1 CH 的最高位转换成指数位，0~F 有效。指数位以外时，设定使运算数据转换成 BCD。注意 S1+1、S2+1、D+1 等 CH 不能超过区域，商输出的有效数字为 7 位，8 位以后舍去。

浮点数的表示如图 7-52 所示。

被除数、除数、商的最大值为 0.9999999×10^{7}，被除数、除数的最小值为 0.0000001×10^{-7}，商的最小值为 0.1000000×10^{-7}。

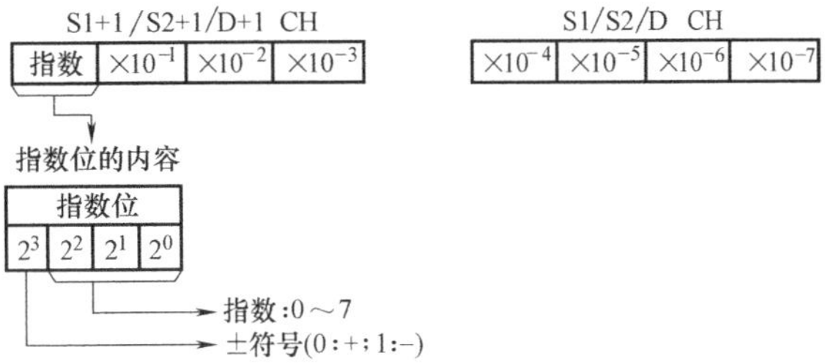

图 7-52 浮点数的表示

3. 位计数器

位计数器（BCNT）指令的 FUN 编号为 067，如图 7-53 所示。BCNT 指令从 S 指定的计数低位 CH 编号开始到指定 CH 数（W：十六进制 0001～FFFF 或十进制 &1～65535）的数据，对“1”的位的总数进行计数，将结果以 BIN 值输出到 D。

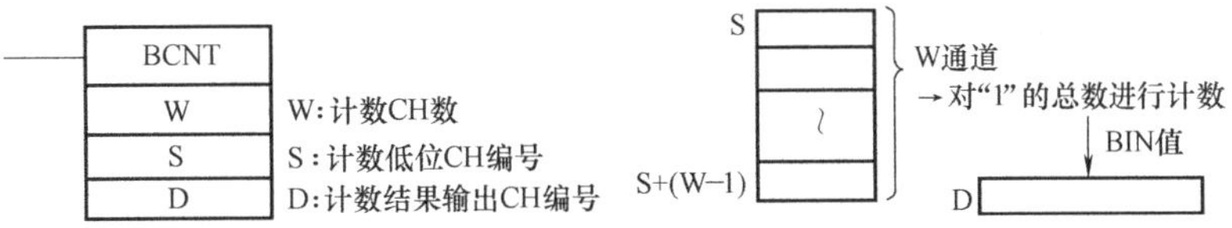

a) BCNT指令符号 b) 功能说明

图 7-53 位计数器（BCNT）指令

W 的数据不在 0001～FFFF Hex 的范围内时，将发生错误，ER 标志为 ON；计数结果 D 的内容超过 FFFF Hex 时也将发生错误，ER 标志为 ON；计数结果 D 的内容为 0000 Hex 时，=标志为 ON。

7.5 单精度浮点转换·运算指令

所谓单精度浮点数据是指用符号、尾数、指数来表示实数的数据，将任意数据表示为单精度浮点形式：实数值＝ $(-1)^{s}2^{e-127}(1.f)$，式中，s 为符号（第 31 位，0 正 1 负）；e 为指数（第 30～23 位，0～255）；f 为尾数（第 22～0 位）。单精度浮点转换·运算指令共有 23 种，见表 7-5。

表 7-5 CP 系列的单精度浮点转换·运算指令

指令语句	助记符	FUN 编号	指令语句	助记符	FUN 编号
浮点[单]→16 位 BIN 转换	FIX	450	正切运算[单]	TAN	462
浮点[单]→32 位 BIN 转换	FIXL	451	反正弦运算[单]	ASIN	463
16 位 BIN→浮点[单]转换	FLT	452	反余弦运算[单]	ACOS	464
32 位 BIN→浮点[单]转换	FLTL	453	反正切运算[单]	ATAN	465
浮点[单]加法运算	+F	454	二次方根运算[单]	SQRT	466
浮点[单]减法运算	-F	455	指数运算[单]	EXP	467
浮点[单]乘法运算	*F	456	对数运算[单]	LOG	468
浮点[单]除法运算	/F	457	乘方运算[单]	PWR	840
角度[单]→弧度转换	RAD	458	单精度浮点数据比较	=F、<>F、<F、<=F、>F、>=F (LD/AND/OR)	329～334
弧度→角度[单]转换	DEG	459			
正弦运算[单]	SIN	460	浮[单]→字符串	FSTR	448
余弦运算[单]	COS	461	字符串→浮[单]	FVAL	449

7.5.1 浮点［单］→16位BIN转换/浮点［单］→32位BIN转换/16位BIN→浮点［单］转换/32位BIN→浮点［单］转换

1. 浮点［单］→16位BIN转换

浮点［单］→16位BIN转换（FIX）指令的FUN编号为450，如图7-54所示。FIX指令将S指定的单精度浮点数据（32位：IEEE754）的整数部转换为带符号BIN 16位数据，结果输出到指定通道D，而小数点之后舍去。

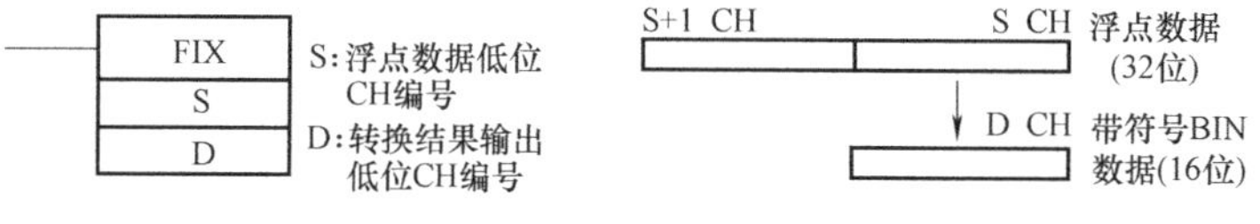

a) FIX指令符号　b) 功能说明

图7-54　浮点［单］→16位BIN转换（FIX）指令

在FIX（或FIXL）中，S的内容不能视为浮点数据时，ER标志为ON；S+1、S的内容不在-32768～+32767（或-2147483648～+2147483647）的范围内时，ER标志为ON。转换结果D（或D+1、D）的内容为0000（或00000000）Hex时，=标志为ON；最高位为1时，N标志为ON。

2. 浮点［单］→32位BIN转换

浮点［单］→32位BIN转换（FIXL）指令的FUN编号为451，如图7-55所示。FIXL指令将S指定的单精度浮点数据（32位）的整数部转换为带符号BIN 32位数据，结果输出到通道D+1、D，而小数点之后舍去。

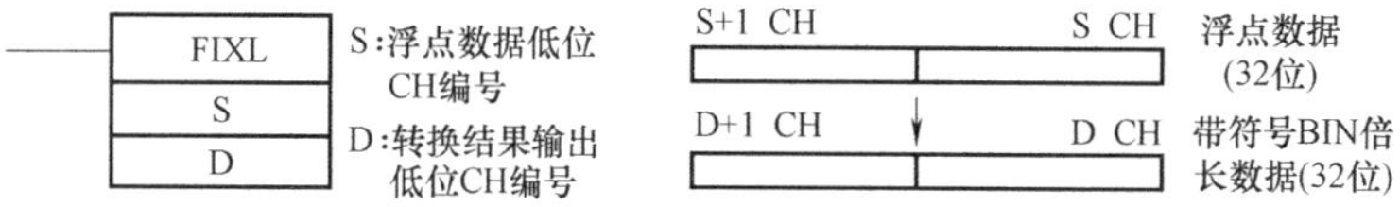

a) FIXL指令符号　b) 功能说明

图7-55　浮点［单］→32位BIN转换FIXL指令

3. 16位BIN→浮点［单］转换

16位BIN→浮点［单］转换（FLT）指令的FUN编号为452，如图7-56所示。FLT指令将S指定的带符号BIN数据（16位）转换为单精度浮点数据（32位），将结果输出到指定通道D+1、D，浮点数据在小数点之后变为1位的0。

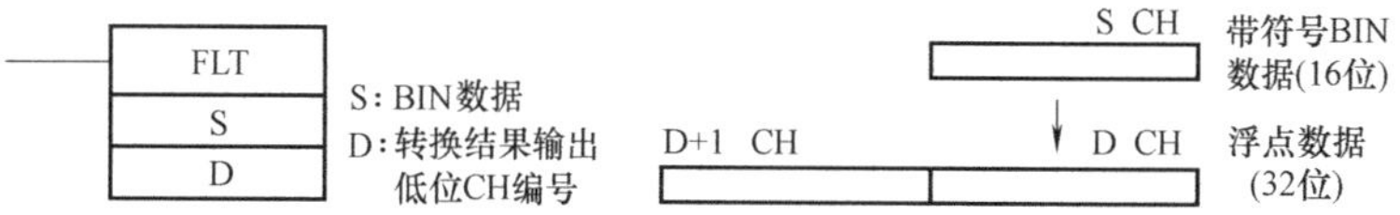

a) FLT指令符号　b) 功能说明

图7-56　16位BIN→浮点［单］转换（FLT）指令

在S中可指定-32768～32767范围内的BIN数据，若要对-32768～32767范围外的BIN数据进行转换，则应使用FLTL指令。FLT（或FLTL）指令执行时，ER标志置于OFF；转换结果的指数部和尾数部均为0（浮点数据的0）时，=标志为ON；结果为负数时，N标志为ON。

4. 32 位 BIN→浮点［单］转换

32 位 BIN→浮点［单］转换（FLTL）指令的 FUN 编号为 453，如图 7-57 所示。FLT 指令将 S 指定的带符号 BIN 32 位数据转换为单精度浮点数据（32 位），结果输出到指定通道 D+1、D，浮点数据在小数点之后变为 1 位的 0。

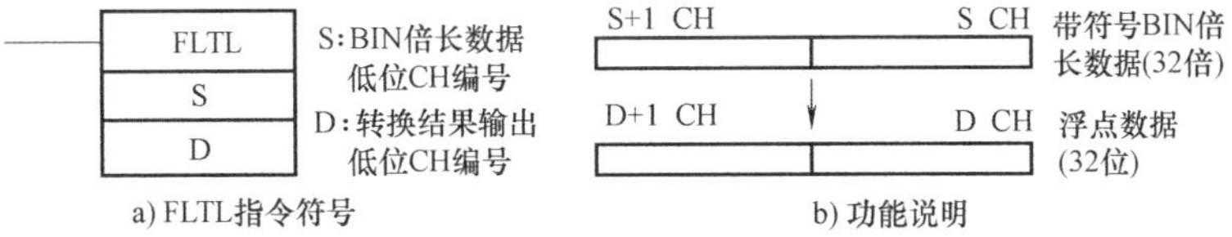

图 7-57 32 位 BIN→浮点［单］转换（FLTL）指令

在 S 中可指定-2147483648~2147483647 范围内的 BIN 倍长数据。浮点的有效位数为 24 位，因此对超过 16777215（24 位~最大值）的值通过 FLTL 指令进行转换时，转换结果中会产生误差。

7.5.2 浮点［单］加法运算/浮点［单］减法运算/浮点［单］乘法运算/浮点［单］除法运算/角度［单］→弧度转换/弧度→角度［单］转换

1. 浮点［单］加法运算

浮点［单］加法运算（+F）指令的 FUN 编号为 454，如图 7-58 所示。+F 指令将 S1 指定的数据和 S2 指定的数据作为单精度浮点数据（32 位）进行加法运算，结果输出到指定通道 D+1、D。

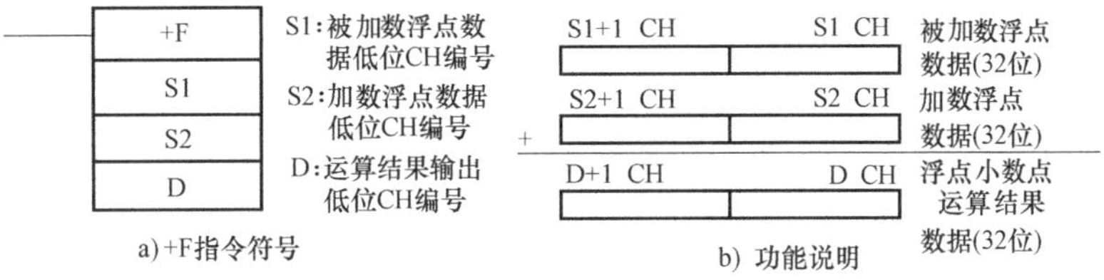

图 7-58 浮点［单］加法运算（+F）指令

+F（或-F）指令中，S1 或 S2 不作为浮点数据时，出错标志 ER 为 ON，不执行指令。运算结果的绝对值比浮点数据所能表示的最大值还大时，溢出 OF 为 ON，此时输出±∞；运算结果的绝对值比浮点数据所能表示的最小值还小时，下溢 UF 为 ON，此时输出浮点数据 0。

2. 浮点［单］减法运算

浮点［单］减法运算（-F）指令的 FUN 编号为 455，如图 7-59 所示。-F 指令将 S1 所指定的被减数和 S2 所指定的减数作为单精度浮点数据（32 位）进行减法运算，结果输出到

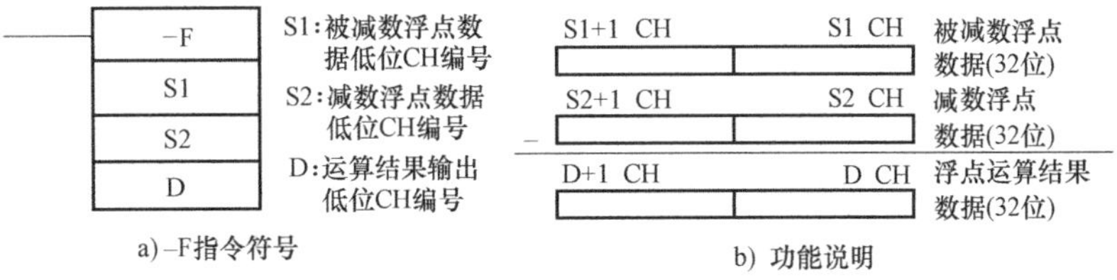

图 7-59 浮点［单］减法运算（-F）指令

指定通道 D+1、D。

3. 浮点［单］乘法运算

浮点［单］乘法运算（＊F）指令的 FUN 编号为 456，如图 7-60 所示。＊F 指令，将 S1 所指定的数据和 S2 所指定的数据作为单精度浮点数据（32 位）进行乘法运算，结果输出到指定通道 D+1、D。

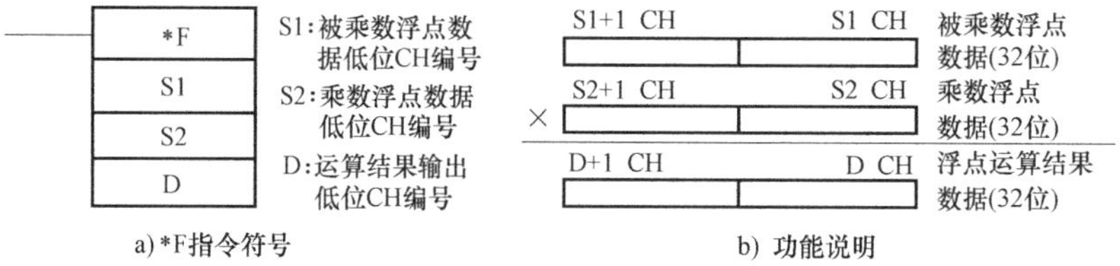

图 7-60　浮点［单］乘法运算（＊F）指令

＊F 或/F 指令中，S1 或 S2 不作为浮点数据时，出错标志 ER 为 ON，不执行指令。运算结果的绝对值比浮点数据所能表示的最大值还大时，溢出 OF 为 ON，此时输出±∞；运算结果的绝对值比浮点数据所能表示的最小值还小时，下溢 UF 为 ON，此时输出浮点数据 0。

4. 浮点［单］除法运算

浮点［单］除法运算（/F）指令的 FUN 编号为 457，如图 7-61 所示。/F 指令将 S1 所指定的数据和 S2 所指定的数据作为单精度浮点数据（32 位）进行除法运算，将结果输出到指定通道 D+1、D。

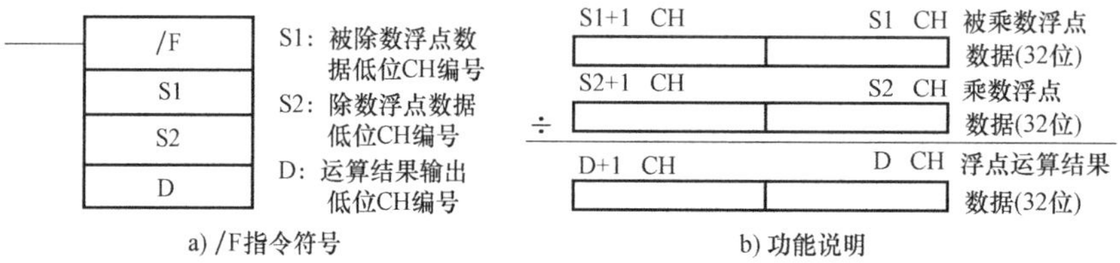

图 7-61　浮点［单］除法运算（/F）指令

5. 角度［单］→弧度转换

角度［单］→弧度转换（RAD）指令的 FUN 编号为 458，如图 7-62 所示。RAD 指令将 S 指定的单精度浮点数据（32 位）所表示的角度数据，由度（°）单位转换为弧度（rad）单位，结果输出到 D+1、D。

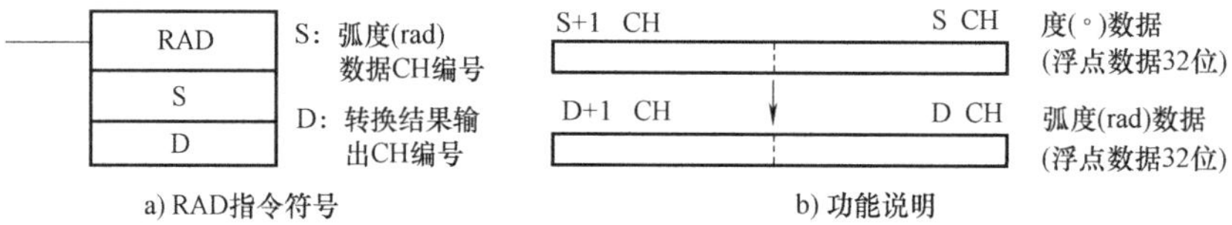

图 7-62　角度［单］→弧度转换（RAD）指令

从 RAD 指令的度转换为弧度，依据下式进行：S 度（°）$\times\pi/180=$弧度（rad）。RAD 或 DEG 指令的 S 不作为浮点数据时，出错标志 ER 为 ON，不执行指令；转换结果的绝对值比浮点数据所能表示的最大值还大时，溢出 OF 为 ON，此时输出±∞；转换结果的绝对值比浮点数据所能表示的最小值还小时，下溢 UF 为 ON，此时输出浮点数据的 0。

6. 弧度→角度［单］转换

弧度→角度［单］转换（DEG）指令的 FUN 编号为 459，如图 7-63 所示。DEG 指令将 S 指定的单精度浮点数据（32 位）所表示的角度数据，由弧度（rad）单位转换为度（°）单位，结果输出到 D+1、D。

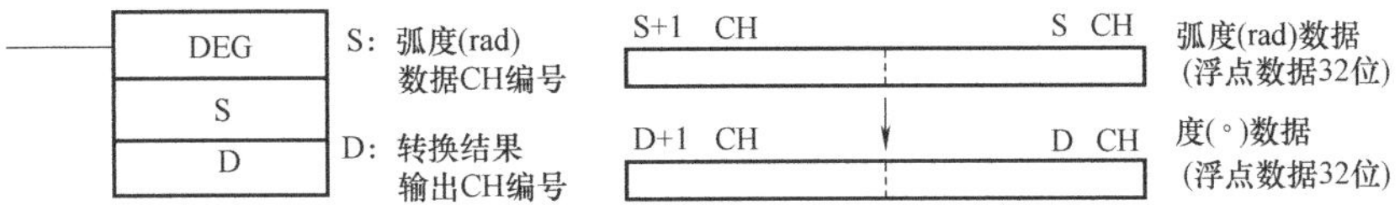

a) DEG指令符号　　b) 功能说明

图 7-63　弧度→角度［单］转换（DEG）指令

从 DEG 指令的弧度转换为度，依据下式进行：弧度（rad）×180/π=度（°）。

7.5.3　正弦运算［单］/余弦运算［单］/正切运算［单］/反正弦运算［单］/反余弦运算［单］/反正切运算［单］

1. 正弦运算［单］

正弦运算［单］（SIN）指令的 FUN 编号为 460，如图 7-64 所示。SIN 指令计算 S 指定的单精度浮点数据（32 位）所表示的角度（弧度单位）的 SIN（正弦）值，并将结果输出到 D+1、D。

a) SIN 指令符号　　b) 功能说明

图 7-64　正弦运算［单］（SIN）指令

应在 SIN（或 COS 或 TAN）指令的 S 中指定弧度（rad）单位的角度数据，范围为 -65535~65535，超出则出错标志 ER 为 ON，不执行指令。

2. 余弦运算［单］

余弦运算［单］（COS）指令的 FUN 编号为 461，如图 7-65 所示。COS 指令计算 S 指定的单精度浮点数据（32 位）所表示的角度（弧度单位）的 COS（余弦）值，将结果输出到 D+1、D。

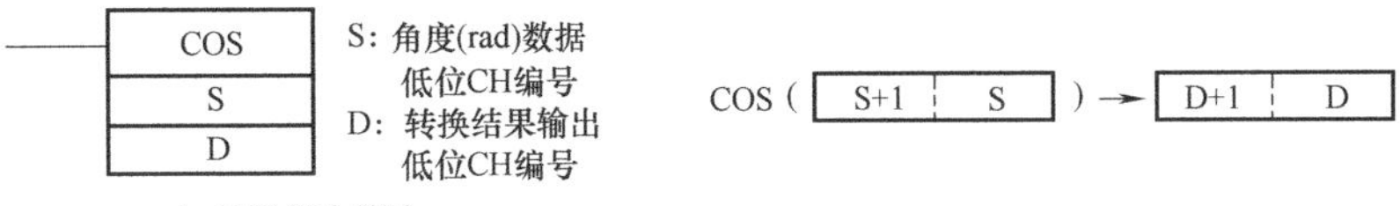

a) COS 指令符号　　b) 功能说明

图 7-65　余弦运算［单］（COS）指令

3. 正切运算［单］

正切运算［单］（TAN）指令的 FUN 编号为 462，如图 7-66 所示。TAN 指令计算 S 指定的单精度浮点数据（32 位）所表示的角度（弧度单位）的 TAN（正切）值，将结果输出到 D+1、D。

a) TAN 指令符号　　b) 功能说明

图 7-66　正切运算［单］（TAN）指令

4. 反正弦运算［单］

反正切运算［单］（ASIN）指令的 FUN 编号为 463，如图 7-67 所示。ASIN 指令计算 S 指定的单精度浮点数据（32 位）所表示 SIN 值（-1.0~1.0）的角度（弧度-π/2~π/2），并将结果输出到 D+1、D。

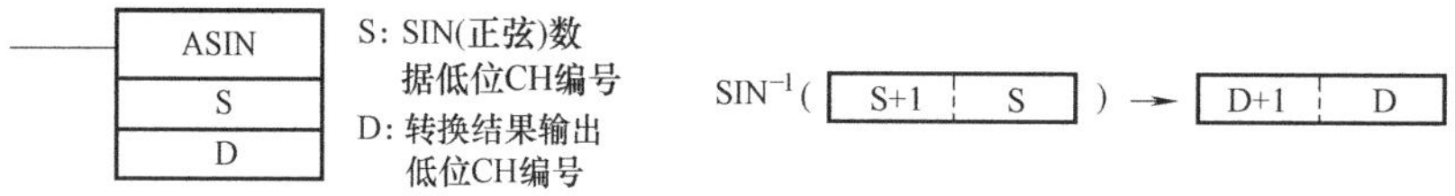

a) ASIN指令符号　　b) 功能说明

图 7-67　反正弦运算［单］（ASIN）指令

5. 反余弦运算［单］

反余弦运算［单］（ACOS）指令的 FUN 编号为 464，如图 7-68 所示。ACOS 指令计算 S 所指定的单精度浮点数据（32 位）所表示 COS 值（-1.0~1.0）的角度（弧度 0~π），并将结果输出到 D+1、D。

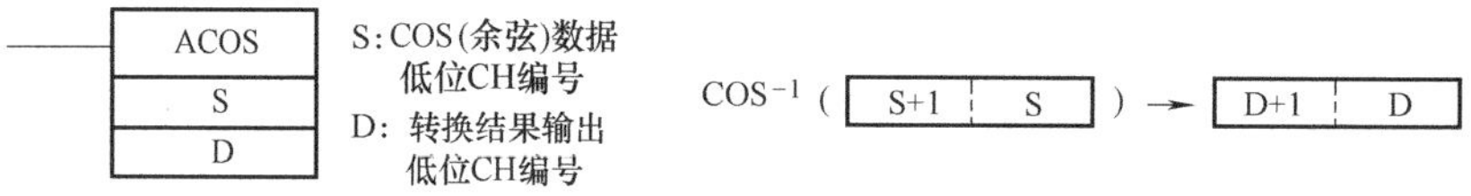

a) ACOS 指令符号　　b) 功能说明

图 7-68　反余弦运算［单］（ACOS）指令

6. 反正切运算［单］

反正切运算［单］（ATAN）指令的 FUN 编号为 465，如图 7-69 所示。ATAN 指令计算 S 所指定的单精度浮点数据（32 位）所表示 TAN（正切）值的角度（弧度-π/2~π/2），将结果输出到 D+1、D。

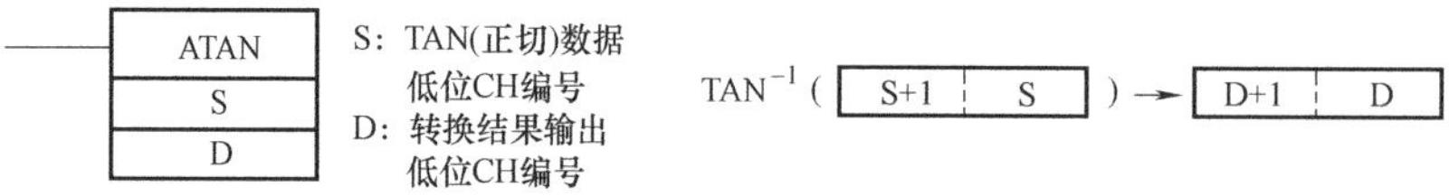

a) ATAN指令符号　　b) 功能说明

图 7-69　反正切运算［单］（ATAN）指令

7.5.4　二次方根运算［单］/指数运算［单］/对数运算［单］/乘方运算［单］

1. 二次方根运算［单］

二次方根运算［单］（SQRT）指令的 FUN 编号为 466，如图 7-70 所示。SQRT 指令对 S 所指定的单精度浮点数据（32 位）所表示的输入数据计算二次方根，并将结果输出到 D+1、D。

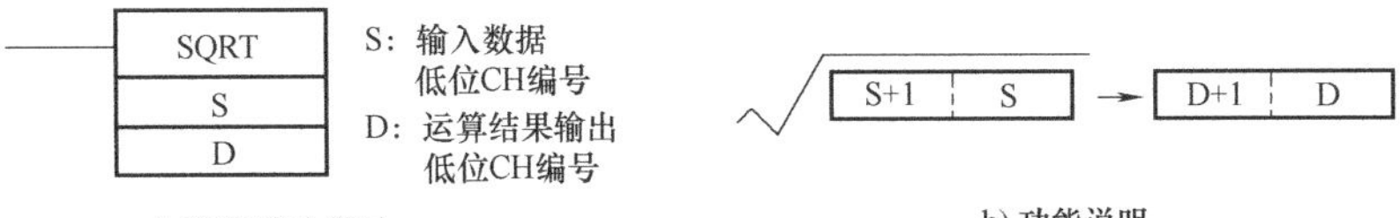

a) SQRT指令符号　　b) 功能说明

图 7-70　二次方根运算［单］（SQRT）指令

2. 指数运算［单］

指数运算［单］（EXP）指令的 FUN 编号为 467，如图 7-71 所示。EXP 指令计算 S 指定的单精度浮点数据（32 位）所表示的输入数据的以 e 为底的指数，并将结果输出到 D+1、D。

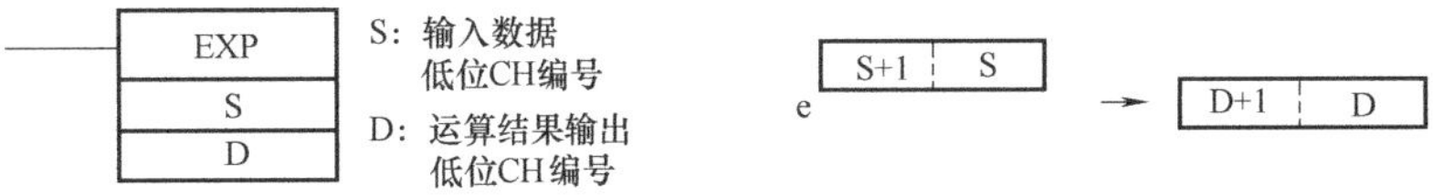

a) EXP指令符号　　b) 功能说明

图 7-71　指数运算［单］（EXP）指令

3. 对数运算［单］

对数运算［单］（LOG）指令的 FUN 编号为 468，如图 7-72 所示。LOG 指令计算 S 指定的单精度浮点数据（32 位）所表示的输入数据的以 e 为底的自然对数，并将结果输出到 D+1、D。

a) LOG指令符号　　b) 功能说明

图 7-72　对数运算［单］（LOG）指令

LOG 指令以 e = 2.718282 为底，进行指数运算。输入数据为负数时，出错标志 ER 为 ON，不执行指令，此外输入数据不被视为浮点数据时也将发生错误。运算结果的绝对值比浮点数据所能表示的最大值还大时，溢出 OF 为 ON，此时输出±∞ 。

4. 乘方运算［单］

乘方运算［单］（PWR）指令的 FUN 编号为 840，如图 7-73 所示。PWR 指令把 S1 和 S2 指定的数据作为单精度浮点数据（32 位），以 S1 为被乘方、S2 为乘方数据，进行乘方运算，将结果输出到 D+1、D。

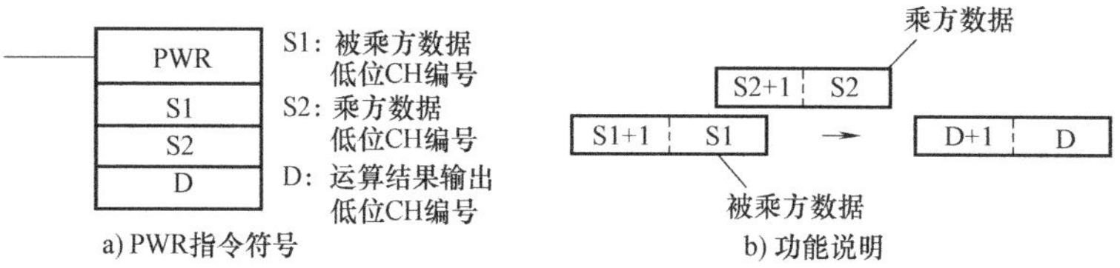

图 7-73　乘方运算［单］（PWR）指令

被乘方数据 S1 或者乘方数据 S2 的内容不能被视为浮点数据时，错误标志 ER 为 ON。转换结果的指数部和尾数部均为 0（浮点数据的 0）时，= 标志为 ON。运算结果的绝对值比浮点数据所能表示的最大值还大时，OF 标志为 ON；运算结果的绝对值比浮点数据所能表示最小值还小时，UF 标志为 ON；结果为负数时，N 标志为 ON。

7.5.5　单精度浮点数据比较

单精度浮点数据比较（= F、<>F、<F、< = F、>F、> = F）指令的 FUN 编号为 329 ~ 334，如图 7-74 所示。= F、<>F、<F、< = F、>F、> = F（LD/AND/OR 型）指令比较被指定的单精度浮点数据（32 位）或者常数，比较结果为真时，连接到下一段之后。连接型中有 LD（载入）连接、AND（串联）连接、OR（并联）连接三种。

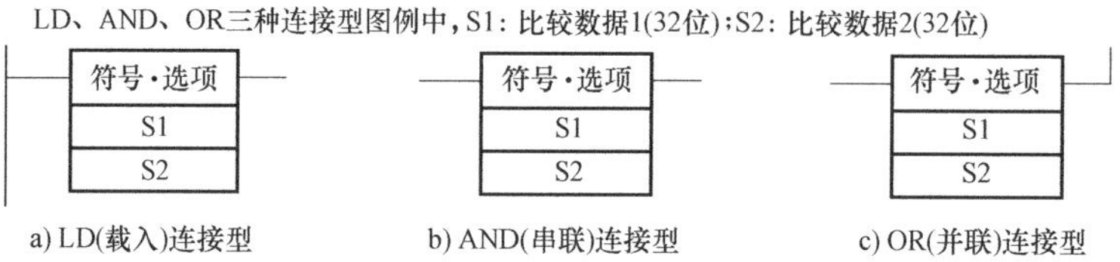

图 7-74　单精度浮点数据比较（= F、<>F、<F、< = F、>F、> = F）指令

单精度浮点数据比较指令中的输入操作数 S1、S2 中存储了数据通道的开始地址。并且比较数据使用常数时，可在 S1、S2 中直接输入十六进制八位的数值。这些指令的符号见表 7-6（选项 F 表示单精度），和 LD、AND、OR 指令具有相同操作，接在各指令后面对其他指令进行编程。

表 7-6　单（或双）精度浮点数比较指令的符号一览表

功能	助记符	名称	FUN 编号
S1 = S2 时为真(ON)	LD = F(或 LD = D)	LD 型 · 浮点数据 · 一致	329(或 335)
	AND = F(或 AND = D)	AND 型 · 浮点数据 · 一致	329(或 335)
	OR = F(或 OR = D)	OR 型 · 浮点数据 · 一致	329(或 335)
S1≠S2 时为真(ON)	LD<>F(或 LD<>D)	LD 型 · 浮点数据 · 不一致	330(或 336)
	AND<>F(或 AND<>D)	AND 型 · 浮点数据 · 不一致	330(或 336)
	OR<>F(或 OR<>D)	OR 型 · 浮点数据 · 不一致	330(或 336)
S1<S2 时为真(ON)	LD<F(或 LD<D)	LD 型 · 浮点数据 · 未满	331(或 337)
	AND<F(或 AND<D)	AND 型 · 浮点数据 · 未满	331(或 337)
	OR<F(或 OR<D)	OR 型 · 浮点数据 · 未满	331(或 337)

（续）

功能	助记符	名称	FUN 编号
S1≤S2 时为真(ON)	LD<=F(或 LD<=D)	LD 型·浮点数据·以下	332(或 338)
	AND<=F(或 AND<=D)	AND 型·浮点数据·以下	332(或 338)
	OR<=F(或 OR<=D)	OR 型·浮点数据·以下	332(或 338)
S1>S2 时为真(ON)	LD>F(或 LD>D)	LD 型·浮点数据·超过	333(或 339)
	AND>F(或 AND>D)	AND 型·浮点数据·超过	333(或 339)
	OR>F(或 OR>D)	OR 型·浮点数据·超过	333(或 339)
S1≥S2 时为真(ON)	LD>=F(或 LD>=D)	LD 型·浮点数据·以上	334(或 340)
	AND>=F(或 AND>=D)	AND 型·浮点数据·以上	334(或 340)
	OR>=F(或 OR>=D)	OR 型·浮点数据·以上	334(或 340)

7.5.6 浮点［单］→字符串转换/字符串→浮点［单］转换

1. 浮点［单］→字符串转换

浮点［单］→字符串转换（FSTR）指令的 FUN 编号为 448，如图 7-75 所示。FSTR 指令将 S 指定的单精度浮点数据（32 位）根据 C～C+2 的内容，以小数点形式或者指数形式表示，将其转换为字符串（ASCII 代码）数据，结果输出到 D 所指定的通道。

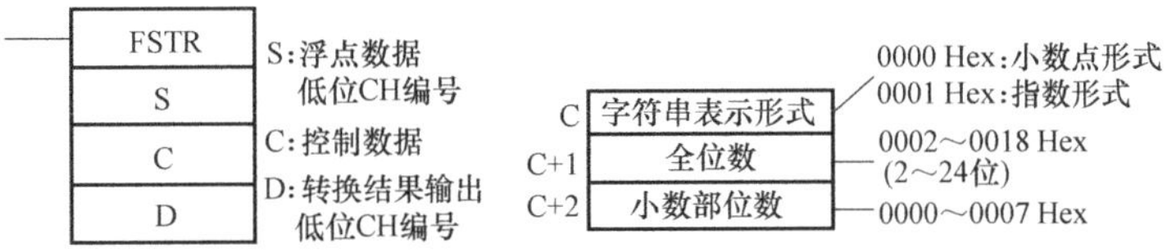

a) FSTR指令符号　　b) 操作数说明

图 7-75　浮点［单］→字符串转换（FSTR）指令

通过 C（转换形式）来指定用小数点形式或者指数形式表示 S+1、S 的浮点数据。小数点形式是将实数用整数部和小数部表示的形式（如±123.45）；指数形式是将实数用整数部、小数部以及指数部表示的形式（如±1.2345E-2 或$\pm 1.2345\times 10^{-2}$）。

用 C+1（全位数）来指定转换后的字符串数（包括符号、数值、小数点、半角空格在内）；用 C+2（小数部位数）来指定转换后的字符串的小数部位数（字符数）。

存储到 D 以后的顺序为：D 的高位字节→D 的低位字节→D+1 的高位字节→D+1 的低位字节……

2. 字符串→浮点［单］转换

字符串→浮点［单］转换（FVAL）指令的 FUN 编号为 449，如图 7-76 所示。FVAL 指令将 S 指定的 CH 中存储的字符串数据（ASCII 代码）转换为单精度浮点数据（32 位），并

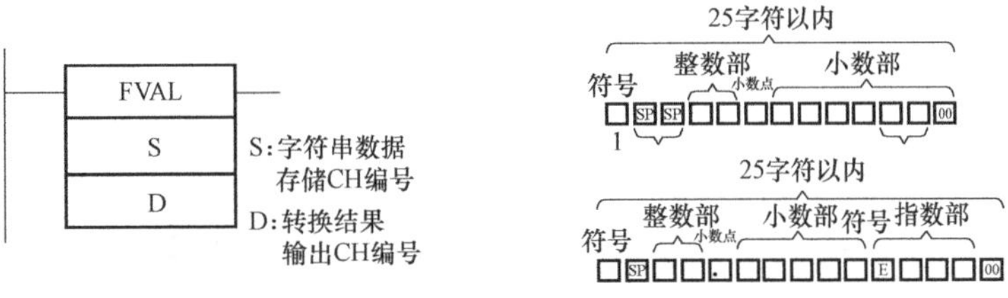

a) FVAL指令符号　　b) 字符串数据的形式

图 7-76　字符串→浮点［单］转换（FVAL）指令

将结果输出到指定通道 D。

7.6 双精度浮点转换·运算指令

双精度浮点数据是将实数用符号、尾数、指数表示出来的数据，并且表示成浮点形式：实数值 $=(-1)^{s}2^{e-1023}(1.f)$，式中，s 为符号（第 63 位，0 正 1 负）；e 为指数（第 62~52 位，0~2047）；f 为尾数（第 51~0 位）。双精度浮点转换·运算指令共有 21 种，见表 7-7。

表 7-7 CP 系列的双精度浮点转换·运算指令

指令语句	助记符	FUN 编号	指令语句	助记符	FUN 编号
浮点[双]→16 位 BIN 转换	FIXD	841	余弦运算[双]	COSD	852
浮点[双]→32 位 BIN 转换	FIXLD	842	正切运算[双]	TAND	853
16 位 BIN→浮点[双]转换	DBL	843	反正弦运算[双]	ASIND	854
32 位 BIN→浮点[双]转换	DBLL	844	反余弦运算[双]	ACOSD	855
浮点[双]加法运算	+D	845	反正切运算[双]	ATAND	856
浮点[双]减法运算	-D	846	二次方根运算[双]	SQRTD	857
浮点[双]乘法运算	*D	847	指数运算[双]	EXPD	858
浮点[双]除法运算	/D	848	对数运算[双]	LOGD	859
角度[双]→弧度转换	RADD	849	乘方运算[双]	PWRD	860
弧度→角度[双]转换	DEGD	850	双精度浮点数据比较	=D、<>D、<D、<=D、>D、>=D (LD/AND/OR)	335~340
正弦运算[双]	SIND	851			

7.6.1 浮点［双］→16 位 BIN 转换/浮点［双］→32 位 BIN 转换/16 位 BIN→浮点［双］转换/32 位 BIN→浮点［双］转换

1. 浮点［双］→16 位 BIN 转换

浮点［双］→16 位 BIN 转换（FIXD）指令的 FUN 编号为 841，如图 7-77 所示。FIXD 指令将 S 指定的双精度浮点数据（64 位：IEEE754）的整数部转换为带符号 16 位 BIN 数据，结果输出到 D 通道，而小数部分舍去。

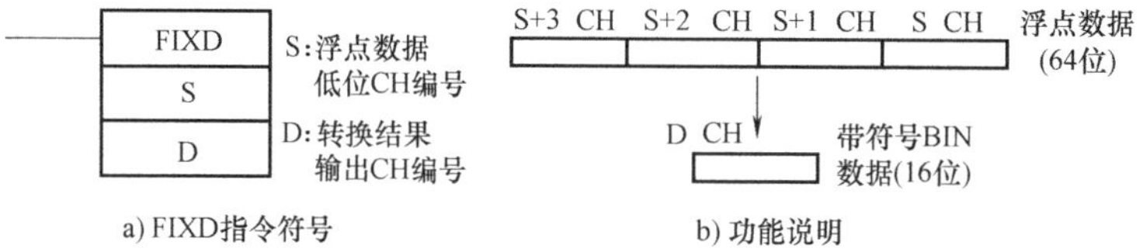

图 7-77 浮点［双］→16 位 BIN 转换（FIXD）指令

该指令（S+3、S+2、S+1、S）的内容取值范围为-32768~+32767。

2. 浮点［双］→32 位 BIN 转换

浮点［双］→32 位 BIN 转换（FIXLD）指令的 FUN 编号为 842，如图 7-78 所示。FIXLD 指令将 S 指定的双精度浮点数据（64 位）的整数部转换为带符号 32 位 BIN 数据，结果输出到指定通道 D+1、D，而小数部分舍去（如-2147483640.5→-2147483640）。

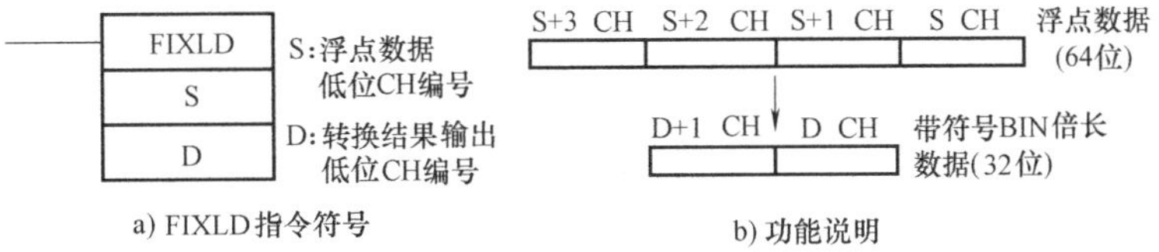

图 7-78 浮点［双］→32 位 BIN 转换（FIXLD）指令

该指令（S+3、S+2、S+1、S）的内容取值范围为-2147483648～+2147483647。

3. 16 位 BIN→浮点［双］转换

16 位 BIN→浮点［双］转换（DBL）指令的 FUN 编号为 843，如图 7-79 所示。DBL 指令将 S 指定的带符号 16 位 BIN 数据转换为浮点数据（64 位），结果输出到 D+3、D+2、D+1、D，同时结果的小数点之后 1 位为 0（如-3→-3.0）。

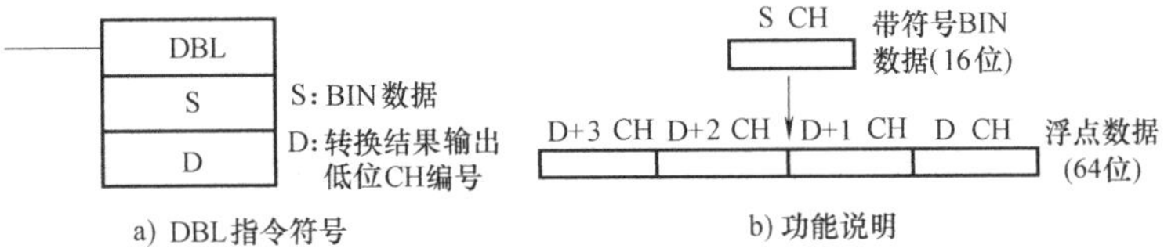

图 7-79 16 位 BIN→浮点［双］转换（DBL）指令

DBL 指令的 S 中可以指定-32768～32767 的范围内的 BIN 数据。

4. 32 位 BIN→浮点［双］转换

32 位 BIN→浮点［双］转换（DBL）指令的 FUN 编号为 844，如图 7-80 所示。DBL 指令将 S 指定的 32 位 BIN 数据转换为双精度浮点数据（64 位），结果输出到 D+3、D+2、D+1、D，同时结果的小数点之后 1 位为 0（如-16777215→-16777215.0）。

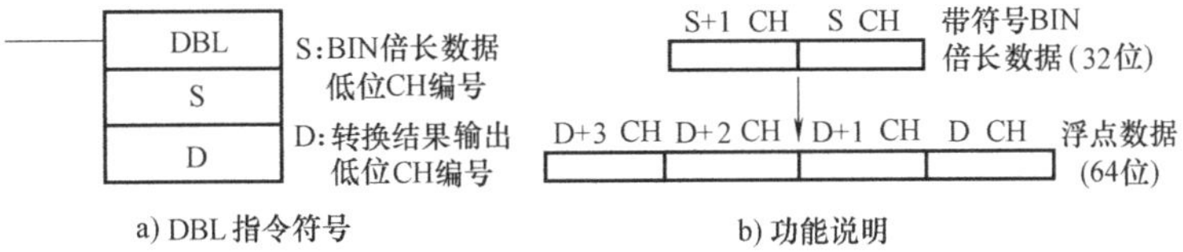

图 7-80 32 位 BIN→浮点［双］转换（DBL）指令

DBLL 指令的 S 中可以指定-2147483648～2147483647 的范围内的 BIN 倍长数据。

7.6.2 浮点［双］加法运算/浮点［双］减法运算/浮点［双］乘法运算/浮点［双］除法运算/角度［双］→弧度转换/弧度→角度［双］转换

1. 浮点［双］加法运算

浮点［双］加法运算（+D）指令的 FUN 编号为 845，如图 7-81 所示。+D 指令将 S1、S2 所指定的数据作为双精度浮点数据（64 位），进行加法运算，结果输出到 D+3、D+2、D+1、D。

+D、-D、*D、/D 中 S1 或 S2 非浮点数据时，ER 为 ON。结果溢出时 OF 为 ON，输出±∞；下溢时 UF 为 ON，输出浮点数据 0。

2. 浮点［双］减法运算

浮点［双］减法运算（-D）指令的 FUN 编号为 846，如图 7-82 所示。-D 指令将 S1、

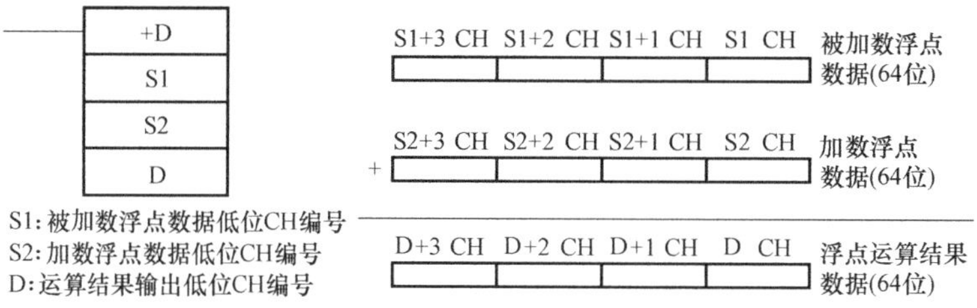

a)+D指令符号　　b)功能说明

图 7-81　浮点［双］加法运算（+D）指令

S2 指定的数据作为双精度浮点数据（64 位），进行从 S1 中减去 S2 的减法运算，结果输出到 D+3、D+2、D+1、D。

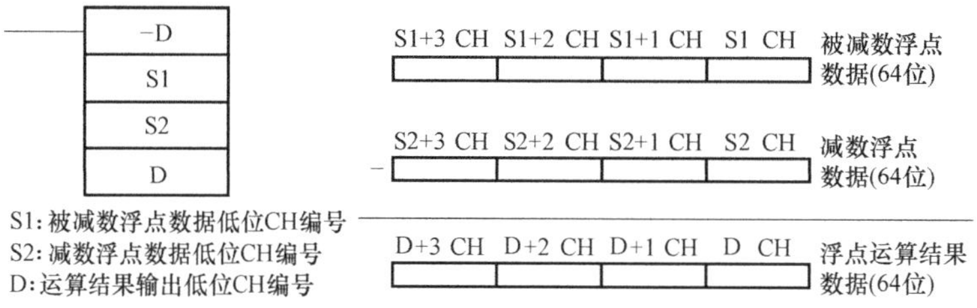

a)−D指令符号　　b)功能说明

图 7-82　浮点［双］减法运算（-D）指令

3. 浮点［双］乘法运算

浮点［双］乘法运算（＊D）指令的 FUN 编号为 847，如图 7-83 所示。＊D 指令将 S1 和 S2 指定的数据作为双精度浮点数据（64 位）进行乘法运算，结果输出到 D+3、D+2、D+1、D。

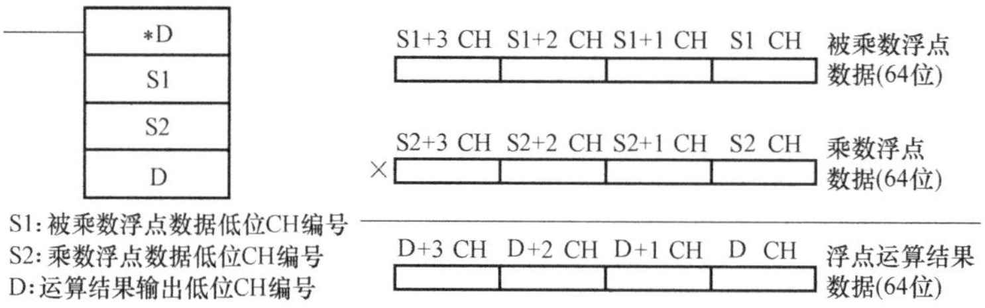

a)*D指令符号　　b)功能说明

图 7-83　浮点［双］乘法运算（＊D）指令

4. 浮点［双］除法运算

浮点［双］除法运算（/D）指令的 FUN 编号为 848，如图 7-84 所示。/D 指令将 S1、S2 指定的数据作为双精度浮点数据（64 位），以 S1 为被除数、S2 为除数，进行除法运算，结果输出到 D+3、D+2、D+1、D。

5. 角度［双］→弧度转换

角度［双］→弧度转换（RADD）指令的 FUN 编号为 849，如图 7-85 所示。RADD 指令将 S 指定的双精度浮点数据（64 位）所表示的角度数据从度（°）单位转换为弧度（rad）单位，结果输出到 D+3、D+2、D+1、D。

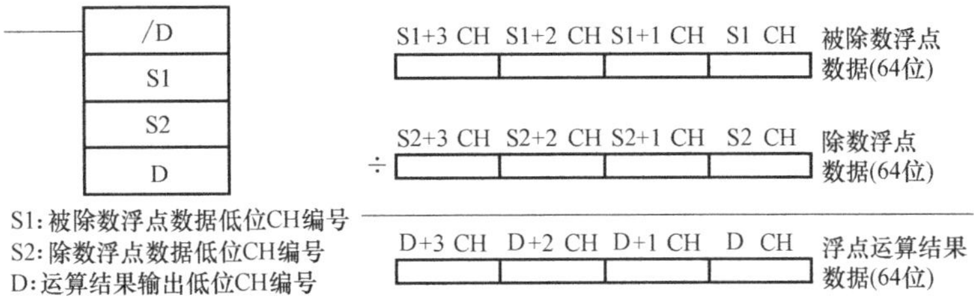

a) /D指令符号　b) 功能说明

图 7-84　浮点［双］除法运算（/D）指令

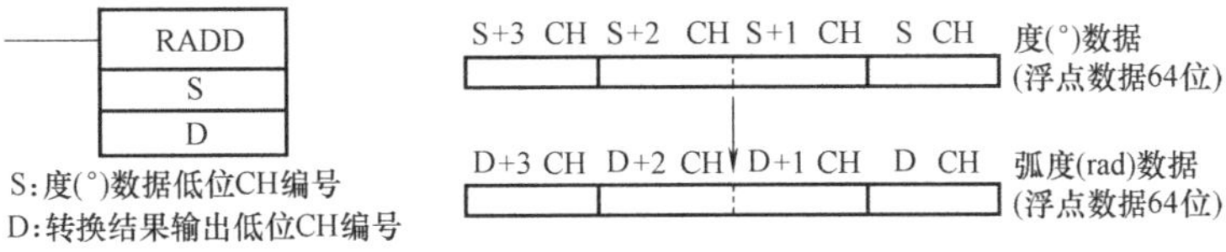

a) RADD指令符号　b) 功能说明

图 7-85　角度［双］→弧度转换（RADD）指令

从 RADD 指令的度转换为弧度，依据下式进行：S 度（°）×π/180＝弧度（rad）。RADD 或 DEGD 的 S 非浮点数据时，ER 为 ON，不执行指令。转换结果溢出时 OF 为 ON，输出 ±∞；下溢时 UF 为 ON，输出浮点数据 0。

6. 弧度→角度［双］转换

弧度→角度［双］转换（DEGD）指令的 FUN 编号为 850，如图 7-86 所示。DEGD 指令将 S 指定的双精度浮点数据（64 位）所表示的角度数据从弧度（rad）单位转换为度（°）单位，结果输出到 D+3、D+2、D+1、D。

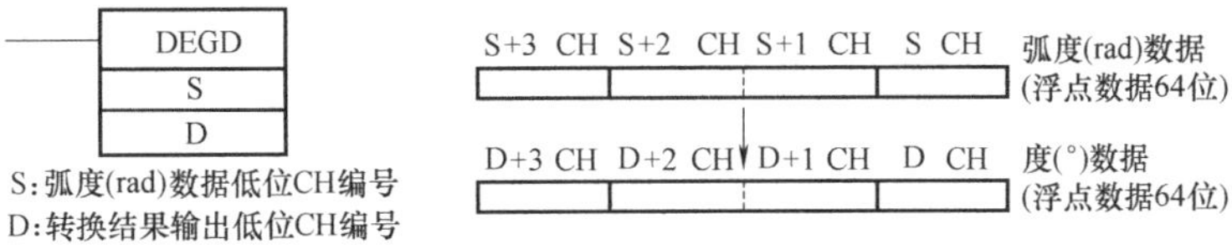

a) DEGD指令符号　b) 功能说明

图 7-86　弧度→角度［双］转换（DEGD）指令

从 DEGD 指令的弧度转换为度，依据下式进行：弧度（rad）×180/π＝度（°）。

7.6.3 正弦运算［双］/余弦运算［双］/正切运算［双］/反正弦运算［双］/反余弦运算［双］/反正切运算［双］

1. 正弦运算［双］

正弦运算［双］（SIND）指令的 FUN 编号为 851，如图 7-87 所示。SIND 指令，计算 S

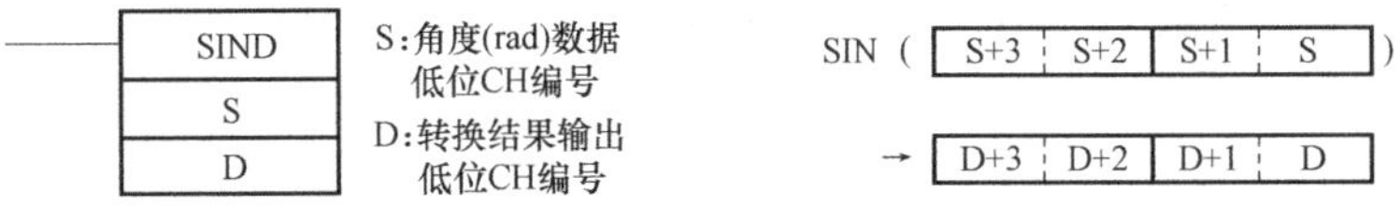

a) SIND指令符号　b) 功能说明

图 7-87　正弦运算［双］（SIND）指令

指定的双精度浮点数据（64 位）所表示的角度（弧度单位）的 SIN（正弦）值，结果输出到 D+3、D+2、D+1、D。

SIND/COSD/TAND 中的角度数据绝对值在 65536 以上时，出错标志 ER 为 ON，不执行指令。

2. 余弦运算［双］

余弦运算［双］（COSD）指令的 FUN 编号为 852，如图 7-88 所示。COSD 指令计算 S 指定的双精度浮点数据（64 位）所表示的角度（弧度单位）的 COS（余弦）值，结果输出到 D+3、D+2、D+1、D。

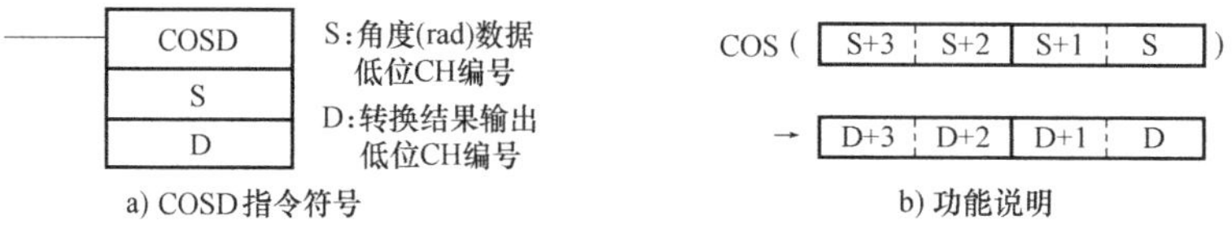

图 7-88　余弦运算［双］（COSD）指令

3. 正切运算［双］

正切运算［双］（TAND）指令的 FUN 编号为 853，如图 7-89 所示。TAND 指令计算 S 指定的双精度浮点数据（64 位）所表示的角度（弧度单位）的 TAN（正切）值，结果输出到 D+3、D+2、D+1、D。

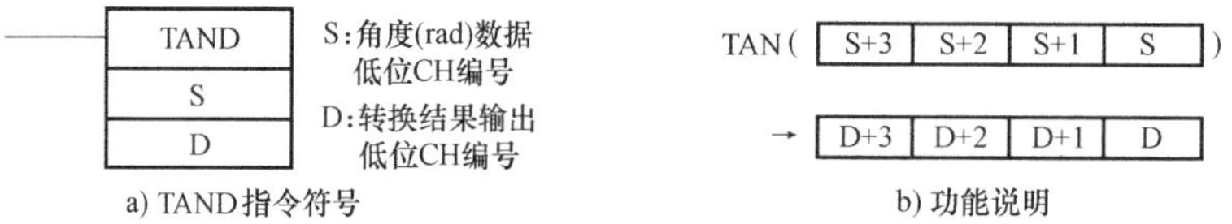

图 7-89　正切运算［双］（TAND）指令

4. 反正弦运算［双］

反正弦运算［双］（ASIND）指令的 FUN 编号为 854，如图 7-90 所示。ASIND 指令计算 S 指定的双精度浮点数据（64 位）所表示的 SIN（正弦）值（$-1.0\sim1.0$）的角度（弧度 $-\pi/2\sim\pi/2$），结果输出到 D+3、D+2、D+1、D。

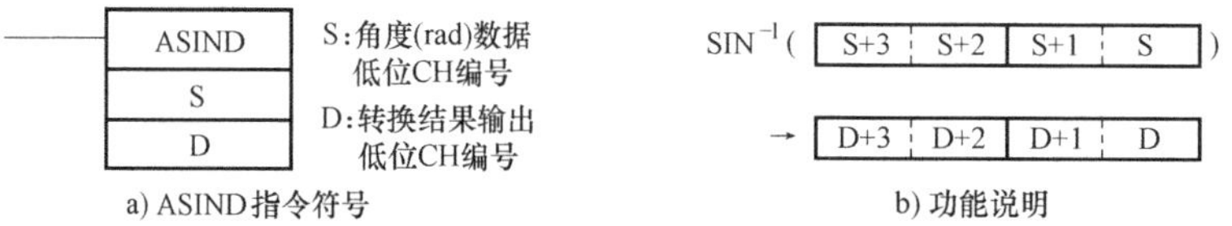

图 7-90　反正弦运算［双］（ASIND）指令

5. 反余弦运算［双］

反余弦运算［双］（ACOSD）指令的 FUN 编号为 855，如图 7-91 所示。ACOSD 指令计算 S 指定的双精度浮点数据（64 位）所表示的 COS（余弦）值（$-1.0\sim1.0$）的角度（弧度 $0\sim\pi$），结果输出到 D+3、D+2、D+1、D。

6. 反正切运算［双］

反正切运算［双］（ATAND）指令的 FUN 编号为 856，如图 7-92 所示。ATAND 指令计算 S 指定的双精度浮点数据（64 位）所表示的 TAN（正切）值（弧度 $-\pi/2\sim\pi/2$）的角

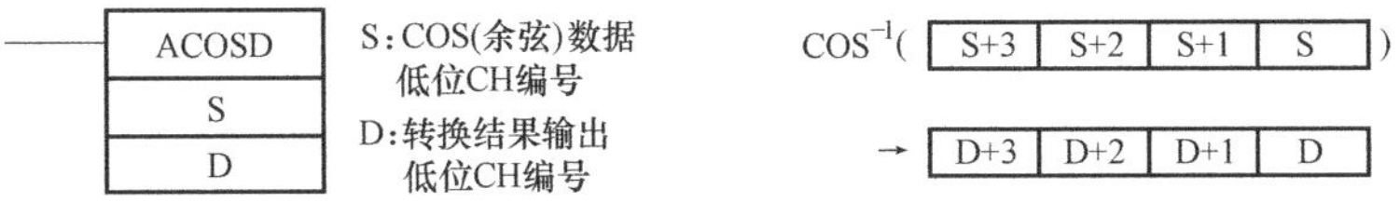

a) ACOSD指令符号　b) 功能说明

图 7-91　反余弦运算［双］（ACOSD）指令

度，结果输出到 D+3、D+2、D+1、D。

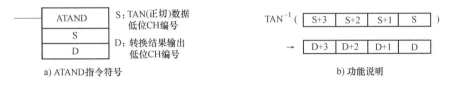

a) ATAND指令符号　b) 功能说明

图 7-92　反正切运算［双］（ATAND）指令

7.6.4　二次方根运算［双］/指数运算［双］/对数运算［双］/乘方运算［双］

1. 二次方根运算［双］

二次方根运算［双］（SQRTD）指令的 FUN 编号为 857，如图 7-93 所示。SQRTD 指令计算 S 指定的双精度浮点数据（64 位）所表示的输入数据的二次方根，结果输出到 D+3、D+2、D+1、D。

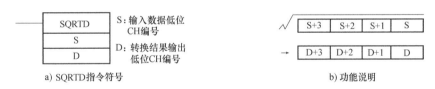

a) SQRTD指令符号　b) 功能说明

图 7-93　二次方根运算［双］（SQRTD）指令

输入数据 S 为负数或不作为浮点数据时，ER 为 ON，不执行指令。运算结果绝对值溢出时，OF 为 ON，输出+∞。

2. 指数运算［双］

指数运算［双］（EXPD）指令的 FUN 编号为 858，如图 7-94 所示。EXPD 指令计算 S 指定的双精度浮点数据（64 位）所表示的输入数据的以 e（2.718282）为底的指数，结果输出到 D+3、D+2、D+1、D。

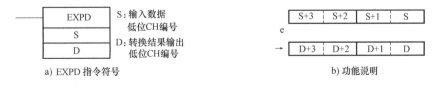

a) EXPD 指令符号　b) 功能说明

图 7-94　指数运算［双］（EXPD）指令

输入数据 S 不作为浮点数据时，ER 为 ON，不执行指令。运算结果绝对值溢出时，OF 为 ON，输出+∞；下溢时 UF 为 ON，输出浮点数据 0。

3. 对数运算［双］

对数运算［双］（LOGD）指令的 FUN 编号为 859，如图 7-95 所示。LOGD 指令计算 S 指定的双精度浮点数据（64 位）表示的输入数据的以 e（2.718282）为底的自然对数，结果输出到 D+3、D+2、D+1、D。

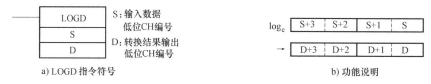

a) LOGD 指令符号　　b) 功能说明

图 7-95　对数运算［双］（LOGD）指令

输入数据 S 为负数或不作为浮点数据时，ER 为 ON，不执行指令。运算结果绝对值溢出时，OF 为 ON，输出±∞。

4. 乘方运算［双］

乘方运算［双］（PWRD）指令的 FUN 编号为 860，如图 7-96 所示。PWRD 指令将 S1、S2 指定的数据作为双精度浮点数据（64 位），进行以 S1 为底、S2 为指数的幂运算，结果输出到 D+3、D+2、D+1、D。

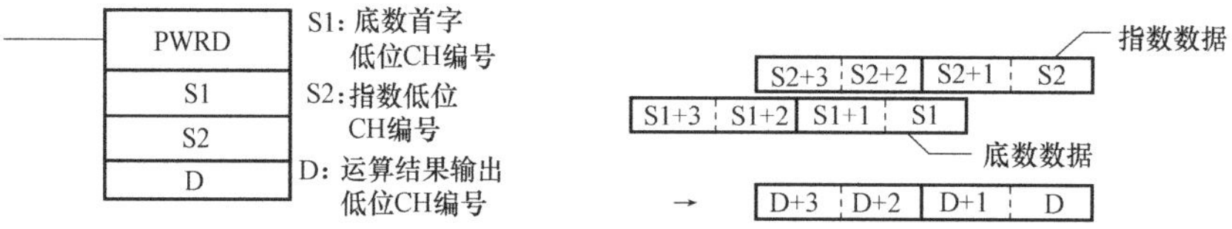

a) PWRD指令符号　　b) 功能说明

图 7-96　乘方运算［双］（PWRD）指令

底数 S1 或指数 S2 的内容不作为浮点数据、底数数据为 0 且指数在 0 以下、底数为负且指数不为整数时，ER 标志为 ON。运算结果的指数部和尾数部均为 0（浮点数据的 0）时，=标志为 ON；结果绝对值溢出时，OF 标志为 ON；结果下溢时，UF 标志为 ON；结果为负时，N 标志为 ON。

7.6.5　双精度浮点数据比较

双精度浮点数据比较（=D、<>D、<D、<=D、>D、>=D）指令的 FUN 编号为 335~340，如图 7-97 所示。=D、<>D、<D、<=D、>D、>=D（LD/AND/OR 型）指令比较 S1、S2 指定的双精度浮点数据（64 位），结果为真时，连接到下一段之后。连接型中有 LD（加载）连接、AND（串联）连接、OR（并联）连接三种。无法进行与常数的比较。

比较指令通过符号与选项（D：双精度）的组合，表示为 18 种类的助记符，见表 6-10。

LD、AND、OR三种连接型图例中，S1：比较数据1(64位)；S2：比较数据2(64位)

a) LD(加载)连接型　　b) AND(串联)连接型　　c) OR(并联)连接型

图 7-97　双精度浮点数据比较（=D、<>D、<D、<=D、>D、>=D）指令

第8章

子程序调用及中断控制指令

子程序把可能反复使用的程序编成独立的程序分段和分块，使其短小精悍、易于管理。中断程序暂时终止当前正在运行的程序，优先处理那些急需处理的事件，执行完毕再返回原先中止的程序并继续执行。

8.1 子程序指令

子程序指令有7种，见表8-1。

表8-1 CP系列的子程序调用指令

指令语句	助记符	FUN 编号	指令语句	助记符	FUN 编号
子程序调用	SBS	091	全局子程序调用	GSBS	750
宏	MCRO	099	全局子程序进入	GSBN	751
子程序进入	SBN	092	全局子程序回送	GRET	752
子程序返回	RET	093			

8.1.1 子程序调用/宏/子程序进入/子程序返回

1. 子程序调用

子程序调用（SBS）指令的FUN编号为091，如图8-1所示。SBS指令常与SBN（子程

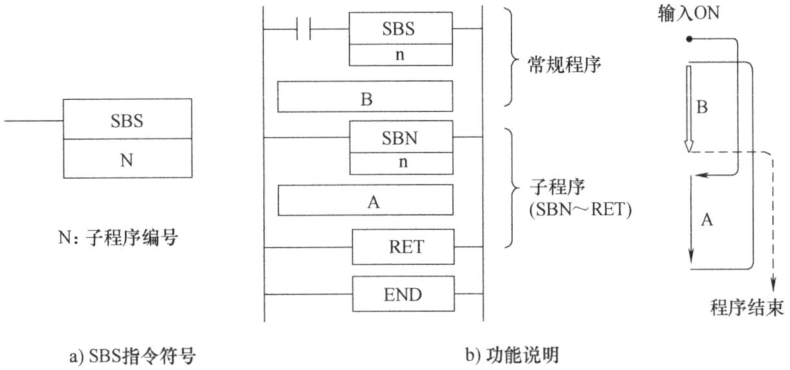

图8-1 子程序调用（SBS）指令

序进入）指令以及 RET（子程序回送）指令组合使用，调用 N（十进制 0~255）指定编号的子程序区域（SBN~RET 间）的程序。执行子程序区域，遇到 RET 后返回 SBS 的下一条指令，执行至 SBN 的前一指令为止。

子程序的嵌套最多为 16 层，所谓嵌套是指在子程序（SBN~RET）中进入了下一层子程序调用（SBS）后的状态。

可以多次调用同一子程序。子程序调用（SBS）指令和子程序进入（SBN）指令必须在同一任务内。通过 IL-ILC 指令进行互锁的过程中，SBS 指令进入 NOP 处理。

在同一周期内，多次执行同一子程序时，子程序内的输出微分型指令（DIFU、DIFD、带动作选项@、%指令）动作不固定；相反，执行子程序内的微分指令（DIFU、DIFD 指令），在该输出为 ON 的状态下，下一次开始不调用同一子程序的情况下，微分指令（DIFU、DIFD 指令）的输出保持 ON，而不发生 OFF。

2. 宏

宏（MCRO）指令的 FUN 编号为 099，如图 8-2 所示，MCRO 指令用于带参数的子程序调用，也与 SBN 以及 RET 组合使用，调用编号 N（十进制 0~255）的子程序区域（SBN~RET 间）的程序。与 SBS 不同，根据 S 指定的参数数据和 D 指定的返值数据，可以进行与子程序区域程序的数据传递。由此，可以作为仅改变一个子程序区域程序的地址的多个回路分开使用。

将 S~S+3 CH 的数据复制到 A600~A603 CH（MCRO 指令用参数区域），调用编号 N 的子程序。将 A600~A603 CH 的数据作为输入数据，执行将 A604~A607 CH（MCRO 指令用返值区域）作为输出数据的子程序后，将 A604~A607 CH 的数据复制到 D~D+3 CH，返回 MCRO 指令的下一个指令。

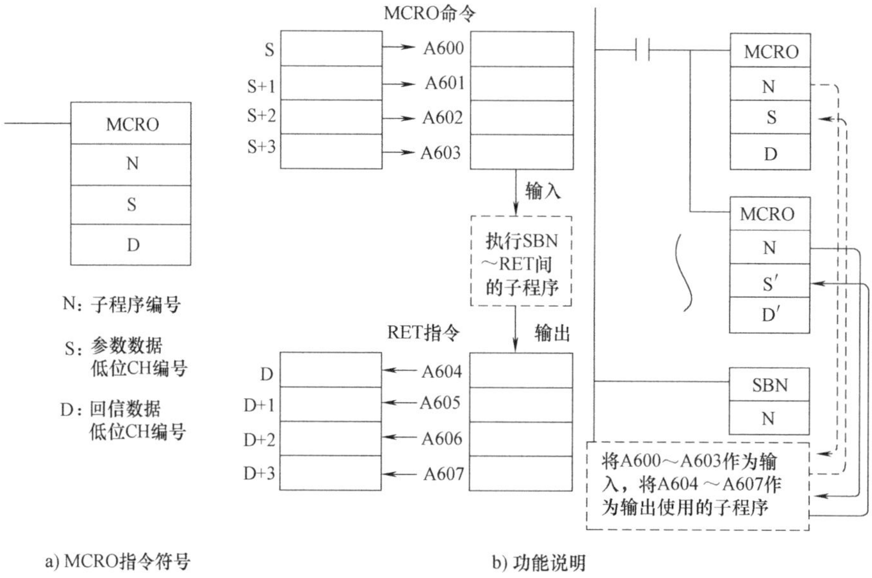

图 8-2　宏（MCRO）指令

MCRO 指令可以嵌套，但参数区域（A600~A603）以及返值区域（A604~A607）分别只有一个，嵌套时必须有数据退避处理的程序。

相同动作模式下，存在仅地址不同（其他全部相同）的多个回路时，若使用 MCRO（宏）指令，则可以将这些多个回路汇总到多个 MCRO 指令和一个回路。

3. 子程序进入

子程序进入（SBN）指令的 FUN 编号为 092，如图 8-3 所示。SBN 指令必须与 RET、SBS 或 MCRO 等指令组合使用，和 RET 一起定义子程序区域，显示编号 N（十进制 0~255）的子程序区域的开始。最初的 SBN 指令以后为子程序区域，子程序区域只能通过 SBS 指令或 MCRO 指令执行。

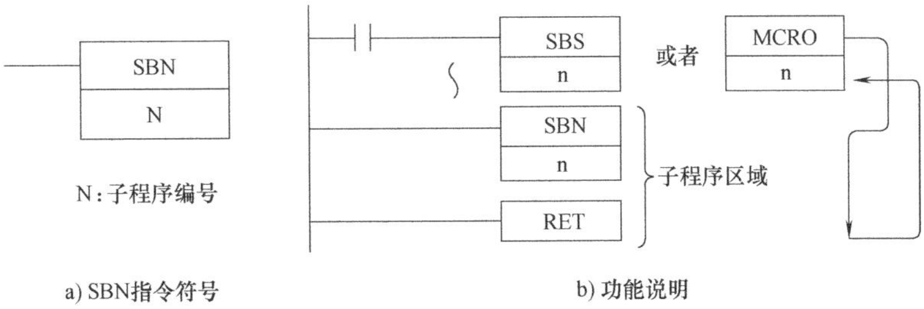

图 8-3　子程序进入（SBN）指令

当未执行子程序时，该指令进行 NOP 处理。

4. 子程序返回

子程序返回（RET）指令的 FUN 编号为 093，如图 8-4 所示。RET 指令必须与 SBN、SBS 或 MCRO 等指令组合使用，和 SBN 一起定义子程序区域。RET 用于结束子程序区域的执行，返回调用源 SBS 指令或者 MCRO 指令的下一个指令。通过 MCRO 指令调用子程序时，将 A604~A607 CH（返值区域）的值写入 D 所指定的返值数据低位 CH 编号之后。

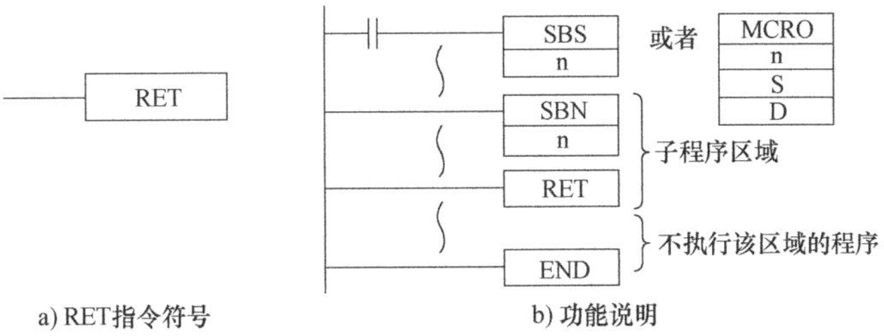

图 8-4　子程序返回（RET）指令

必须将子程序区域（SBN~RET）配置在分配于各任务中的各程序的最后（END 指令）之前（存在多个子程序时汇总）、常规程序之后。如果在子程序区域（SBN~RET）之后已配置常规程序，则不执行该常规程序，转成无效。

可将子程序区域配置在中断任务（分配的程序）中，但工序步进指令（STEP、SNXT）无法在子程序区域内使用。

8.1.2　全局子程序调用/全局子程序进入/全局子程序返回

1. 全局子程序调用

全局子程序调用（GSBS）指令的 FUN 编号为 750，如图 8-5 所示。GSBS 指令必须与

GSBN（全局子程序进入）指令以及GRET（全局子程序返回）指令组合使用，调用编号N（十进制0~255）的全局子程序区域（GSBN~GRET间）的程序。全局子程序区域执行结束后，返回GSBS指令的下一个指令。将GSBS指令记述在多个任务中，可以调用同一编号的全局子程序，通过将任务共通的标准回路作为全局子程序，可以事先进行程序的模块化。

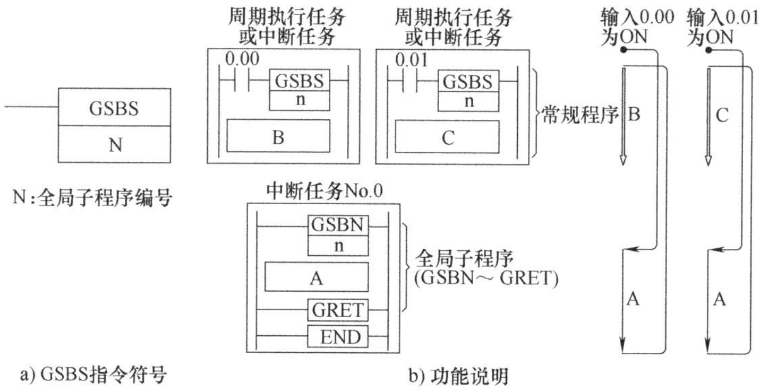

图8-5　全局子程序调用（GSBS）指令

全局子程序区域（GSBN~GRET）可以仅定义于中断任务No.0，定义于其他任务中时将会发生生错误（ER=ON）。同时，GSBS指令可以记述在周期执行任务以及中断任务（包括追加任务）的任意任务中，也可以在中断任务No.0内定义（记述）多个（GSBN~GRET）。

子程序区域（SBN~RET）、全局子程序区域（GSBN~GRET）内记述SBS或者GSBS指令，也可以嵌套最多16层的子程序以及全局子程序。

2. 全局子程序进入

全局子程序进入（GSBN）指令的FUN编号为751，如图8-6a所示。GSBN指令表示编号为N（十进制0~255）的全局子程序区域的开始。最初的GSBN指令之后转成全局子程序区域，全局子程序区域只能通过GSBS指令执行。

3. 全局子程序返回

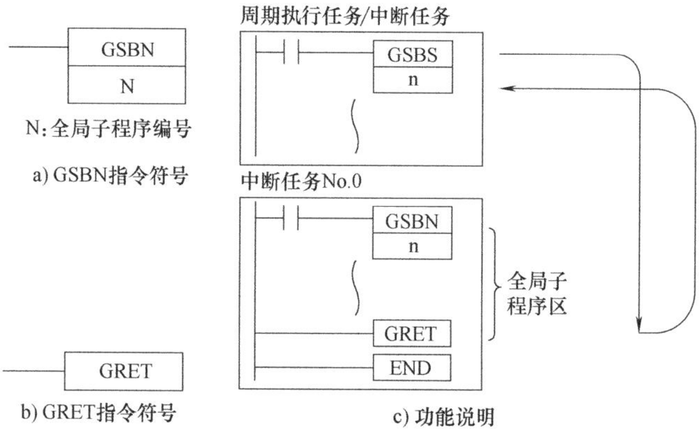

图8-6　全局子程序GSBN和GRET指令

全局子程序返回（GRET）指令的FUN编号为752，如图8-6b所示。GRET指令用来结束全局子程序区域的执行，返回调用源GSBS指令的下一指令。不执行全局子程序时，进行NOP处理。

全局子程序区域（GSBN~GRET）必须配置在中断任务No.0中，该区域之后如配置常规程序，则不会执行，转为无效。工序步进指令（STEP、SNXT）不能在全局子程序区域内使用。

8.2 中断控制指令

中断控制指令有 5 种，见表 8-2。

表 8-2 CP 系列的中断控制指令

指令语句	助记符	FUN 编号	指令语句	助记符	FUN 编号
中断屏蔽设置	MSKS	690	中断任务执行禁止	DI	693
中断屏蔽前导	MSKR	692	解除 中断任务执行禁止	EI	694
中断解除	CLI	691			

8.2.1 中断屏蔽设置/中断屏蔽前导

1. 中断屏蔽设置

中断屏蔽设置（MSKS）指令的 FUN 编号为 690，如图 8-7 所示。MSKS 指令对是否能执行输入中断任务及定时中断任务进行控制。在 PLC 进入 RUN 模式时，作为输入中断任务启动主要因素的中断输入被屏蔽（禁止接收），作为定时中断任务启动主要因素的内部计时器处于停止状态。通过执行 MSKS 指令，可以屏蔽或允许输入中断或设定定时中断的定时间隔。

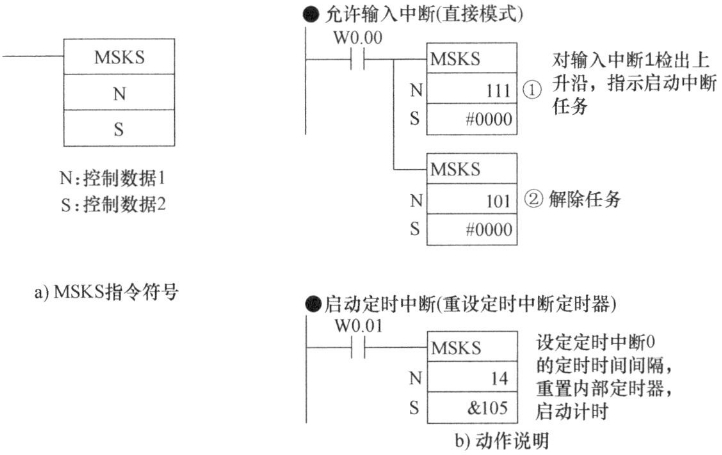

图 8-7 中断屏蔽设置（MSKS）指令

通过 N 的值来指定是将输入中断作为对象，还是将定时中断任务作为对象。输入中断时，N=100~107，110~117 或 6~13；定时中断时，N=4，14。必须将定时中断任务的时间间隔设定长于中断任务实际执行所需要的时间。

（1）输入中断时　用 N 来指定输入中断编号，用 S 设定动作。输入中断 0~7 对应中断任务 No. 140~147，数据内容有中断输入的上升沿/下降沿指定时、屏蔽解除/屏蔽指定时。

（2）定时中断时　用 N 指定定时中断编号和启动方法，用 S 指定定时中断时间（中断的间隔）。N 为 14 时，复位开始指定，即将内部时间值复位后开始计时；N 为 4 时，非复位开始指定，另外需要用 CLI 指令来设定初次中断开始时间。S 为 0（0000Hex）时，禁止执行定时中断（内部计时器停止）。PLC“定时中断单位时间设定”有：10ms 时 1～9999（0001～270F Hex），10～99990ms；1ms 时 1～9999（0001～270F Hex），1～9999ms；0.1ms 时 5～9999（0005～270F Hex），0.5～999.9ms。

2. 中断屏蔽前导

中断屏蔽前导（MSKR）指令的 FUN 编号为 692，如图 8-8 所示。MSKR 指令读取通过 MSKS 指令指定的中断控制的设定。

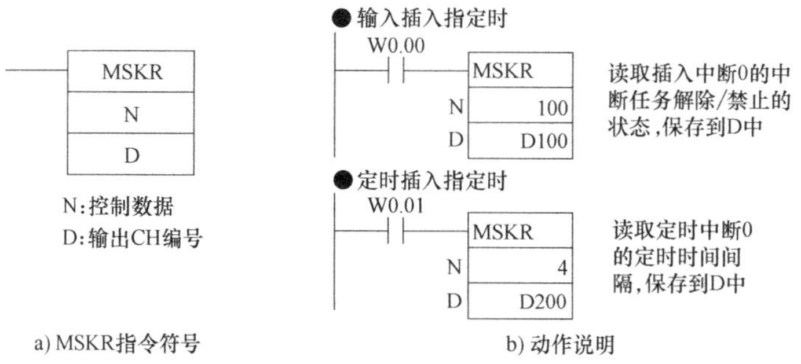

图 8-8　中断屏蔽前导（MSKR）指令

同样通过 N 的值来指定是将输入中断作为对象，还是将定时中断作为对象。

（1）输入中断时　用 N 指定输入中断编号，用 D 读取设定内容。

（2）定时中断时　用 N 指定定时中断编号和读取数据的种类，在 D 中指定包括该值在内的频道。

8.2.2　中断解除/中断任务执行禁止/中断任务执行禁止解除

1. 中断解除

中断解除（CLI）指令的 FUN 编号为 691，如图 8-9 所示。CLI 指令根据 N 的值来指定是进行输入中断主要因素的记忆解除/保持，还是进行定时中断的初次中断开始时间设定，或者高速计数器中断主要因素的记忆解除/保持。

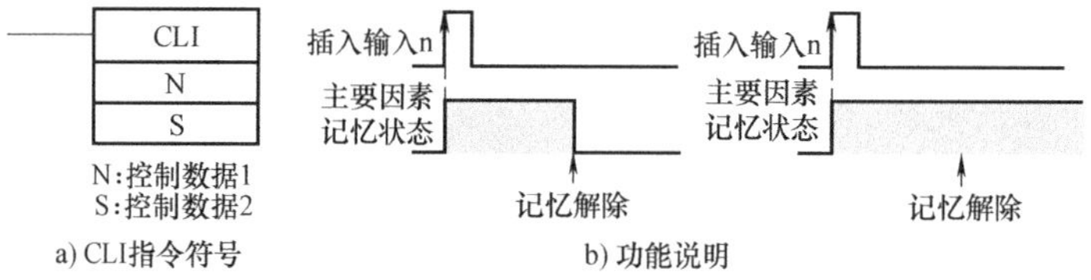

图 8-9　中断解除（CLI）指令

（1）输入中断（N=100～107 或 N=6～9）　用 N 指定输入中断编号，用 S 指定动作，即通过 S 来解除或保持用 N 指定的输入中断编号相对应的中断要因的记忆状态。

（2）定时中断（N=4）　用 N 指定定时中断编号，用 S 指定初次中断开始时间。

（3）高速计数器中断（N=10～13）　用 N 指定高速计数器中断编号，通过 S 来解除或保持用 N 指定编号的高速计数器中断的中断要因（目标值一致或带域比较）的记忆状态。

2. 中断任务执行禁止

中断任务执行禁止（DI）指令的 FUN 编号为 693，如图 8-10 所示。DI 指令在周期执行任务中使用，禁止所有中断任务（输入中断任务、定时中断任务、高速计数器中断任务、外部中断任务）的执行。在执行解除禁止中断任务执行（EI）之前的时间段内，在中断任务的执行暂停时使用。

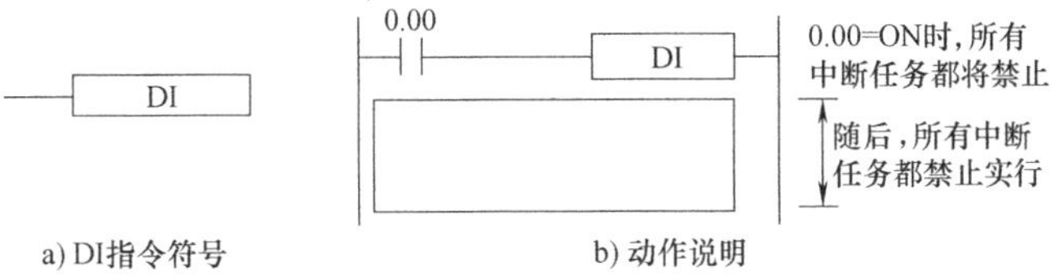

图 8-10 中断任务执行禁止（DI）指令

DI 指令在中断任务内不可执行，DI 使所有中断任务处于执行禁止，但无法进行超越周期执行任务的禁止。需要在多个周期执行任务中进行禁止的情况下，可在各个周期执行任务中输入 DI 指令，但在一个周期执行任务执行过程中发生的中断只要不通过 CLI 指令解除中断主要因素的记忆，都将在周期执行任务终止后执行。

3. 解除中断任务执行禁止

解除中断任务执行禁止（EI）指令的 FUN 编号为 694，如图 8-11 所示。EI 指令在周期执行任务内使用，解除 DI（禁止执行中断任务）指令禁止的所有中断任务（输入、定时、高速计数器、外部）的执行禁止。

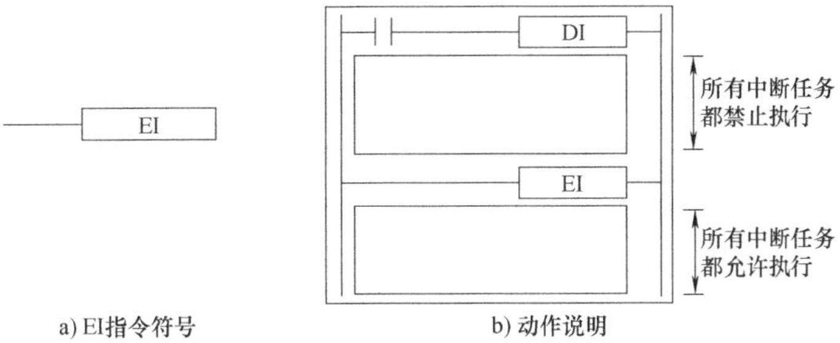

图 8-11 解除中断任务执行禁止（EI）指令

EI 指令无需输入条件（功率流）；EI 能解除通过 DI 暂时禁止的状态，但在中断任务内不可执行，否则出错（ER=ON）。

第9章

I/O单元指令和高速计数/脉冲输出指令

9.1 I/O 单元指令

I/O 单元用指令共有 10 种，见表 9-1。

表 9-1 CP 系列的 I/O 单元用指令

指令语句	助记符	FUN 编号	指令语句	助记符	FUN 编号
I/O 刷新	IORF	097	矩阵输入	MTR	213
七段解码器	SDEC	078	七段显示	7SEG	214
数字式开关	DSW	210	智能 I/O 读出	IORD	222
十键输入	TKY	211	智能 I/O 写入	IOWR	223
十六键输入	HKY	212	CPU 高功能单元每次 I/O 刷新	DLNK	226

9.1.1 I/O 刷新//七段解码器/数字式开关/十键输入/十六键

1. I/O 刷新

I/O 刷新（IORF）指令的 FUN 编号为 097，如图 9-1 所示。IORF 指令刷新 D1（低位）~D2（高位）的 I/O 通道数据，刷新对象是 CPM1A 系列的扩展 I/O 单元和扩展单元，以及在 CJ 单元适配器中连接的 CJ 系列高功能 I/O 单元。对于 CPM1A 系列扩展（I/O）单元只刷新指定通道；指定 CJ 系列高功能 I/O 单元继电器区域时，如果该号机 No. 的分配区

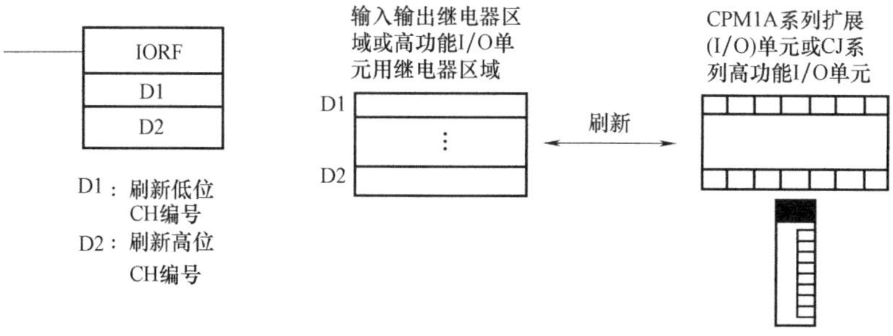

a) IORF指令符号　　b) 功能说明

图 9-1 I/O 刷新（IORF）指令

域（10 CH）的开头通道包含在指定范围内，则刷新该分配区域中的全部的 10 CH。

对于 CPU 内置的输入/输出区域，IORF 指令执行为无效；对于 CPU 内置的模拟信号输入/输出（只有 XA 型）的区域，由 IORF 指令以及带每次刷新选项指令的刷新为无效。在刷新对象范围（D1~D2）内，对于没有安装 CPM1A 系列扩展（I/O）单元或 CJ 系列高功能 I/O 单元的通道来说不进行任何处理，只对安装的单元进行刷新处理。超越输入/输出继电器区域（0000~0199 CH）和高功能 I/O 单元继电器区域（2000~2959 CH）的指定为出错；在由 IORF 指令的 I/O 刷新处理中发生 I/O 总线异常时，中止 I/O 刷新处理；在 D1>D2、D1 和 D2 为不相同区域种类时出错，ER 标志为 ON。

2. 七段解码器

七段解码器（SDEC）指令的 FUN 编号为 078，如图 9-2 所示。SDEC 指令把 S 指定的数据看成 4 位 HEX 数据，将转换开始位编号（K）指定的位数据（0~F Hex）转换成 8 位的七段码数据，结果输出到从 D 指定位置开始到高位 CH 侧（共 8 位单位）。

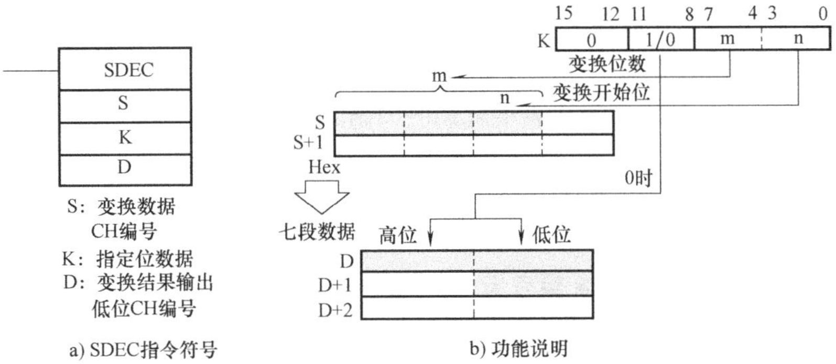

图 9-2 七段解码器（SDEC）指令

操作数 K 的位 0~3（n）是变换数据 CH（S）的变换开始位编号，0Hex 指位 0（S 的位 0~3），1Hex 指位 1（S 的位 4~7），2Hex 指位 2（S 的位 8~11），3Hex 指位 3（S 的位 12~15）；K 的位 4~7（m）是解码位数，0~3Hex 分别表示位 1~4 位；K 的位 8~11（1/0）是指变换结果输出低位 CH 的输出位置，0Hex 为低 8 位，1Hex 为高 8 位；K 的位 12~15 固定为 0Hex。

3. 数字式开关

数字式开关（DSW）指令的 FUN 编号为 210，如图 9-3 所示。DSW 指令向 O 指定 CH 的位 00~04 输出控制信号，在 I 指定 CH 内的外部数字开关的数据线（低 4 位 D0~3、高 4 位 D4~7）中，读取由 C1 指定的位长度（8 位或 4 位），当 4 位时保存到 D CH 中，8 位时保存到 D、D+1 CH 中。DSW 指令在 CPU 的 16 周期内执行一次，读取外部数字开关（或拨码开关）的 4 位或 8 位的设定值。如果每 16 周期控制信号进行一个循环，则一个循环标志（O CH 位 05）为一个周期时为 ON。

操作数 I：通常指定输入继电器的输入单元分配 CH，将数字开关的数据线 D0~D3 连接到该输入单元。第 0~3 位为低 4 位，第 4~7 位为高 4 位，第 8~15 位闲置。

操作数 O：通常指定输出继电器的输出单元分配 CH，将数字开关的控制信号（CS 信号以及 RD 信号）连接到该输出单元。第 0~3 位为 CS 信号，第 4 位为读出信号 RD0，第 5 位为一个循环标志，第 6~15 位闲置。

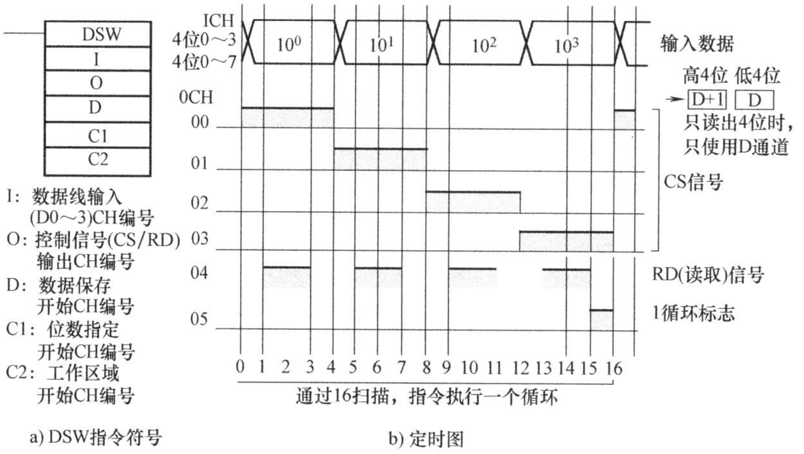

图 9-3 数字式开关（DSW）指令

操作数 D：指定保存外部数字开关设定值的开始 CH 编号。D 的第 0~3，4~7，8~11，12~15 位分别为位 1~4；D+1 的第 0~3，4~7，8~11，12~15 位分别为位 5~8。

操作数 C1：从外部数字开关中读取数据时的指定位数，0000Hex 时读取 4 位，0001Hex 时读取 8 位。

操作数 C2：为工作区域，DSW 指令专用该 1CH，不能用其他指令来读写。

4. 十键输入

十键输入（IKY）指令的 FUN 编号为 211，如图 9-4 所示。IKY 指令随着 I 指定 CH 内的外部 10 键区数据的变化，按顺序读取变后数值（0~9），将最大为 8 位长的数值（BCD 数据）保存到 D1（低 4 位）、D1+1（高 4 位）中，另外将每次读取十键时的变化保存到 D2 中。

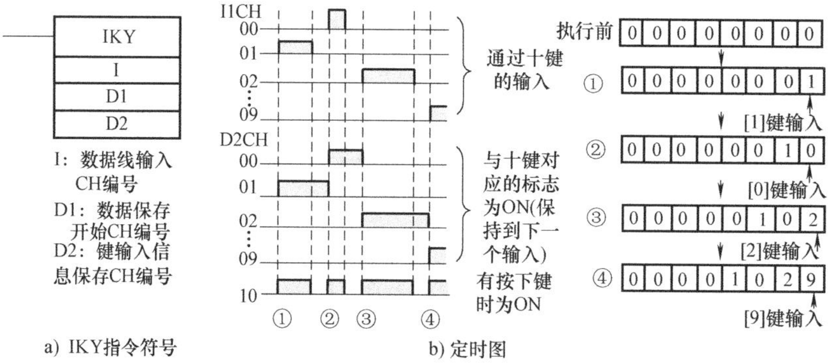

图 9-4 十键输入（IKY）指令

操作数 I：通常指定输入继电器的输入单元分配 CH，将外部十键区的数据线 0~9 连接到该输入单元，I 的位 00~09 对应数字按键 0~9，位 10~15 闲置。

操作数 D1：从十键区中保存最大 8 位的数值，指定开始通道编号。

操作数 D2：根据十键区的输入状态，与十键 0~9 相对应的位 00~09 为 ON 或 OFF。按任何键时，位 10 变为 ON，位 11~15 闲置。

5. 十六键输入

十六键输入（HKY）指令的 FUN 编号为 212，如图 9-5 所示。HKY 指令将选择控制信号输出到 O 指定 CH 的位 00~03，从 I 指定 CH 内的位 00~03 中按顺序读取数据，将最大 8 位的数值（十六进制数据）保存在 D 之后。HKY 指令按 CPU 每 3~12 周期来执行一次，读取一个键的状态。还有根据读取时的十六键的按下状态，与 D+2 对应的位为 ON/OFF。

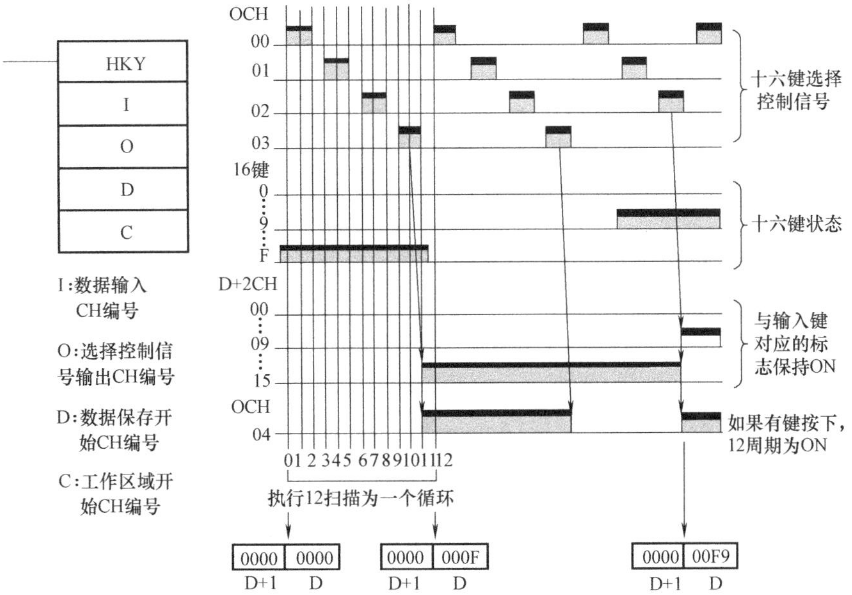

a) HKY指令符号　　b) 定时图

图 9-5　十六键输入（HKY）指令

操作数 I：通常指定输入继电器的输入单元分配 CH，将十六键盘的数据线 0~3 连接到该输入单元的位 0~3，而位 4~15 闲置。

操作数 O：通常指定输出继电器的输出单元分配 CH，将十六键盘的选择控制信号连接到该输出单元的位 0~3，而位 4~15 闲置。

操作数 D：D、D+1 保存来自十六键盘的最大 8 位数值，指定开始通道编号；D+2 的 15 个位和十六键 0~15 的状态对应。

操作数 C：指定为工作区域使用的通道编号，HKY 指令专用该 1CH，不能做其他用途。

9.1.2　矩阵输入/七段显示//智能 I/O 读出//智能 I/O 写入//CPU 高功能单元每次 I/O 刷新

1. 矩阵输入

矩阵输入（MTR）指令的 FUN 编号为 213，如图 9-6 所示。MTR 指令将选择信号输出到 O 指定 CH 的位 00~07，从 I 指定 CH 内的位 00~07 中，顺序地读取数据，作为 64 点数据（4 CH）保存在 D 之后。MTR 指令在 CPU 的 24 周期中执行一次，读取一个矩阵的状态。另外在每 24 周期中，数据选择用信号进行一个循环时，扫描循环标志（O CH 位 08）为一周期 ON。

操作数 I（或 O）：通常指定输入（出）继电器的输入（出）单元分配 CH，将 8 点输入（出）信号连接到该输入（出）单元中。I（或 O）的位 00~07 和输入（出）元件的输入（出）接点 0~7 对应，位 08~15 闲置。

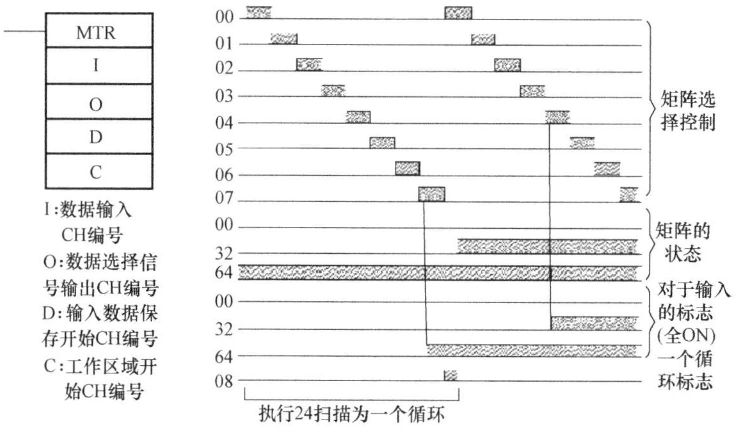

a) MTR指令符号　　b) 定时图

图 9-6　矩阵输入（MTR）指令

操作数 D：保存来自 8 点×8 列的接点（矩阵）的 64 点数据（4 CH），指定开始通道编号。D 的位 00~15 和矩阵的 0~15 对应；D+1 的位 00~15 和矩阵的 16~31 对应；D+2 的位 00~15 和矩阵的 32~47 对应；D+3 的位 00~15 和矩阵的 48~63 对应。

操作数 C：指定作为工作区域使用的通道编号，MTR 指令专用该 1 CH，不能挪作他用。

2. 七段显示

七段显示（7SEG）指令的 FUN 编号为 214，如图 9-7 所示。7SEG 指令基于 C 指定的显示位数以及输出逻辑，将 S 指定的 4 位（S CH）或 8 位（S、S+1 CH）BCD 数据转换成七段显示器用数据（低 4 位、高 4 位、互锁输出信号 LE0~LE3），输出到 O。7SEG 指令在每个 CPU 的 12 周期中执行一次，输出七段显示器用数据。每 12 周期中，互锁输出信号循环一周时，一周循环标志（4 位指定时 O CH 位 08、8 位指定时 O CH 位 12）为一个周期 ON。

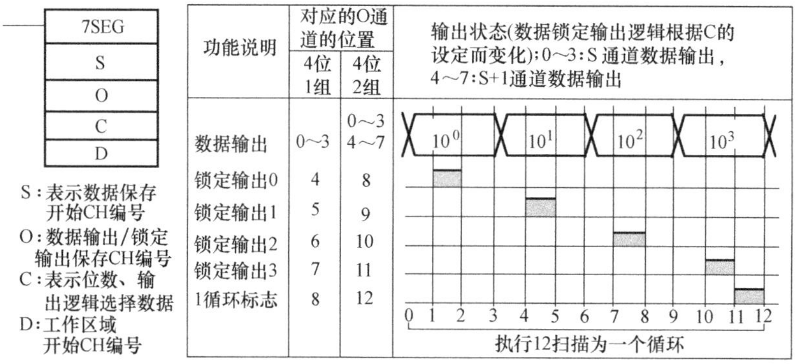

a) 7SEG符号　　b) 定时图

图 9-7　七段显示（7SEG）指令

操作数 S：指定保存七段显示器用数据的开始通道编号，S 的第 0~15 位对应位 1~4，S+1 的第 0~15 位对应位 5~7。

操作数 O：通常指定输出继电器的输出单元分配 CH，将七段显示器连接到该输出单元。4 位时：O0~3=D0~3，O4~7=LE0~3（锁定输出）；8 位时：低 4 位 O0~3=D0~3，高 4 位 O4~7=D0~3，O8~11=LE0~3。

操作数 C：选择显示位数是 4 位（0~3）还是 8 位（4~7），以及选择七段显示器的数据输入侧和使用输出单元侧相互之间的逻辑［晶体管输出的负逻辑（NPN）/正逻辑（PNP）］是相同还是不相同，可指定 000~0007 中的任何一个。

操作数 D：指定作为工作区域使用的通道编号，7SEG 指令专用该 1CH，不能做其他用途。

3. 智能 I/O 读出

智能 I/O 读出（IORD）指令的 FUN 编号为 222，如图 9-8 所示。IORD 指令在 W 指定的单元号中，读取要传送的 CH 长度的指定的由 CJ 单元适配器连接的 CJ 系列高功能 I/O 单元或 CPU 总线单元的内存区域的内容，输出到 D 中。IORD/IOWR 指令仅可用于 CP1H CPU，CP1L CPU 中不可使用。

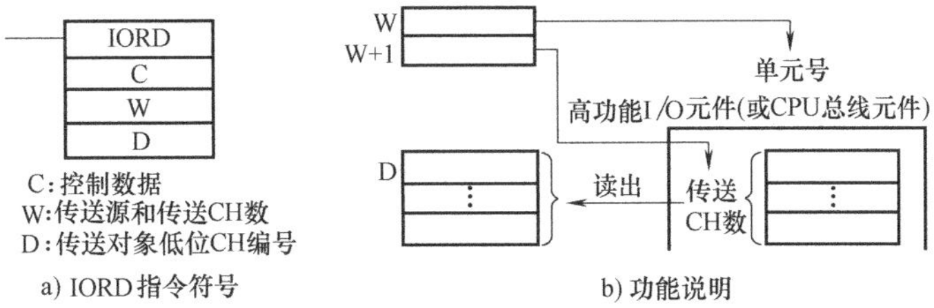

图 9-8　智能 I/O 读出（IORD）指令

C：控制数据，根据高功能 I/O 单元或 CPU 总线单元而不同。

W：为高功能 I/O 单元时，由 0000~005F Hex（0~95）指定单元号 No. 0~95；为 CPU 总线单元时，由单元编号+8000Hex（8000~800F Hex）指定单元号 0~F。

W+1：根据传送 CH 数 0001~0080Hex 高功能 I/O 单元或 CPU 总线单元而不同。

4. 智能 I/O 写入

智能 I/O 写入（IOWR）指令的 FUN 编号为 223，如图 9-9 所示。IOWR 指令由 S 的传送源低位 CH 编号将传送 CH（W）长度的数据输出到由 W 指定单元号的高功能 I/O 单元（或 CPU 总线单元）的内存区域。作为对象的高功能 I/O 单元（或 CPU 总线单元）仅仅是安装在 CPU 上以及增设装置上的单元而已。

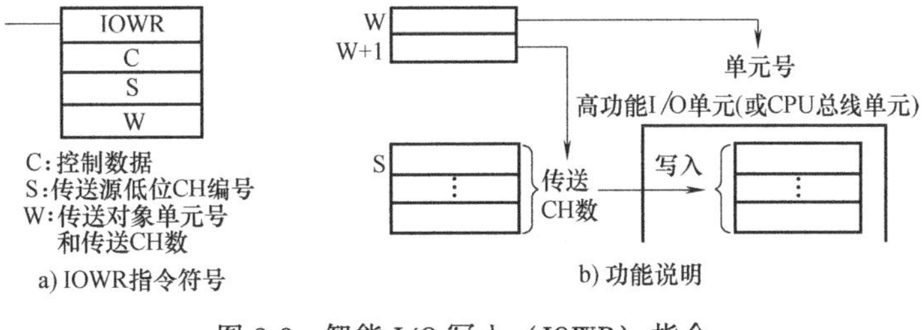

图 9-9　智能 I/O 写入（IOWR）指令

IOWR 指令中的 C、W、W+1 与 IORD 指令中的 C、W、W+1 相同。

5. CPU 高功能单元每次 I/O 刷新

CPU 高功能单元每次 I/O 刷新（DLNK）指令的 FUN 编号为 226，如图 9-10 所示。DLNK 指令执行由 N 指定单元编号的 CJ 系列 CPU 总线单元的以下①②的每次 I/O 刷新。①CPU 总线单元分配继电器区域（25 CH）以及分配 DM 区域（100 CH）的 I/O 刷新；

②Controller Link 数据链接、DeviceNet 远程 I/O 通信等单元固有的刷新（和①一起执行）。DLNK 指令仅可用于 CP1H CPU，而 CP1L CPU 中不可使用。

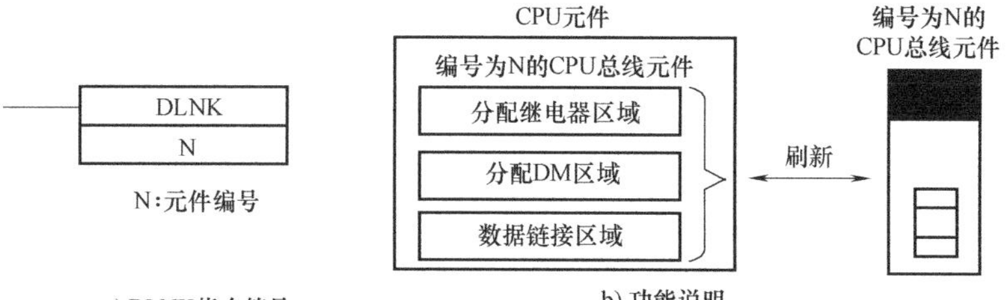

a) DLNK指令符号　　b) 功能说明

图 9-10　CPU 高功能单元每次 I/O 刷新（DLNK）指令

DLNK 指令进行的刷新是 CPU 和 CJ 系列 CPU 总线单元之间的刷新。高频地执行 DLNK 指令时不能刷新，建议在通信周期以下的周期中不执行该指令。对于发生 CPU 总线单元异常（A402.07 为 ON）或 CPU 总线单元设定异常（A402.03 为 ON）的单元不进行 I/O 刷新处理。

9.2　高速计数/脉冲输出指令

高速计数/脉冲输出指令共有 10 种，见表 9-2。

表 9-2　CP 系列的高速计数/脉冲输出指令

指令语句	助记符	FUN 编号	指令语句	助记符	FUN 编号
动作模式控制	INI	880	脉冲量设置	PULS	886
脉冲当前值读取	PRV	881	定位	PLS2	887
脉冲频率转换	PRV2	883	频率加减速控制	ACC	888
比较表登录	CTBL	882	原点搜索	ORG	889
快速脉冲输出	SPED	885	脉宽调制输出	PWM	891

9.2.1　动作模式控制/脉冲当前值读取/脉冲频率转换/比较表登录

1. 动作模式控制

动作模式控制（INI）指令的 FUN 编号为 880，如图 9-11 所示。INI 指令对于 C1 指定的

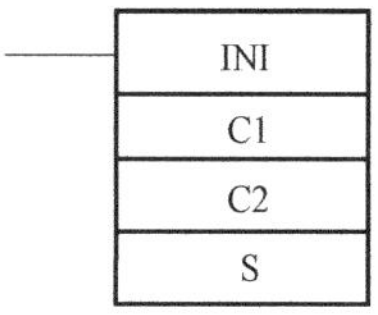

C1：端口指定
C2：控制数据
S：变更数据保存低位CH编号

C1(端口指定)	C2(控制数据)			
	比较开始(0000Hex)	比较停止(0001Hex)	当前值变更(0002Hex)	脉冲输出停止(0003Hex)
脉冲输出(0000～0003 Hex)	×	×	○	○
高速计数输入(0010～0013 Hex)	○	○	○	×
中断输入(计数模式)(0100～0107 Hex)	×	×	○	×
PWM输出(1000、1001 Hex)	×	×	×	○

a) INI指令符号　　b) 功能说明(可行的C1、C2组合)

图 9-11　动作模式控制（INI）指令

端口，进行由 C2 指定的控制。

端口指定 C1：当 0000，0001Hex 时，脉冲输出 0，1；当 0002，0003Hex 时，脉冲输出 2，3（仅 CP1H）；当 0010~0013Hex 时，高速计数器输入 0~3；当 0020，0021Hex 时，变频器定位 0，1（仅 CP1L）；当 0100~0107Hex 时，中断输入 0~7；当 1000，1001Hex 时，PWM 输出 0~1。

控制数据 C2：当 0000Hex 时比较开始，通过比较表登录（CTBL）指令，开始登录的比较表和高速计数当前值之间的比较；当 0001Hex 时，比较停止；当 0002Hex 时，变更当前值，脉冲输入、相差位输入、加减法脉冲输入、脉冲+方向输入的可变更范围为 80000000~7FFFFFFF Hex（-2147483648~2147483647），加法脉冲输入、链路模式时 00000000~FFFFFFFF Hex（0~4294967295），中断输入 00000000~0000FFFF Hex（0~65535）；当 0003Hex 时，停止脉冲输出（对 C1=0000~0003、1000、1001Hex）。

变更数据低位 S、高位 S+1：指定变更当前值（C2=0002Hex）时，保存变更数据；指定变更当前值以外的值时，不使用此操作数的值。

2. 脉冲当前值读取

脉冲当前值读取（PRV）指令的 FUN 编号为 881，如图 9-12 所示。PRV 指令在 C1 指定的端口读取由 C2 指定的数据。

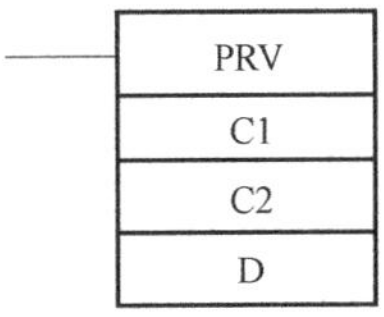

C1: 端口设定
C2: 控制数据
D: 当前值保存低位CH编号

a) PRV指令符号

C1(端口指定)	C2(控制数据) 当前值读取 (0000 Hex)	状态读取 (0001 Hex)	区域比较结果读取 (0002 Hex)	脉冲输出/高速计数频率读取 (0003 Hex)
脉冲输出 (0000～0003 Hex)	○	○	×	○
高速计数输入 (0010～0013 Hex)	○	○	○	○ (仅高速计数0)
中断输入(计数模式) (0100～0107 Hex)	○	×	×	×
PWM输出 (1000. 1001 Hex)	×	○	×	×

b) 功能说明(可行的C1、C2组合)

图 9-12 脉冲当前值读取（PRV）指令

端口指定 C1：当 0000，0001Hex 时，脉冲输出 0，1；当 0002，0003Hex 时，脉冲输出 2，3（仅 CP1H）；当 0010~0013Hex 时，高速计数器输入 0~3；当 0020，0021Hex 时，变频器定位 0，1（仅 CP1L）；当 0030，0031Hex 时，偏差计数器 0，1（带符号）（仅 CP1L）；当 0040，0041Hex 时，偏差计数器 0，1（无符号）（仅 CP1L）；当 0100~0107Hex 时，中断输入 0~7；当 1000，1001Hex 时，PWM 输出 0~1。

控制数据 C2：当 0000Hex 时，读取当前值；当 0001Hex 时，读取状态；当 0002Hex 时，读取区域比较结果；当 00□3Hex（03 为通常，13 为高频 10ms 采样，23 为高频 100ms 采样，33 为高频 1s 采样方式）时，C1=0000 或 0001Hex 则读取脉冲输出为 0 或 1 的频率，C1=0010Hex 则读取高速计数输入为 0 的频率。

当前值保存低位 CH 编号 D：读取中断输入当前值、状态、区域比较结果时，1CH 输出至 D；读取脉冲输出/高速计数器输入当前值、高速计数输入频率时，2CH 输出至 D、D+1。

3. 脉冲频率转换

脉冲频率转换（PRV2）指令的 FUN 编号为 883，如图 9-13 所示。PRV2 指令使用由 C2 指定的系数，采用 C1 的转换方法，读取输入到高速计数 0 中的脉冲频率，转换成旋转速度（旋转数），或将计数器当前值转换成累计旋转数，以十六进制数 8 位的数据形式输出到 D。

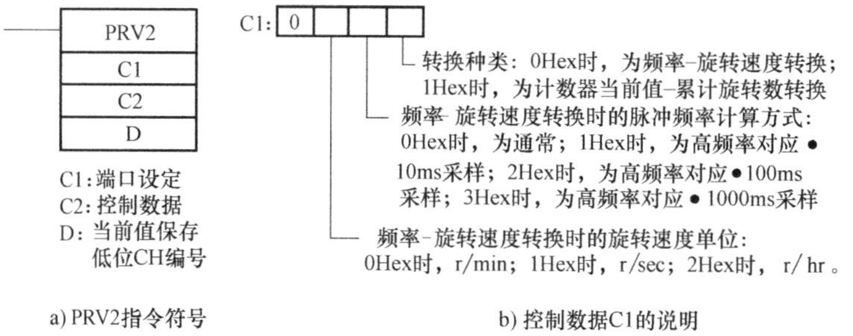

图 9-13　脉冲频率转换（PRV2）指令

控制数据 C1 的说明如图 9-13b 所示。系数指定 C2 为旋转一次的脉冲数，范围为 0001~FFFF Hex。D 为转换结果保存地低位 CH 号，D+1 为转换结果保存地高位 CH 号。

4. 比较表登录

比较表登录（CTBL）指令的 FUN 编号为 882，如图 9-14 所示。CTBL 指令对于由 C1 指定的端口，按由 C2 指定的方式执行表的登录，对高速计数器当前值进行目标值一致比较或区域比较，条件成立时执行中断任务。另外，一旦表被登录直到登录不同表或者 CPU 切换“程序”模式之前为有效。只在进行登录（C2＝0002，0003Hex）时，由 INI 指令开始比较或停止比较。

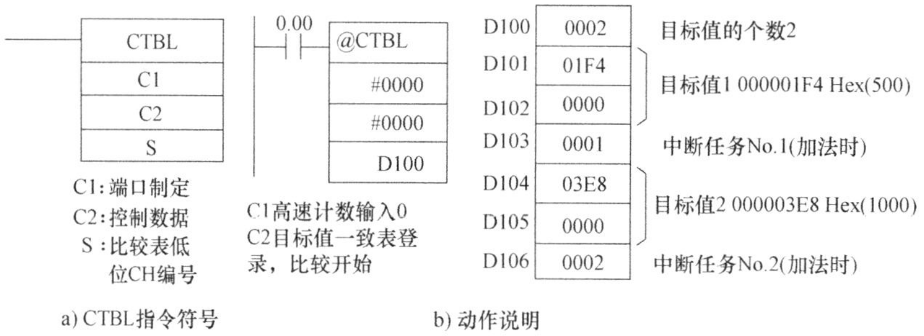

图 9-14　比较表登录（CTBL）指令

端口指定 C1：0000~0003Hex 分别为高速计数器输入 0~3。

控制数据 C2：0000Hex 为登录目标值一致比较表并开始比较；0001Hex 为登录区域比较表并开始比较；0002Hex 为只登录目标值一致比较表；0003Hex 为只登录区域比较表。

比较表低位 CH 编号 S：指定目标值一致比较表时，根据 S 的比较个数（1~48 个），为 4~145 通道的可变长度；指定区域比较表时，必须指定 8 个区域，为 40 CH 的固定长度，当设定值不满 8 个时，将 FFFF Hex 指定为中断任务 No.。

S+3m−2：目标值 1（低位）；S+3m−1：目标值 1（高位）；S+3m：第 0~7 位为中断任务 No. 00~FF Hex（0~255）；第 8~14 位为 0000000；第 15 位为加法（0）/减法（1）指定。

执行一次 CTBL 指令时，由指定条件开始进行比较动作。由 C2 指定比较开始时，基本上在输入微分型（带@）或一个周期 ON 的输入条件下使用。比较表登录（C2 = 0002，0003Hex）：只执行为了和高速计数当前值进行比较的表的登录，这时候通过执行 INI 指令来开始比较。登录比较表并开始比较（C2 = 0000，0001Hex）：登录为了和高速计数当前值进行比较的表，开始执行比较。比较的停止：在停止比较动作状态下，不管是使用 CTBL 指令开始进行比较时，还是用 INI 指令开始进行比较时，都使用 INI 指令。目标值一致比较：高速计数当前值和表的目标值一致时，执行指定中断任务。区域比较：高速计数器当前值在上限值和下限值中间时，执行指定中断任务。

9.2.2 快速脉冲输出/脉冲量设置/定位/频率加减速控制

1. 快速脉冲输出

快速脉冲输出（SPED）指令的 FUN 编号为 885，如图 9-15 所示。SPED 指令从由 C1 指定的端口中，通过由 C2 指定的方式和由 S 指定的目标频率来执行脉冲输出。

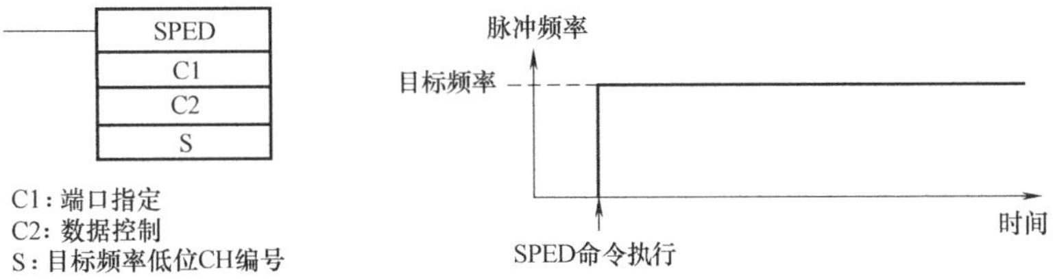

a) SPED指令符号　　b) 功能说明

图 9-15　快速脉冲输出（SPED）指令

SPED/PULS/PLS2/ACC/ORG 的端口指定 C1：当 0000，0001Hex 时，脉冲输出 0，1；当 0002，0003Hex 时，脉冲输出 2，3（仅 CP1H）；当 0020，0021Hex 时，变频器定位 0，1（仅 CP1L）。

SPED/PLS2/ACC 的控制数据 C2：第 0~3 位为连续（0）/独立（1）模式设定；第 4~7 位为方向指定，0 时为 CW，1 时为 CCW；第 8~11 位为脉冲输出方式，0 时为 CW/CCW 方向，1 时为脉冲+方向输出；第 12~15 位为 Hex 固定。

目标频率 S（低位）、S+1（高位）：0~100000 Hz（00000000~000F4240Hex），用 1Hz 单位指定输出频率。不同型号、不同端口的目标频率上限值是不一样的。

在独立模式中输出事先由 PULS 指令所设定的脉冲量时，自动停止脉冲输出。在连续模式中，脉冲输出一直进行到执行停止脉冲输出为止。在独立模式下的脉冲输出中向连续模式变更时，以及在连续模式下的脉冲输出中向独立模式的变更时，为出错，不能被执行。

2. 脉冲量设置

脉冲量设置（PULS）指令的 FUN 编号为 886，如图 9-16 所示。PULS 指令对 C1 指定的端口，设定由 C2、S 指定的方式/脉冲输出量。此状态下，通过用独立模式来执行频率设定（SPED）指令或频率加减速控制（ACC）指令，并进行输出。

控制数据 C2：0000Hex 时为相对脉冲指定；0001Hex 时为绝对脉冲指定。

脉冲输出量设定值 S（低位）、S+1（高位）：指定相对脉冲时 0~2147483647（00000000~7FFFFFFF Hex），实际移动脉冲量 = 脉冲输出量设定值；指定绝对脉冲时 −2147483648~2147483647（80000000~7FFFFFFF Hex），移动脉冲量 = 脉冲输出量设定

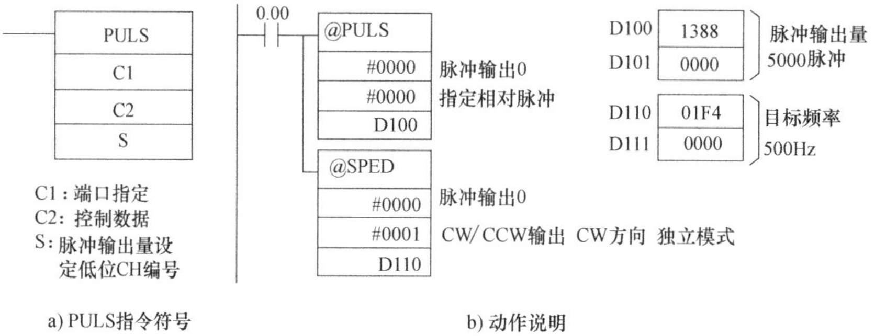

图 9-16　脉冲量设置（PULS）指令

值-当前值。

在图 9-16 中，当 0.00 由 OFF→ON 时，通过 PULS 指令由相对脉冲指定将脉冲输出 0 的脉冲输出量设定为 5000 脉冲。同时通过 SPED 指令由 CW/CCW 方式、CW 方向、独立模式开始输出目标频率 500Hz 的脉冲。

3. 定位

定位（PLS2）指令的 FUN 编号为 887，如图 9-17 所示。PLS2 指令在 C1 指定的端口中，用 C2 指定的方式和 S2 指定的启动频率来开始脉冲输出（①）；在每个脉冲控制周期（4ms）中，根据 S1 指定的加速比率，在达到 S1 指定的目标频率之前，使频率增加（②）；达到目标频率之后停止加速，以等速继续脉冲的输出（③）；到达 S1 指定的脉冲输出量和减速比率中所计算得到的减速点（使频率减少的定时）之后，在每个脉冲控制周期（4ms）中对频率进行减少，当到达启动频率时，停止输出（④）。执行一次 PLS2 指令时，由指定条件开始输出脉冲，因此基本上在输入微分型（带@）或一个周期 ON 的输入条件下使用。

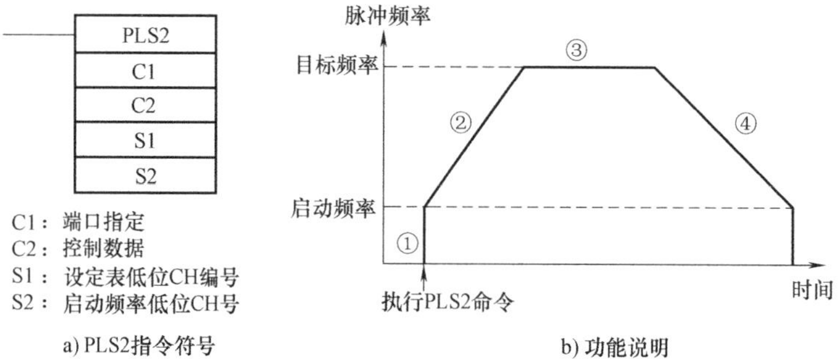

图 9-17　定位（PLS2）指令

设定表：S1 为加速比率、S1+1 为减速比率，范围为 1～65535（0001～FFFF Hex），用 1Hz 单位来分别指定按脉冲控制周期（4ms）的增减量；S1+2（低位）、S1+3（高位）为目标频率，范围为 0～100000Hz（00000000～000186A0Hex），用 1Hz 单位来指定加速、减速后的频率；S1+4（低位）、S1+5（高位）为脉冲输出设定量，指定相对脉冲时 0～2147483647（00000000～7FFFFFFF Hex）。移动脉冲量 = 脉冲输出量设定值，指定绝对脉冲时 -2147483648～+2147483647（80000000～7FFFFFFF Hex），移动脉冲量 = 脉冲输出量设定值-当前值。S2（低位）、S2+1（高位）为启动频率，范围为 0～100000Hz（00000000～000186A0Hex），用 1Hz 单位来指定。

PLS2 指令只能进行定位。在通过 ACC 指令（独立或连续模式）的脉冲输出中（不仅为等速，在加速或减速中也可以），能够执行本 PLS2 指令。相反在通过本 PLS2 指令的脉冲输出中（不仅为等速，在加速或减速中也可以）中也能执行 ACC 指令（独立模式）。

4. 频率加减速控制

频率加减速控制（ACC）指令的 FUN 编号为 888，如图 9-18 所示 ACC 指令从 C1 指定的端口，通过 C2 指定的方式、S 指定的目标频率和加减速比率进行脉冲的输出。在每个脉冲控制周期（4ms）中，按照 S 指定的加减速比率，在到达 S+2、S+1 指定的目标频率之前，进行频率的加减速。执行一次 ACC 指令时，按指定的条件开始进行脉冲的输出，因此基本上在输入微分型（带@）或一个周期 ON 的输入条件下使用。

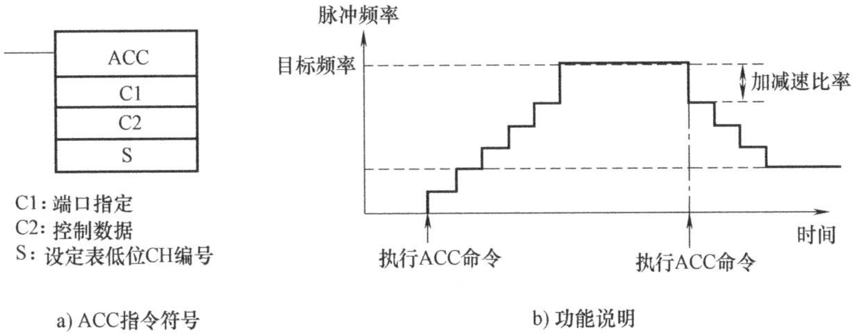

图 9-18　频率加减速控制（ACC）指令

设定表：S 为加减速比率，范围为 1～65535Hz（0001～FFFF Hex），用 1Hz 单位来分别指定按脉冲控制周期（4ms）的增减量；S+1（低位）、S+2（高位）为目标频率，范围为 0～100000Hz（00000000～000F4240Hex），用 1Hz 单位来指定加速、减速后的频率。

在独立模式中，输出事先由 PULS 指令设定的脉冲量时，自动停止脉冲输出；在连续模式中，脉冲输出一直进行到执行停止脉冲输出为止。

9.2.3　原点搜索/脉宽调制输出

1. 原点搜索

原点搜索（ORG）指令的 FUN 编号为 889，如图 9-19 所示。ORG 指令从 C1 指定的端口，用 C2 指定的方式输出脉冲，实际起动电动机，使用原点及附近输入信号，进行原点搜

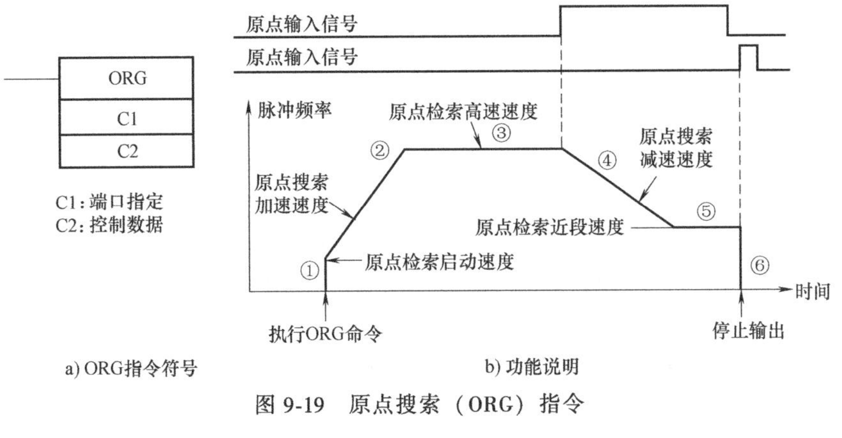

图 9-19　原点搜索（ORG）指令

索或原点复位。在执行本 ORG 指令时，通过 PLC 系统事先设定参数。

控制数据 C2：第 0~7 位为 0Hex 固定；第 8~11 位为脉冲输出方式，0 时为 CW/CCW、1 时为脉冲+方向；第 12~15 位为模式指定，0 时为原点检索、1 时为复位。

在图 9-19 中，按指定的输出方式输出原点搜索启动速度的脉冲（①）；随着原点搜索加速比率加速到原点搜索高速速度（②）；在原点附近输入信号为 ON 之前，以等速进行动作（③）；原点附近输入信号为 ON 时，根据原点搜索减速比率，一直减速到原点搜索附近速度（④）；当减速到原点复位启动速度时（到达原点），停止脉冲输出（⑤）；停止命令为 ON 时停止脉冲输出（⑥）。

当原点复位（C2 第 12~15 位=1Hex）时，按指定的输出方式开始原点复位启动速度的脉冲输出。根据原点复位加速比率，到原点复位目标速度为止进行加速，以等速进行动作。当到达从到原点位置为止的脉冲输出量和原点复位减速比率中计算得到的减速点（使频率减少的定时）时，开始减速。当减速到原点复位启动速度时（到达原点），停止脉冲输出。

2. 脉宽调制输出

脉宽调制输出（PWM）指令的 FUN 编号为 891，如图 9-20 所示。PWM 指令从 C 指定的端口中输出 S1 指定频率、S2 指定占空比的脉冲。执行 PWM 指令时，无需停止脉冲输出就能变更占空比，但频率变更无效。执行一次 PWM 指令时，由指定条件开始脉冲的输出，因此基本上在输入微分型（带@）或一个周期 ON 的输入条件下使用。脉冲输出的停止可以按以下任意一种方法进行：①执行 INI 指令（C2=0003Hex 脉冲输出停止）；②向程序模式转换。

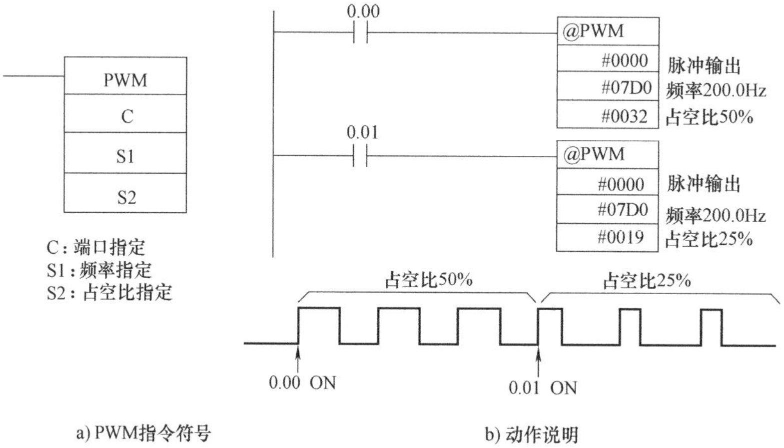

图 9-20 脉宽调制输出（PWM）指令

端口指定 C：为 0000，0001，1000，1001Hex 时，脉冲输出 0，1，0，1，占空比单位分别 1%，1%，0.1%，0.1%，频率单位均分 0.1Hz；为 0100，0101，1100，1101Hex 时（仅 CP1L），脉冲输出 0，1，0，1，占空比单位分别 1%，1%，0.1%，0.1%，频率单位均为 1Hz。

频率指定 S1：0.1Hz 单位指定时，0001~FFFF Hex 对应 0.1Hz~6553.5Hz；1Hz 单位指定时（仅 CP1L），0001~8020Hex 对应 1~32800Hz。但是由于输出回路的限制，实际上能够

确保输入 PWM 波形精度（ON 占空+5%、0%）的频率为 0.1~1000.0Hz。

占空比指定 S2：0.1%单位指定时，0000~03E8Hex 对应 0.0~100.0%；1%单位指定时，0000~0064Hex 对应 0~100%。

在图 9-20 中，0.00 由 OFF→ON 时，通过 PWM 指令对于脉冲输出 0 来说以频率 200Hz、占空比 50%输出脉冲；0.01 由 OFF→ON 时，占空比变更为 25%。

第10章

通信指令

欧姆龙通信指令包括串行通信指令和网络通信指令。

10.1 串行通信指令

串行通信指令共有6种，见表10-1。

表10-1 CP系列的串行通信指令

指令语句	助记符	FUN编号	指令语句	助记符	FUN编号
协议宏	PMCR	260	串行通信单元串行端口发送	TXDU	256
串行端口发送	TXD	236	串行通信单元串行端口接收	RXDU	255
串行端口接收	RXD	235	串行端口通信设定变更	STUP	237

10.1.1 协议宏/串行端口发送/串行端口接收

1. 协议宏

协议宏（PMCR）指令的FUN编号为260，如图10-1所示。PMCR指令仅用于CP1H，读出并执行登录在CJ系列串行通信单元中的发送接收的序列（协议数据）。对于C2指定的发送接收序列号，使用C1位12~15指定的通信端口（内部逻辑端口）0~7中的任何一个，

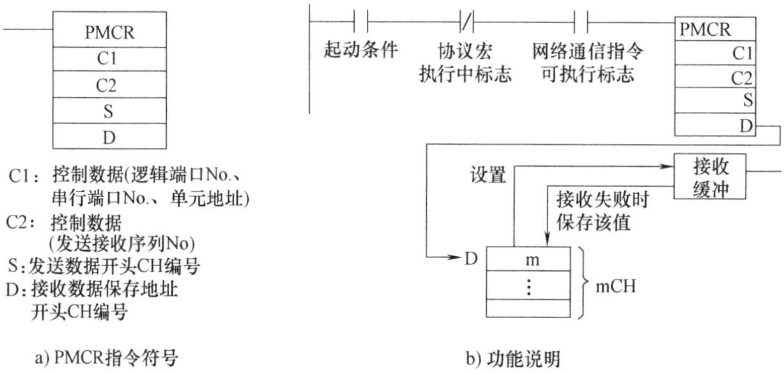

图10-1 协议宏（PMCR）指令

从 C1 位 0~7 所指定的单元地址（单元）和 C1 位 8~11 指定的串行端口（物理端口）开始执行。

发送消息内的变量为操作数指定时，将来自 S+1 CH 的 S 的内容作为通道数的数据在发送区域内使用。

接收消息内的变量为操作数指定时，如果接收成功，则在 D+1CH 之后进行接收，该接收数据的通道数（包括 D）被自动保存在 D 中。

控制数据 C1：第 0~7 位为单元地址、CJ 系列 CPU 总线单元号为+10Hex；第 8~11 位为串行端口 No.（物理端口），1Hex 时为 PORT1，2Hex 时为 PORT2；第 12~15 位为通信端口（内部逻辑端口），0~7Hex（自动分配）。

控制数据 C2：0~15 位，发送接收序列 No.，0000~03E7Hex（0~999）。

发送区域开头 CH 编号 S：用户设定作为发送区域来确保通道数 n，预先准备发送数据。

接收区域开头 CH 编号 D：预先设定 m（2~250）指定的通道数的数据作为接收失败时接收区域内的保持数据。对于直接指定、链路通道指定等在要执行的序列内不指定操作数时，将 D 指定为常数（#0000）。当 m 指定为 0 或 1 时，不能保持清除之前的接收数据，全部被清除为 0。

2. 串行端口发送

串行端口发送（TXD）指令的 FUN 编号为 235，如图 10-2 所示 TXD 指令根据 S 指定的发送数据开头 CH 编号，对 N（0~256）指定的发送字节长度的数据进行无变换操作。随着 PLC 系统设定为无协议模式时的开始代码/结束代码的指定，由 C 的位 8~11 输出到指定的串行通信・选装件板的串行端口（无协议模式）。但是，发送准备标志（串行端口 1：A392.13，串行端口 2：A392.05，CP1L L 型时串行端口 1：A392.05）为 ON 时才可送信。能发送字节数最大为 259 字节（数据部最大 256 字节，包括开始代码、结束代码）。

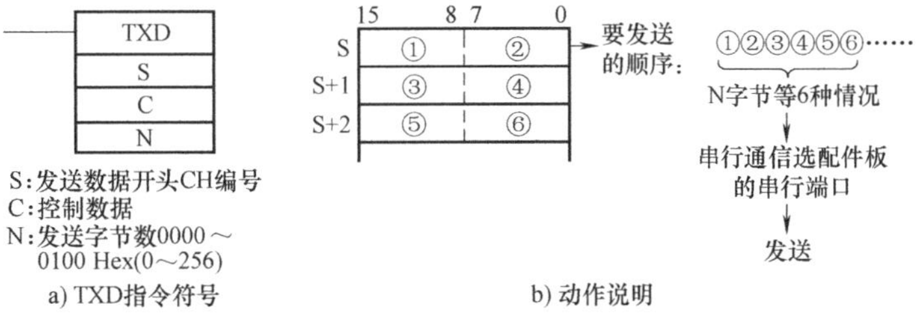

图 10-2 串行端口发送（TXD）指令

控制数据 C：第 0~3 位指定保存顺序，0 为高字节先，1 为低字节先；第 4~7 位指定 ER 信号控制，0 为无 RS、ER，1 为有 RS，2 为有 ER，3 为有 RS、ER；第 8~11 位为串行端口（物理端口），1 为串行端口 1，2 为串行端口 2；第 12~15 位为 0Hex 固定。

3. 串行端口接收

串行端口接收（RXD）指令的 FUN 编号为 236，如图 10-3 所示。RXD 指令在串行通信・选装件板的串行端口（无协议模式）中，从 D 指定的接收数据保存开头 CH 编号开始，输出 N（0~256）指定的相当于保存字节长度的接收结束数据。接收结束数据少于 N 指定的保存字节长度时输出存在的接收结束数据长度，但接收完成标志（串行端口 1：A392.14，串行端口 2：A392.06，CP1L L 型时串行端口 1：A392.06）为 1（ON）时，执行本命令，接收（来自接收缓冲器）数据。接收可能字节数最大为259字节（数据部最大256字节，包括开始代码、结束代码）。

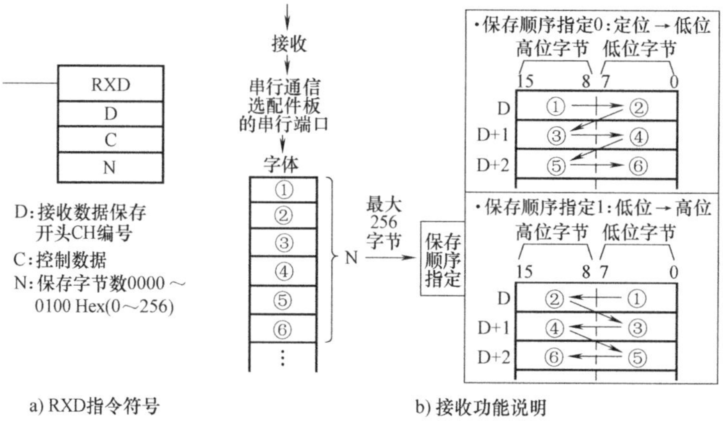

图 10-3　串行端口接收（RXD）指令

控制数据C：第0~3位指定保存顺序，0Hex时高字节先，1Hex时低字节先；第4~7位为DR信号的监控指定，0Hex为无CS、DR，1Hex为有CS，2Hex为有DR，3Hex为有CS、DR；第8~11位指定串行端口（物理端口），1Hex为端口1，2Hex为端口2；第12~15位0Hex固定。

10.1.2　串行通信单元串行端口发送/串行通信单元串行端口接收/串行端口通信设定变更

1. 串行通信单元串行端口发送

串行通信单元串行端口发送（TXDU）指令的FUN编号为256，如图10-4所示。TXDU指令仅可用于CP1H，从S指定的发送数据开头CH编号开始，对N指定的发送字节长度的数据不进行变换，根据分配DM区域设定的开始代码/结束代码的指定，输出到C+1的位0~7指定的号机地址的串行通信单元、C+1的位8~11指定的串行端口（无协议模式）。使用C+1的位12~15指定的通信端口（内部逻辑端口）0~7中的任何一个，能发送字节数最大为259字节（数据部最大256字节，包括开始代码、结束代码）。但是只有在与要使用的通信端口No.相对应的网络通信指令可执行标志（A202.00~A202.07）为1（ON），TXDU指令执行中标志（分配DM区域设定）为0（OFF）时才能进行发送。

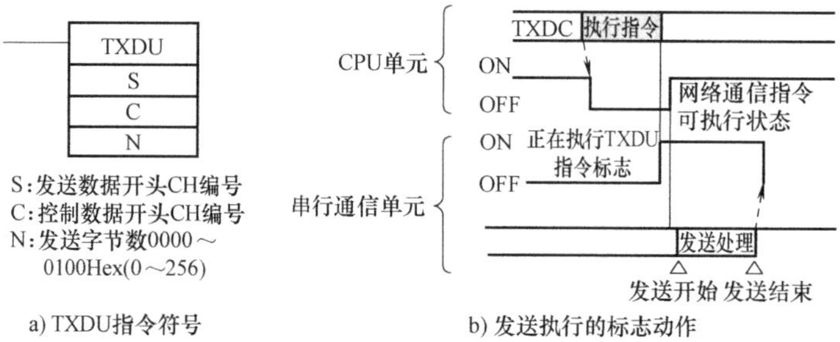

图 10-4　串行通信单元串行端口发送（TXDU）指令

控制数据 C：第 0~3 位为保存顺序指定，0Hex 时高字节先，1Hex 时低字节先；第 4~7 位为 RS、ER 信号的控制指定，0Hex 时无 RS、ER，1Hex 时有 RS，2Hex 时有 ER，3Hex 时有 RS、ER；第 8~15 位 00Hex 固定。

控制数据 C+1：第 0~7 位为单元地址，串行通信的号机地址=装置编号+10Hex；第 8~11 位为串行端口（物理端口），1Hex 时为端口 1，2Hex 时为端口 2；第 12~15 位为通信端口 No. 指定（内部逻辑端口）0~7Hex（自动分配）。

在 TXDU 指令的输入条件中，将与 C1 位 12~15 指定的使用通信端口 No. 相对应的特殊辅助继电器的网络通信可执行标志（A202.00~A202.07）作为 a 接点进行插入。TXDU 指令不能在 TXDU 指令执行标志（n+9/n+19CH 位 05）为 1（ON）时来执行（n=1500+25 单元编号），为此在 TXDU 指令的输入条件中将 TXDU 指令执行中标志作为 b 接点来进行插入。

2. 串行通信单元串行端口接收

串行通信单元串行端口接收（RXDU）指令的 FUN 编号为 255，如图 10-5 所示。RXDU 指令仅可用于 CP1H，在 C+1 位 0~7 指定的号机地址的串行通信单元和 C+1 位 8~11 指定的串行端口（无协议模式）中，从 D 指定的接收数据保存开头 CH 编号开始，输出 N 指定的保存字节长度的接收结束数据。接收结束数据少于 N 指定的保存字节长度时输出存在的接收结束数据长度。使用 C+1 位 12~15 指定的通信端口（内部逻辑端口）0~7 中的任何一个，但是接收结束标志（分配继电器区域）为 1（ON）时执行本指令，接收（来自接收缓冲器）数据。接收可能字节数最大为 259 字节（数据部最大 256 字节，包括开始代码、结束代码）。

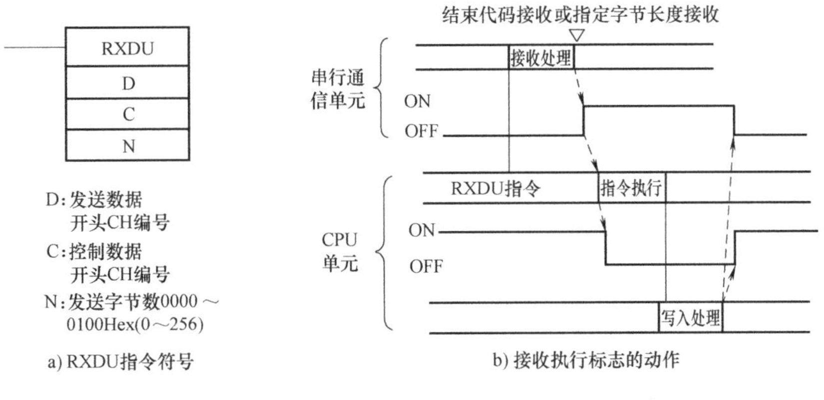

图 10-5　串行通信单元串行端口接收（RXDU）指令

控制数据 C：第 0~3 位为保存顺序指定，0Hex 时高字节先，1Hex 时低字节先；第 4~7 位为 CS、DR 信号的监视指定，0Hex 时无 CS、DR，1Hex 时有 CS，2Hex 时有 DR，3Hex 时有 CS、DR；第 8~15 位 00Hex 固定。

控制数据 C+1：第 0~7 位为单元地址，串行通信的号机地址=装置编号+10Hex；第 8~11 位为串行端口 No.（物理端口），1Hex 时为端口 1，2Hex 时为端口 2；第 12~15 位为通信端口 No. 指定（内部逻辑端口）0~7Hex（自动分配）。

在 RXDU 指令的输入条件中将与 C1 位 12~15 指定的使用通信端口 No. 相对应的特殊辅助继电器的网络通信可执行标志（A202.00~A202.07）作为 a 接点来插入。RXDU 指令在接收结束标志（n+9/n+19 CH 位 06）为 0（OFF）时不能执行，为此在 RXDU 指令的输入条件件中插入作为 a 接点的接收结束标志。

3. 串行端口通信设定变更

串行端口通信设定变更（STUP）指令的 FUN 编号为 237，如图 10-6 所示。STUP 指令从 S 指定的设定数据开头 CH 编号中将 10 通道量（S~S+9 CH）的数据保存到指定地址的单元的通信设定区域，见表 10-2。在 S 中指定常数#0000 时，将该端口的通信设定作为缺省值。执行 STUP 时特殊辅助继电器的该当端口设定变更中标志（A619~A636 CH）为 ON（变更中继续为 ON），设定结束时为 OFF。

表 10-2 串行端口的通信设定区域

导机地址	单元	端口 No.	串行端口	串行端口的通信设定区域
00Hex	CPU	1Hex	端口 1 指定时	PLC 系统设定内的通信端口设定(PORT1)区域
		2Hex	端口 2 指定时	PLC 系统设定内的通信端口设定(PORT2)区域
10Hex+单元编号	CJ 系列串行通信单元	1Hex	端口 1 指定时	将 D30000+100×单元编号+10 作开头的 10CH
		2Hex	端口 2 指定时	将 D30000+100×单元编号+10 作开头的 10CH

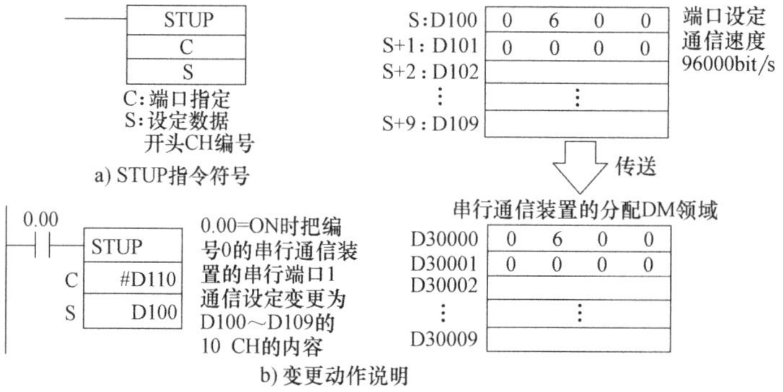

图 10-6 串行端口通信设定变更（STUP）指令

在运行中用某个条件变更协议模式等时，可使用 STUP 指令。通信系统设定的内容由协议模式、通信速度、数据形式、协议宏传送方式、协议宏发送接收数据最大长度等构成。

10.2 网络通信指令

网络通信指令共有 8 种，见表 10-3。

表 10-3 网络通信指令

指令语句	助记符	FUN 编号	指令语句	助记符	FUN 编号
网络发送	SEND	090	Explicit 读出	EGATR	721
网络接收	RECV	098	Explicit 写入	ESATR	722
命令发送	CMND	490	Explicit CPU 数据读出	ECHRD	723
通用 Explicit 信息发送	EXPLT	720	Explicit CPU 数据写入	ECHWR	724

10.2.1 网络发送/网络接收/命令发送/通用 Explicit 信息发送

1. 网络发送

网络发送（SEND）指令的 FUN 编号为 090，如图 10-7 所示。SEND 指令从 S 指定的发送源（己方节点）发送开始通道号中，通过 CPU 总线或网络，发送相当于发送通道长度的数据。通过 C 指定的发送对象的网络节点地址，向对象单元地址 D 从指定的接收开始通道进行写入。

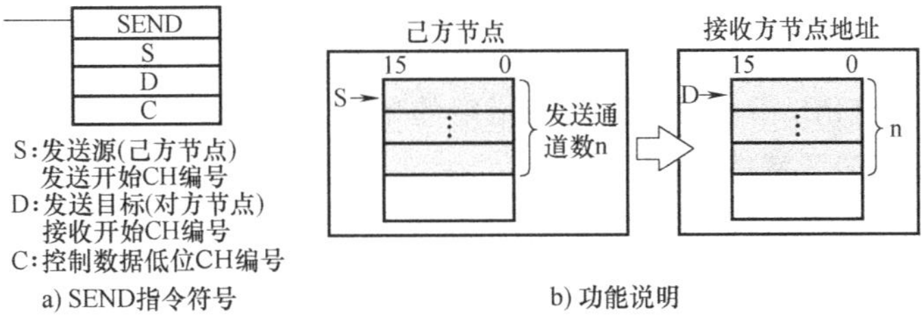

图 10-7 网络发送（SEND）指令

控制数据 C：第 0~15 位为发送字数 0001~最大数据长度（Hex），例如 Controller Link 场合 0001~03DE Hex（1~999 CH）。C+1：第 0~7 位为发送目标网络地址 00~7F Hex（0~127 CH、00Hex 己方网络）；第 8~11 位为串行端口 No.（物理端口），1Hex 时为端口 1，2Hex 时端口 2；第 12~15 位 0Hex 固定。C+2：第 0~7 位为发送目标单元地址 00~FE Hex；第 8~15 位为发送目标节点地址 00~最大节点地址（Hex）（通过网络进行），例如 Controller Link 场合 00~20Hex（0~32），FF Hex 同时发送。C+3：第 0~3 位为重试次数 0~F Hex（0~15）；第 4~7 位 0Hex 固定；第 8~11 位为通信端口 No（内部逻辑端口）0~7Hex（F Hex 时自动分配）；第 12~15 位为需要/无需响应。C+4：第 0~15 位为响应监视时间，0000Hex 时 2s，0001~FFFF Hex 时 0.1~6553.5s。

2. 网络接收

网络接收（RECV）指令的 FUN 编号为 098，如图 10-8 所示。RECV 指令通过 CPU 总线或网络，从 C 指定的网络地址的发送要求方（对方）通过节点地址发送要求方单元地址的，由 S 指定的发送开始通道中，接收 C 指定的相当于接收通道长度的数据，向 D 指定的发送要求源（己方节点）接收开始通道中进行写入。

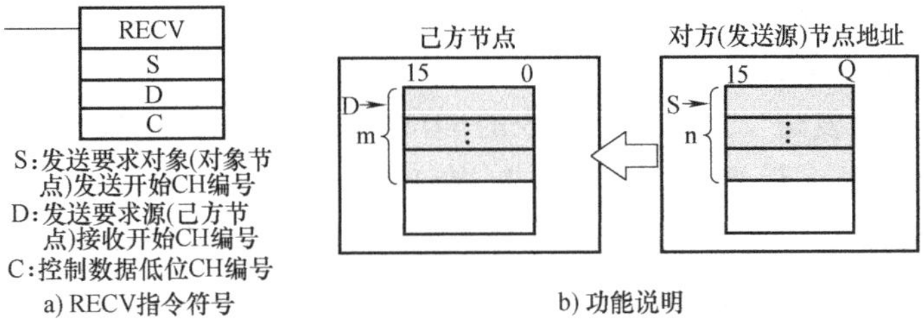

图 10-8 网络接收（RECV）指令

控制数据 C：第 0~15 位为接收（发送要求）CH 数 0001~最大数据长度（Hex），例如 Controller Link 场合 0001~03DE Hex（1~999 CH）。C+1：第 0~7 位为源网络地址 00~7F

Hex（0~127 CH、00 己方网络）；第 8~11 位为串行端口 No（物理端口），1Hex 时为端口 1，2Hex 时为端口 2；第 12~15 位 0Hex 固定。C+2：第 0~7 位为源节点地址；第 8~15 位为源单元地址 00~最大节点地址（Hex），例如 Controller Link 场合 00~20Hex（0~32）。C+3：第 0~3 位为重试次数 0~F Hex（0~15）；第 4~7 位 0Hex 固定；第 8~11 位为通信端口（内部逻辑端口）0~7Hex（F Hex 时自动分配）；第 12~15 位为需要/无需响应（0Hex 时需要固定）。C+4：第 0~15 位为响应监视时间，0000Hex 时 2s，0001~FFFF Hex 时 0.1~6553.5s。

3. 命令发送

命令发送（CMND）指令的 FUN 编号为 490，如图 10-9 所示。CMND 指令从 S 指定的指令保存开始通道编号中，通过 CPU 总线或网络和 C 指定的网络节点地址，把相当于指令数据字节长度的任意的 FINS 指令数据发送到指定的单元地址中，一定字节长度的响应数据保存到以 D 为开始通道的区域中。

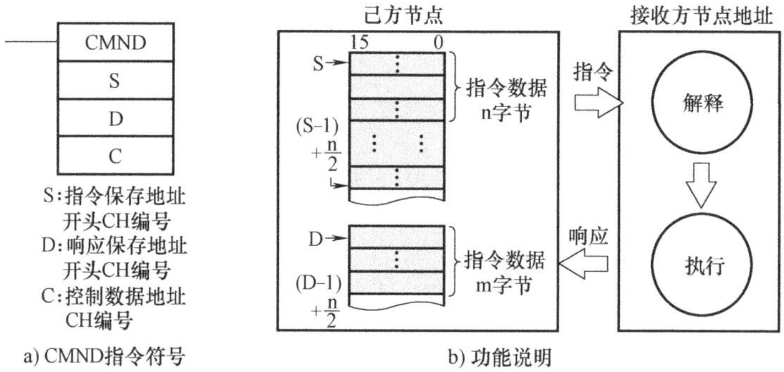

图 10-9 命令发送（CMND）指令

控制数据 C：第 0~15 位为命令数据字节数（n）0000~07C6Hex（1~1990 字节）。C+1：第 0~15 位为响应数据字节数（m）0000~07C6Hex（1~1990 字节）。C+2：第 0~7 位为目标网络编号，00Hex 为己方网络，01~7F Hex（1~127）；第 8~11 位为串行端口 No.（物理端口），0Hex 为不使用，1Hex 为端口 1，2Hex 为端口 2，3/4Hex 为保留；第 12~15 位 00Hex 固定。C+3：第 0~7 位为目标单元地址，00Hex 为 CPU，10~1F Hex 为单元号#0~#15，E1Hex 为内板，FE Hex 为连接到网络的单元；第 8~15 位为目标节点编号 N，00~FE Hex（0~254）。C+4：第 0~3 位为重试次数 0~F Hex（0~15）；第 4~7 位 0Hex 固定；第 8~11 位为通信端口编号 0~7；第 12~15 位为需要/无需响应，0Hex 无需响应，1Hex 需要/无需响应。C+5：0~15 位为响应监视时间，0000Hex 时 2s，0001~FFFF Hex 时 0.1~6553.5s。

4. 通用 Explicit 信息发送

通用 Explicit 信息发送（EXPLT）指令的 FUN 编号为 720，如图 10-10 所示。EXPLT 指令仅可用于 CP1H，发送任意的 ServiceCode 的 Explicit 信息。通过 C+1 位 00~07 指定的 FINS 号机地址的通信单元把 S+2~S+（最大 272 CH）间的通用 Explicit 指令发布到 S+1 指定的网络节点地址中，把接收到的 Explicit 响应保存在 D+2 之后。

发送信息保存地址 S~S+最大 272 CH。S：发送对象节点地址 S+1 之后的发送字节数（Hex），例如为 S+1~S+5 时，000A Hex（10 字节），不包括 S 的 2 字节。S+1：第 0~7 位为发送对象节点地址 00~最大节点地址（Hex）；第 8~15 位 00Hex 固定。S+2：第 0~7 位为服务代码（Service Code）；第 8~15 位 00Hex 固定。S+3：第 0~7 位为分类标识（Class ID）；

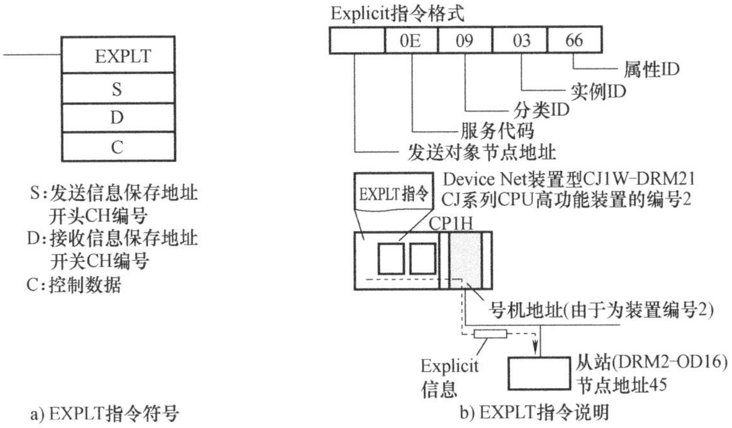

图 10-10 通用 Explicit 信息发送（EXPLT）指令

第 8~15 位 00Hex 固定。S+4：第 0~7 位为实例标识（Instance ID）；第 8~15 位 00Hex 固定。S+5：第 0~7 位为属性标识（Attribute ID），不使用它时指定 FFFF Hex，但不可为 0000Hex；第 8~15 位 00Hex 固定。S+6~S+272：在有 Service Data（Attribute ID 之外的数据）时，以 S+6 开头按 C+1 位 12~15 指定的顺序来设定数据，最大 534 字节（267 CH）。

接收信息保存地址 D~D+最大 269 CH。D：第 0~15 位，D+1 后的接收字节数（Hex）由字节单位来保存，不包括 D 的 2 字节。D+1：第 0~7 位保存响应源节点地址 00~3F Hex（0~63）（DeviceNet 时）；第 8~15 位 00Hex 固定。D+2：第 0~7 位保存响应格式的 Service Data，即 Service Code 之后的数据，把 D+3 的 Service Data 作为开头，按 C+1 位 12~15 指定的顺序进行保存；第 8~15 位 00Hex 固定。D+3~D+269：保存接收信息。

控制数据 C~C+3。C：第 0~15 位设定 D~D+最终 CH 为止的响应数据字（CH）数，0~最大 010E Hex（270 字（CH））。C+1：第 0~7 位为通信装置 FINS 号机地址，CS/CJ 系列的 CPU 高功能装置 10~1F Hex（装置编号+10Hex），CS/CJ 系列高功能 I/O 装置 20~7F Hex（号机 No. +20Hex）；第 8~11 位为网络通信指令使用的通信端口 No.（内部逻辑端口）0~7Hex（F Hex 自动分配）；第 12~15 位是向 Service Data（帧数据）的 S+6 以及 D+3 之后的保存顺序，0Hex 高位→低位，8Hex 低位→高位。C+2：第 0~15 位为相应监视时间，0000Hex 时 2s，0001~FFFF Hex 时 0.1~6553.5s。C+3：第 0~15 位为 Explicit 信息格式型 0000Hex（DeviceNet），和使用 FINS 指令 2801Hex 时相同。

10.2.2 Explicit 读出/Explicit 写入/Explicit CPU 数据读出/Explicit CPU 数据写入

1. Explicit 读出

Explicit 读出（EGATR）指令的 FUN 编号为 721，如图 10-11 所示。EGATR 指令仅可用于 CP1H，通过 C+1 位 00~07 指定的 FINS 单元地址的通信单元，把 S+1~S+3 内的信息/状态读出（Service Code：0E Hex）的 Explicit 指令发布到 S 指定的网络节点地址中，把接收的 Explicit 响应内的 Service Data（Service Code 的下一个之后的数据）保存到 D+1 之后。在 D 中保存的接收字节的数为 Service Data 的数据字节数，另外 C+1 位 12~15 指定的 Service Data 保存在 D+1 之后的数据保存顺序里。

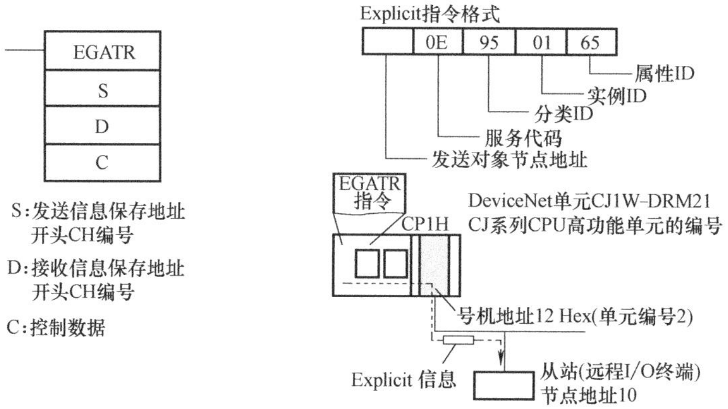

a) EGATR指令符号　　b) EGATR指令说明

图 10-11　Explicit 读出（EGATR）指令

发送信息保存地址 S~S+3 CH。S：第 0~7 位为发送对象节点地址 00~最大节点地址（Hex）；第 8~15 位 00Hex 固定。S+1：第 0~7 位为分类标识（Class ID）（Hex）；第 8~15 位 00Hex 固定。S+2：第 0~7 位为实例标识（Instance ID）（Hex）；第 8~15 位 00Hex 固定。S+3：第 0~7 位为属性标识（Attribute ID）（Hex），不使用它时指定 FFFF Hex、不可以 0000Hex；第 8~15 位使用时 00Hex 固定。

接收信息保存地址 D~D+最大 267 CH。D：0~15 位，保存 D+1 之后的 Service Data（即 Service Code 之后的数据）的接收字节数（Hex），不包括 D 的 2 字节。D+1~D+267：保存响应格式的 Service Data，以 D+1 为开头，按 C+1 位 12~15 指定的保存顺序进行保存，最大 534 字节（267 CH）。

控制数据 C~C+3。C：0~15 位为接收消息的最多字或 CH 数（Hex），最终 010C Hex（269 字），响应长溢出 110B Hex。C+1：第 0~7 位为通信装置的 FINS 号机地址，CJ 系列 CPU 高功能装置 10~1F Hex（装置编号+10Hex），CJ 系列高功能 I/O 装置 20~7F Hex（号机 No. +20Hex）；第 8~11 位为网络通信指令使用的通信端口 No.（内部逻辑端口）0~7Hex（F Hex 自动分配）；第 12~15 位为 Service Data（桢数据）的 S+6 以及 D+3 之后的保存顺序，0Hex 高位→低位，8Hex 低位→高位。C+2：0~15 位为相应监视时间，0000Hex 时 2s，0001~FFFF Hex 时 0. 1~6553. 5s。C+3：Explicit 信息格式型 0000Hex（DeviceNet），和使用 FINS 指令 2801Hex 时相同。

2. Explicit 写入

Explicit 写入（ESATR）指令的 FUN 编号为 722，如图 10-12 所示。ESATR 指令通过 C 位 00~07 指定的 FINS 单元地址的通信单元，把 S+2~S+最终 CH 内的信息写入（Service Code：10Hex）的 Explicit 指令发布到 S+1 指定的网络节点地址。另外 C 位 12~15 指定了 Service Data 在 S+5 之后的保存顺序。

发送信息保存地址 S~S+最大 271 CH。S：第 0~15 位为在 S+1 之后的发送字节数（Hex）；例在 S+1~S+4 时为 0008Hex（8 字节），S+5 之后的 Service Data 只有保存数据的字节数。S+1：第 0~7 位为发送对象节点地址 00~最大节点地址（Hex），例如 DeviceNet 时 00~3F Hex（0~63）；第 8~15 位 00Hex 固定。S+2：第 0~7 位为类标识（Class ID）；第 8~15 位 00Hex 固定。S+3：第 0~7 位为实例标识（Instance ID）；第 8~15 位 00Hex 固定。S+

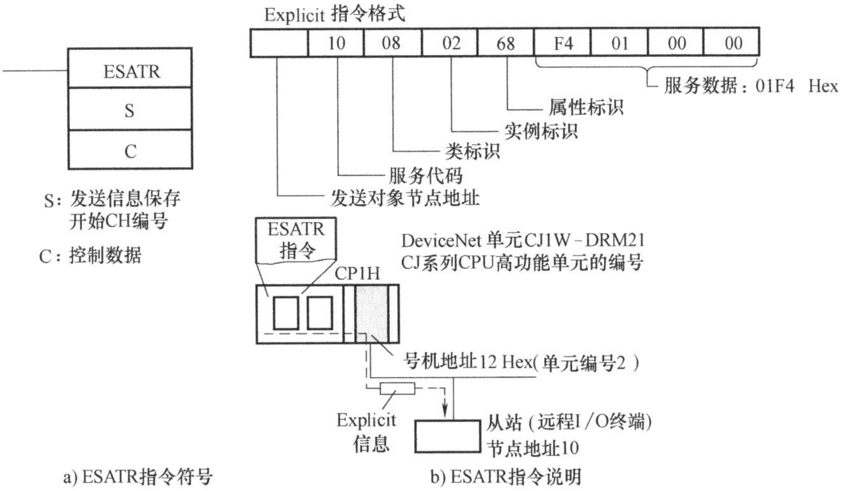

图 10-12 Explicit 写入（ESATR）指令

4：第 0~7 位为属性标识（Attribute ID），不使用它时指定 FFFF Hex；第 8~15 位启用时 00Hex 固定。S+5~S+271：有 Service Data（Attribute ID 之外的数据）时，把 S+5 作为开头，按 C+1 位 12~15 指定的顺序来设定数据，最大 534 字节（267 CH）。

控制数据 C~C+2。C：第 0~7 位为通信装置的 FINS 号机地址，CJ 系列 CPU 高功能装置 10~1F Hex（装置编号+10Hex），CJ 系列高功能 I/O 装置 20~7F Hex（号机 No.+20Hex）；第 8~11 位为网络通信指令使用的通信端口 No.（内部逻辑端口）0~7Hex（F Hex 自动分配）；第 12~15 位为 S+5 之后的 Service Data（桢数据）的保存顺序，0Hex 时高位→低位、8Hex 时低位→高位。C+1：0~15 位为响应监视时间 0001~FFFF Hex（0.1~6553.5s）、0000~Hex 时 2s（初始值）。C+2：0~15 位为 Explicit 信息格式型 0000Hex（DeviceNet），和使用 FINS 指令 2801Hex 时相同。

3. Explicit CPU 数据读出

Explicit CPU 数据读出（ECHRD）指令的 FUN 编号为 723，如图 10-13 所示。ECHRD 指令通过 C 指定的网络节点地址的 CPU，从 S 指定的开头 CH 中读出由 C+1 指定的相当于

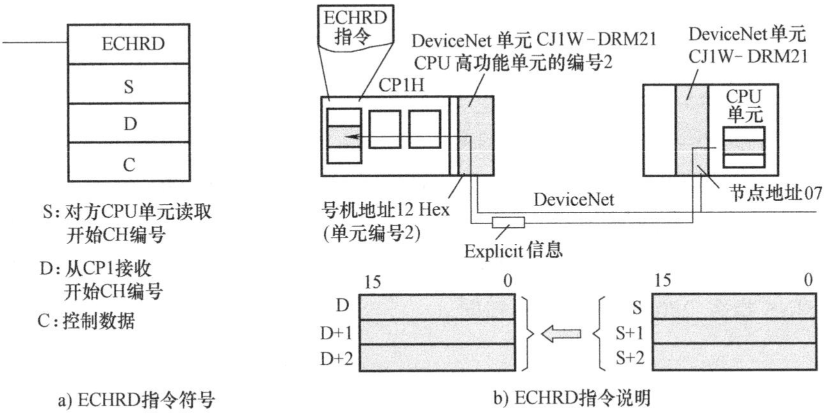

图 10-13 Explicit CPU 数据读出（ECHRD）指令

发送 CH 长度的数据，保存到己方 CP1H 的 D 之后。

打算读出的对方 CPU 的开始通道编号为 S；保存读出数据的己方 CP1H 的开始通道编号为 D。控制数据 C～C+4。C：第 0～7 位为读出对象 PLC 的节点地址 00～最大值，例 DeviceNet 场合 00～3F Hex（0～63）；第 8～15 位 00Hex 固定。C+1：第 0～7 位为读出数据大小（CH 单位），01～64Hex（1～100 CH）；第 8～15 位 00Hex 固定。C+2：第 0～7 位为在 S+1（发送对方节点地址）之后的发送字节数（Hex），例在 S+1～S+4 时为 0008Hex（8 字节）；第 8～11 位为网络通信端口 No（内部逻辑端口）0～7Hex（F Hex 自动分配）；第 12～15 位 0Hex 固定。C+3：0～15 位为响应监视时间，0000Hex 时 2s，0001～FFFF Hex 时 0.1～6553.5s。C+4：0～15 位，Expilcit 信息格式型 0001Hex（DeviceNet），与 FINS 指令 2801Hex 使用时相同。

4. Explicit CPU 数据写入

Explicit CPU 数据写入（ECHWD）指令的 FUN 编号为 724，如图 10-14 所示。ECHWD 指令从己方 CP1H 的 S 指定的写入源开始 CH 中，把 C+1 指定的相当于 CH 长度的数据写入网络中 C 指定节点地址的 CPU，写入到 D 指定的开始 CH 之后。

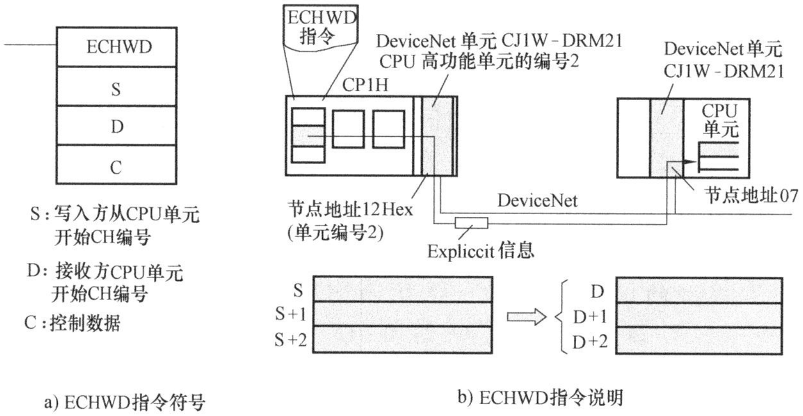

图 10-14 Explicit CPU 数据写入（ECHWD）指令

写入源的己方 CP1H 开始通道编号为 S，写入对方 CPU 的开始通道编号为 D，控制数据储存在 C～C+4。C：第 0～7 位为写入对象 PLC 的节点地址 00～最大值，例如 DeviceNet 时 00～3F（0～63）；第 8～15 位 00Hex 固定。C+1：第 0～7 位为写入数据大小，01～64Hex（1～100 CH）；第 8～15 位 00Hex 固定。C+2：第 0～7 位为通信装置 FINS 号机地址，CJ 系列 CPU 高功能装置 10～1F Hex（装置编号+10Hex），CJ 系列高功能 I/O 装置 20～7F Hex（号机 No. +20Hex）；第 8～11 位为网络通信端口 No.（内部逻辑端口）0～7Hex（F Hex 自动分配）；第 12～15 位 00Hex 固定。C+3：0～15 位储存响应监视时间，0000Hex 时为 2s，0001～FFFF Hex 时为 0.1～6553.5s。C+4：0～15 位为 Explicit 信息格式型 000Hex（DeviceNet），与 FINS 指令 2801Hex 使用时相同。

第11章

块 指 令

块指令包括块程序指令和功能块用特殊指令。

11.1 块程序指令

根据一个输入条件（功率通量）启动块程序后，无条件执行 BPRG ~ BEND 间的指令。利用块程序，易于制成在阶梯程序中难以记述的条件分支和工程步进等逻辑流程。块程序指令共有 21 种，见表 11-1。

表 11-1 块程序指令

指令语句	助记符	FUN 编号	指令语句	助记符	FUN 编号
块程序开始	BPRG	096	一扫描条件等待非	WAIT NOT	805
块程序结束	BEND	801	定时等待(BCD)	TIMW	813
块程序暂时停止	BPPS	811	定时等待(BIN)	TIMWX	816
块程序再启动	BPRS	812	计数等待(BCD)	CNTW	814
带条件结束	EXIT	806	计数等待(BIN)	CNTWX	818
带条件结束非	EXIT NOT	806	高速定时等待(BCD)	TMHW	815
条件分支块	IF	802	高速定时等待(BIN)	TMHWX	817
条件分支块非	IF NOT	802	重复块	LOOP	809
条件分支伪块	ELSE	803	重复块结束	LEND	810
条件分支块结束	IEND	804	重复块结束非	LEND NOT	810
一扫描条件等待	WAIT	805			

11.1.1 块程序开始/块程序结束/块程序暂时停止/块程序再启动

1. 块程序开始

块程序开始（BPRG）指令的 FUN 编号为 096，如图 11-1 所示。BPRG 指令输入条件为 ON 时，执行 N（十进制 0~127）指定编号的块程序区域（BPRG 指令~BEND 指令）。

BPRG 指令的输入条件为 OFF 时不能执行 N 指定编号的块程序区域，这时不需要块程序区域内的指令执行时间。对于块程序区域，即使 BPRG 指令的执行条件为 ON，根据其他

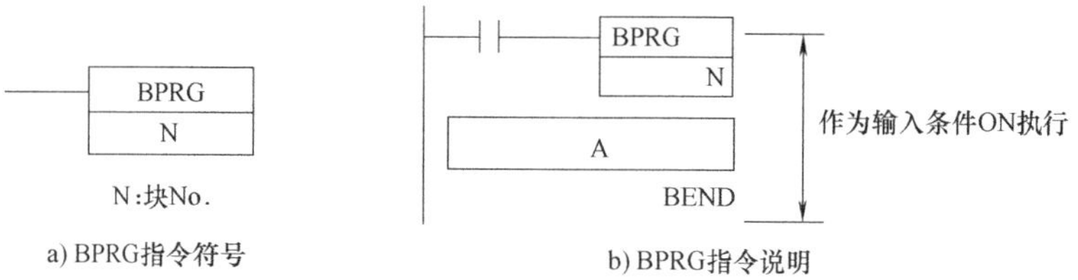

图 11-1　块程序开始（BPRG）指令

块程序区域内的 BPPS（块程序暂时停止）指令也能停止执行。

2. 块程序结束

如图 11-1 中块程序结束（BEND）指令的 FUN 编号为 801，它是和块程序开始（BPRG）指令配套的，它们作为一组指令同时使用，彼此依存、缺一不可。

3. 块程序暂时停止

块程序暂时停止（BPPS）指令的 FUN 编号为 811，如图 11-2a 所示。BPPS 指令暂时停止 N（十进制 0~127）指定的块程序，即使指定 N 的 BPRG 指令的输入条件为 ON，块程序 No. N 也不被执行。BPPS 和 BPRS 指令组合使用，停止的块程序只要不被 BPRS 指令再启动，即保持停止的状态。

4. 块程序再启动

块程序再启动（BPRS）指令的 FUN 编号为 812，如图 11-2b 所示。BPRS 指令再次启动由 BPPS 指令暂时停止中的 N（0~127）指定的块程序，如果指定为 N 的 BPRG 指令的输入条件为 ON，则执行块程序 No. N。

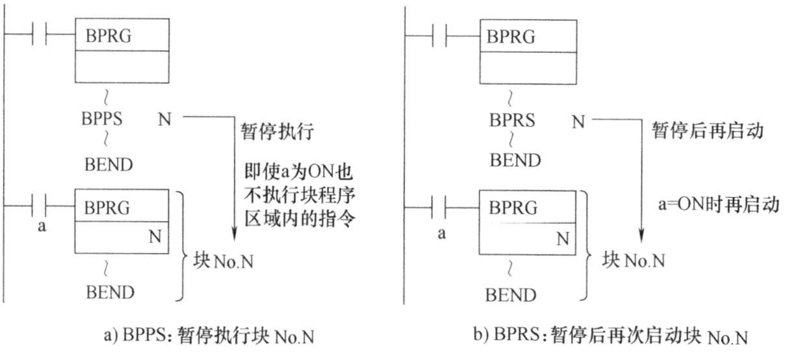

图 11-2　块程序的暂时停止（BPPS）和再启动（BPRS）指令

11.1.2　带条件结束/带条件结束非

带条件结束（EXIT）和带条件结束非（EXIT NOT）指令的 FUN 编号为 806，如图 11-3 所示。EXIT 指令可不指定操作数（根据输入条件），也可指定操作数（继电器编号 R）；EXIT NOT 指令只能指定操作数（继电器编号 R）。

图 11-3　带条件结束（EXIT）指令和带条件结束非（EXIT NOT）指令的符号

1. 不指定操作数时

在 EXIT 指令之前设定输入条件，从 LD 指令开始。输入条件为 OFF 时执行 EXIT 之后的程序。输入条件为 ON 时结束块程序，即 EXIT 之后到 BEND 为止的所有指令不被执行，如图 11-4a 所示。

2. 指定操作数时

继电器编号 R 指定的接点为 OFF（或 ON）时执行 EXIT 之后的程序，R 指定的接点为 ON（或 OFF）时结束块程序，如图 11-4b 所示。

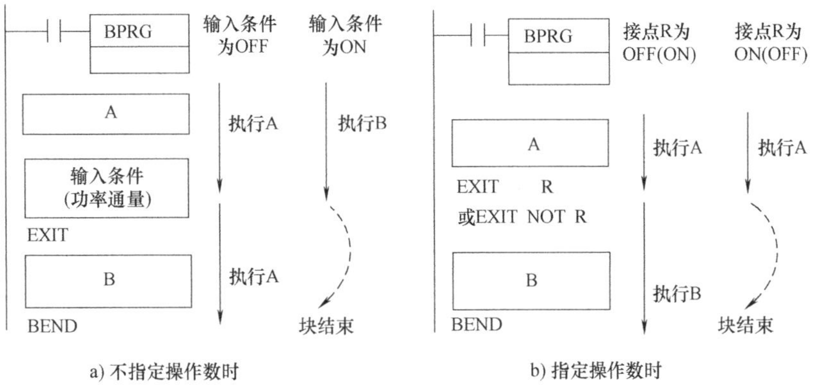

图 11-4 EXIT 指令和 EXIT NOT 指令的功能说明

11.1.3 条件分支块/条件分支块非/条件分支伪块/条件分支块结束

条件分支块（IF）和条件分支块非（IF NOT）指令的 FUN 编号为 802，如图 11-5 所示。IF（或 IF NOT）指令用于电路分支。不指定 IF 指令的操作数时，随着输入条件程序被分支；指定 IF（或 IF NOT）指令的操作数时，随着接点条件程序被分支。

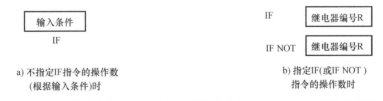

图 11-5 条件分支块（IF）指令和条件分支块非（IF NOT）指令的符号

1. 不指定 IF 指令的操作数时

在 IF 指令前设定从 LD 开始的输入条件。当输入条件为 ON 时，执行 IF 之后到 ELSE 为止的指令；输入条件为 OFF 时，执行 ELSE 之后到 IEND 为止的指令，如图 11-6 所示。

省略 ELSE 指令时，如果输入条件为 ON，则执行 IF 之后到 IEND 为止的指令；如果输入条件为 OFF，则执行 IEND 指令之后的指令。

2. 指定 IF（或 IF NOT）指令的操作数时

IF（或 IF NOT）指令的操作数指定为接点 R。若 R 为 ON（OFF），则执行 IF 之后到 ELSE 为止的指令；若 R 为 OFF（ON），则执行 ELSE 之后到 IEND 为止的指令，如图 11-7 所示。

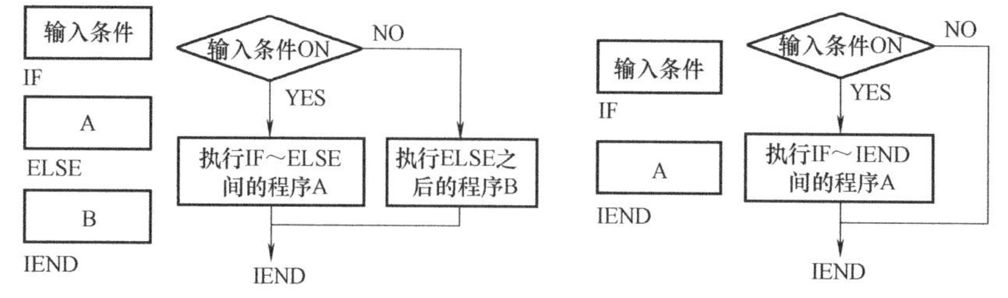

a) 有ELSE　　b) 无ELSE

图 11-6　不指定 IF 的操作数

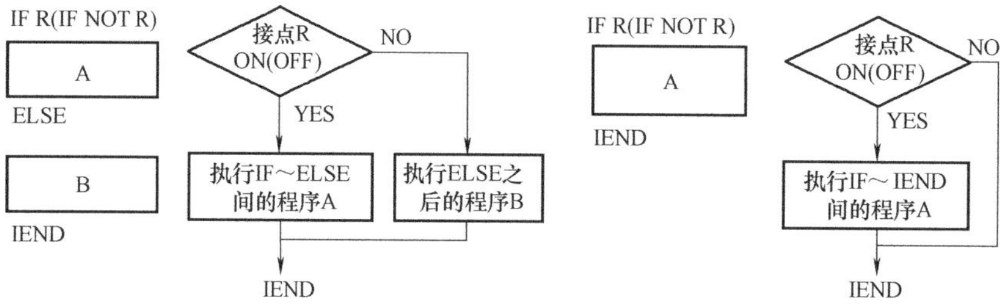

a) 指定R时：有ELSE　　b) 指定R时：无ELSE

图 11-7　指定 IF（或 IF NOT）的操作数 R

省略 ELSE 指令时若接点 R 为 ON（OFF），则执行 IF 之后到 IEND 为止的指令；若接点 R 为 OFF（ON），则执行 IEND 指令之后的指令。本小节括号中表示 IF NOT 指令的情况。

继电器编号在 IF～IEND 块中能够构成最大为 253 个的 IF～IEND 的条件分支块嵌套层。

11.1.4　一扫描条件等待/一扫描条件等待非

一扫描条件等待（WAIT）和一扫描条件等待非（WAIT NOT）指令的 FUN 编号为 805，如图 11-8 所示。

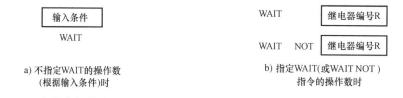

a) 不指定WAIT的操作数(根据输入条件)时　　b) 指定WAIT(或WAIT NOT)指令的操作数时

图 11-8　一扫描条件等待（WAIT）指令和一扫描条件等待非（WAIT NOT）指令的符号

1. 不指定操作数时

在 WAIT 指令之前设定从 LD 开始的输入条件。当输入条件为 OFF 时，转移到 BEND 指令的下一个指令。从下一个扫描不执行块程序内的程序，只执行 WAIT 指令的输入条件的条件判断。输入条件为 ON 时，执行从 WAIT 指令到 BEND 指令的程序，如图 11-9 所示。

2. 指定操作数时

由 R 指定的接点为 OFF 时，转移到 BEND 指令的下个指令。下一个扫描的块程序仅由 WAIT 指令的接点的 ON/OFF 内容判断执行。由 R 指定的接点为 ON（OFF）时，执行从 WAIT 指令到 BEND 指令为止的程序，如图 11-10 所示。括号内为 WAIT NOT 指令时的情况。

WAIT 指令可在块程序内进行工程步进等时使用。

11.1.5 定时等待/计数等待/高速定时等待

1. 定时等待

定时等待（TIMW/TIMWX）指令的 FUN 编号为 813/816，如图 11-11 所示。达到指定时间前，不执行本指令以外的块程序内的指令；达到指定时间时，执行下个指令之后的指令。

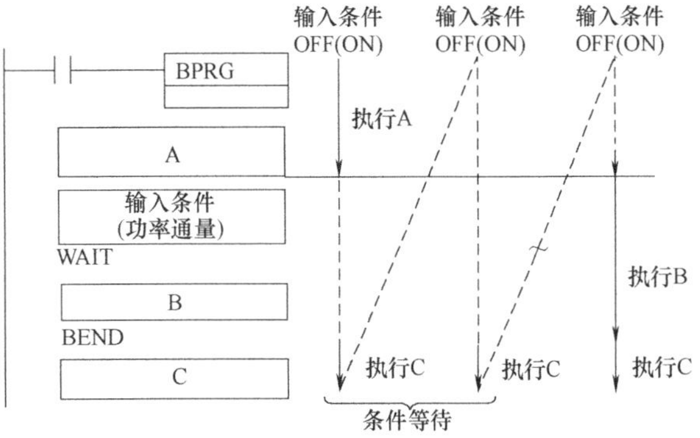

图 11-9 不指定操作数时 WAIT 指令的说明

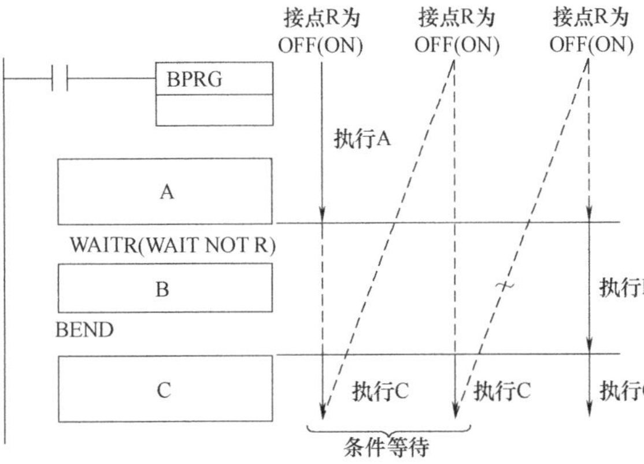

图 11-10 指定操作数 R 时 WAIT（或 WAIT NOT）指令的说明

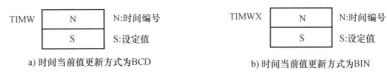

a) 时间当前值更新方式为BCD　　b) 时间当前值更新方式为BIN

图 11-11 定时等待（TIMW/TIMWX）指令的符号

时间当前值更新方式为 BCD 时，时间编号 N 为十进制数 0~4095，设定值 S 为#0000~9999（BCD）；更新方式为 BIN 时，N 为 0~4095（十进制），S 为 &0~65535（十进制）或#0000~FFFF（十六进制）。

减法式 ON 后延迟等待，分辨率 100ms。设定时间如下：BCD 方式时 0~999.9s；BIN 方式时 0~6553.5s。时间精度为-0.01~0s。

如图 11-12 所示，启动块程序后第一次执行本指令时，进行以下动作：①复位期限标志；②将时间设定值预置到时间当前值区域（由 N 指定时间编号的时间，如果处在启动中，则按该时间更新时间当前值）；③更新时间当前值。

达到指定时间前，块程序只执行本指令，更新时间当前值。到达指定时间后，标志为 ON，执行下一个指令之后的指令。

TIMW/TIMWX 指令即为 WAIT 指令的输入条件成为指定时间（期限）的指令，能够用于根据时间的工程进程中。定时等待指令的时间编号为 T0～T15 时，即使任务在待机中也更新当前值。时间编号为 T16～T4095 时，保持任务待机中的当前值。

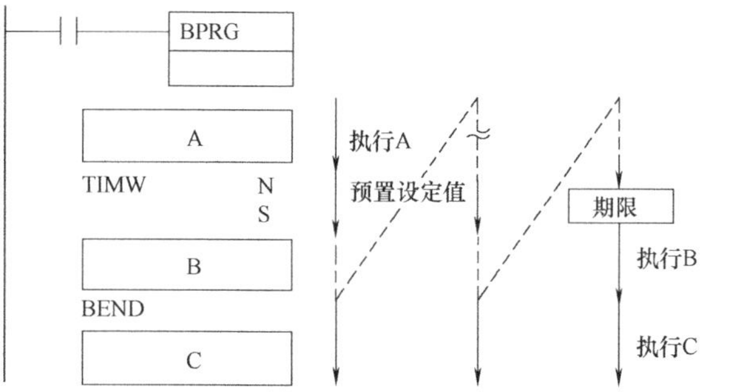

图 11-12　TIMW 指令的执行过程

2. 计数等待

计数等待（CNTW/CNTWX）指令的 FUN 编号为 814/817，如图 11-13 所示。指定的计数器在计数结束之前不执行本指令以外的块程序内的指令，计数结束时执行下一个指令之后的指令。

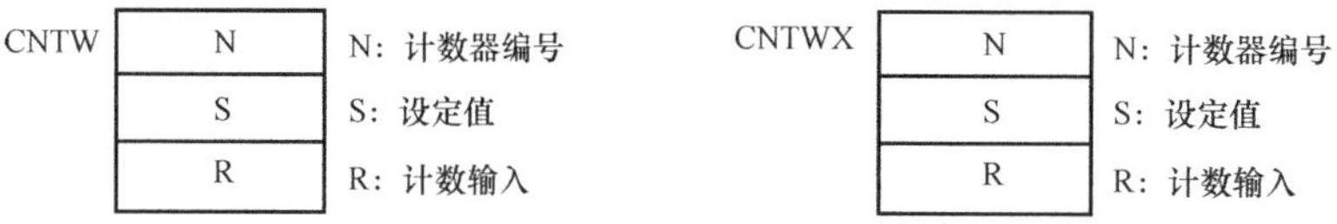

a) 时间当前值更新方式为BCD时　　b) 时间当前值更新方式为BIN时

图 11-13　计数等待（CNTW/CNTWX）指令的符号

时间当前值更新方式为 BCD 时，计数器编号 N 为 0～4095（十进制），设定值 S 为 #0000～9999（BCD）；更新方式为 BIN 时，N 为 0～4095（十进制），S 为 &0～65535（十进制）或#0000～FFFF（十六进制）。

如图 11-14 所示，启动块程序后第一次执行 CNTW/CNTWX 指令时，进行以下动作：①复位（=0）计数结束标志；②将计数器设定值预置到计数器当前值区域（当由 N 指定计数器编号的计数器在启动中时，更新计数器当前值）；③在计数输入 R 上升沿中对计数器当前值进行减法更新。到计数结束之前，块程序只执行 CNTW/CNTWX 指令，更新计数器当前值。计数结束后，计数结束标志转为 ON，执行下个指令之后的指令。

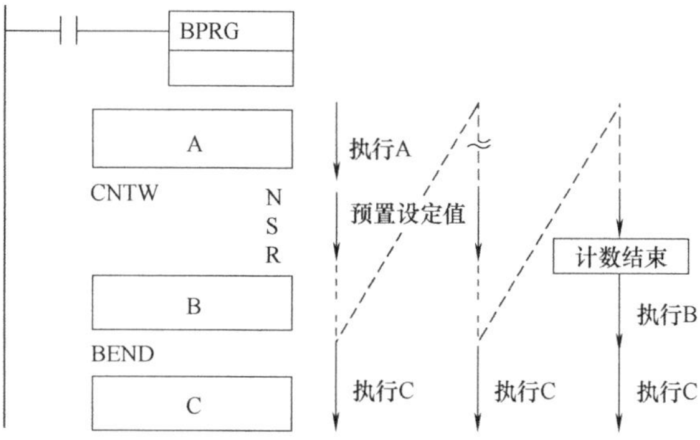

图 11-14　CNTW 指令的执行过程

CNTW/CNTWX 指令即为 WAIT 指令输入条件成为计数器（计数结束）时的指令，能够用于通过计数器的工程步进等中。

3. 高速定时等待

高速定时等待（TMHW/TMHWX）指令的 FUN 编号为 815/817，如图 11-15 所示。达到指定时间前，不执行 TMHW/TMHWX 指令以外的块程序内的指令；达到指定时间时，执行

a) 时间当前值更新方式为BCD　　b) 时间当前值更新方式为BIN

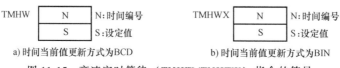

图 11-15　高速定时等待（TMHW/TMHWX）指令的符号

下一个指令之后的指令。

时间当前值更新方式为 BCD 时，时间编号 N 为 0~4095（十进制），设定值 S 为#0000~9999（BCD）；更新方式为 BIN 时，N 为 0~4095（十进制），S 为 &0~65535（十进制）或#0000~FFFF（十六进制）。减法式 ON 后延迟等待，分辨率 10ms。设定时间如下：BCD 方式时 0~99.99s；BIN 方式时 0~655.35s。时间精度为-0.01~0s。

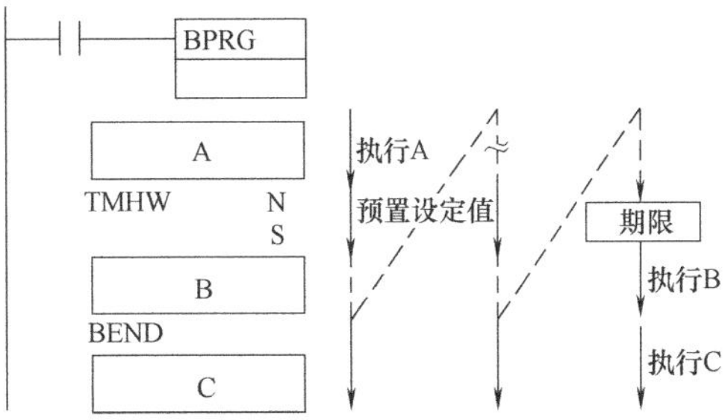

图 11-16 TMHW 指令的执行过程

TMHW 指令的执行过程如图 11-16 所示，与 TIMW 指令时的差异只有代码和分辨率。

高速定时等待指令的时间编号为 T0~T15 时，即使任务在待机中也更新当前值。时间编号为 T16~T4095 时，保持任务待机中的当前值。

11.1.6 重复块/重复块结束/重复块结束非

重复块（LOOP）指令的 FUN 编号为 809，如图 11-17 所示。LOOP 指令表示循环的开始，通过与 LEND 指令或 LEND NOT 指令配合执行，进行循环处理。

a) 循环开始 b) 不指定LEND指令的操作数时 c) 指定LEND指令的操作数时

图 11-17 LOOP 指令和 LEND（或 LEND NOT）指令的符号

1. 不指定 LEND 指令的操作数时

如图 11-18 所示，在 LEND 指令前设定从 LD 开始的输入条件。若输入条件为 OFF，则回到 LOOP 指令的下一个指令，在 LOOP~LEND 之间进行循环；若输入条件为 ON，则不回到 LOOP 指令的下一个指令，而是结束循环块执行下一个指令之后的指令。

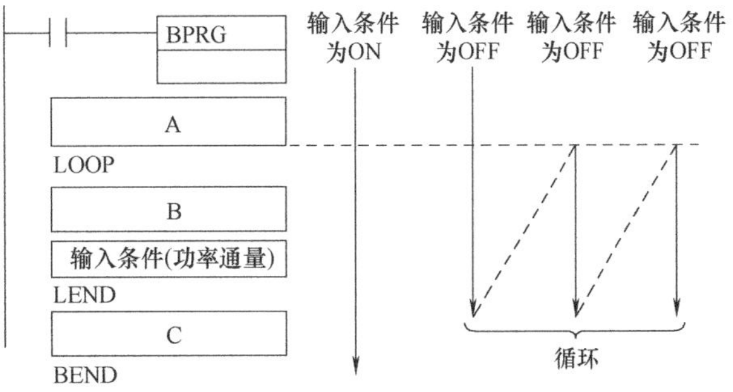

图 11-18 不指定 LEND 指令的操作数时

2. 指定 LEND 指令的操作数时

如图 11-19 所示，指定 LEND 指令的操作数为接点 R。若 R 为 OFF（ON），则回到 LOOP 指令的下一个指令，在 LOOP~LEND 之间进行循环；若 R 为 ON（OFF），则不回到 LOOP 指令的下一个指令，而结束循环块，执行下一个指令之后的指令。括号内为 LEND NOT 指令时的情况。

在 LOOP~LEND 之间进行循环时，由于 I/O 不能进行更新，所以需要时可使用 IORF（I/O 更新）指令。此外，注意不要超出循环时间。能对循环块进行嵌套，不能对 LOOP 和 LEND 进行逆向运行。在 LOOP~LEND 之间对条件分支块进行嵌套时，应在 LOOP~LEND

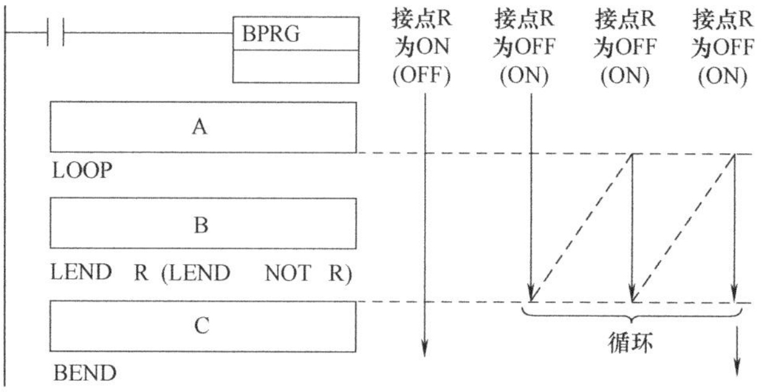

图 11-19 指定 LEND 指令的操作数时

之间完成嵌套。LOOP 指令不被执行时，LEND 指令为 NOP 处理。

11.2 功能块用特殊指令

功能块用特殊指令仅有图 11-20 所示的变量类别获得（GETID）指令，其 FUN 编号为 286。采用 4 位十六进制数，将 S 指定的变量或地址的 FINS 指令的变量类型（I/O 内存区域类型）代码输出到 D1，同时用 4 位十六进制数输出 CH 号（偏移）到 D2。

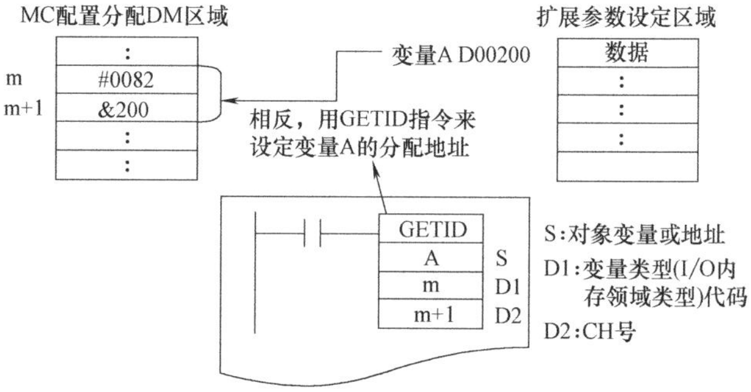

图 11-20 变量类别获得（GETID）指令

S：要取得变量类型和 CH 号，用来指定变量或地址；D1：用 S 的 FINS 指令来保存变量类型（I/O 内存区域类型）代码；D2：采用 4 位十六进制数保存 S 的 CH 号（S 为位地址时只保存该 CH 号）。变量类型 · CH 号见表 11-2。

表 11-2 变量类型（I/O 内存区域类型）· CH 号

区域类型		变量类型代码在 D1 中输出	CH 号:在 D2 中输出
频道 I/O	CIO	00B0Hex	0000~017FF Hex(十进制 0000~6143)
内部辅助继电器	W	00B1Hex	0000~01FF Hex(十进制 000~511)
保持继电器	H	00B2Hex	0000~01FF Hex(十进制 000~511)
特殊辅助继电器	A	00B3Hex	0000~03BF Hex(十进制 000~959)
数据内存(DM)	S2	0082Hex	0000~07FFF Hex(十进制 00000~32767)

对于功能模块内的变量只要不进行 AT 指定，在 CX-Programmer Ver. 5.0 之后的系统将自动分配地址。例如在间接指定高功能装置（如 MC）的扩展参数设定区域时，如果在扩展参数设定区域的开始处使用变量，那么必须将该变量地址作为反向间接指定进行设定。此时使用 GETID 指令取得变量的分配地址，进行反向设定。

第12章

字符串处理指令和特殊指令

12.1 字符串处理指令

使用 ASCII 代码（1 字节，除去特殊字符）表示的字符串数据处理从开始到 NUL 代码（00Hex）为止的数据。保存顺序按高位字节→低位字节，低位通道→高位通道。字符串处理指令共有 13 种，见表 12-1。

表 12-1 字符串处理指令

指令语句	助记符	FUN 编号	指令语句	助记符	FUN 编号
字符串传送	MOV $	664	字符串置换	RPLC $	661
字符串连接	+ $	656	字符串删除	DEL $	658
字符串从左读出	LEFT $	652	字符串交换	XCHG $	665
字符串从右读出	RGHT $	653	字符串消除	CLR $	666
字符串从任意位置读出	MID $	654	字符串插入	INS $	657
字符串检索	FIND $	660	字符串比较	= $、<> $、< $、<= $、> $、>= $（LD/AND/OR 型）	670~675
字符串长度检测	LEN $	650			

12.1.1 字符串传送/字符串连接/字符串从左读出/字符串从右读出/字符串从任意位置读出

1. 字符串传送

字符串传送（MOV $）指令的 FUN 编号为 664，如图 12-1 所示。MOV $ 指令将 S 指定的字符串数据，原样作为字符串数据（也包括末尾的 NUL）传送给 D。S 的字符串最大字

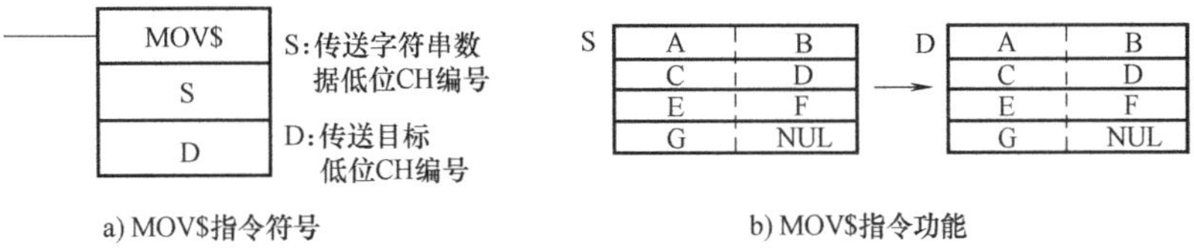

图 12-1 字符串传送（MOV $）指令

符数为 4095 字符（0FFF Hex）+NUL。

S~S+最大 2047 CH 以及 D~D+最大 2047 CH 必须为同一区域种类，且能够进行重叠。

2. 字符串连接

字符串连接（+$）指令的 FUN 编号为 656，如图 12-2 所示。+$ 指令连接 S1 指定的字符串 1 和 S2 指定的字符串 2，将结果作为字符串数据（包括在末尾加上 NUL）输出给 D。

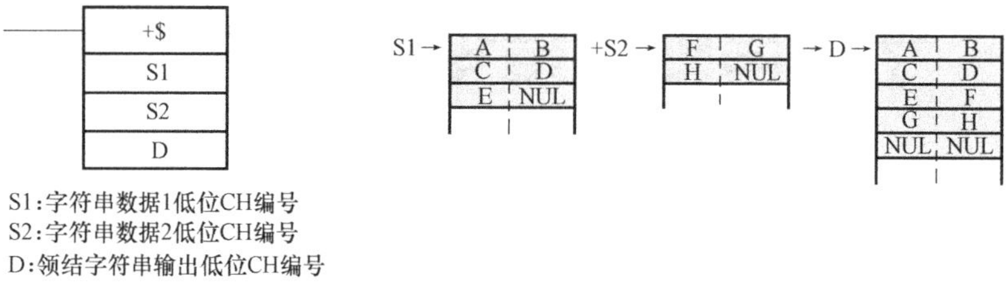

a) +$指令符号　　b) 功能说明

图 12-2　字符串连接（+$）指令

S1~S1+最大 2047 CH、S2~S2+最大 2047 CH，以及 D~D+最大 2047 CH 各自必须为同一区域类型，且 S2~S2+最大 2047 CH 和 D~D+最大 2047 CH 不能重叠。

S1 和 S2 的字符串最大字符数为 4095 字符（0FFF Hex），超过该长度时（到 4096 字符为止没有 NUL 存在时）为出错，ER = ON。此外连接结果的最大字符数也为 4095 字符（0FFF Hex），超过最大字符数时，将到第 4095 个字符为止的字符串（在第 4096 个字符处放入 NUL）输出到 D。S1 和 S2 都为 NUL 时，将两个字符的 NUL（0000Hex）输出到 D。

3. 字符串从左读出

字符串从左读出（LEFT $）指令的 FUN 编号为 652，如图 12-3 所示。LEFT $ 指令从 S1 指定的字符串数据低位 CH 号到 NUL（00Hex）代码为止的字符串左侧（开始），读出 S2 指定的字符数，将结果作为字符串数据（在末尾加上 NUL）输出到 D。读出字符数超过 S1 的字符数时，输出整个 S1 的字符串；读出字符数中指定为 0（0000Hex）时，向 D 输出相当于两个字符的 NUL（0000Hex）。

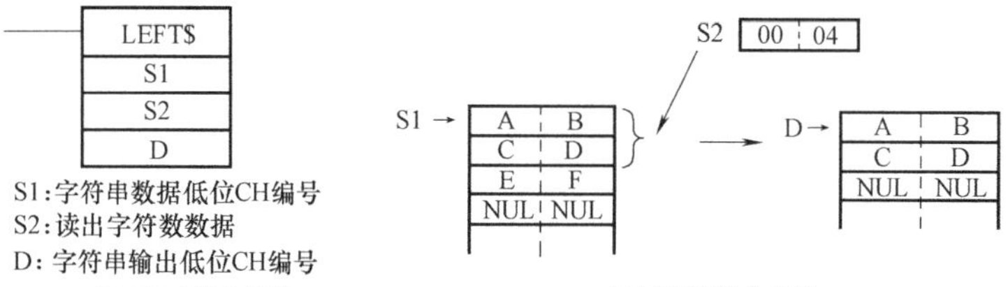

a) LEFT$指令符号　　b) LEFT$指令功能

图 12-3　字符串从左读出（LEFT $）指令

在 LEFT $/RGHT $/MID $ 指令中，字符串数据 S1~S1+最大 2047 CH 以及字符串输出 D~D+最大 2047 CH 各自必须为同一区域类型；S1~S1+最大 2047 CH 和 D~D+最大 2047 CH 能够重叠。读出字符数数据 S2 范围为 0000~0FFF Hex 或十进制 &0~4095，字符串数据最大为 4095 字符+NUL。

4. 字符串从右读出

字符串从右读出（RGHT $）指令的 FUN 编号为 652，如图 12-4 所示。RGHT $ 指令从 S1 指定的字符串数据低位 CH 号到 NUL（00Hex）代码之间的字符串右侧（末尾），读出 S2 指定的字符数，将结果作为字符串数据（在末尾加上 NUL）输出到 D。读出字符数超过 S1 的字符数时，输出整个 S1 的字符串；读出字符数中指定为 0 时，向 D 输出相当于两个字符的 NUL（0000Hex）。

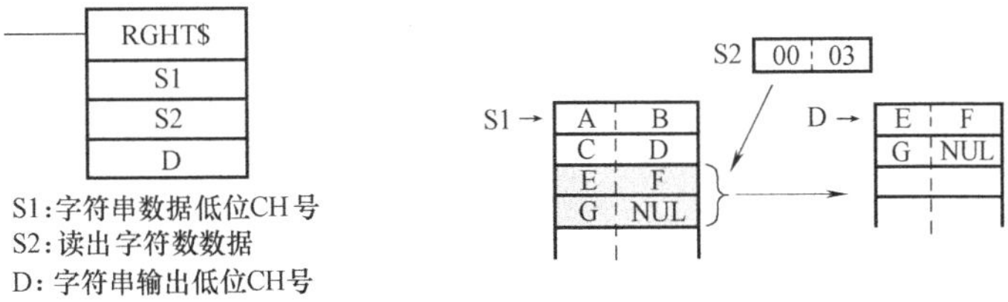

a) RGHT$指令符号　　b) RGHT$指令功能

图 12-4　字符串从右读出（RGHT $）指令

5. 字符串从任意位置读出

字符串从任意位置读出（MID $）指令的 FUN 编号为 654，如图 12-5 所示。MID $ 指令对于从 S1 指定的字符串数据低位 CH 号开始到 NUL（00Hex）代码为止的字符串，在 S3 指定的开始位置读出 S2 指定的字符数，将结果作为字符串数据（在末尾加上 NUL）输出到 D 。读出字符数超过 S1 字符串的末尾时，输出到末尾为止的字符串。

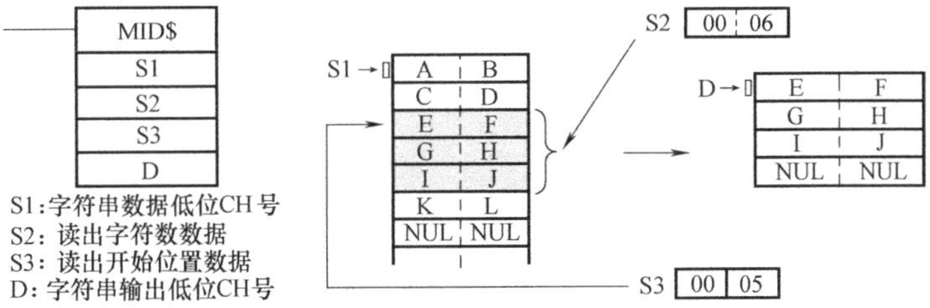

a) MID$指令符号　　b) MID$指令功能

图 12-5　字符串从任意位置的读出（MID $）指令

在 MID $ 指令中，读出字符数据 S2 和读出开始位置数据 S3 的范围均为 0000～0FFF Hex 或十进制 &0～4095，字符串数据最大为 4095 字符+NUL。

12.1.2　字符串检索/字符串长度检测/字符串置换/字符串删除

1. 字符串检索

字符串检索（FIND $）指令的 FUN 编号为 660，如图 12-6 所示。FIND $ 指令在 S1 指定的字符串中，搜索 S2 指定的字符串，用 BIN 数据将结果（从 S1 开始的第几个字符）输

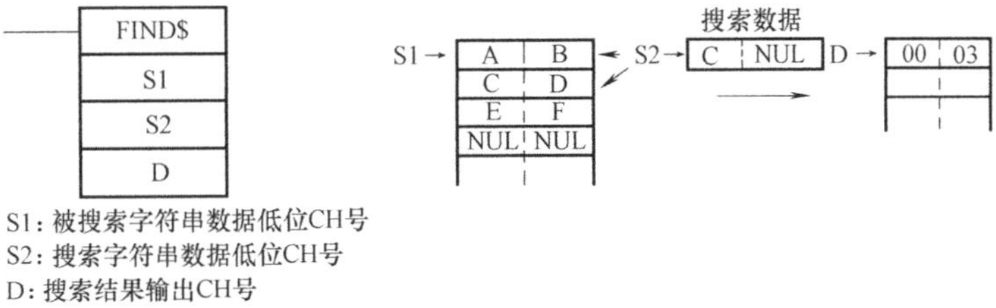

a) FIND$指令符号　　b) FIND$指令功能

图 12-6　字符串检索（FIND $）指令

出到 D。没有一致的字符串时，向 D 输出 0000Hex。

被搜索字符串数据 S1~S1+最大 2047 CH 以及搜索字符串数据 S2~S2+最大 2047 CH 各自必须为同一区域种类，最大为 4095 字符+NUL。

2. 字符串长度检测

字符串长度检测（LEN $）指令的 FUN 编号为 650，如图 12-7 所示。LEN $ 指令计算从 S 指定的字符串数据低位 CH 号开始到 NUL 代码（00Hex）为止的字符数（不包括 NUL 代码本身），将结果作为 BIN 数据输出到 D。当字符串数据的开始为 NUL 时，计算结果为 0000Hex。

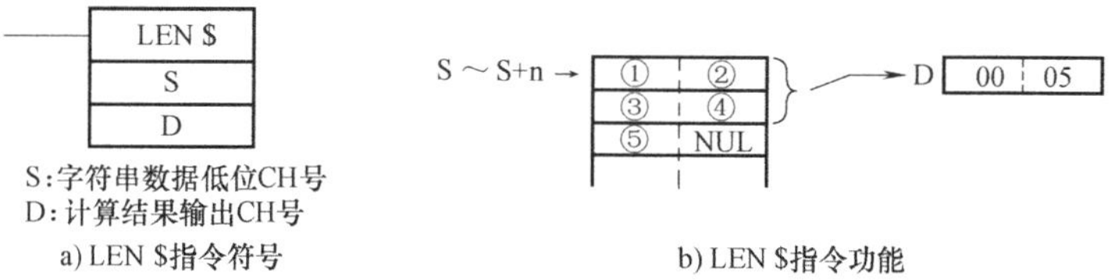

图 12-7　字符串长度检测（LEN $）指令

字符串数据 S~S+最大 2047 CH 必须为同一区域类型，最大为 4095 字符+NUL。

3. 字符串置换

字符串置换（RPLC $）指令的 FUN 编号为 661，如图 12-8 所示。RPLC $ 指令根据 S4 指定的位置和 S3 指定的字符长度，将 S1 中所对应的字符串置换成 S2 指定的字符串，并将结果作为字符串数据（在末尾加上 NUL）输出到 D。

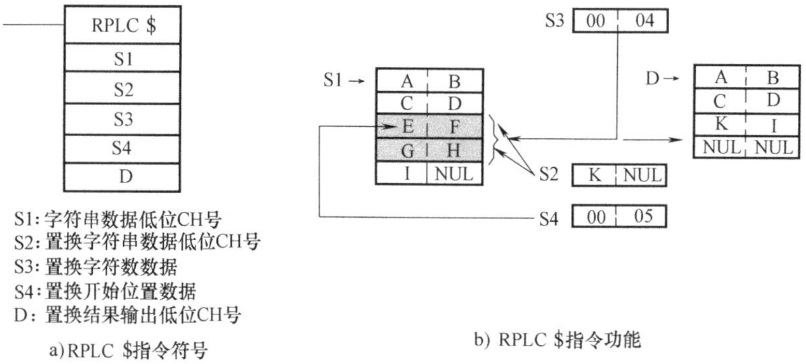

图 12-8　字符串置换（RPLC $）指令

字符串数据 S1~S1+最大 2047 CH、置换字符串数据 S2~S2+最大 2047 CH，以及置换结果输出 D~D+最大 2047 CH 各自必须为同一区域类型，最大均为 4095 字符+NUL；D~D+最大 2047 CH 和 S2~S2+最大 2047 CH 不能重叠；置换字符数数据 S3、置换开始位置数据 S4 范围为 0000~0FFF Hex 或十进制 0~4095。

4. 字符串删除

字符串删除（DEL $）指令的 FUN 编号为 658，如图 12-9 所示。DEL $ 指令根据 S3 指定的删除开始位置和 S2 指定的字符长度，删除 S1 中对应的字符串，结果作为字符串数据（在末尾加上 NUL）输出到 D。

字符串数据 S1~S1+最大 2047 CH 和删除结果输出 D~D+最大 2047 CH 各自必须为同一区域种类，两者不能重叠，最大均为 4095 字符+NUL；字符数数据 S2 的范围为 0000~0FFF

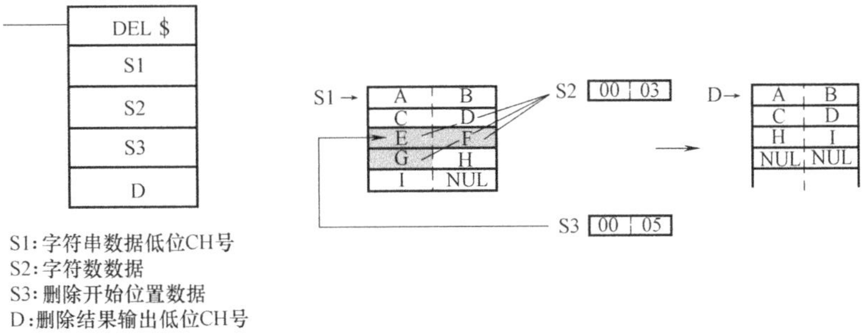

a) DEL $指令符号　　b) DEL $指令符号

图 12-9 字符串删除（DEL $）指令

Hex 或十进制 &0～4095；删除开始位置数据 S3 的范围为 0001～0FFF Hex 或十进制 &1～4095。

12.1.3 字符串交换/字符串清除/字符串插入/字符串比较

1. 字符串交换

字符串交换（XCHG $）指令的 FUN 编号为 665，如图 12-10 所示。XCHG $ 指令把 D1 指定的字符串和 D2 指定的字符串进行交换，并在 D1 和 D2 中任何一个为 NUL 时，将相当于两个字符的 NUL（0000Hex）传送给另一方。

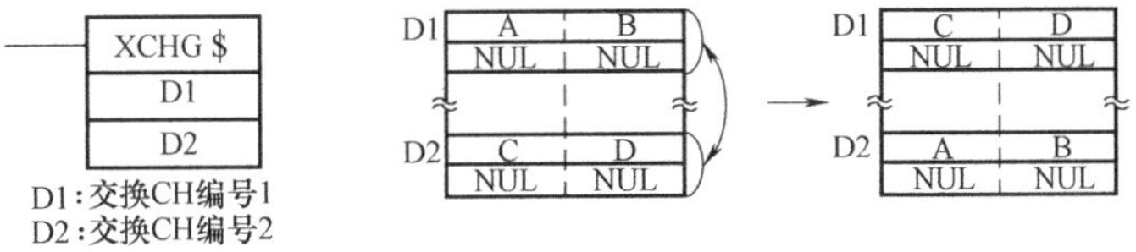

a) XCHG $指令符号　　b) XCHG $指令功能

图 12-10 字符串交换（XCHG $）指令

字符串数据 D1～D1+最大 2047 CH 和 D2～D2+最大 2047 CH 各自必须为同一区域类型，且两者不能重叠，字符串数据最大为 4095 字符+NUL。

2. 字符串清除

字符串清除（CLR $）指令的 FUN 编号为 666，如图 12-11 所示。CLR $ 指令用 NUL（00Hex）清除从 D 指定的低位 CH 编号开始到 NUL 代码（00Hex）为止的所有字符串数据。清除的最大字符数为 4096 字符，当到第 4096 个字符为止没有 NUL 存在时，清除长度为 4096 个字符，此后的数据不被清除。

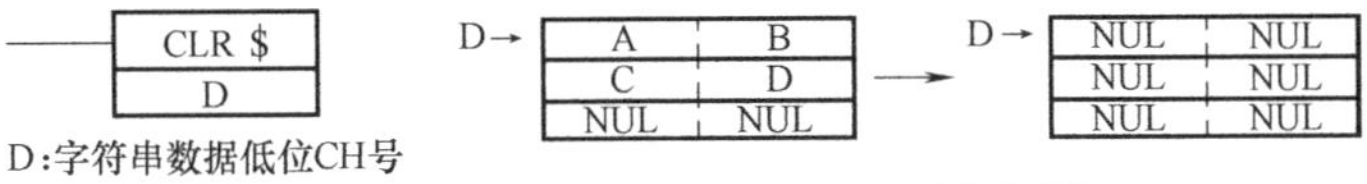

a) CLR $指令符号　　b) CLR $指令功能

图 12-11 字符串清除（CLR $）指令

字符串数据 D～D+最大 2047 CH 必须为同一区域类型，最大为 4095 字符+NUL。

3. 字符串插入

字符串插入（INS $）指令的 FUN 编号为 657，如图 12-12 所示。INS $ 指令按 S3 指定的开始位置，在 S1 中对应的字符串后面插入 S2 指定的字符串，并将结果作为字符串数据（在末尾加上 NUL）输出到 D。

S1：被插入字符串数据低位CH号
S2：插入字符串数据低位CH号
S3：插入开始位置数据
D：插入结果输出低位CH号

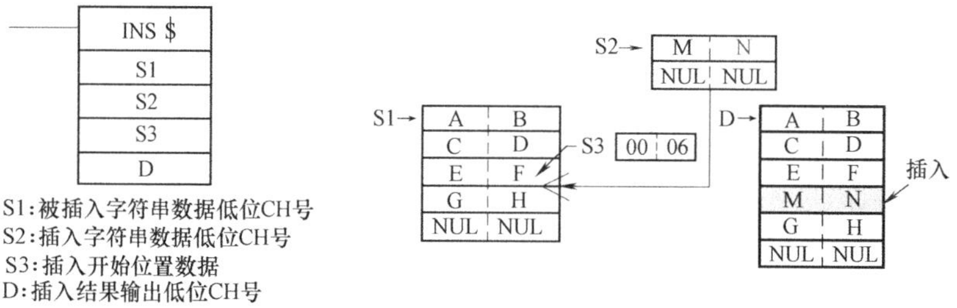

a) INS $指令符号

b) INS $指令功能

图 12-12　字符串插入（INS $）指令

被插入字符串数据 S1~S1+最大 2047 CH、插入字符串数据 S2~S2+最大 2047 CH，以及插入结果输出 D~D+最大 2047 CH 各自必须为同一区域类型，最大为 4095 字符+NUL。D~D+最大 2047 CH 和 S2~S2+最大 2047 CH 不能重叠，D~D+最大 2047 CH 和 S1~S1+最大 2047 CH 以及 S1~S1+最大 2047 CH 和 S2~S2+最大 2047 CH 可以重叠。插入开始位置数据范围为 0000~0FFF Hex 或十进制 &0~4095。

4. 字符串比较

字符串比较（= $、<> $、< $、<= $、> $、>= $）指令的 FUN 编号为 670~675，如图 12-13 所示。= $、<> $、< $、<= $、> $、>= $（LD/AND/OR 型）指令比较 S1 指定的字符串和 S2 指定的字符串，比较结果为真时连接到下一段之后，S1 和 S2 的字符串的最大字符数均为 4095 字符（0FFF Hex）。连接类型有三种，即 LD（加载）连接、AND（串联）连接、OR（并联）连接。

S1：字符串数据1的低位CH编号；　　S2：字符串数据2的低位CH编号

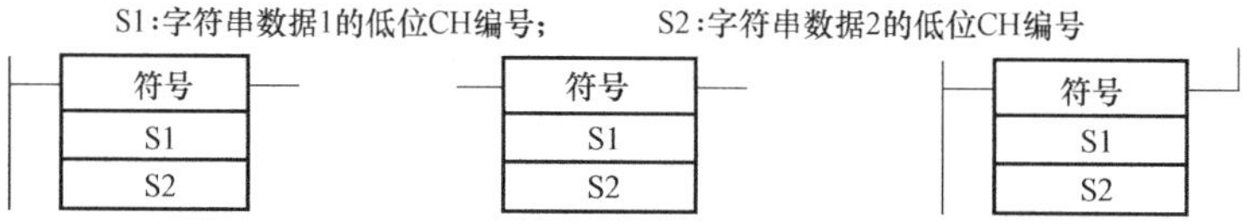

a) LD(加载)连接型　　　b) AND(串联)连接型　　　c) OR(并联)连接型

图 12-13　字符串比较（= $、<> $、< $、<= $、> $、>= $）（LD/AND/OR 型）指令

字符串比较指令的符号在梯形图中没有区分 LD、AND、OR，选项共有 18 种助记符，见表 12-2。

表 12-2　字符串比较指令一览表

助记符	名　　称	FUN 编号	功能
LD = $	LD 型·字符串·一致		
AND = $	AND 型·字符串·一致	670	S1 的字符串 = S2 的字符串时为真
OR = $	OR 型·字符串·一致		
LD<> $	LD 型·字符串·不一致		
AND<> $	AND 型·字符串·不一致	671	S1 的字符串 ≠ S2 的字符串时为真
OR<> $	OR 型·字符串·不一致

（续）

助记符	名　称	FUN 编号	功能
LD< $	LD 型・字符串・未满	672	S1 的字符串<S2 的字符串时为真
AND< $	AND 型・字符串・未满		
OR< $	OR 型・字符串・未满		
LD<= $	LD 型・字符串・以下	673	S1 的字符串≤S2 的字符串时为真
AND<= $	AND 型・字符串・以下		
OR<= $	OR 型・字符串・以下		
LD> $	LD 型・字符串・超过	674	S1 的字符串>S2 的字符串时为真
AND> $	AND 型・字符串・超过		
OR> $	OR 型・字符串・超过		
LD>= $	LD 型・字符串・以上	675	S1 的字符串≥S2 的字符串时为真
AND>= $	AND 型・字符串・以上		
OR>= $	OR 型・字符串・以上		

S1～S1+最大 2047 CH 和 S2～S2+最大 2047 CH 各自必须为同一区域类型，且两者不能重叠。对比较对象开始的一个字符（字节），用 ASCII 代码进行比较。当与 ASCII 代码不相等时，可以通过两者与 ASCII 代码的比较来确定比较对象之间的大小关系。如果相等，则继续比较两者的下一个字符，同样当与 ASCII 代码不相等时，可以通过两者与 ASCII 代码的比较来确定比较对象之间的大小关系。如此按顺序一直比较下去，同样也包括 NUL。当全部相等时，两者字符为相等关系。此外，当两者之间字符数不相等时，以字符串较长的一边为基准，在字符串短的一边加上 NUL（00Hex），使字符串长度相同，然后进行比较。

12.2 特殊指令

特殊指令共有 7 种，见表 12-3。

表 12-3 特殊指令

指令语句	助记符	FUN 编号	指令语句	助记符	FUN 编号
置进位	STC	040	状态标志保存	CCS	282
清除进位	CLC	041	状态标志加载	CCL	283
循环时间监视时间设定	WDT	094	CV→CS 地址转换	FRMCV	284
			CS→CV 地址转换	TOCV	285

12.2.1 置进位/清除进位/循环时间的监视时间设定/状态标志保存/状态标志加载

置进位/清除进位（STC/CLC）指令的 FUN 编号为 040/041，如图 12-14 所示。STC 指令将 CY 标志置为 ON；CLC 指令将 CY 标志置为 OFF。

1. STC 指令

输入条件为 ON 时，将状态标志的进位（CY）标志置为 1（ON）。但是，即使用本指令

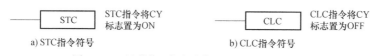

a) STC指令符号　　b) CLC指令符号

图 12-14　置进位/清除进位（STC/CLC）指令

将 CY 标志置为 ON 之后，也同样可以通过执行其他指令，将标志 CY 置为 OFF/ON。

在 ROL、ROLL、ROR、RORL 指令中，包括进位（CY）标志在内都被旋转移位，所以为了操作进位（CY）标志，使用 STC 指令。在指令执行时（置 CY 标志为 ON 的同时），将 ER 标志、=标志、N 标志置为 OFF。

2. CLC 指令

输入条件 ON 时，将状态标志的进位（CY）标志置为 0（OFF）。但是，即使用本指令将 CY 标志置为 OFF 之后，也同样可以通过执行其他指令将 CY 标志置为 OFF/ON。

在+C/-C、+CL/-CL、+BC/-BC、+BCL/-BCL 指令中，因对进位（CY）标志在内进行加（或减）法，为避免受当前指令的影响，而使用 CLC 指令。

在 ROL、ROLL、ROR、RORL 指令中，包括进位（CY）标志在内都被旋转移位，所以为了操作进位（CY）标志，使用 CLC 指令。

在指令执行时，将 ER 标志、=标志、CY 标志、N 标志全部置为 OFF。

3. 循环时间的监视时间设定

循环时间的监视时间设定（WDT）指令的 FUN 编号为 096，如图 12-15 所示。WDT 指令只在执行周期中延长循环周期的监视时间，即在 PLC 系统设定的指定循环时间的监视时间内，延长 S 指定的数据×10ms 的时间（0~39990ms）。临时性处理内容增加、循环时间延长时，采用本指令能够防止循环时间超出。

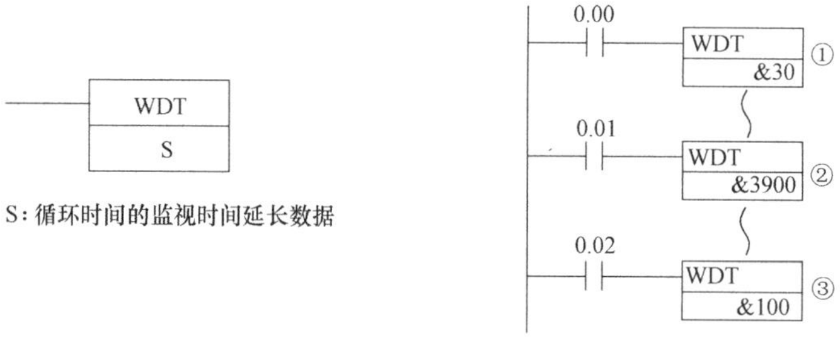

a) WDT指令符号　　b) WDT指令的动作说明

图 12-15　循环时间的监视时间设定（WDT）指令

监视时间延长数据 S 的范围为 0000~0F9F Hex 或十进制 &0~3999。相关 PLC 系统设定最大循环时间为 0001~0FA0Hex 即 10~40000ms（10ms 单位），缺省值为 1000ms（1s）。

图 12-15 b 所示为表示循环时间的监视时间的设定值为缺省值 1000ms 时的示例。

输入继电器 0.00=ON 时，根据①的 WDT 指令，循环时间的监视时间延长 300ms（由于设定值为 30，因此为 30×10ms），此时循环时间的监视时间的累计值为 1000ms+300ms=1300ms。

输入继电器 0.01=ON 时，根据②的 WDT 指令，循环时间的监视时间再延长 39000ms（由于设定 3900，因此为 3900×10ms），但此时累计值已经为 40300ms，超出 40000ms 部分的 300ms 忽略不计，结果此次的延长时间为 38700ms。

输入继电器 0.02 = ON 时，根据③的 WDT 指令，循环时间的监视时间再延长 1000ms（由于设定 100 ，因此为 100×10ms）。此时累计值已达 40000ms，因此不执行③的 WDT 指令。

4. 状态标志保存/状态标志加载

状态标志保存/状态标志加载（CCS/CCL）指令的 FUN 编号为 282/283。在任务（程序）内的不同位置或任务之间或下面的周期中，图 12-16a 所示的 CCS 指令在输入条件为 ON 时，除了以下的常 ON、常 OFF 状态标志之外，将其他所有状态标志（ER、CY、>、=、<、N、OF、UF、>=、<>、<=）的状态保存到 CPU 装置内的保存区域中。图 12-16b 所示的 CCL 指令在输入条件为 ON 时，除了常 ON、常 OFF 状态标志之外，恢复（读出）保存在 CPU 装置中其他所有状态标志的状态。

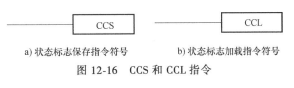

a) 状态标志保存指令符号　　b) 状态标志加载指令符号

图 12-16　CCS 和 CCL 指令

状态标志的保存/恢复可以通过以下任何一种方法来执行：①一个任务内；②周期执行任务与周期执行任务之间；③周期内。但是，在周期执行任务和中断任务之间不能进行。

状态标志于各指令共通使用，按各指令执行，根据执行结果在一周期内进行变化。因此为了防止状态标志在同一个程序内发生干扰，对其读出位置必须加以注意。当希望在后面的自由位置读出某个指令刚被执行后的状态标志状态时，可使用 CCS 指令/CCL 指令。例如对于依靠比较指令执行的=标志（比较结果）的状态，不希望在刚执行完该比较指令之后马上读出，而是希望在以后读出时。

12.2.2　CV→CS 地址转换/CS→CV 地址转换

1. CV→CS 地址转换

CV→CS 地址转换（FRMCV）指令的 FUN 编号为 284，如图 12-17 所示。FRMCV 指令输入条件 ON 时执行以下动作：①先将 S 指定的 CVM1/CV 系列的 I/O 存储器有效地址转换成 CVM1/CV 系列的 CH 号；②获取与转换的 CVM1/CV 系列 CH 号相同的 CP 系列 CH 号，取得与之相对应的 I/O 存储器有效地址；③将取得的 CP 系列的 I/O 存储器有效地址输出到 D（只能指定为变址寄存器 IR0～15）。

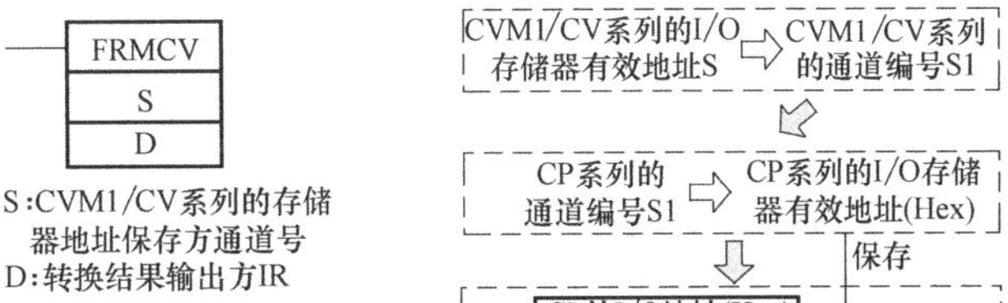

a) FRMCV指令符号　　b) FRMCV指令功能

图 12-17　CV→CS 地址转换（FRMCV）指令

根据 FRMCV 指令对于被保存于变址寄存器的通道编号，通过由常规指令所进行的变址寄存器间接指定（IR 指定），能够指定该 I/O 存储器有效地址。

在 CVM1/CV 系列中组合有以下程序时，使用该 FRMCV 指令能够将该程序置换成 CP 系列用程序。①使用间接 DM（＊DM）的 BIN 指定时（用 DM 内的 I/O 存储器有效地址间接指定通道编号时）；②在将 CVM1/CV 系列的 I/O 存储器有效地址直接作为值来使用时（用 MOV 等指令将 I/O 存储器有效地址直接指定并保存到 IR 中时）。

2. CS→CV 地址转换

CS→CV 地址转换（TOCV）指令的 FUN 编号为 285，如图 12-18 所示。TOCV 指令在输入条件为 ON 时执行以下操作：①先将 S（只能是变址寄存器 IR0～15）指定的 CP 系列的 I/O 存储器有效地址转换成 CP 系列的 CH 号；②获取与转换的 CP 系列的 CH 号相同的 CVM1/CV 系列 CH 号，取得与之相对应的 I/O 存储器有效地址；③将取得的 CVM1/CV 系列的 I/O 存储器有效地址输出到 D 中。

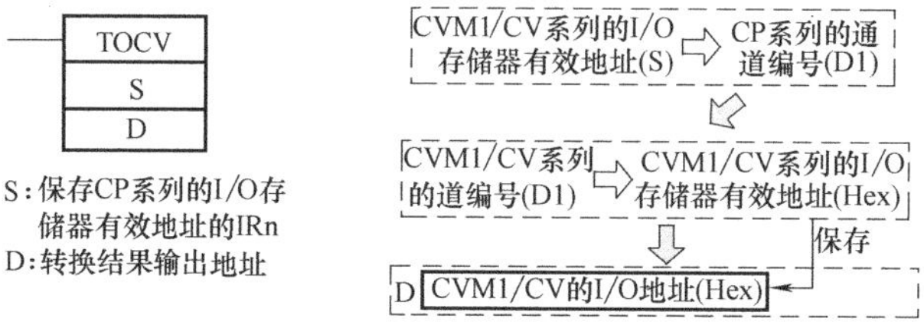

a) TOCV指令符号　　b) TOCV指令功能

图 12-18　CS→CV 地址转换（TOCV）指令

根据本指令，对于保存在指定地址的 CVM1/CV 系列的 I/O 存储器有效地址数据，通过 CX-Programmer 传送给 CVM1/CV 系列。在 CVM1/CV 系列侧，通过变址寄存器间接指定（IR 指定）或间接 DM（＊DM）的 BIN 指定，能够指定原来的 CP 系列和相同的通道编号。

第 13 章

其他指令

13.1 工序步进控制指令

工序步进控制指令有两种，见表 13-1 所示。通过 SNXT（步梯形步进）指令和 STEP（步梯形区域）指令的组合，制作成工序步进程序。

表 13-1 工序步进控制指令

指令语句	助记符	FUN 编号	指令语句	助记符	FUN 编号
步梯形区域步进	SNXT	009	步梯形区域定义	STEP	008

1. 步梯形区域步进

步梯形区域步进（SNXT）指令的 FUN 编号为 009，如图 13-1a 所示。SNXT 指令在 STEP 指令之前配置，通过对指定的工序编号进行 OFF→ON 来控制工序的步进。若是此前有工序的情况，则将前面的工序编号进行 ON→OFF。

根据配置位置不同，分为以下三种作用：①向步梯形区域的步进；②向下一工序编号的步进；③向步梯形区域结束的步进。步梯形区域是从 STEP 指令（指定工序编号）~STEP 指令（无工序编号）为止的区域。

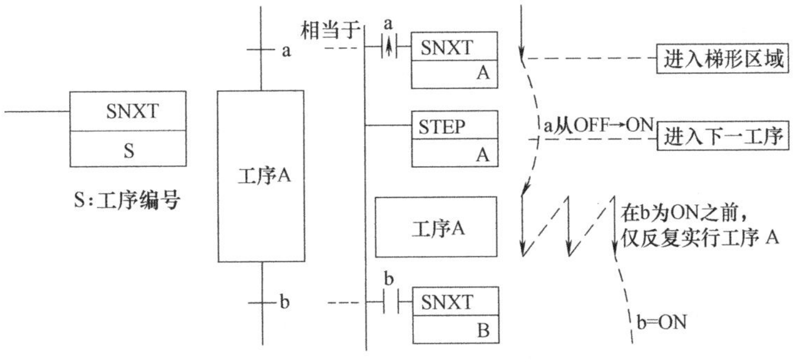

a) SNXT指令符号　　b) SNXT、STEP指令的组合功能

图 13-1 步梯形区域步进（SNXT）指令

1）配置在步梯形区域整体之前时，向步梯形区域的步进：将输入条件设置为启动微分

型，对用工序编号 S 指定的继电器进行 OFF→ON，向工序 S（STEP S 指令以后）推进。若将 SNXT 指令配置在步梯形区域外时，则会出现与 SET 指令同样的动作。

2）配置在步梯形区域整体中时，向下一工序的步进：对之前的工序编号（继电器）进行 ON→OFF，对下一工序的编号（继电器）S 进行 OFF→ON，向工序 S（STEP S 指令以后）推进。

3）配置在步梯形区域整体最后时，向步梯形区域结束的步进：对以前的工序编号（继电器）进行 ON→OFF，用 S 指定的工序编号为虚转接。但是会出现 ON 的情况，故应指定即使 ON 也没有问题的继电器。

2. 步梯形区域定义

步梯形区域定义（STEP）指令的 FUN 编号为 008，如图 13-2 所示。STEP 指令在 SNXT 指令之后，各工序之前配置，表示该工序开始（指定工序编号）。如在 SNXT 指令之后，则步梯形区域整体的最后配置表示步梯形区域整体的结束，这时无工序编号。

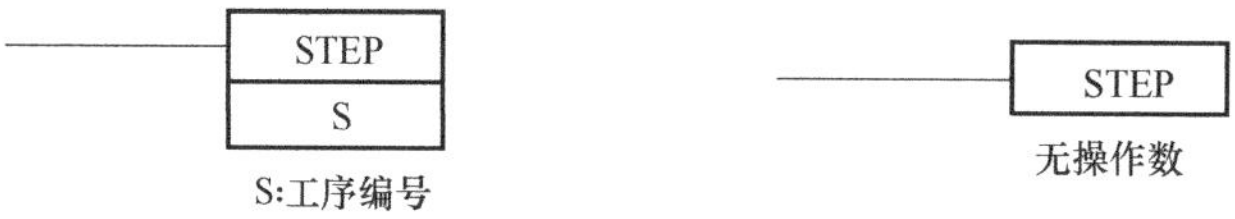

a) 步梯形区域开始指令(指定工序编号)　　b) 步梯形区域结束指令(未指定工序编号)

图 13-2　步梯形区域定义（STEP）指令

根据 STEP 配置位置和有无工序编号指定，分为以下两种作用：①已指定工序的开始；②步梯形区域整体的结束。

（1）已指定工序的开始（配置在各工序之前、指定了 S 时）

1）通过 SNXT 指令使工序编号 S 开始进行 OFF→ON 时，将从本指令的下一个指令开始执行。同时，将 A200.12（步梯形一个周期 ON 标志）设置为 ON。在下一周期之后，到下一工序的迁移条件成立为止，即到通过 SNXT 指令形成的下一工序编号进行 OFF→ON 为止，这时工序都将反复执行。

2）通过 SNXT 指令使工序编号 S 开始进行 OFF→ON 时，通过 STEP 指令指定的工序编号 S 将被复位（ON→OFF），此时工序编号 S 的工序将变为 IL 中（互锁中）。根据 STEP 指令指定的工序编号 S 的 ON/OFF 状态，工序编号 S 在工序内的指令及输出如下。工序编号 S 被复位进行 ON→OFF 时，将出现互锁状态。

（2）步梯形区域整体的结束（配置在步梯形区域整体的最后、未指定 S 时） 通过 SNXT 指令，使 SNXT 指令之前的工序编号开始进行 ON→OFF 时，步梯形区域整体结束。

注意在 SNXT/STEP 指令中，能用工序编号 S 指定的区域种类只有内部辅助继电器 WR；S 指定的工序编号地址不可与通常的梯形电路中使用的地址重复，否则会出现两重使用线圈的错误。注意在工序内有 SBS（子程序调入）指令的情况下，即使工序编号进行 ON→OFF，子程序内的输出也不会变为 IL（互锁状态）。

步梯形区域（STEP S～STEP 间）不可在子程序内、插入任务内、块程序区域内使用；在同一周期内，不可使两个以上的步梯形区域同时动作。不能在步梯形程序区域内使用 END、IL、ILC、JMP、JME、CJP、CJPN、JMP0、JME0、SBN、RET 等指令。

13.2 显示功能指令

显示功能指令有 3 种，见表 13-2。

表 13-2 显示功能指令

指令语句	助记符	FUN 编号	指令语句	助记符	FUN 编号
信息显示	MSG	046	七段 LED 通道数据显示	SCH	047
			七段 LED 控制	SCTRL	048

1. 信息显示

信息显示（MSG）指令的 FUN 编号为 046，如图 13-3 所示。当输入条件为 ON 时，对于 N 指定的信息编号，MSG 指令从 S 指定的信息存储低位 CH 编号中登录 16 CH 部分的 ASCII 代码数据（包括 NUL 在内最大 32 个字）。信息登录后，这些信息将显示在编程工具上，还可以通过重写信息存储区域的内容，使显示信息发生变化。

希望解除已经登录的信息，可以在 N 中指定将要解除的信息编号，在 S 中指定常数（或 0000~FFFF Hex 中的任一个），执行本指令。在程序运行中登录的信息即使程序停止运行也会被保留，但是下一个程序开始运行时，所有信息都将被解除。

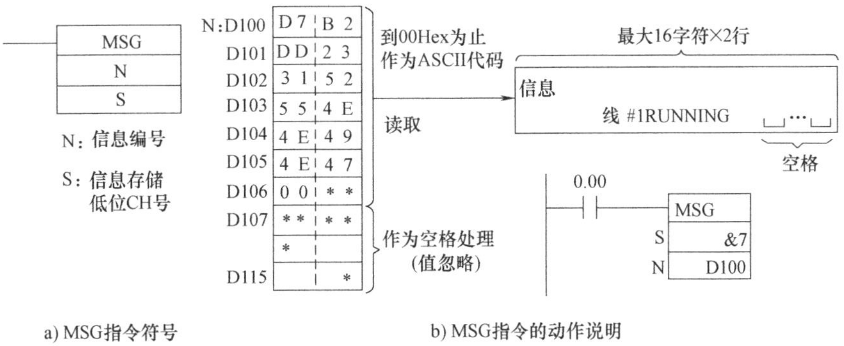

图 13-3 信息显示（MSG）指令

信息编号 N 的范围为 0000~0007Hex 或十进制 &0~7。信息存储通道 S：信息显示时为 CH 指定，信息显示解除时为 0000~FFFF Hex。

图 13-3b 中，当 0.00 为 ON 时，作为信息编号，将 D100~D115 的 16 CH 的数据视作 32 字符的 ASCII 代码，显示编程工具。

2. 七段 LED 通道数据显示

七段 LED 通道数据显示（SCH）指令的 FUN 编号为 047，如图 13-4a 所示。当执行条件为 ON 时，在 S 指定的十六进制 4 位通道中，SCH 指令将低 2 位或高 2 位的值（00~FF）显

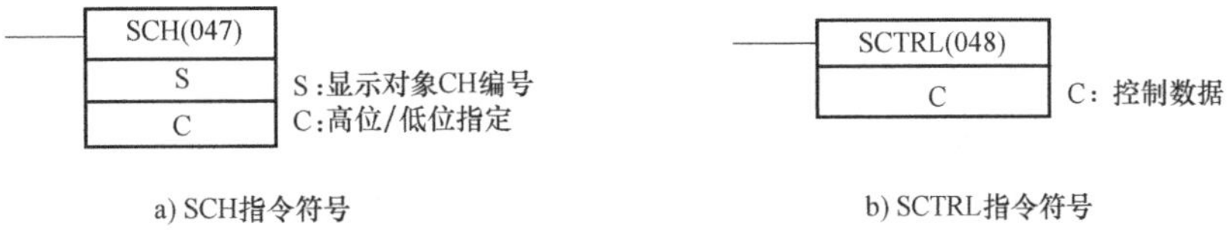

图 13-4 七段 LED 通道数据显示（SCH）指令和七段 LED 控制（SCTRL）指令

示在 CP1H CPU 表面的七段 LED 中，高位/低位的选择通过 C 进行设定。SCH 指令的输入条件即使为 OFF，显示也不会消失；显示灯熄灭时，使用 SCTRL 指令。C 的内容在 0000、0001Hex 以外时将发生错误，ER 标志为 ON，将不运行指令。

S 为显示对象 CH 编号。C 为高位/低位指定：当 0000Hex 时显示低 2 位；当 0001Hex 时显示高 2 位。

3. 七段 LED 控制

七段 LED 控制（SCTRL）指令的 FUN 编号为 048，如图 13-4b 所示。SCTRL 指令根据 C 指定的值（0000~FFFF Hex），使图 13-5 中相应段的灯亮（1）或灯灭（0），显示任意模式。当 C=#0000 时，七段 LED 2 位所有灯灭，用 SCH 指令指定的显示也灯灭。但是，系统运行的显示不会因该指令而灯灭。

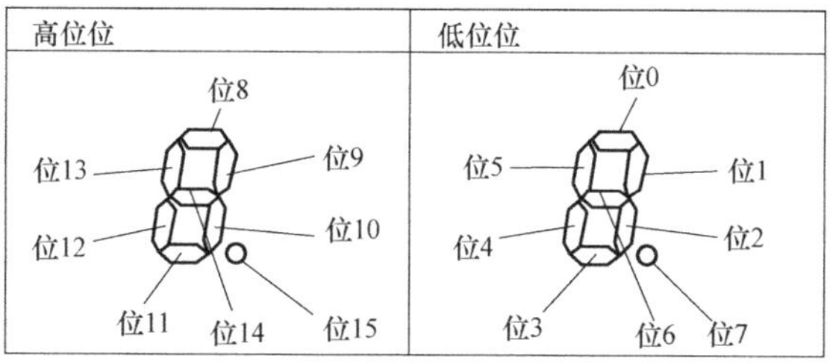

图 13-5　C 的位与显示器的段相对应

多个 SCH/SCTRL 指令同时运行的情况下，后运行的指令将优先。七段 LED 显示设置了优先顺序：①发生异常；②指令显示；③模拟音量显示；④存储盒处理中显示。指令的段显示中如果发生异常，则将切换为异常显示，但异常解除后，将恢复到指令的显示内容。

13.3　时钟功能指令

时钟功能指令有 5 种，见表 13-3。

表 13-3　时钟功能指令

指令语句	助记符	FUN 编号	指令语句	助记符	FUN 编号
日历加法	CADD	730	时分秒→秒转换	SEC	065
日历减法	CSUB	731	秒→时分秒转换	HMS	066
时钟修正	DATE	735			

13.3.1　日历加法/日历减法

1. 日历加法

日历加法（CADD）指令的 FUN 编号为 730，如图 13-6 所示。CADD 指令将 S1 指定的时刻数据（年/月/日/时/分/秒）和 S2 指定的时间数据（时/分/秒）相加，并将结果作为时刻数据输出到 D。

被加数据（时刻）存储在 S1~S1+2。S1 的 0~7 位为秒：00~59（BCD）；其 8~15 位为分：00~59（BCD）。S1+1 的 0~7 位为时：00~23（BCD）；其 8~15 位为日：01~31（BCD）。S1+2 的 0~7 位为月：01~12（BCD）；其 8~15 位为年：00~99（BCD）。

加法数据（时间）存储在 S2~S2+1。S2 的 0~7 位为秒：00~59（BCD）；其 8~15 位为分：00~59（BCD）。S2+1 的 0~15 位为时：0000~9999（BCD）。

演算结果（时刻）输出到 D~D+2。D 的 0~7 位为秒：00~59（BCD）；其 8~15 位为

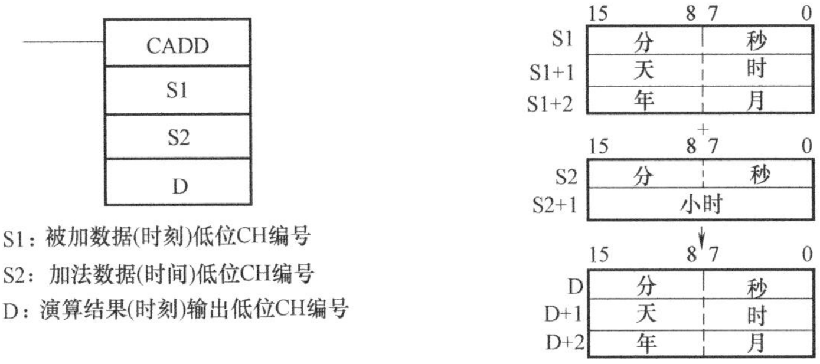

a) CADD指令符号　　b) CADD指令功能

图 13-6 日历加法（CADD）指令

分：00~59（BCD）。D+1 的 0~7 位为时：00~23（BCD）；其 8~15 位为日：01~31（BCD）。D+2 的 0~7 位为月：01~12（BCD）；其 8~15 位为年：00~99（BCD）。

2. 日历减法

日历减法（CSUB）指令的 FUN 编号为 731，如图 13-7 所示。CSUB 指令从 S1 指定的时刻数据（年/月/日/时/分/秒）中减去 S2 指定的时间数据（时/分/秒），并将结果作为时刻数据输出到 D。

被减数据（时刻）存储在 S1~S1+2。S1 的 0~7 位为秒：00~59（BCD）；其 8~15 位为分：00~59（BCD）。S1+1 的 0~7 位为时：00~23（BCD）；其 8~15 位为日：01~31（BCD）。S1+2 的 0~7 位为月：01~12（BCD）；其 8~15 位为年：00~99（BCD）。

减法数据（时间）存储在 S2~S2+1。S2 的 0~7 位为秒：00~59（BCD）；其 8~15 位为分：00~59（BCD）。S2+1 的 0~15 位为时：0000~9999（BCD）。

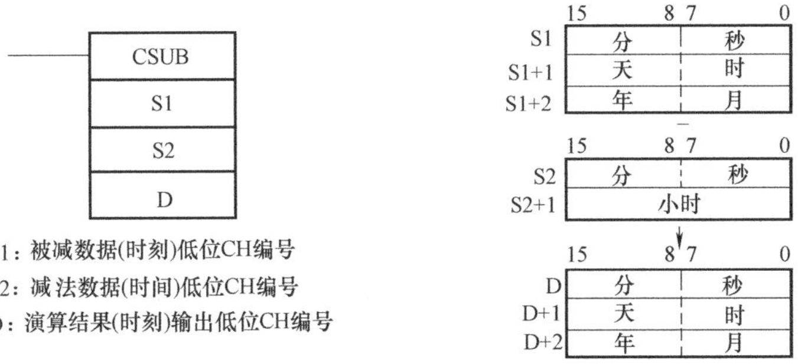

a) CSUB指令符号　　b) CSUB指令功能

图 13-7 日历减法（CSUB）指令

演算结果（时刻）输出到 D~D+2。D 的 0~7 位为秒：00~59（BCD）；其 8~15 位为分：00~59（BCD）。D+1 的 0~7 位为时：00~23（BCD）；其 8~15 位为日：01~31（BCD）。D+2 的 0~7 位为月：01~12（BCD）；其 8~15 位为年：00~99（BCD）。

13.3.2 时/分/秒→秒转换//秒→时/分/秒转换//时钟补正

1. 时/分/秒→秒转换

时/分/秒→秒转换（SEC）指令的 FUN 编号为 065，如图 13-8 所示。SEC 指令将 S 指

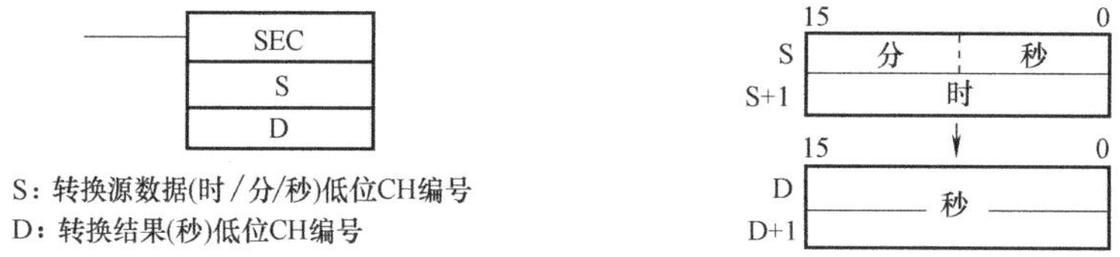

a) SEC指令符号　　b) SEC指令功能

图 13-8　时/分/秒→秒转换（SEC）指令

定的时/分/秒数据（BCD 8 位）转换为秒数据（BCD 8 位），并将结果输出到 D+1、D。

转换源数据（时/分/秒）存放 S~S+1。S 的 0~7 位为秒：00~59（BCD）；其 8~15 位为分：00~59（BCD）。S+1 的 0~15 位为时：0000~9999（BCD）。转换结果（秒）存放 D~D+1。D 的 0~15 位为秒的低 4 位：0000~9999（BCD）；D+1 的 0~15 位为秒的高 4 位：00~3599（BCD）。时/分/秒数据的最大值为 9999 小时 59 分 59 秒（35999999 秒）。

2. 秒→时/分/秒转换

秒→时/分/秒转换（HMS）指令的 FUN 编号为 066，如图 13-9 所示。HMS 指令将 S 指定的秒数据（BCD 8 位）转换为时/分/秒数据（BCD 8 位），并将结果输出到 D+1、D。

a) HMS指令符号　　b) HMS指令功能

图 13-9　秒→时/分/秒转换（HMS）指令

转换源数据（秒）存放于 S~S+1。S 的 0~15 位为秒的低 4 位：0000~9999（BCD）；S+1 的 0~15 位为秒的高 4 位：00~3599（BCD）。转换结果（时/分/秒）存放 D~D+1。D 的 0~7 位为秒：00~59（BCD）；其 8~15 位为分：00~59（BCD）。D+1 的 0~15 位为时：0000~9999（BCD）。秒数据的最大值为 35999999 秒（9999 小时 59 分 59 秒）。

3. 时钟补正

时钟补正（DATE）指令的 FUN 编号为 735，如图 13-10 所示。DATE 指令按照 S~S+3 指定的时钟数据（4CH），变更内部时钟的值，并立即反映在特殊辅助继电器的时钟数据区域（A351~A354 CH）中。

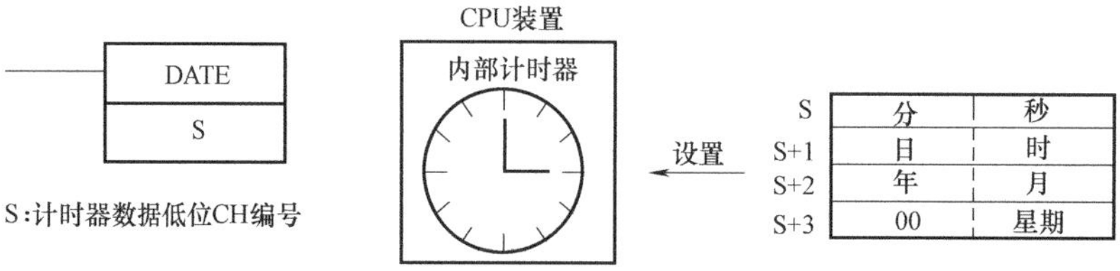

a) DATE指令符号　　b) DATE指令功能

图 13-10　时钟补正（DATE）指令

S~S+3 必须为同一区域种类，存储计时器数据。S 的 0~7 位为秒：00~59（BCD）；其

8~15 位为分：00~59（BCD）。S+1 的 0~7 位为时：00~23（BCD）；其 8~15 位为日：01~31（BCD）。S+2 的 0~7 位为月：01~12（BCD）；其 8~15 位为年：00~99（BCD）。S+3 的 0~7 位为星期：00~06Hex＝日~六；其 8~15 位为 00Hex 固定。

时钟数据可通过其他外围工具及 FINS 指令的时间信息的写入（0702Hex）来进行设定。

13.4　调试处理指令和故障诊断指令

13.4.1　调试处理指令

调试处理指令只有一种，即跟踪存储器取样指令，助记符为 TRSM，FUN 编号为 045。每次执行本指令前事先要使用 CX-Programmer 指定要被跟踪的 I/O 存储器的接点或通道。图 13-11 所示的 TRSM 指令执行时，对指定的位（接点）或通道的当前值取样，并按顺序存储到跟踪存储器中。读取跟踪存储器容量满后，结束读取。读取的跟踪存储器内的数据可通过编程工具进行监视，可在程序的任何位置使用任意次数的 TRSM 指令。

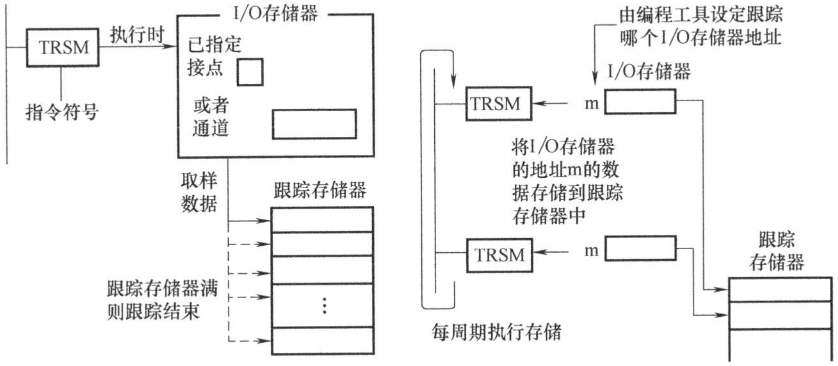

a) 单个TRSM指令的动作　　b) 多个TRSM指令的动作

图 13-11　跟踪存储器取样（TRSM）指令

指令的功能仅限在数据跟踪执行时，指定取样周期，其他设定及数据跟踪执行操作都通过编程工具进行。TRSM 指令无需输入条件，就好像前面有一个常 ON，将 TRSM 直接连接到左母线。当指令执行时，用 TRSM 在程序中出现的时间点对指定的位或字进行取样。输入条件在每周期为 ON 时，会将每周期指令执行时的值存储到跟踪存储器中。还可在程序上配置多个 TRSM 指令，如图 13-11b 所示。此时每次执行各 TRSM 指令，都会将同一地址的数据存储到跟踪存储器中。

13.4.2　非致命故障报警/致命故障报警/故障点检测

故障诊断指令有 3 种，见表 13-4。

表 13-4　故障诊断指令

指令语句	助记符	FUN 编号	指令语句	助记符	FUN 编号
非致命故障报警	FAL	006	故障点检测	FPD	269
致命故障报警	FALS	007			

1. 非致命故障报警

非致命故障报警（FAL）指令的 FUN 编号为 006，如图 13-12 所示。FAL 指令产生/清除用户定义的非致命错误，但不停止 PLC 运行。

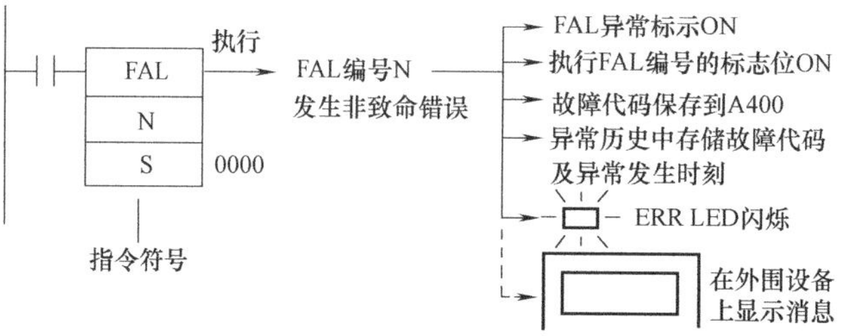

图 13-12 FAL 指令的用户定义的非致命错误的登录

产生/清除用户定义的非致命错误时，需要操作数 N 的内容和特殊辅助继电器 A529 CH（系统异常发生 FAL/FALS 编号）内的值不同。产生时 FAL 编号 N=1~511，存储在 S~S+7 中的 16 个字符的 ASCII 信息将被显示在编程工具中/0000~FFFF Hex 无信息；清除时 N=0，S=FFFF Hex 清除所有的错误；0001~01FF Hex 清除相应 FAL 编号的错误。

（1）用户定义的非致命错误的登录　FAL 编号 N 的范围为 1~511，故障代码为 4101~42FF，消息保存处首 CH 编号 S 为 0000~FFFF Hex 中的任何一个，特殊辅助继电器的执行 FAL 编号 A360.01~A391.15。

当 N 与特殊辅助继电器 A529 CH（系统异常发生 FAL/FALS 编号）内的值不一致时，如果输入条件成立，则将视作 FAL 编号 N 发生异常（非致命错误），进行以下动作：

1）将特殊辅助继电器 FAL 异常标志（A402.15）设置为 ON（PLC 继续运行）。

2）N 指定的数据为 1~511 时，将特殊辅助继电器的执行 FAL 编号（A360~A391 CH）的对应位设置为 ON。这里 A360.01~A391.15 与 FAL 编号 001~1FF Hex 对应。

3）在特殊辅助继电器的故障代码（A400 CH）中设置故障代码（与 FAL 编号 001~01FF Hex 对应，故障代码为 4101~42FF Hex）。

4）在特殊辅助继电器的异常历史存储区域（A100~A199 CH）中存储故障代码及异常发生时刻。当将 PLC 系统设定的“FAL 中设定异常的异常历史的登录有无指定”设定为“1：无异常历史的登录”时，异常历史存储区域中不存储故障代码及异常发生时刻。

5）CPU 的 ERR LED 闪烁，运转持续。

6）指定 S 通道，登录消息（显示到编程工具上）。比本指令中登录的异常更严重的异常（包括系统引起的致命错误、FALS 编号执行引起的致命错误）同时发生的情况下，将在故障代码（A400 CH）中设置该异常代码。

（2）系统引起的非致命错误的登录　这时需要操作数 N（1~511）的内容和特殊辅助继电器 A529 CH 内的值一致，如图 13-13 所示。

登录故障代码 S 和异常内容设定 S+1 见表 13-5。

N 指定数据为 1~511，且与特殊辅助继电器 A529 CH 内的值一致时，如果输入条件成立，则将通过 S、S+1 指定的故障代码及异常内容使一个非致命错误发生，同时进行以下动作：

1）在特殊辅助继电器的故障代码（A400 CH）中设置故障代码。

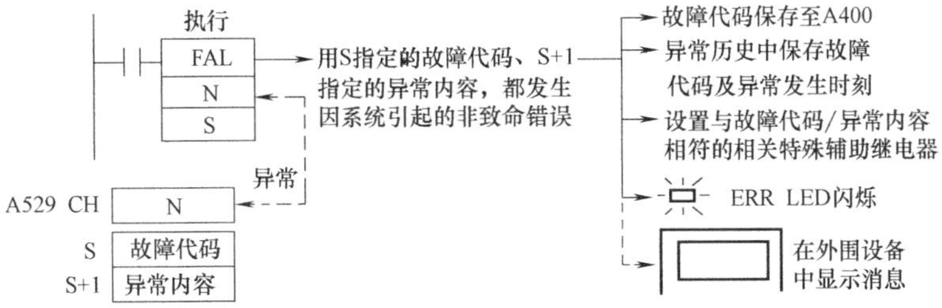

图 13-13 FAL 指令的系统引起的非致命错误的登录

表 13-5 登录故障代码 S 和异常内容设定 S+1

异常名称	S	S+1
闪存异常	00F1Hex	不固定
中断任务异常	008BHex	位 15=ON:高功能 I/O 单元多重刷新 位 00~14:多重刷新对象的高功能 I/O 单元编号
PLC 系统设定异常	009BHex	PLC 系统设定异常位置 0000~FFFF Hex
内置模拟量 I/O 异常	008A Hex	不固定
CPU 总线单元异常	0200Hex	CPU 总线单元异常单元号 0000~000F Hex
高功能 I/O 单元异常	0300Hex	异常单元号 0000~005F Hex 或 00FF Hex(单元号不特定)
选件板异常	00D0Hex	可选插槽编号 0001、0002Hex
电池异常	00F7Hex	不固定

2）在特殊辅助继电器的异常历史存储区域（A100~A199 CH）中存储故障代码及异常发生时刻。

3）设置与故障代码/异常内容相应的相关特殊辅助继电器。

4）CPU 的 ERRLED 闪烁，运转持续。

5）故意发生的系统引起的非致命错误的出错消息显示在编程工具上。

(3) FAL 指令执行时的异常历史登录的有无指定　FAL 指令执行时的异常历史登录的有无指定执行 FAL 指令时，会发生用户定义的非致命错误，但可以不在特殊辅助继电器的异常历史存储区域（A100~A199 CH）中登录异常（故障代码及异常发生时刻），此时将反映在特殊辅助继电器 A402.15 的 FAL 异常标志、A360~A391 CH 的执行 FAL 编号及 A400 CH 的故障代码中。

该功能仅用于希望在异常历史中存储系统引起的异常时，例如在经常使用 FAL 指令的程序中，在调试过程中，用于防止异常历史存储区域因 FAL 指令引起的异常而填满等。可通过 PLC 系统设定进行设定，设定数据 0 为有异常历史的登录（初始值）；1 为无异常历史的登录。

(4) 非致命错误的解除

1）用户定义的非致命错误的解除。将 N 指定 FAL 编号设置为 0 时执行 FAL 指令，将清除非致命错误。S=&1~511（0001~01FF Hex）时解除该编号 FAL 异常；S=FFFF Hex 时解除所有非致命错误（含系统）；S=0200~FFFE Hex 及 CH 指定时，在发生的非致命错误（含系统）中，解除一个最严重的异常，发生多个 FAL 异常的情况下，解除编号最小的 FAL。

2）系统引起的非致命错误的解除。解除故意引发的系统引起的非致命错误的方法为：① PLC 电源 OFF→ON；②（PLC 电源保持 ON 的情况下）进行与该异常实际发生时相同的操作。

2. 致命故障报警

致命故障报警（FALS）指令的 FUN 编号为 007，如图 13-14 所示。FALS 指令产生/清除用户定义的致命错误，也不停止 PLC 运行。

（1）用户定义的致命错误的登录　登录/解除用户定义的致命错误时，需要操作数 N 的内容和特殊辅助继电器 A529 CH 内的值不同。产生致命错误时 FALS 编号 N=1~511；S~S+7 的 16 字母部分（ASCII 代码）显示在编程工具上，S=0000~FFFF Hex 时无消息。FAL 故障代码为 C101~C2FF。

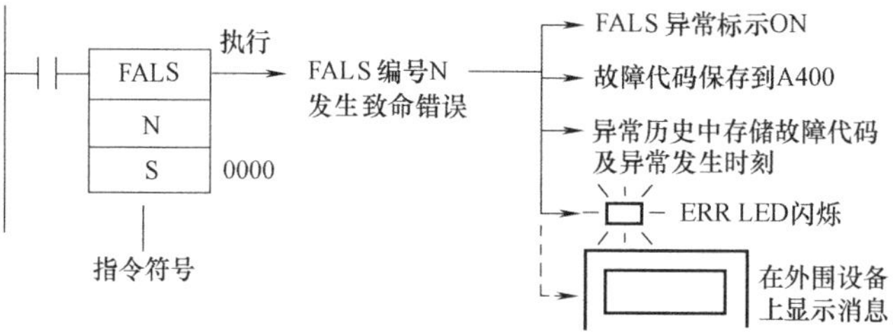

图 13-14　FALS 指令的用户定义的致命错误的登录

FALS 编号 N 与特殊辅助继电器 A529 CH 的值不一致时，如果输入条件成立，则视作 FAL 编号 N 的用户定义的致命错误（停止运转的异常），进行以下动作：

1）将特殊辅助继电器 FALS 异常标志（A401.06）设置为 ON（PLC 停止运行）。

2）在特殊辅助继电器的故障代码（A400 CH）中设置与故障代码（FALS 编号 001~01FF Hex）相对应的故障代码（C101~C2FF Hex），但同时发生的其他故障中，仅在最严重的情况下存储。

3）在特殊辅助继电器的异常历史存储区域（A100~A199 CH）中存储故障代码及异常发生时刻。

4）CPU 的 ERR LED 常亮，运行停止。

5）通过 S 将消息存储到 CH 的情况下，将登录消息（显示到编程工具上）。

（2）系统引起的致命错误的登录　登录系统引起的致命错误时，需要操作数 N 的内容和特殊辅助继电器 A529 CH 内的值一致。FALS 编号 N 仍然为 1~511，如图 13-15 所示，故障代码 S、异常内容 S+1 的指定方法可参见相关手册。

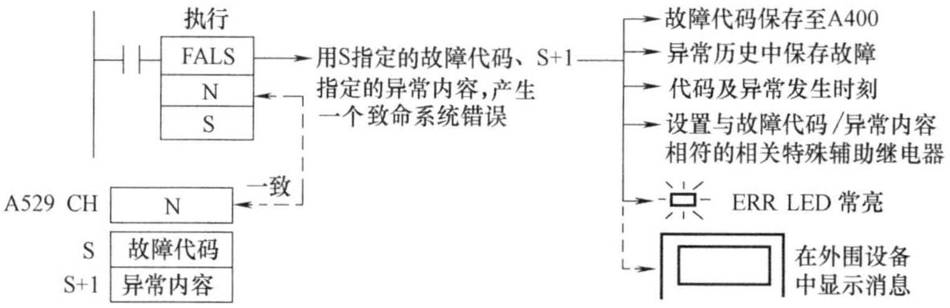

图 13-15　FALS 指令的系统引起的致命错误的登录

FALS 编号 N 与特殊辅助继电器 A529 CH 内的值一致时，如果输入条件成立，则将故意引发用 S 指定的故障代码及 S+1 指定的异常内容的因系统引起的致命错误，同时进行以下动作：

1）在特殊辅助继电器的故障代码（A400 CH）中设置故障代码。

2）在特殊辅助继电器的异常历史存储区域（A100～A199 CH）中存储故障代码及异常发生时刻。

3）设置与故障代码/异常内容相应的相关特殊辅助继电器。

4）CPU 的 ERR LED 常亮，运行停止。

5）在编程工具上显示故意引发的因系统引起的致命错误的出错消息。

与用户定义的致命错误时不同，I/O 存储器保持标志为 OFF 时，通过 FALS 指令执行，会使 I/O 存储器被清除。

（3）因系统引起的致命错误的解除　解除故意引发的因系统引起的致命错误的方法有：①PLC 电源再次接通；②PLC 电源保持 ON 的情况下与该异常实际发生时采取同样操作。

用 FALS 指令的解除方法，使用在消除异常原因后。在编程工具中进行“异常读取/解除”操作，或再次接通电源。

3. 故障点检测

故障点检测（FPD）指令的 FUN 编号为 269，如图 13-16 所示。FPD 指令对于指定的一个电路进行时间监视和逻辑诊断。

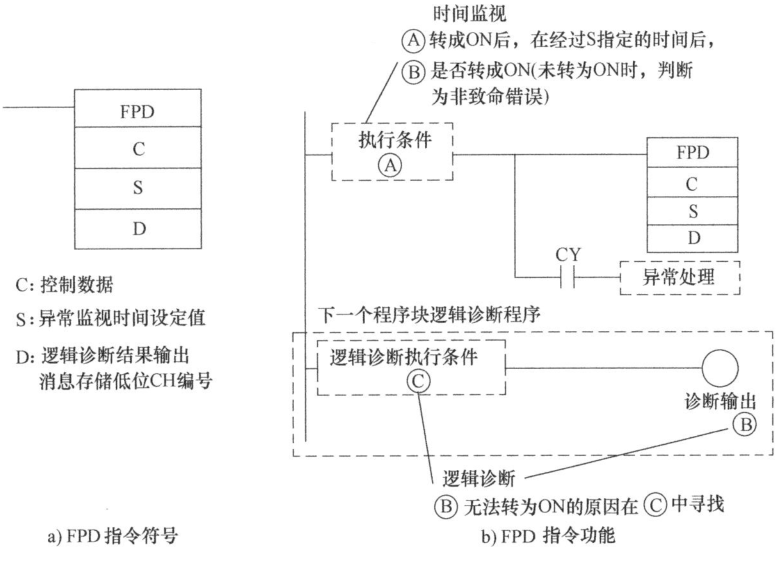

图 13-16　故障点检测（FPD）指令

控制数据 C 的第 0～11 位存放 FAL 编号（异常检测输出选择），范围为 000～1FF Hex（0～511）；第 12～15 位为逻辑诊断结果输出模式：0Hex＝接点地址输出，8Hex＝消息字符输出＋接点地址输出（也包括时间监视时的消息显示）。

异常监视时间设定值 S 为 0～9999（0000～270F Hex），设定范围为 0～999.9 秒（单位 0.1 秒）。但指定 0 秒（0000Hex）的情况下，不进行异常监视动作。

逻辑诊断结果输出消息存储低位 CH 编号 D，根据逻辑诊断结果输出模式（C 的 12～15

位：接点地址输出或消息字符输出）不同，设定内容也不同。

C 的字及 12~15 位=0Hex 时，D 的 0~13 位无法使用；第 14 位为接点状态（0-a）；第 15 位为接点信息有无标志（0-无、1-有）。D+1 的 0~15 位无法使用。D+2、D+3 存储接点地址（I/O 存储器实效地址）。

C 的 12~15 位=8Hex（消息字符输出）时，在 D~D+5 中输出逻辑诊断的结果；在 D+6~D+10 中将时间监视诊断显示在编程工具中对消息进行存储。接点的编号为 ASCII 代码 6 个字母，输出到 D+2~D+4；D+5 的 0~7 位为接点状态（30Hex-a、31Hex-b）；D+5 的 8~15 位为 2D Hex 固定；D+6~D+9 中存储用户定义的任意消息（ASCII 代码且最多 8 个字母），时间监视的结果为非致命错误时，可在编程工具中显示消息“最后附加 NUL（00Hex）”。

（1）时间监视诊断　在执行条件电路为 ON 后，在 S 设定的时间内，诊断输出位没有转成 ON 的话，则判断为故障（非致命错误），CY 标志将转成 ON，如图 13-17 所示。

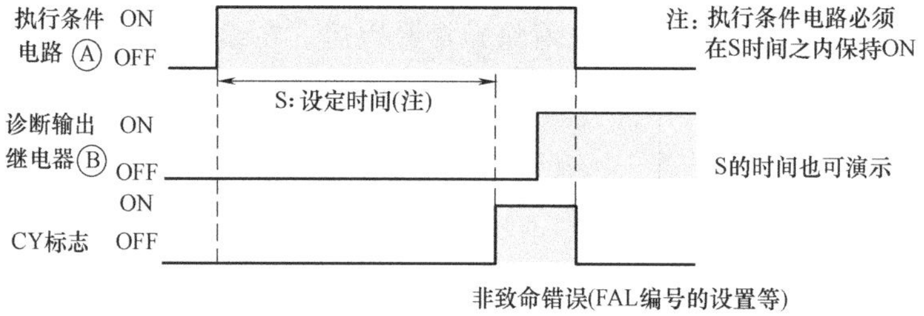

图 13-17　时间监视诊断

进行时间诊断的情况下，需要执行条件电路在 S（设定时间）之内保持 ON 的状态。执行条件电路及逻辑诊断执行条件电路由多个 a 接点、b 接点构成，异常检测后电路需使用输出指令，应特别注意无法使用 LD、LD NOT。异常处理电路可以省略，异常检测后处理电路由输出指令或应用指令构成。

（2）逻辑诊断　检测条件电路（输入条件）为 ON 时，找出将每个周期、异常监视对象的继电器设置为 OFF 的原因接点，将该接点的信息存储到用 D 指定的区域中。

图 13-18 的示例中，输入继电器 0.00~0.03 所有均为 ON 时，判断 0.02 的 b 接点、输出继电器 100.00 无法转为 ON 的原因，并输出结果。逻辑诊断的结果、是否有接点信息将显示在接点信息有无标志中。

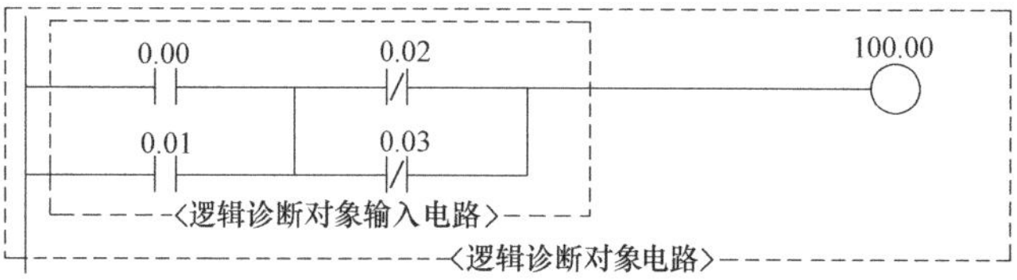

图 13-18　逻辑诊断

13.5　任务控制指令

任务控制指令有两种，见表 13-6。

表 13-6 任务控制指令

指令语句	助记符	FUN 编号	指令语句	助记符	FUN 编号
任务执行启动	TKON	820	任务执行待机	TKOF	821

1. 任务执行启动

任务执行启动（TKON）指令的 FUN 编号为 820，如图 13-19 所示。TKON 指令将 N 指定的周期执行任务或追加任务转为执行可能状态。TKON 指令在周期执行任务和追加任务中可执行，但在中断任务中将出错，不能执行。N=0~31（周期执行任务）时，对应周期执行任务 No.0~31，同时将对应的任务标志（TK00~31）转为 ON；N=8000~8255（追加任务）时，对应中断任务 No.0~255。

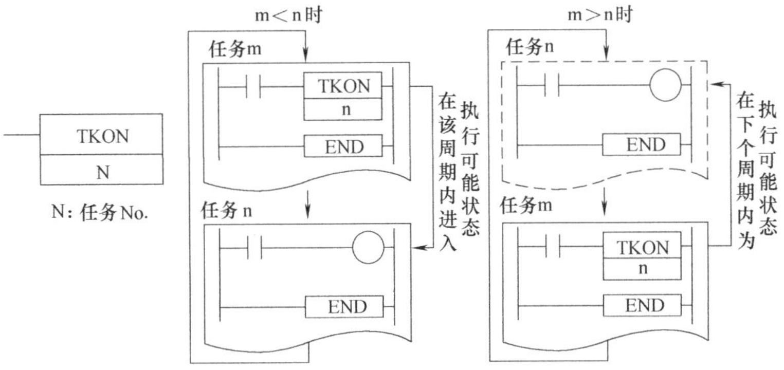

a) TKON 指令符号　　b) TKON 指令功能

图 13-19 任务执行启动（TKON）指令

用 TKON 指令成为执行可能状态的周期执行任务或追加任务，只要不用 TKOF 指令使之成为待机状态，在下个周期也为执行可能状态。TKON 指令能够从任意任务中指定任何任务，但是将比自身任务 No. 小的任务 No. 转为执行可能状态时，该任务 No. 在该周期内不能执行，在下个周期内执行；将比自身任务 No. 大的任务 No. 转为执行可能状态时，该任务 No. 在该周期内被执行。此外，对于任务标志已经为 ON 的任务而言，执行本指令时为 NOP 处理；将自身任务 No. 转为执行可能时，本指令为 NOP 处理。

2. 任务执行待机

任务执行待机（TKOF）指令的 FUN 编号为 821，如图 13-20 所示。TKOF 指令将 N 指定的周期执行任务或追加任务转为待机状态（指该周期内没有转为执行状态）。TKOF 指令在周期执行任务和追加任务中可执行，但在中断任务中将出错，也不能执行。N=0~31（周期执行任务）时，对应周期执行任务 No.0~31，同时将对应的任务标志（TK00~31）转为 OFF；N=8000~8255（追加任务）时，对应中断任务 No.0~255。

如果 TKOF 指令成为待机状态的周期执行任务或追加任务，只要不用 TKON 使之为执行可能状态，则在下一周期也为待机状态。可从任一任务 No. 指定另一任务 No.，但是在指定比自身任务 No. 小的任务 No. 时，该任务 No. 在下一个周期中为待机状态（在该周期中已经被执行）。要指定比自身任务 No. 大的任务 No. 时，该任务 No. 在该周期内为待机状态。

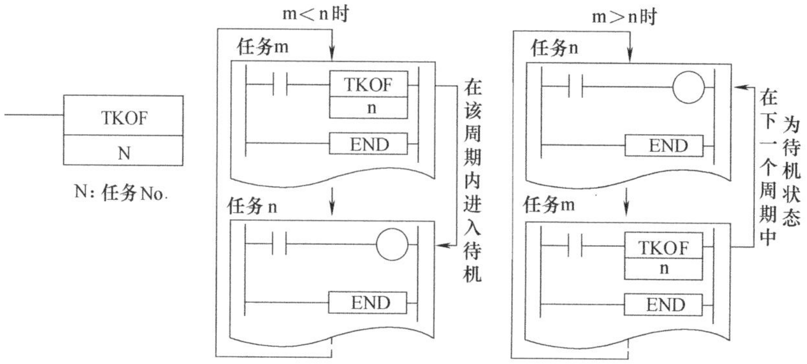

a) TKOF指令符号　　b) TKOF 指令功能

图 13-20　任务执行待机（TKOF）指令

若要指定自身任务 No.，则在执行本指令的同时，转为待机状态，在此之后的指令不被执行。

13.6　机种转换用指令

机种转换用指令有 5 种，见表 13-7。

表 13-7　机种转换用指令

指令语句	助记符	FUN 编号	指令语句	助记符	FUN 编号
块传送	XFERC	565	位传送	MOVBC	568
数据分配	DISTC	566	位计数器	BCNTC	621
数据抽出	COLLC	567			

13.6.1　块传送/数据分配/数据抽出

1. 块传送

块传送（XFERC）指令的 FUN 编号为 565，如图 13-21 所示。XFERC 指令将 W 指定的数据（BCD）从传送源 S~S+（W-1），一次性传送到 D~D+（W-1）指定的传送对象。传送通道数 W 的范围为#0000~9999（BCD）。

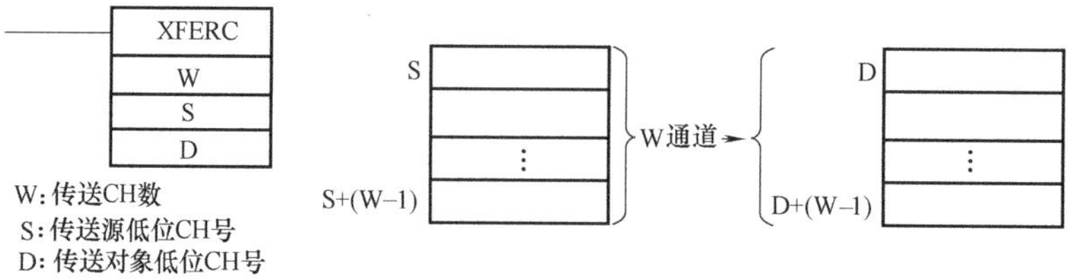

a) XFERC指令符号　　b) XFERC指令功能

图 13-21　块传送（XFERC）指令

可以进行类似将传送源和传送对象的数据区域进行重叠的指定（字移位动作）。对大量通道进行块传送时，需要指令执行时间。因此，若在执行本指令过程中发生断电，将中断块传送的执行。

2. 数据分配

数据分配（DISTC）指令的FUN编号为566，如图13-20所示。DISTC指令以传送对象为基准将传送数据送到偏移通道。

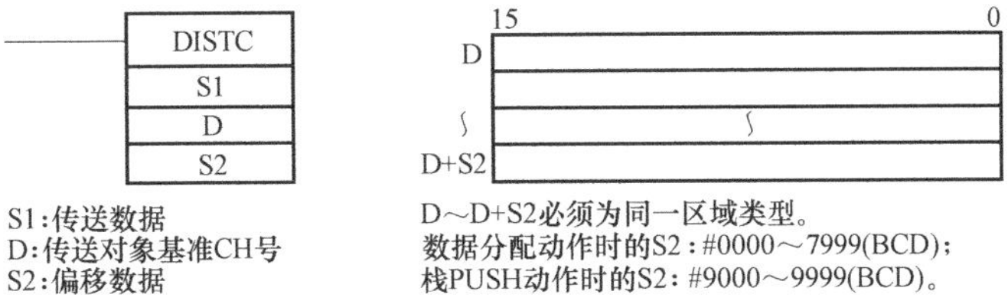

a) DISTC指令符号　　b) DISTC指令的操作数

图13-22　数据分配（DISTC）指令

（1）数据分配动作　将S1从D指定的传送对象基准CH号，传送到S2指定的偏移数据长度进行移位的地址中，如图13-23a所示。通过改变偏移数据（S2）的内容，能够用这一DISTC指令在任意位置传送（分配）数据。

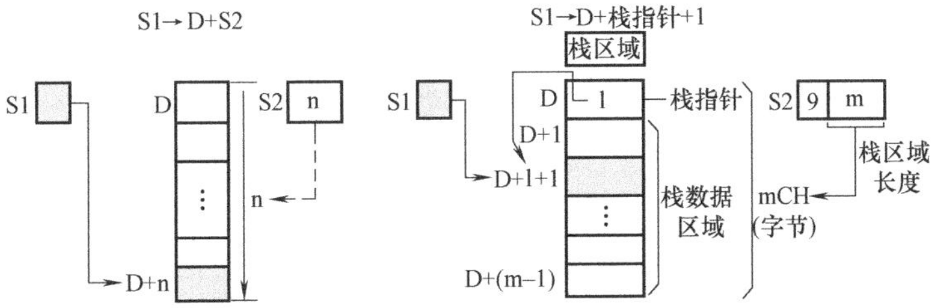

a) 数据分配动作　　b) 栈PUSH动作

图13-23　数据分配（DISTC）指令的功能

（2）栈PUSH动作　在S2的最高位BCD 1位（12~15位）中设定9（BCD）时，确保低位BCD 3位（00~11位）指定的通道（字节）长度（m）的栈区域在传送对象基准CH号D之后。这时D为栈指针，D+1之后为栈数据区域。将S1从D指定的传送对象基准CH传送到按栈指针（D的内容：l）+1 CH长度进行移位的地址中，如图13-23b所示。

在栈数据区域中，每次S1的数据被传送时D内容的栈指针（l）自动加1。在读取需要传送给栈区域的数据时，使用COLLC指令更为方便。

3. 数据抽出

数据抽出（COLLC）指令的FUN编号为567，如图13-24所示。COLLC指令以传送源

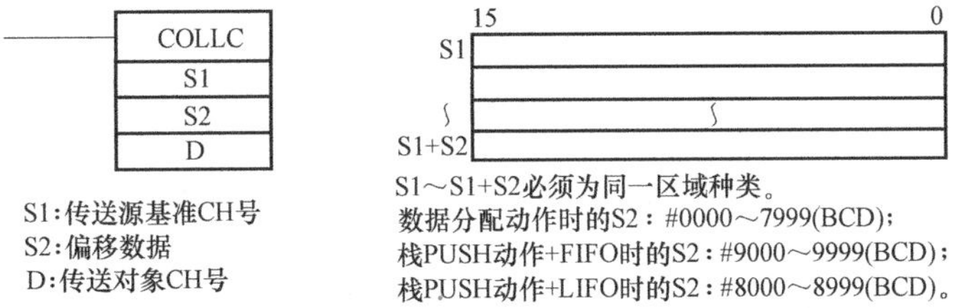

a) COLLC指令符号　　b) COLLC指令的操作数

图13-24　数据抽出（COLLC）指令

为基准，将偏移的通道内容传送给指定通道。

（1）数据分配动作　如图 13-25a 所示，将 S2 指定的按偏移数据长度进行移位的地址数据，从 S1 指定的传送源基准 CH 传送到 D。

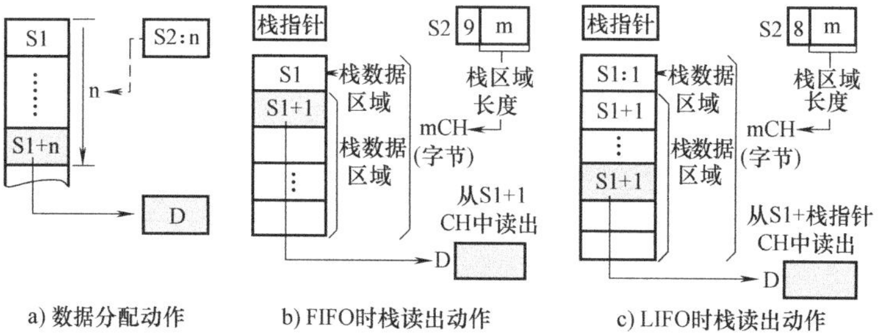

图 13-25　数据抽出（COLLC）指令的功能

（2）栈读出动作

1）FIFO（先进先出）方式。如图 13-25b 所示，S2 的最高位 BCD 1 位（12~15 位）中设定为 9（BCD）时，通过 FIFO（先进先出）方式，从低位 BCD 3 位（00~11 位）指定的相当于通道（字节）长度（m）的栈区域中读出数据并传送给 D。

2）LIFO（后入先出）方式。如图 13-25c 所示，S2 的最高位 BCD 1 位（12~15 位）中设定为 8（BCD）时，通过 LIFO（后入先出）方式，从低位 BCD 3 位（00~11 位）指定的相当于通道（字节）长度（m）的栈区域中读出数据并传送给 D。

无论何种情况（方式）下，S1 一直为栈指针。为 FIFO 方式时从 S1+1 中读出；为 LILO 方式时从 S1+（栈指针）中读出。无论在何种情况（方式）下，每次从栈区域中读出数据时，栈指针的值自动减去 1。将数据保存到栈区域时，使用 DISTC 指令更为方便。通过改变偏移数据（S2）的内容，可以用一个 COLLC 指令从任意位置取出（抽出）数据。

13.6.2　位传送/位计数

1. 位传送

位传送（MOVBC）指令的 FUN 编号为 568，如图 13-26 所示。MOVBC 指令将 S 的指定位（C 的 n）的内容（0/1）传送到 D 的指定位（C 的 m）。

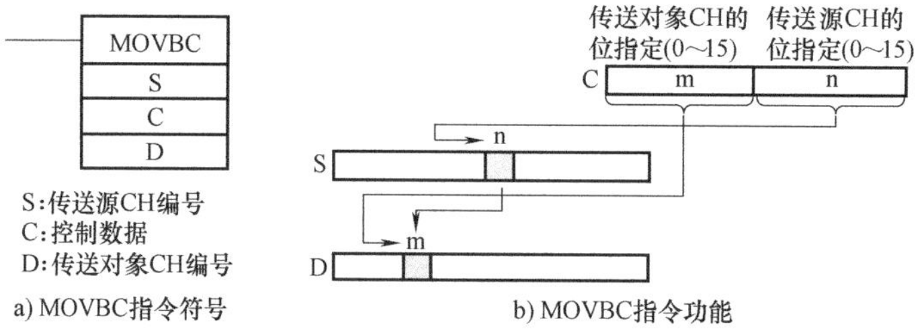

图 13-26　位传送（MOVBC）指令

传送对象 CH 的数据不会改变到被传送的位之外。在 S 和 D 中指定相同通道时，MOVBC 可用于变更位置等方面。

2. 位计数器

位计数器（BCNTC）指令的 FUN 编号为 621，如图 13-27 所示。BCNTC 指令中，S 指定计数低位 CH 号中的指定相当于 CH（W）长度的数据，对此数据的“1”的个数进行计数，由 BCD 值（#0000~9999）将结果输出到 D。

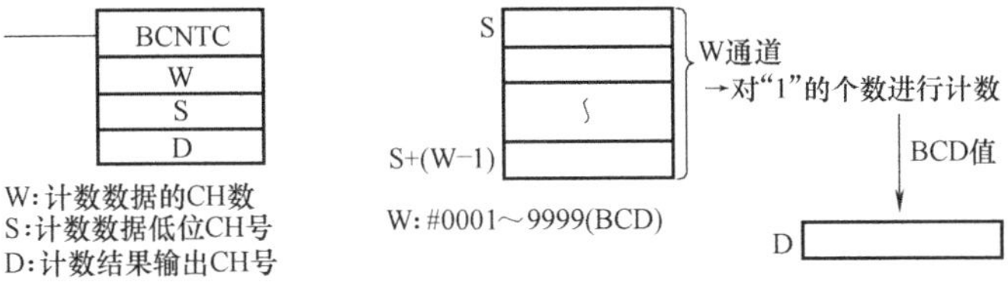

a) BCNTC指令符号　　b) BCNTC指令功能

图 13-27　位计数器（BCNTC）指令

注意勿使计数结束 CH 的 S+（W−1）超出 S 指定的区域类型最大范围。

第三篇

应用设计

第 14 章

欧姆龙CP1H型PLC应用设计

14.1 CP1H 控制水力发电站空气压缩系统的设计

水电站压缩空气系统由空气压缩机、储气罐、输气管网、用气单位、测量控制元件等组成，根据气压高低分为低气压系统和高气压系统。前者用于调相压水、制动风闸、蝶阀及检修密封围带、风动工具、拦污栅防冻吹冰等，后者用于油压装置压力油箱补气、气动高压开关操作等。以下介绍以 CP1H 型 PLC 控制过程相对复杂的采用带“无载起动及排污电磁阀”的水冷式空压机的低压空气压缩系统。

14.1.1 空气压缩装置自动控制系统的任务与要求

1）自动起动和停止工作空压机，维持储气罐压力在下限（例如 0.7MPa）和上限（例如 0.8MPa）之间。

2）当气压过低（例如 0.62MPa）时，自动起动备用空压机并发出相应报警信号，直至压力回升到上限压力时自动停止。

3）为安全考虑，当储气罐气压过高（例如 0.82MPa）时，一方面强制空压机停机，另一方面发出报警信号。

4）工作空压机和备用空压机在起动过程中都要自动开起冷却水，并延时 54s 后自动关闭“无载起动阀”；在空压机停机后自动停止供给冷却水并自动打开“无载起动阀”以排除气水分离器中的凝结油水。

5）如果工作空压机或者备用空压机的运行时间超过 25min，则自动打开“无载起动阀”排除冷凝油水，18s 后自动关闭。

14.1.2 CP1H 控制系统的程序设计

选择 CP1H 型 CPU，并建立 ToolBus 网络。

1. 空压机电动机起动后自保持连续运行

如图 14-1 所示，按下 X：0.00 按钮时 Y：100.00 通电，松开 X：0.00 按钮时 Y：100.00 仍保持通电；按下 X：0.01 按钮时断电，松开 X：0.01 按钮时 Y：100.00 仍保持断电。这就是自保持电路，设计两段相同结构的程序用于分别控制工作空压机和备用空压机的电动机。

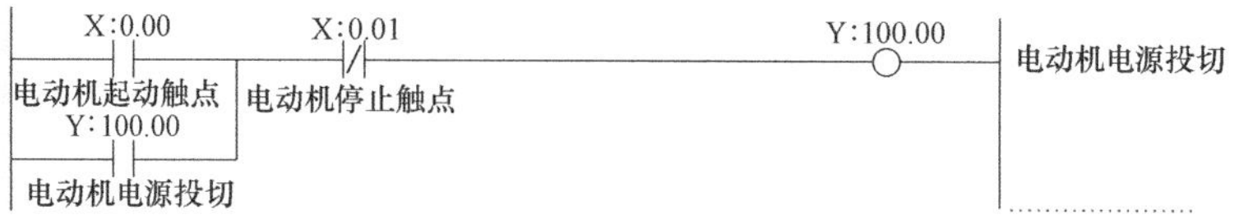

图 14-1　自保持电路

2. 延时 54s 关闭无载起动阀

Y：100. 00 使空压机运行后，启动 100ms 定时器 TIM，定时器号为 0，设置值为 540（540×100ms = 54s），如图 14-2 所示。

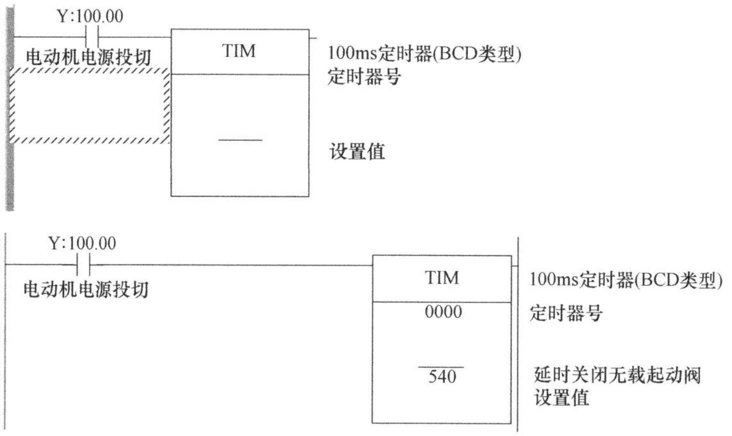

图 14-2　给 TIM 定时器设置参数

插入一个将于 54s（TIM 指令的预设值）后接通的线圈，地址为“Y：100. 02”，注释为“关闭无载起动阀”，如图 14-3 所示。

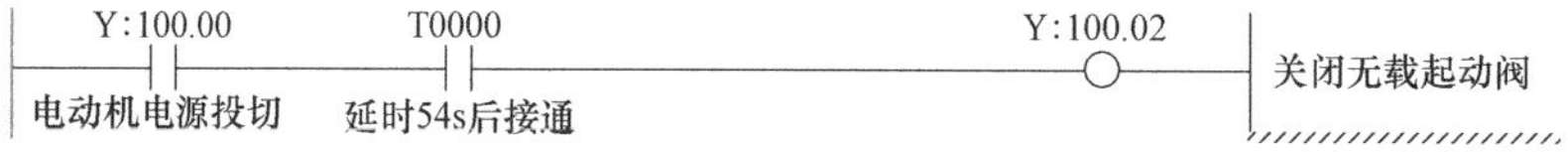

图 14-3　延迟 54s 后关闭无载起动阀

3. 运行过程中无载起动阀的控制

空压机组运行时间达到 25min 后，应能自动打开“无载起动阀”，排污 18s 后又自行关闭。

为此在动断触点（Y：100. 00）之后放置 TIM 定时器 1，设置时间设为 25min，插入地址为“Y：100. 01”的线圈并注释为“打开无载起动阀”，如图 14-4 所示。

运行中打开无载起动阀后，启动计时器 T3，预置时间为 18s，注释为“运行中无载起动阀打开时间监视”，如图 14-5 所示。

当 T0003 置位后意味需要关闭“无载起动阀”了，所以把 T0003 的动合触点并联到图 14-3 中，去实施“无载起动阀”的自动关闭，如图 14-6 所示。

4. 冷却水阀门的控制

冷却水阀的打开是与空压机组的起动同步的，其开起线圈（Y：100. 03）可与电动机电源投切线圈（Y：100. 00）进行分支并联，插入图 14-1 的回路中，如图 14-7 所示。

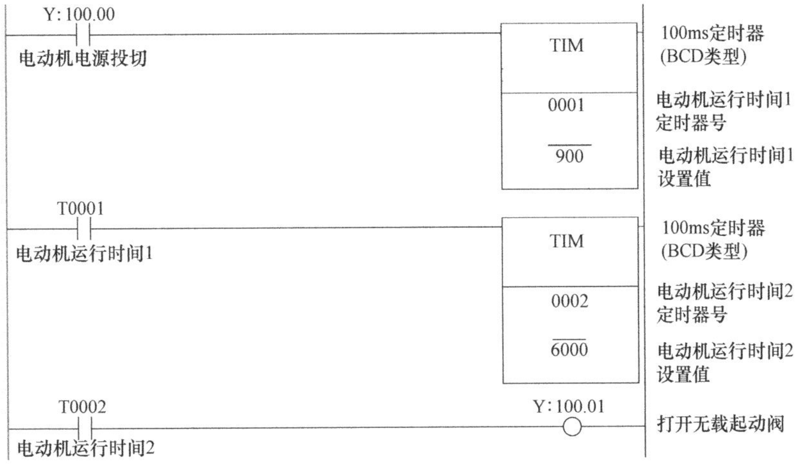

图 14-4　运行 25min 后打开无载起动阀

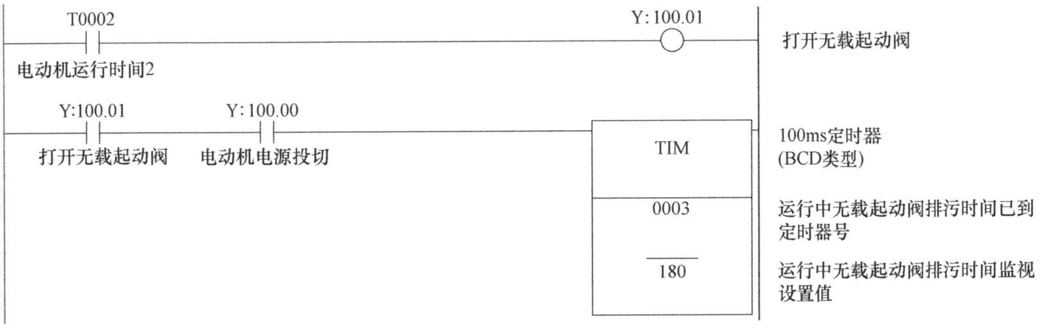

图 14-5　控制无载起动阀排污时间为 18s

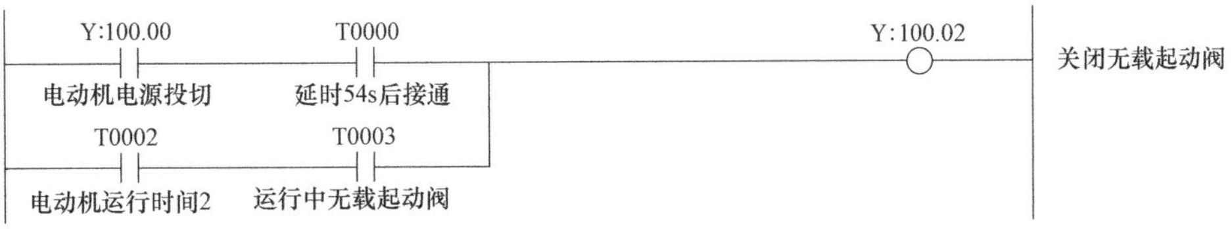

图 14-6　补充关闭“无载起动阀”控制电路

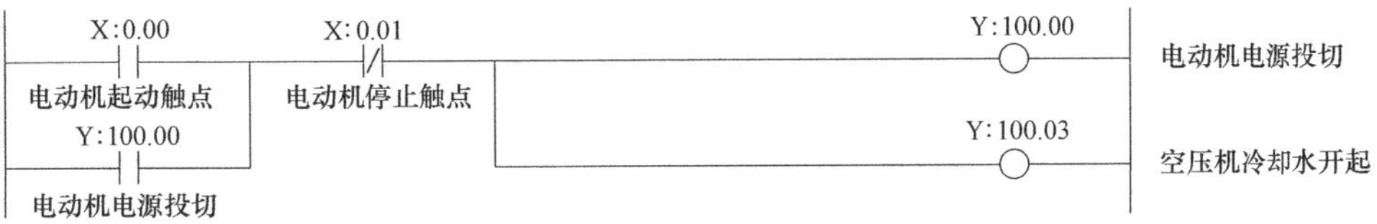

图 14-7　冷却水电磁阀开起线圈与空压机起动线圈并联

5. 空压机组停运后的自动操作

空压机组在动断触点“X：0.01”断开后停止运行，应关闭冷却水电磁阀以节约资源，同时应开起“无载起动阀”，既排除凝结油水，也为下次起动空压机做准备。

为此以动合触点（X：0.01）接通冷却水电磁阀的关闭线圈（Y：100.04）；再在“无载起动阀”开起线圈（Y：100.01）的起动条件中并联动合触点（X：0.01），如图 14-8 所示。

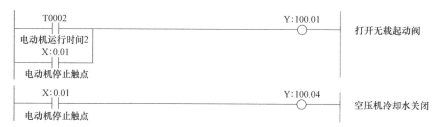

图 14-8　停运后开起无载起动阀并关闭冷却水阀

6. “X：0.00”“X：0.01”也可控

上述“X：0.00”“X：0.01”是工作空压机组控制系统的起动、停止按钮，按下“X：0.00”时，电动机“Y：100.00”及冷却水开起“Y：100.03”投入运行并自保持，直至按下“X：0.01”时空压电动机及冷却水均退出。可以把“X：0.00”“X：0.01”设计成受控触点，在储气罐上设置压力传感器以监视器压力，通过 AI 接口送入 PLC，当储气罐压力下限（0.7MPa）时“X：0.00”的动合触点闭合，压力上限（0.8MPa）时“X：0.01”的动断触点断开。另外储气罐压力为 0.82MPa 时，反映至“X：0.02”断开空压机起动回路，并进行压力过高报警；储气罐压力为 0.62MPa 时，反映至“X：0.03”起动备用空压电动机，并进行压力过低报警。

综上所述，CP1H 型 PLC 控制空气压缩系统的设计方案如图 14-9 所示，单击“文件”菜单进行保存。

最后，各水电站应根据自身具体情况再做调试修改。

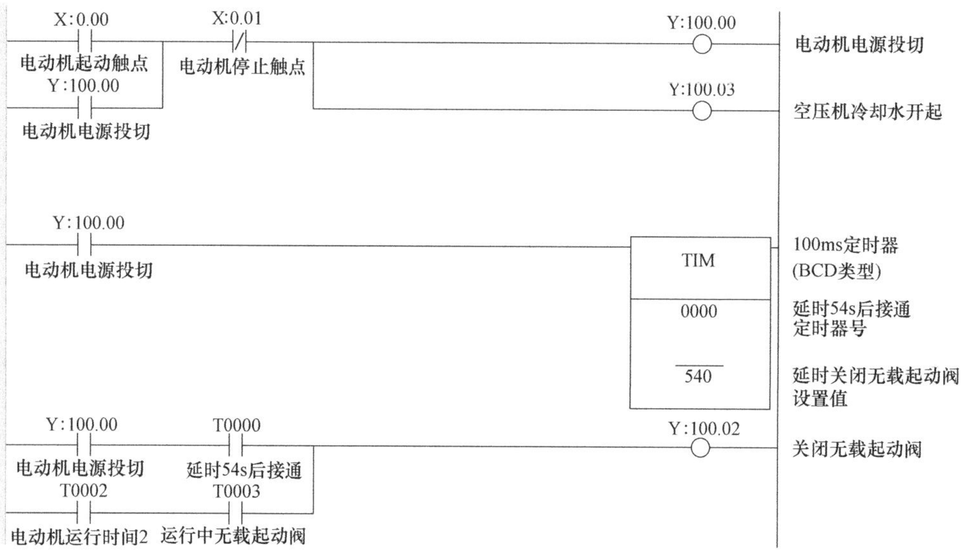

图 14-9　CP1H 控制空气压缩系统的设计方案

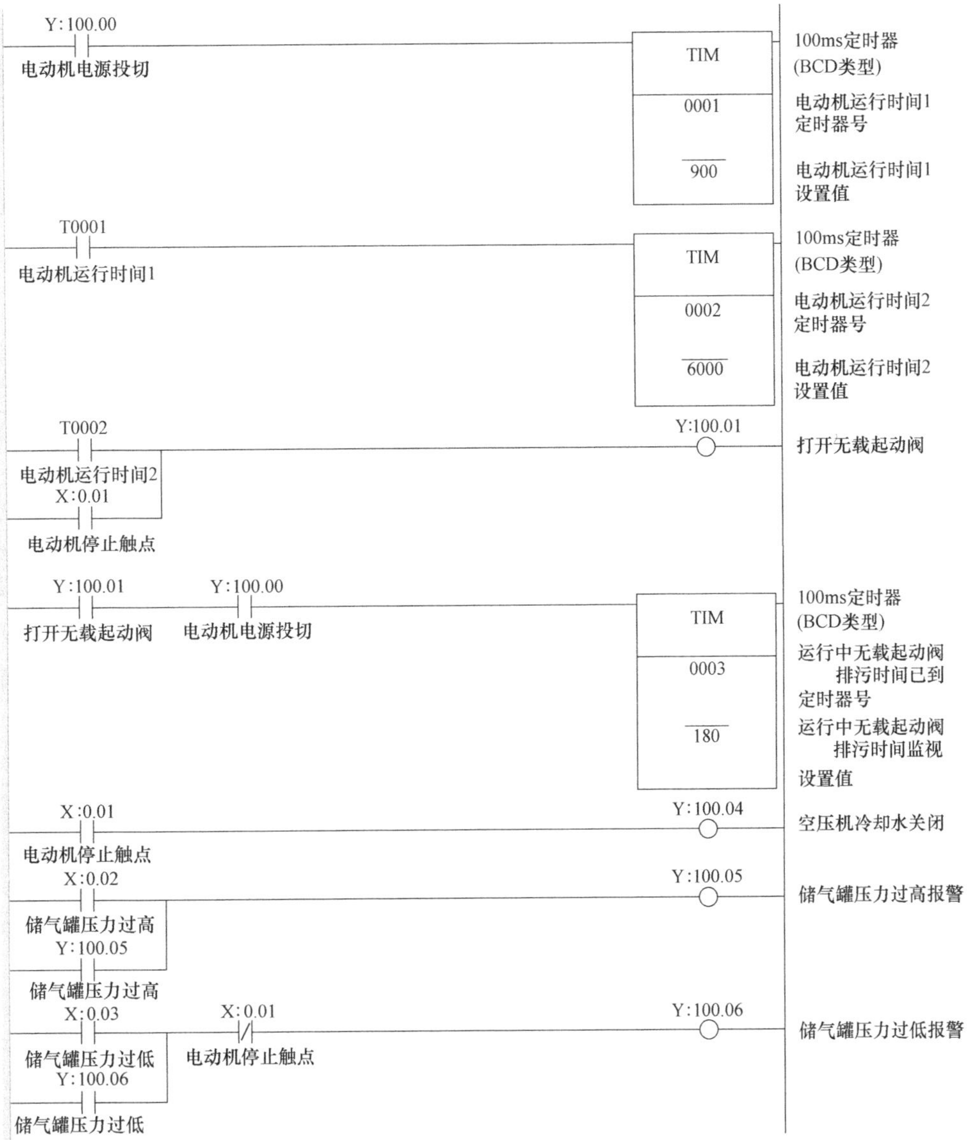

图 14-9　CP1H 控制空气压缩系统的设计方案（续）

14.2　CP1H 控制水力发电站技术供水系统的设计

水力发电站技术供水系统是水轮发电机组、水冷变压器等的辅助设备。主要任务是对运行设备进行冷却和润滑，供水对象如发电机冷却器或内冷用水、推力/上导/下导/水导等轴承的冷却和润滑用水、水冷变压器、水冷空压机等，有时也用作如高水头水电站主阀的操作能源。技术供水系统也是保证水力发电站安全、经济运行不可缺少的组成部分，由水源、管道和控制器件等组成，根据用水设备的技术要求，应能保证一定水量、水压和水质。

14.2.1 水电站技术供水系统的控制要求

设直接供水系统有四台水泵，三台水泵的工作随水轮发电机组的开停而开停，一台冗余。考虑以下问题：

1）水电站环境及未运行水轮发电机组温度较低；

2）水轮发电机组起动过程中：①无定子绕组损耗、②无铁损耗、③无高次谐波附加损耗；

3）水轮发电机未投励前无励磁损耗；

4）供水泵所用异步电机起动电流很大，不宜多台同时起动；

5）水轮发电机组起动时间与产生热量递增关系，及异步电机起动时间等问题。

决定水轮发电机组起动时技术供水系统 1#、2#、3#、4#水泵电动机组按顺序依次起动（轮番留一台做备用），时间间隔取 90s。

14.2.2 CP1H 控制系统的程序设计

选用 CP1H 型 CPU 分配 PLC 输入/输出信号及内存地址，见表 14-1。然后编写 CP1H 控制程序，如图 14-10 所示，利用无 CY 右循环 1 位指令 RRNC 实现工作泵与备用泵的轮换（轮岗）。

1. I/O 及内存地址分配

表 14-1 技术供水 PLC 控制系统 I/O 及内存地址分配

序号	地址	说明	序号	地址	说明
01	X：0.00	冷却水手动投入	11	W46	冷却水管中的实际压力
02	X：0.01	冷却水手动切除	12	H511	储存水泵工作与备用的标志
03	Y：100.00	电动机 1M 投入	13	W40.00	工作水泵投入标志位
04	Y：100.01	电动机 2M 投入	14	W40.01	备用水泵投入标志位
05	Y：100.02	电动机 3M 投入	15	W50.02	机组起动继电器
06	Y：100.03	电动机 4M 投入	16	W50.03	机组发电状态继电器
07	Y：100.04	冷却水管阀开	17	W50.04	机组调相起动继电器
08	Y：100.05	冷却水管阀关	18	W50.05	机组调相运行继电器
09	W42	冷却水压力高限	19	W50.07	机组停机复归继电器
10	W44	冷却水压力过低投入备用			

2. CP1H 程序设计

根据以上要求编写的控制程序如图 14-10 所示。

图 14-10 技术供水控制程序梯形图

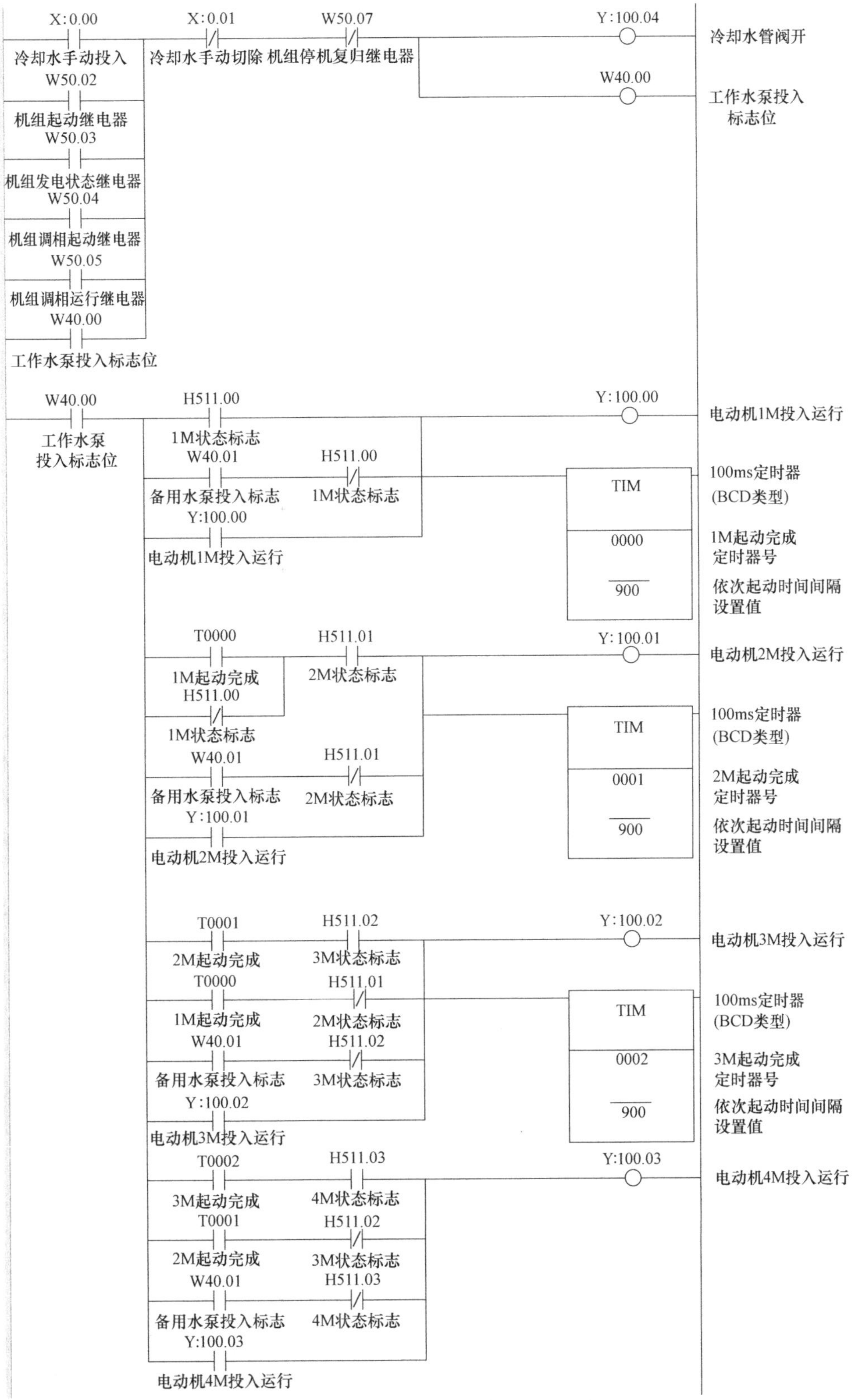

图 14-10　技术供水控制程序梯形图（续）

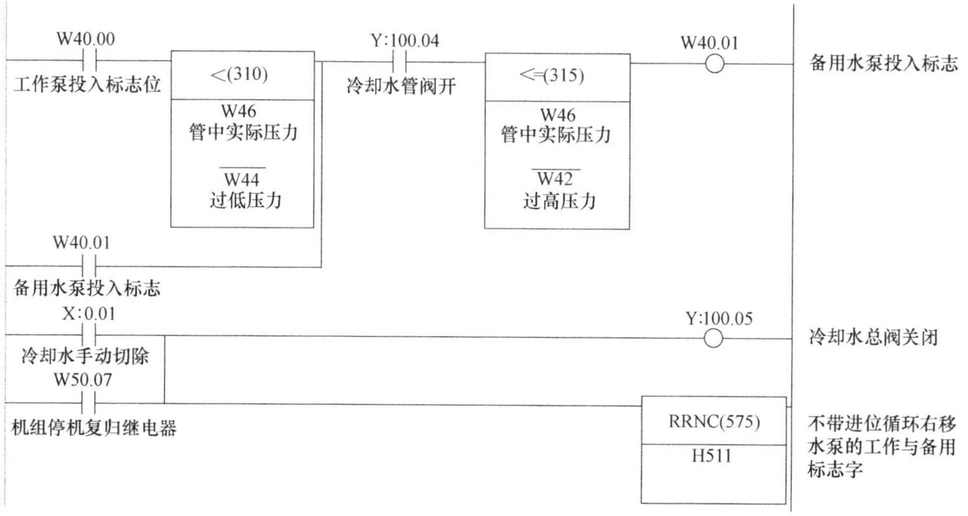

图 14-10　技术供水控制程序梯形图（续）

3. 程序说明

首次运行时将数据 1011101110111011（即 &48059）传送至数据保持区域 H511。手动（X：0.00）或自动（W50.02、W50.03、W50.04、W50.05）使 Y：100.04=1，打开冷却供水总管阀门，并自保持。若动合 H511.00=1，则 Y：100.00=1，电动机 1M 起动，同时 TIM0 计时，90s 后若 H511.01=1，则 Y：100.01=1，电动机 2M 起动；若动合 H511.01=0，则 2M 不能起动，而 T0000 与动断 H511.01 接通，使 Y：100.02=1，电动机 3M 起动。2M 或者 3M 起动后，由 TIM1 或者 TIM2 计时，整定值 90s 后再依次起动下一序号的电动机组，直至四台中三台工作、一台备用。显然，由于 H511 的预置值，第一次 1M、3M、4M 起动工作，2M 留作备用，以后 RRNC 使 H511 的各位标志循环，每次三台电动泵机工作，轮番一台作备用。

当冷却水管中实际压力低于预置的“冷却水管压力过低”值（W46<W44）时，使备用水泵投入标志位 W40.01=1 并自保持，可起动预留的某台备用泵机；冷却水管中实际压力达到预置的“冷却水管压力过高”值（W46>W42）时，W40.01 自保持被解除，备用泵机将不投入。

当机组停机复归继电器动作后 W50.07=1，或者手动按钮关闭冷却水 X：0.01=1 时，冷却水投入标志位 W40.00 解除自保持，各电动泵机停止运行；同时 Y：100.05 置位实现冷却水阀门关闭，并且 H511 通过循环右移指令 RRNC 实现换位，以便下次备用泵机轮换（轮岗）。

最后，各水电站应根据自身具体情况再做补充和调试修改。

14.3　CP1H 控制水力发电站油压装置的设计

油压装置是水电站重要的水力机械辅助设备，它产生并贮存高压油，是机组起动、停止、调节出力的能源；若蜗壳前设有蝶阀，则也是该阀的操作能源；当油压事故降低时水轮发电机组将危险地失控，应有防护措施。

14.3.1 油压装置自动化的必要性与控制要求

油压装置的重要性及当今水电站智能控制的发展决定了油压装置实现自动化与采用高新技术的必要性，控制上应满足下列要求：

1）水轮机组正常运行或事故情况下，均应保证足够的压力油量供机组及蝶阀的操作使用，应选择足够的油槽容积并设计适当的控制程序，以保障在厂用电消失时有一定能源储备。

2）不论水轮发电机组运行还是停机，油压装置均应处于准备工作状态，即它的自动控制是独立进行的，并由压油槽中的油压信号来决定起停。

3）当压力油槽油压达到下限（例如3.75MPa）时，起动工作镙杆油泵打油，提升油压至额定值（如4.00MPa）时停止工作油泵。

4）当工作油泵发生故障或者操作用油量剧增而造成油压过低（如3.60MPa）时，起动备用油泵补油并发出相应报警信号，油压回升至额定值（如4.00MPa）时停止备用油泵。

5）当油压装置发生各种罕见故障而造成压油槽油压下降至事故低油压（比可操作导叶的最小油压要大，如2.70MPa）时，应迫使水轮发电机组事故停机并发出报警信号（在主机控制程序中也应考虑）。

6）油压装置压油槽应选择合适的油气体积比 K，一般取经验值1∶2，K 值较大时，操作放出等体积油量后会造成更大的油压下降。假设压油槽容积为 V，则油占 $KV/(1+K)$，气占 $V/(1+K)$，又设 P，$(P-\Delta P)$ 是放出 ΔV 体积油量前后的压油槽油压，代入玻意耳定律得 $PV/(1+K)=(P-\Delta P)[V/(1+K)+\Delta V]$，从而 $\Delta P=P\Delta V[V/(1+K)+\Delta V]$，显然 K 越大，ΔP 将越大。另一方面，K 太小，将没有足够的操作油量，此处可结合第（1）点考虑。在油压装置运行中，由于微量气体不断地“溶”于油中，较长时间后会造成 K 值增大，为此应进行高压空气的补气（为使相对“干燥”，可考虑多级压力供气）。具体地讲，当压力油槽油位上升至34%刻度并且油压下降至3.95MPa时，打开补气阀向压油槽补气；当油压上升至4.05MPa，或者压力油槽油位降至31%刻度时关闭补气阀。

7）“打油”与“补气”两个进程互锁，即“打油”时不“补气”，“补气”时不“打油”。

8）为使“工作油泵”“备用油泵”的累计运行时间不致相差悬殊，引入“轮岗”思想，考虑工作油泵运行次数多于备用油泵运行次数达88次后轮换“工作油泵”与“备用油泵”的角色，利用CP1H的COM指令实现。

14.3.2 油压装置CP1H控制系统的硬件设计

系统设置两台补油螺杆油泵电动机组（一台工作一台备用）、一只补气电磁阀（其ZT电磁铁有开启和关闭两个线圈，可不带电工作）、一只油压过低报警指示灯、一只油压事故低报警指示灯。系统有一个油槽油压测量输入点（模拟量输入）、一个油槽油位测量输入点（模拟量输入）、一个起动信号X∶0.00输入（数字量）、一个停止信号X∶0.01输入（数字量）；两个打油/补油油泵电动机组的输出（数字量）、一个补气电磁阀开启线圈的输出（数字量）、一个补气电磁阀关闭线圈的输出（数字量）、一个油压过低报警指示灯的输出（数字量）、一个油压事故低报警指示灯的输出（数字量）。合计整个系统需要数字量输入两点、数字量输出六点、模拟量输入两点。选择CP1H型CPU的控制器可以满足控制系统的点数要求，另有其他输出点，如油压过高时也进行报警，点数也足够。

在信号采集方面，选择国产 AK-4 型量程 5Mpa、输出信号 4～20mA、输出接口为 RS-485 的压力变送传感器两只（一只投运、一只备用）及承压油位传感器一只（如 MSL-A 隔离式液位变送器采用进口高品质的隔离膜片的敏感组件加放大电路，输出 4～20mA 二线制标准信号，封装于不锈钢外壳中），与 CP1H 共同组成硬件系统，传感器的电源应以不超载为原则作考虑。

新建工程选择 CP1H 型 CPU 及 ToolBus 网络，设置“内建 AD/DA”勾选 AD 0CH 和 1CH、分辨率 12000、范围 4～20mA、使用平均化。分配输入输出点地址见表 14-2。

表 14-2　CP1H 输入/输出点地址分配

序号	地址	说明	序号	地址	说明
01	X：0.00	起动信号	13	W510.01	工作油泵起动
02	X：0.01	停止信号	14	W510.02	备用油泵起动
03	Y：100.00	1#油泵机组接触器 KM1	15	H400.00	工作-备用标志 1
04	Y：100.01	2#油泵机组接触器 KM1	16	H400.01	工作-备用标志 2
05	Y：100.02	补气电磁阀开启线圈 QK	17	W200	油罐压力数字值
06	Y：100.03	补气电磁阀关闭线圈 QG	18	D200	计算油压值
07	Y：100.04	油压过低报警 D1	19	W201	油罐油位数字值
08	Y：100.05	油压事故低报警 D2	20	D201	计算油位百分比
09	Y：100.07	初始化时接通一个周期	21	W30.00	油压事故标志
10	CIO 200 CH	油罐油压模拟量输入	22	W30.01	油压过低标志
11	CIO 201 CH	油罐油位模拟量输入	23	W30.02	油压下限标志
12	W510.00	装置投入标志	24	W30.03	油压上限标志

14.3.3　油压装置 CP1H 控制系统的程序设计

1. 压力油罐压力折算

当测得压力油罐压力达到量程 4MPa 时，压力变送器的电流为 20mA，对应数字值为 12000。每毫安 A/D 值为 12000/20＝600，测得压力为 0.1MPa 时，压力变送器的电流为 4mA，A/D 值为（12000/20）×4＝2400。被测压力为 0.1～4MPa 时，变送器输出对应数值为 2400～12000，算出 1kPa 对应 A/D 值为（12000－2400）/（4000－100）＝32/13，由此得出测量值转换为实际压力值（单位为 kPa）的计算公式为

CIO 200 通道储存的压力值＝[（测量数字化值－2400）/32]×13＋100

2. 压力油罐油位折算

设计液位变送器输出电流为 20mA 时，油位在压力油罐高度的 40%处，测量数值为 12000，每毫安对应的 A/D 值约为 12000/20＝600；当油位在压力油罐高度的 25%处，液位变送器的电流应为 4mA，A/D 值约为（12000/20）×4＝2400。被测油位在油罐高度的 25%～40%时，测得 A/D 值为 2400～12000，由此得出 1%油位对应的 A/D 值为（12000－2400）/（40－25）＝640，由此得出测量的数值转换为实际油位百分比的计算公式为

CIO 201 通道的油位值＝[（测量数字化值－2400）/640]＋25　　（油位百分比）

3. 控制程序流程

控制程序流程如图 14-11 所示。

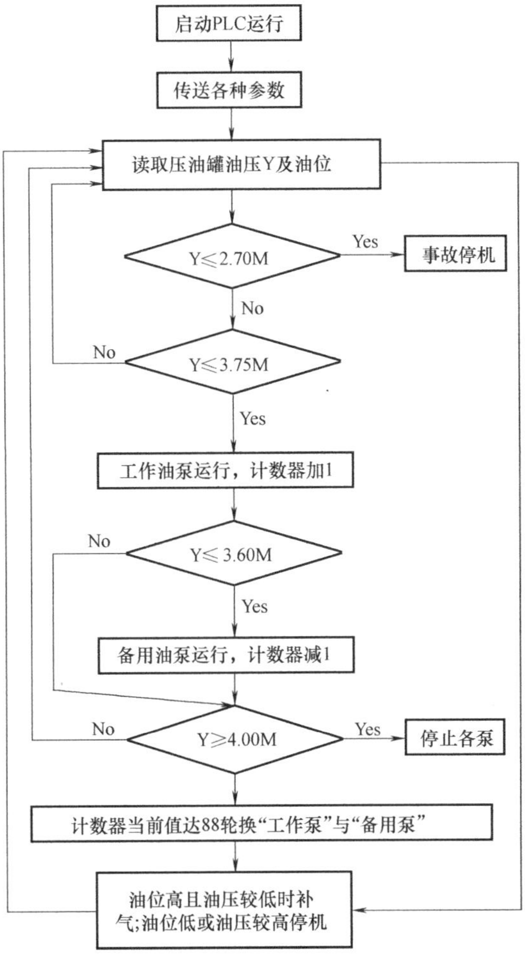

图 14-11　油压装置自动化流程

4. 控制程序

编写油压装置控制程序，如图 14-12 所示（供参考）。

5. 程序简要说明

起动油压装置后，初始化时把数 1 和 0 分别传送给 H400.00 和 H400.01。读取并折算出压力油罐油压 D200 与油位 D201，若油压低于“打油”油压下限值，则置位“工作油泵”投入标志，若油压低于“打油”油压过低值，则置位“备用油泵”投入标志。H400.00=1，H400.01=0 时，1#油泵机组为“工作”，2#油泵机组为“备用”；H400.00=0，H400.01=1 时，1#油泵机组为“备用”，2#油泵机组为“工作”。油压下限时起动“工作”泵，油压过低时起动“备用”泵，油压提升至油压上限时“工作”和“备用”泵均停止。若一台“工作”次数比另一台“备用”次数多 88，则 H400.00 与 H400.01 均取反，即 H400.00 与 H400.01 易位，实现“工作”和“备用”轮岗。油压过低由 Y：10.04 报警，油压事故低由

W30.00 迫使水轮机组事故停机并由 Y：100.05 报警。油位高于“较高”（34%）并且油压低于“补气”油压下限时由 Y：100.02 开启电磁补气阀，油位低于“较低”（31%）或者油压高于“补气”油压上限时由 Y：100.03 关闭电磁补气阀。停止信号则切断 1#和 2#油泵电动机组的电源并关闭补气电磁阀。

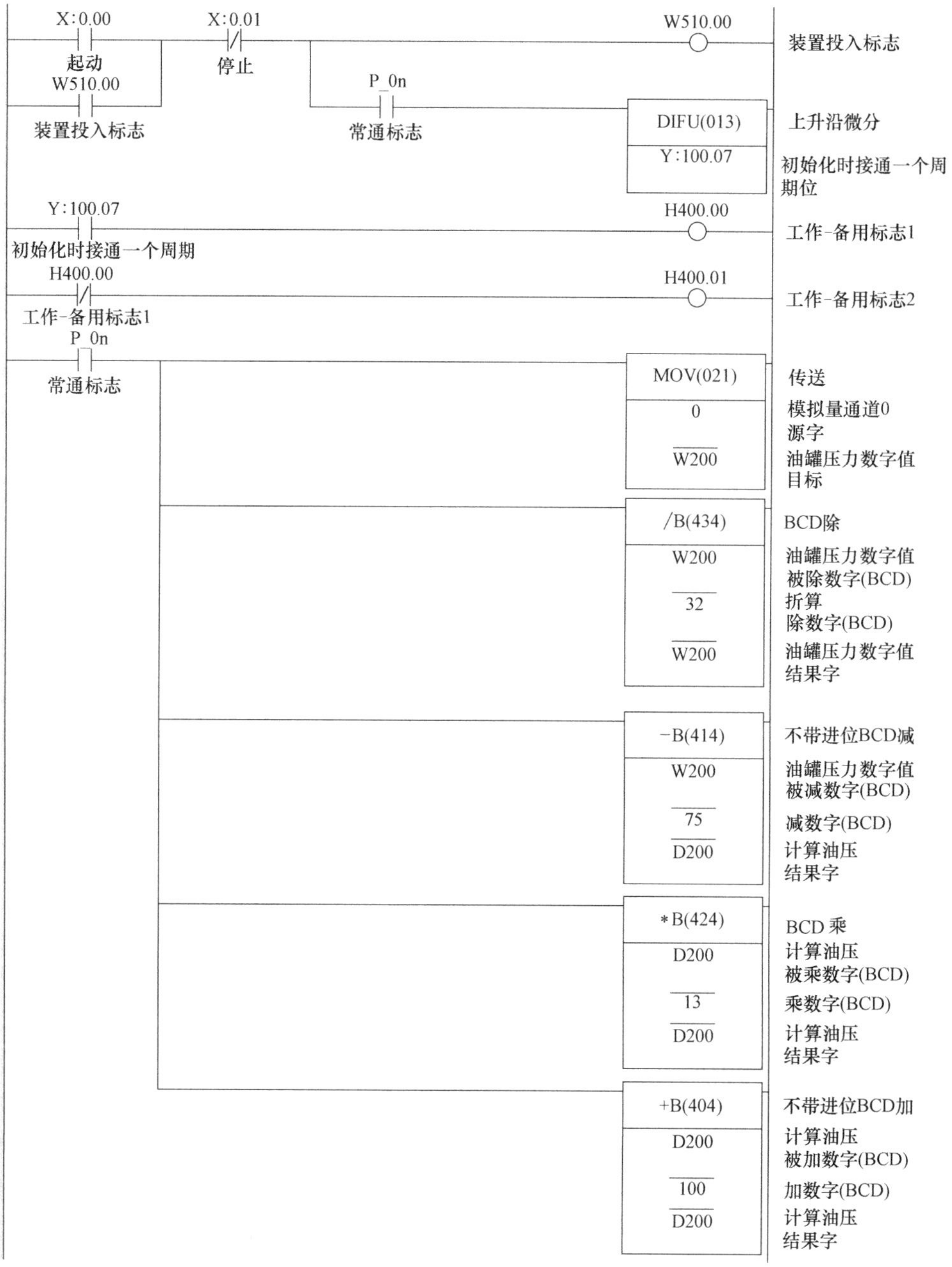

图 14-12　油压装置 CP1H 控制系统程序

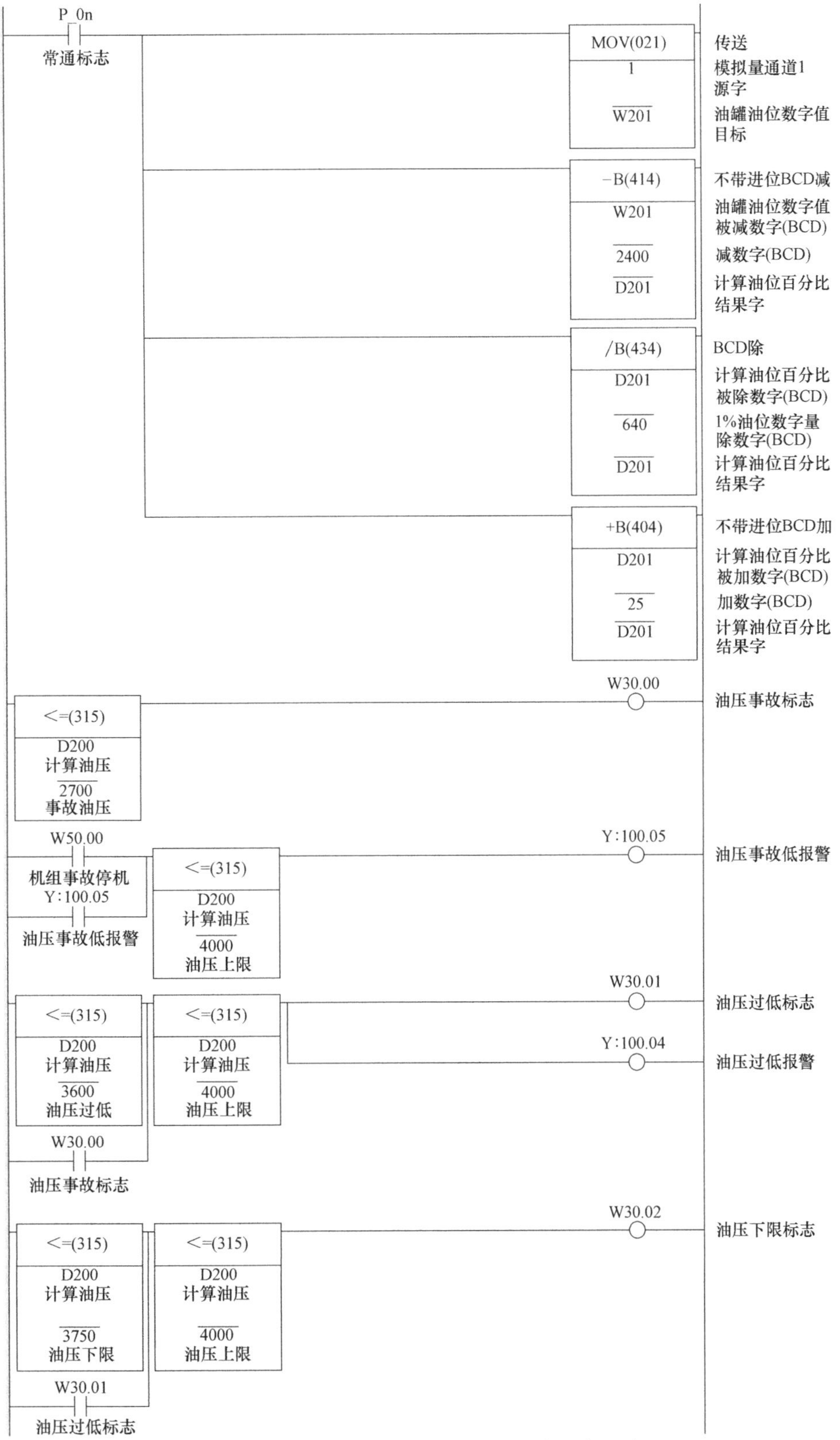

图 14-12　油压装置 CP1H 控制系统程序（续）

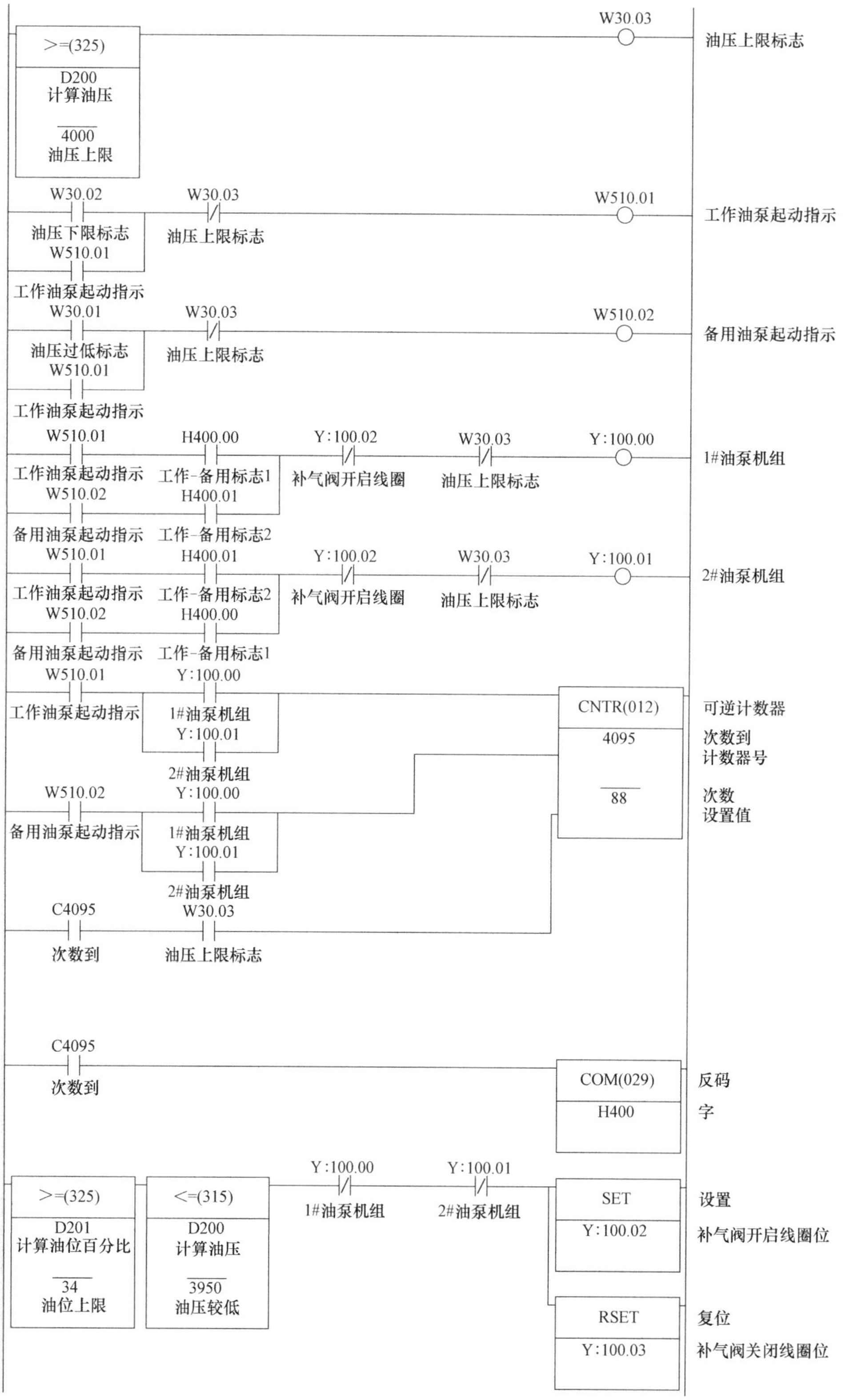

图 14-12 油压装置 CP1H 控制系统程序（续）

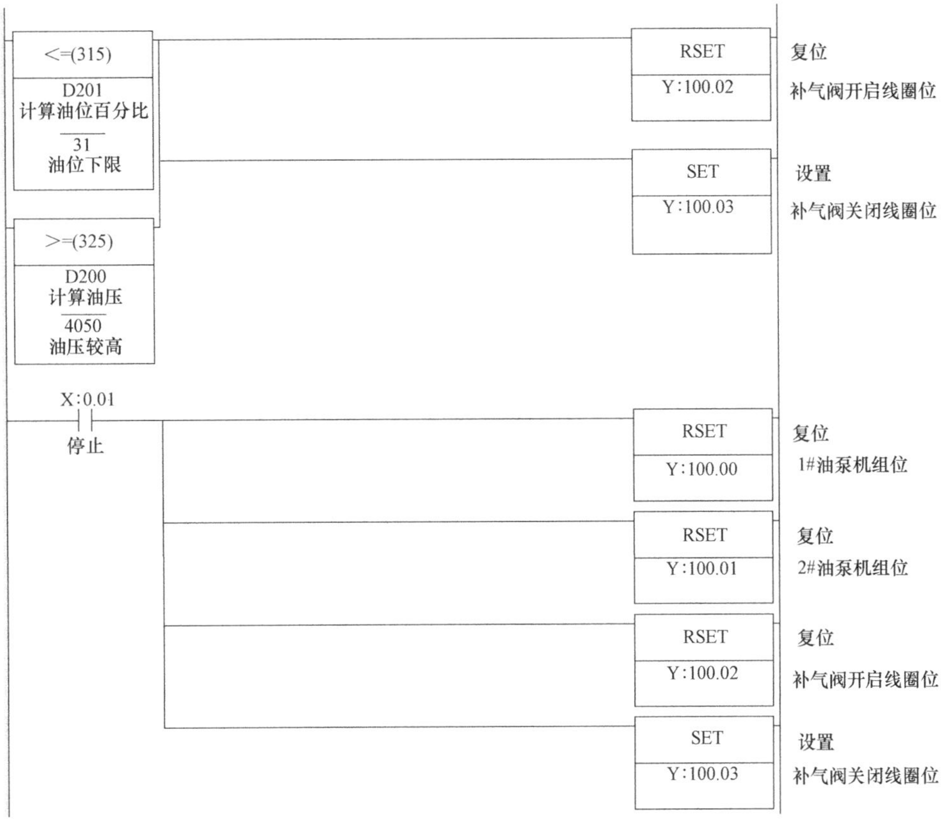

图 14-12　油压装置 CP1H 控制系统程序（续）

6. 结语

油压装置自动化十分必要，根据控制要求可确定 CP1H 型 PLC 控制系统的 I/O 点数，绘出过程流程图（可不示出）并编制程序。最后，各水电站应根据自身具体情况再做补充和调试修改。

14.4　CP1H 控制水力发电站集水井的设计

水电站的集水井排水装置一般用于排除厂房渗漏水和生产污水。

14.4.1　集水井排水装置的自动控制要求

为了保证运行安全，使厂房不致被淹和潮，集水井排水装置应实现自动化和新型化。对集水井排水装置的自动控制有如下要求：

1）自动起动和停止工作水泵，维持集水井水位在规定的上下限范围；

2）当工作泵发生故障或来水量大增，使集水井水位上升到备用水泵起动水位时，应自动投入备用水泵；

3）备用投入时，应发出警报信号；

4）两泵运行次数相差 8 时，自动轮换“工作泵”与“备用泵”的角色。

14.4.2 集水井 CP1H 控制系统的程序设计

这里可选用 JSY3 集水井水位控制仪，采用 CP1H 型 CPU 控制器，网络类型 Toolbus，构建集水井装置控制系统。

1. 输入/输出点地址分配

分配输入/输出点地址见表 14-3。

表 14-3 快速闸门控制的 PLC 输入/输出点地址分配

序号	地址	说明	序号	地址	说明
01	X：0.00	集水井排水装置起动	09	W100.00	超上限水位报警点
02	X：0.01	集水井排水装置停止	10	W100.01	上限水位控制点
03	Y：100.00	1#排水泵机组起动	11	W100.02	下限水位控制点
04	Y：100.01	2#排水泵机组起动	12	W100.03	超下限水位报警点
05	Y：100.02	过低水位报警	13	W510.01	集水井装置运行标志
06	Y：100.03	过高水位报警	14	W510.02	工作泵投入标志
07	H401.00	集水井工作-备用标志 1	15	W510.03	备用泵投入标志
08	H401.01	集水井工作-备用标志 2	16	C4094	工作-备用投入次数差值

2. 控制程序的拟定

根据以上要求，编写集水井 CP1H 控制系统程序，如图 14-13 所示。

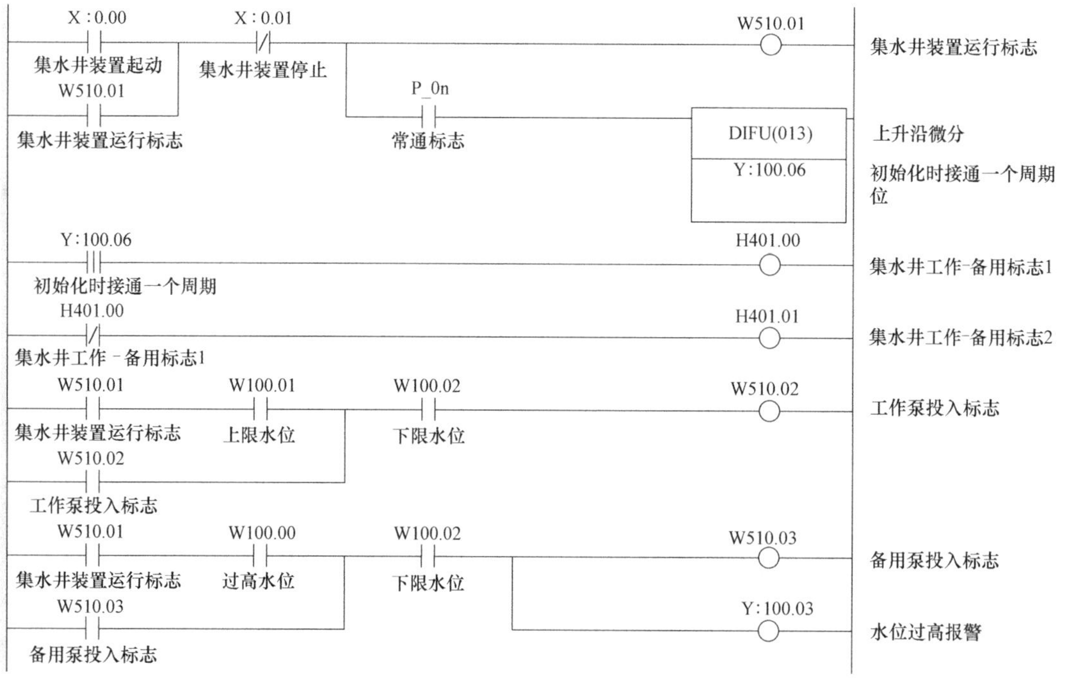

图 14-13 集水井装置 CP1H 控制系统程序

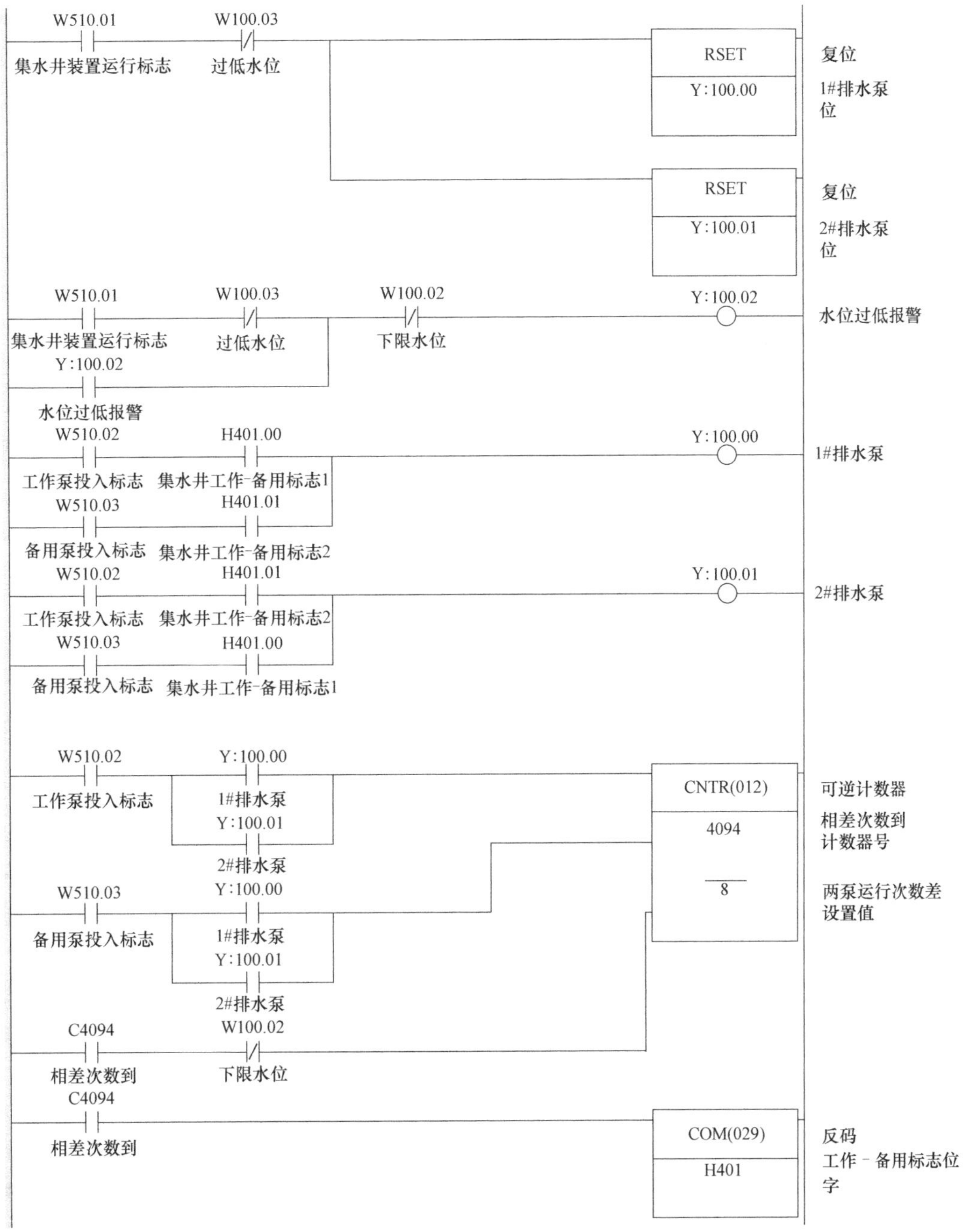

图 14-13　集水井装置 CP1H 控制系统程序（续）

3. 程序简要说明

集水井排水装置投入后 W510.01 置位并自保持，第一个扫描周期 Y：100.06 接通，使 H401.00=ON，H401.01=OFF。水位上限时 W100.01 接通，工作泵投入标志 W510.02 置位并自保持到下限水位时 W100.02 断开。水位过高时 W100.00 接通，备用泵投入标志 W510.03 置位并自保持到下限水位时 W100.02 断开，同时 Y：100.03 进行水位过高报警。水位过低时 W100.03 接通，复位 Y：100.00 和 Y：100.01，强行停止 1#和 2#排水泵，同时

Y：100.02 进行水位过低报警并自保持到下限水位 W100.02 动断触点断开。

若 H401.00 = ON，H401.01 = OFF，则 1#排水泵 Y：100.00 为工作泵，2#排水泵 Y：100.01 为备用泵。若 H401.00 = OFF，H401.01 = ON，则 2#排水泵 Y：100.01 为工作泵，1#排水泵 Y：100.00 为备用泵。

使用可逆计数器 C4094，当工作泵投入次数比备用泵投入次数多 8 次时，C4095 置位，通过 COM 指令使 H401 反码，H401.00 与 H401.01 交换数值，实现“工作泵”与“备用泵”交换角色。

最后，各水电站应根据自身具体情况再做补充和调试修改。

14.5 CP1H 控制润滑、冷却、制动及调相压水系统的设计

水轮发电机组的润滑、冷却、制动及调相压水系统是发电或调相运行时必不可少的部件，它们的自动操作是水轮发电机组控制系统的组成部分。

14.5.1 CP1H 控制机组润滑和冷却系统的设计

1. 机组润滑和冷却系统的概况与控制要求

水轮发电机组一般设有推力、上导、下导和水导轴承。推力和上、下导轴承常采用稀油润滑的巴氏合金（锡锑、铅锑的统称，又称钨金或白合金）瓦，20 世纪 90 年代后出现弹性金属氟塑料瓦。水导轴承有的采用稀油润滑的钨金瓦，有的则采用水润滑的橡胶轴瓦。机组运转时，巴氏合金轴瓦因摩擦产生的热量靠轴承内油冷却器的循环冷却水带走。采用橡胶轴瓦时，水不仅起润滑作用，同时也起冷却作用。由于结构不同，两种轴承的自动化要求也不同。

采用巴氏合金瓦时要求轴承内的油位保持一定高度，且瓦温不超过规定的允许值，如不正常则应发出相应的故障信号或事故停机信号；油冷却器中的冷却水中断时不要求立即停机，只需发送故障信号，以通知运行人员进行处理。为了节约用水，轴承冷却水在开机运转时才投入，由机组总冷却水电磁配压阀（带 ZT 电磁铁）控制，不单独设操作阀。

采用橡胶瓦时即使润滑冷却水短时间中断，也会引起瓦温急剧升高，导致轴承损坏，因此需要立即投入备用润滑水，并发出相应信号。如果备用润滑水电磁配压阀（带 ZT 电磁铁）起动后仍无水流，则经过一定时间（例如 3s）后应作用于事故停机。

对于低水头发电工厂，为简化操作控制和提高可靠性，可采用经常性供给润滑水的方式，即不切除电磁阀。

除了轴承需要冷却水以外，发电机也需要冷却水带走运行时内部铜损、铁损所产生的热量。发电机冷却方式有三种：一是空气冷却方式，例如丹江口 150MW 机组采用密闭式自循环通风，借助循环于空气冷却器的冷风带出发电机内部所产生的热量，而空气冷却器则靠内管冷却水进行冷却；二是水内冷方式，例如三峡 700MW 机组采用的半水内冷，经过处理的循环冷却水（电导率一般 2S/m，2.5S/m 时报警，5S/m 时事故停机）直接通入定子绕组的空心导线内部和铁心中的冷却水管，将运行时内部铜损、铁损所产生热量带走，控制系统应保证冷却水的供应和水质合格；三是蒸发冷却，例如李家峡 400MW 机组 CFC-113，由于该冷却介质属于氟利昂类产品，所含氯元素泄露后会破坏大气臭氧层，故已限制使用 F11、F12、F13。为提高冷却效果，并考虑保护环境，将在实际机组中使用新型无毒、无污染的冷却介质。

采用空气冷却方式时，由机组总冷却水电磁阀供应冷却水，开机时打开、停机时关闭总冷却水电磁阀。用示流传感器进行监视，水流中断时只发送故障信号，但不进行事故停机。

水内冷却方式时，对水质、水压、流量有严格要求，故需单独设置供水系统。短时间的冷却水中断可能导致发电机温度剧升，因而供水可靠性要求极高。一般设有主、备水源，可互相切换，冷却水中断并超过规定时限后要作用于事故停机。

2. 自动化元件配置

考虑机组推力与上导共槽、水导水润滑、发电机空冷的情况。

(1) 信号元件（信号传感器）　冷却水总管监视器具（示流传感器）一只；水导润滑冷却水监视用示流传感器一只；监视上导推力、下导轴承油位的模拟量传感器共两只；监视上导推力、下导轴承温度的模拟量传感器共两只。需要 PLC 输入开关量两点、模拟量 4 CH；另外“机组开机继电器”“机组运行状态标识”“机组停机复归标识”等信号可由中央控制室通信传送。

(2) 执行元件（执行器）　上导推力槽油位上限、下限指示器各一只；下导槽油位上限、下限指示器各一只；上导推力轴承温度过热（如 50℃）、过高（如 55℃）指示器各一只；下导轴承温度过热（如 65℃）、过高（如 70℃）指示器各一只；水导轴承温度过热（如 60℃）、过高（如 65℃）指示器各一只；总冷却水、主及备用润滑水投切用电磁配压阀各一只（三阀共六点）；总冷却水管内冷却水中断报警输出一点；润滑水中断事故报警输出一点；水轮机组润滑和冷却系统各事故停机信号汇总输出一点。共需要 PLC 的输开关量点 19 个。

选用 CP1H PLC 可满足控制需求。

3. PLC 输入/输出点及内存地址分配

分配 I/O 及内存地址见表 14-4。

表 14-4　润滑与冷却控制 I/O 及内存地址分配

序号	地址	说明	序号	地址	说明
01	X：1.00	总冷却/润滑水开启信号	22	102.02	水导温度过热报警(60℃)
02	X：1.01	总冷却/润滑水关闭信号	23	102.03	水导温度过高报警(65℃)
03	X：1.02	水导备用润滑水开启信号	24	W10.02	推力轴承油位上限信号
04	X：1.03	水导备用润滑水关闭信号	25	W10.03	推力轴承油位下限信号
05	Y：100.00	总冷却水开启	26	W10.04	下导轴承油位上限信号
06	Y：100.01	总冷却水关闭	27	W10.05	下导轴承油位下限信号
07	Y：100.02	总冷却水中断报警	28	W10.06	推力温度过热(50℃)
08	Y：100.03	水导主润滑水开启	29	W10.07	推力温度过高(55℃)
09	Y：100.04	水导主润滑水关闭	30	W11.00	下导温度过热(65℃)
10	Y：100.05	水导备用润滑水开启	31	W11.01	下导温度过高(70℃)
11	Y：100.06	水导备用润滑水投入报警	32	W11.02	水导温度过热(60℃)
12	Y：100.07	水导备用润滑水关闭	33	W11.03	水导温度过高(65℃)
13	Y：101.00	水导润滑水中断事故报警	34	W50.00	机组事故停机继电器
14	Y：101.01	推力油位上限报警	35	W50.02	机组起动继电器
15	Y：101.02	推力油位下限报警	36	W50.03	机组发电状态继电器
16	Y：101.03	下导油位上限报警	37	W50.04	机组调相起动继电器
17	Y：101.04	下导油位下限报警	38	W50.05	机组调相运行继电器
18	Y：101.05	推力温度过热报警(50℃)	39	W50.06	机组停机继电器
19	Y：101.06	推力温度过高报警(55℃)	40	W50.07	机组停机复归继电器
20	Y：101.07	下导温度过热报警(65℃)	41	W70.00	总冷却水中断信号
21	102.01	下导温度过高报警(70℃)	42	W70.01	水导润滑水中断信号

4. 拟定控制程序

根据机组润滑和冷却系统的状况与控制要求，构建 CP1H 控制系统，网络类型 Toolbus，内建 AD/DA：分辨率 6000、勾选 AD 0~3CH、范围 4~20mA、使用平均化，编写控制程序，如图 14-14 所示。

图 14-14 润滑和冷却系统的 CP1H 控制程序

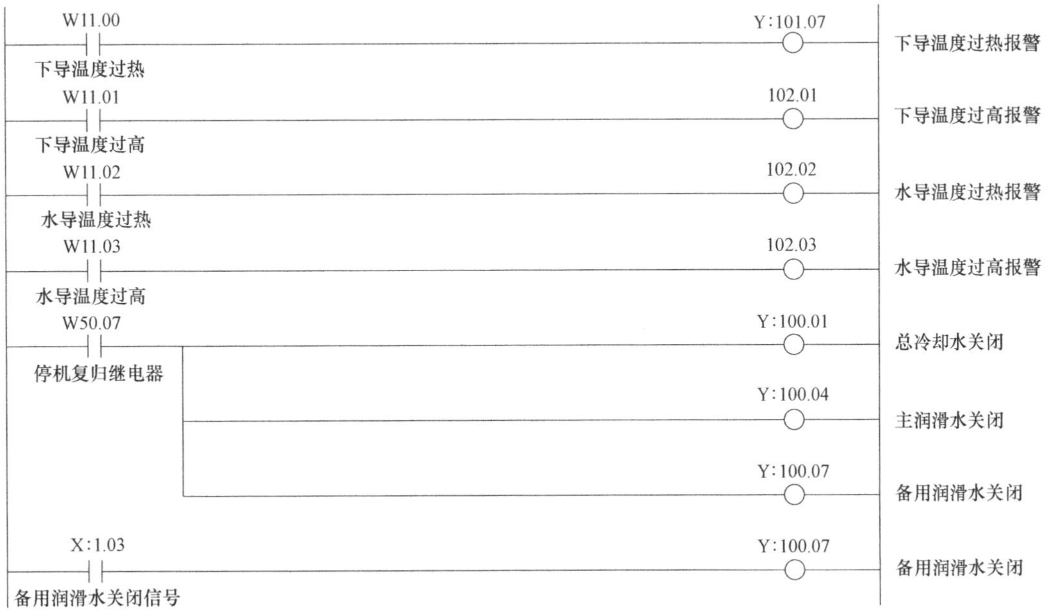

图 14-14 润滑和冷却系统的 CP1H 控制程序（续）

这部分程序十分简单，不予分析，请读者朋友自行理解。

14.5.2 CP1H 控制机组制动系统的设计

机组与系统解列后，转子的巨大惯量贮存着很大的机械能，而风阻、液阻在低转速时大幅度下降。若不采取制动措施，则转子将长时间低速惰转。这对推力瓦润滑极为不利，容易导致干摩擦或半干摩擦而烧瓦，因此有必要采取制动措施以缩短停机时间。

1. 制动措施与要求

通常的机械制动措施是：卸负荷并导叶全关后，当机组转速下降至 35%n_e（有液压减载装置的为 10%n_e）左右时，用压缩空气顶起发电机转子下方的闸瓦而对转子进行制动。之所以不在停机开始时就加闸，是为了减少闸瓦的磨损。也可采用电气制动，停机时通过专设开关将与系统解列的发电机接入制动用的三相短路电阻。为提高低转速时的电气制动效果，可将发电机励磁由变低了的励磁机电压改为厂用电整流供给。另外冲击式水轮机一般采用水力制动，即设置专门制动喷嘴，停机时打开它，将水流射到水斗背面进行制动，这样可在停机一开始就进行制动而缩短停机时间。

机组转动体静止后，应撤除制动，以便下次起动。若在停机过程中，发生剪断销剪断，个别导叶失去控制而处于全开位置，则为使机组不至于长时间低速惰转，就不应撤除制动。

2. PLC 输入/输出点及内存地址分配

分配 CP1H 的 I/O 及内存地址见表 14-5。

3. 拟定控制程序

根据以上要求编写的制动系统的 CP1H 控制程序如图 14-15 所示。

4. 程序简要说明

手动操作机组停机按钮（X：0.05 闭合）或者机组事故停机（W50.00 闭合）时，机组停机继电器 W50.6 动作并自保持。通过转速调整机构卸负荷至空载、跳开断路器，或直接跳开断路器（事故时），W12.03 动断触点接通；继之开度限制机构使导水叶全关，W12.04 接通；机组转速下降至额定转速的 35%（如有液压减载装置取 10%）时 W12.05 接通；W12.07 动断触点在制动电磁空气阀关闭时是接通的，故线圈 Y：101.00 励磁，开启电空阀。压缩空气进入制动闸后，压力监视 W12.02 动合触点闭合，若导叶剪断销未剪断，则 W12.06 闭合，计时器 TIM11 开始计时，约 120s 后计时器动作，动断触点 T11 断开，解除 W12.06 的自保持，其动断触点使 Y：101.01 励磁，关闭制动电空阀，停机完成。若导叶剪断销已剪断，则计时器 TIM11 不会启动，W12.06 的自保持不能解除，Y：101.01 不置位，制动不撤除。

表 14-5 制动控制 I/O 及内存地址分配

序号	地址	说明	序号	地址	说明
01	X：0.05	机组手动停机按钮	07	W12.05	机组转速信号器(35%n_e)
02	Y：102.04	制动用电磁空气阀开启	08	W12.06	导叶剪断销剪断信号
03	Y：102.05	制动用电磁空气阀关闭	09	W12.07	制动电空阀联动触点
04	W12.02	制动闸压力监视	10	W50.00	机组事故停机继电器
05	W12.03	断路器主触头位置信号	11	W50.02	机组起动继电器
06	W12.04	导水叶开度位置全关	12	W50.06	机组停机继电器

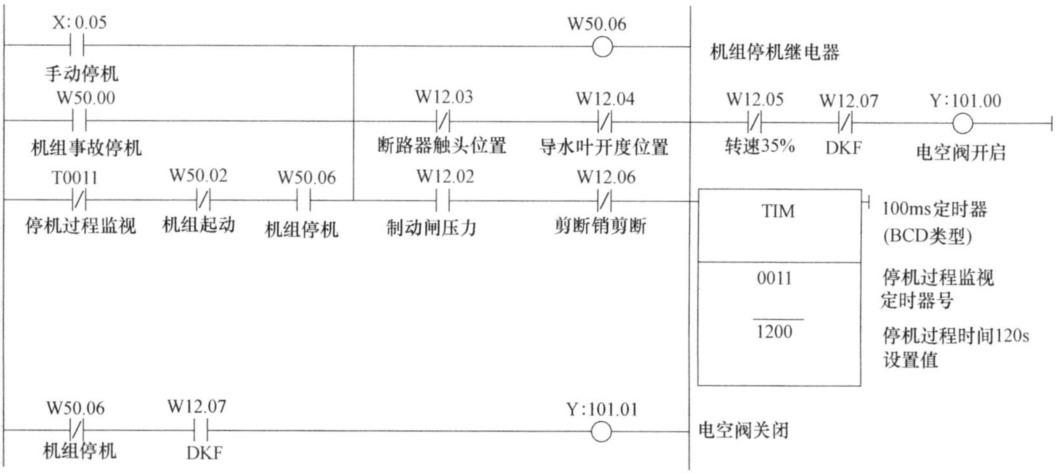

图 14-15 机组制动系统的 CP1H 控制程序

14.5.3 CP1H 控制机组调相压水系统的设计

电力系统缺乏无功功率时，常用水电闲置机组（包括系统无事故时的备用机组，枯水期不能发电的机组，负荷低谷时的调峰、调频机组）做调相运行，从系统吸收少量有功功率，而输出较多的无功功率。

1. 调相压水系统自动化的要求

水电机组调相运行时，导水叶是全关的，为减少阻力和电能损耗，必须将转轮室水位压低，使转轮在空气中旋转。对机组调相压水系统自动化的要求如下：

1）调相运行时，打开给气阀（可考虑与治理甩负荷抬机用电动调节补气阀合二为一）将压缩空气送入转轮室将水位压下，至“封水效应”容许的下限水位时，关闭给气阀；

2）由于流道携气、逸气，故当转轮室水位逐渐上升至“风扇效应”容许的上限水位时，又自动开启给气阀，将水位再次压低至下限水位；

3）为避免给气阀频繁操作，与给气阀并联一只由电磁配压阀控制的小型液压补气阀（进气量略小于逸气量+携气量），并在调相过程中一直开启。

2. PLC 输入/输出点及内存地址分配

分配 CP1H 的 I/O 及内存地址见表 14-6。

表 14-6　调相控制 I/O 及内存地址分配

序号	地址	说明	序号	地址	说明
01	Y：100.00	调相装置电源投入	06	W10.01	压水时转轮室上限水位
02	Y：100.01	调相给气阀开启	07	W10.02	压水时转轮室下限水位
03	Y：100.02	调相给气阀关闭	08	W10.03	调相给气阀联动触点
04	Y：100.03	调相补气阀开启	09	W10.04	调相补气阀联动触点
05	Y：100.04	调相补气阀关闭	10	W50.05	调相运行继电器

3. 调相压水系统控制程序

根据以上要求，编写机组调相压水系统的自动控制程序，如图 14-16 所示。

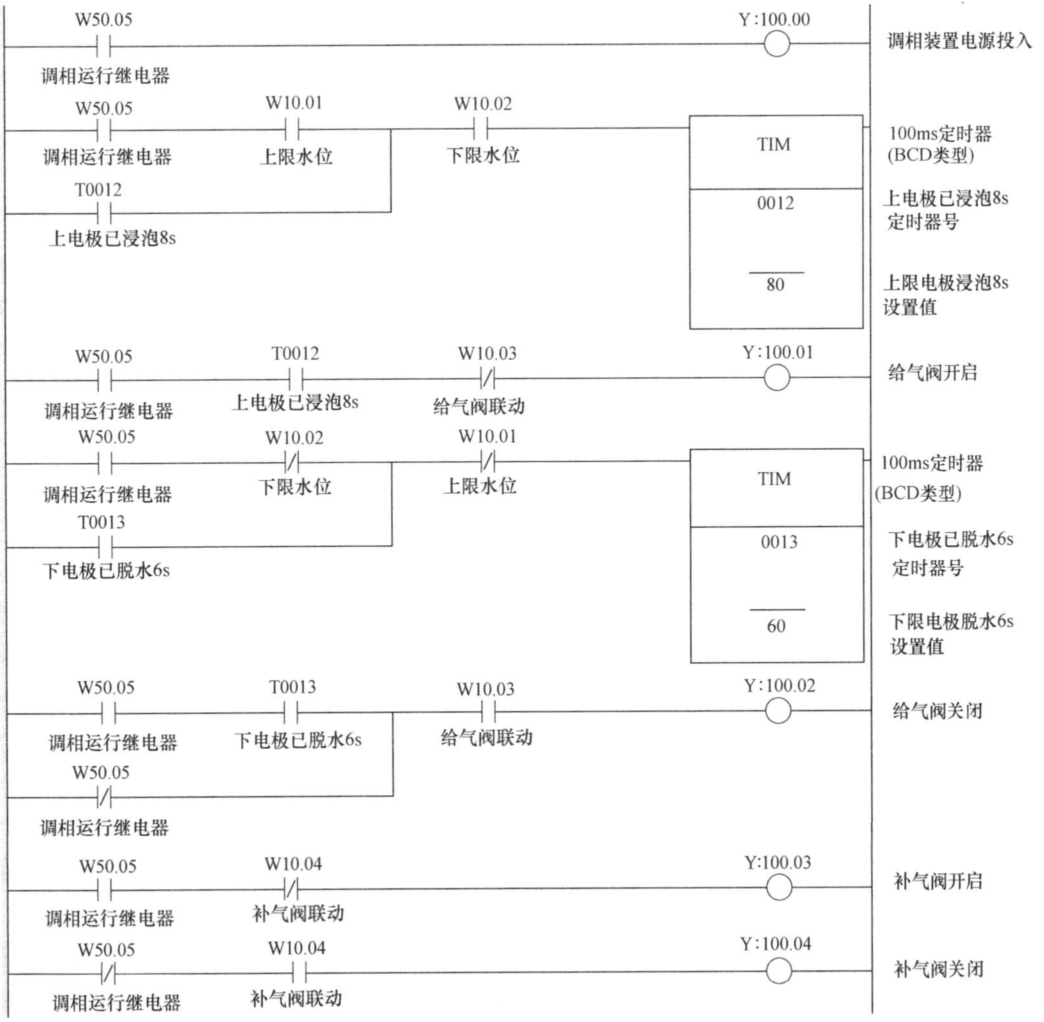

图 14-16　调相压水系统的 CP1H 控制程序

4. 程序简短说明

机组进入调相运行时 W50.05 置位，通过 Y：100.00 使调相装置电源投入。初始时转轮室充满水（反空蚀而采用负吸出高），水位高于上限值，W10.01 置位并启动时间继电器 TIM12，延时 8s（确定不是瞬时情况）后 T0012 置位并自保持到下限水位 W10.02 动合触点断开，加上调相给气阀联动 W10.03 动断触点闭合，使 Y：100.01 置位，开启调相给气阀，向转轮室送入压缩空气，将水位压下。当水位降至下限水位以下时，W10.02 动断触点闭合以启动时间继电器 TIM13，延时 6s（亦确定不是瞬间情况）后 T0013 置位，加上调相给气阀联动 W10.03 动合触点在阀开时已闭合，故使得 Y：100.02 置位，关闭调相给气阀，停止给气。

同时机组转入调相运行后，W50.05 置位加上调相补气阀联动 W10.04 动断触点闭合，使 Y：100.03 置位而开启调相补气阀，只要机组处于调相状态，补气阀就一直打开。如果补气阀气量不够，则经过相当长的一段时间后，转轮室水位又上升至上限水位，W10.01 置位、T0012 置位，从而使 Y：100.00 置位，再次打开调相给气阀，将水位重新压下。

直到机组停止调相运行，W50.05 动断触点接通，Y：100.04 置位而关闭调相补气阀，此时 Y：100.02 也置位而关闭调相给气阀。

最后，各水电站应根据自身具体情况再做补充和调试修改。

14.6 CP1H 治理甩负荷抬机并与控制调相压水综合化

由于甩负荷抬机十分危险，因此必须根治。洞悉并揭示甩负荷抬机的深层机理，在快速关闭导叶的同时，把国家原水利电力部时代的重要经验“延时继电器启动补气”改进完善为“不延时向转轮室补入足量压缩空气”，示例设计欧姆龙 CP1H 控制程序，消除尾水管水击，同时也缓解引水管水击，以达到治理抬机的目的。

14.6.1 甩负荷抬机的深层机理

1. 甩负荷抬机的危险案例

（1）湖南省的几个事故　湖南省 1965 年 8 月水府庙 4#机、1985 年 10 大石 2#机、1987 年 9 月马颈坳某机都因抬机而砸断主轴卡环凹处，转子跌落于制动闸上；1988 年 3 月红岩 4#机因抬机将主轴卡环凹处砸断一边，转子上冷却用的风扇页擦刮掉定子绕组绝缘层，导致内部短路而起火。

（2）世界历史上的甩负荷抬机惨案　俄罗斯萨彦 · 舒申斯克水电站是苏联国家建设的骄傲，2009 年 8 月 17 日 2#机负荷 6：45 从 250MW 急加至 640MW，7：15 垂减至 170MW，之后渐加至 250MW，7：45 急加至 640MW，8：13 再次急减，导致 7.5m 内径、450m 长的引水管发生直接水击，并与尾水管水击在转轮室正向叠加，加上高水头、顶盖螺栓疲劳等因素，将总重约 2000 吨的转子、转轮、主轴、上机架及水机顶盖向上弹射，导致屋顶坍塌、水淹厂房、机毁人亡，全厂负荷猝然从 4100MW 归零，成为世界水力发电史上十分严重的甩负荷抬机事故，催生了“甩负荷毁机”和“甩负荷毁厂”两个新的电力名词。

2. 深层机理

（1）两管水击联合起抬　水电机组事故或调度甩负荷后，为防飞逸，常快速关闭导叶，引起引水管和尾水管都发生水击。若$\frac{L_{引水管}}{C_{引水管}}=3N\times\frac{L_{尾水管}}{C_{尾水管}}$，则引水管水击第一阶段正波和尾水管水击第 $3N$ 阶段正波在转轮室叠加而合抬。特别是 $N=1$ 时形成一种最不利的情况，$\Delta P=\rho(C_{引}+C_{尾})V_0$，如图 14-17 所示。

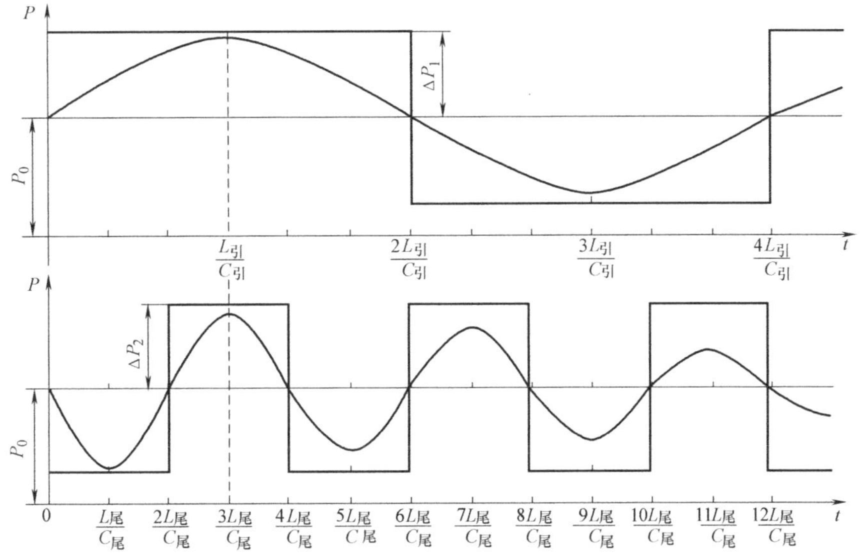

图 14-17　引水管水击第一阶段正波和尾水管水击第三阶段正波在转轮室相遇

当水击力与反向水推力之和大于机组转动体重量，即 $P_0+\Delta P_1+\Delta P_2-H_S\rho\geqslant K_Z$ 时发生抬机。式中，H_S 为吸出高；K_Z 为转动体在转轮室单位截面积上的重量，或称为转动体相对重量，见参考文献［17］。

（2）下落碰撞力及其自重倍数　抬机高度 $h(m)$ 时，镜板碰撞推力瓦速度为 $V=\sqrt{2gh}$。因 $F\Delta t=mv$（F 为碰撞力，Δt 为碰撞时间/很小，m 为转体质量），可见 $F=\frac{mv}{\Delta t}$很大，令 $\alpha=\frac{F}{Mg}=\frac{v}{g\Delta t}=\sqrt{\frac{2h}{g}}\cdot\frac{1}{\Delta t}$，称为碰撞力自重倍数。冲击应力应变及材料疲劳问题使材料强度再大也难以承受，卡环凹处易损坏，强度大的材料承受的碰撞次数更多，见表 14-7。

表 14-7　转动体抬起 h=0.05m 时的碰撞力 F(N) 与 α 值

水电站名	东 江(m=532000kg)		葛洲坝小机(m=1266000kg)	
K_Z 值 kg/cm²	K_Z=4.03kg/cm²;不易抬机		K_Z=1.55 kg/cm²;易抬机	
Δt=0.01s	F=52668000 N	α=10.1015	F=125334000 N	α=10.1015
Δt=0.02s	F=26334000 N	α=5.0508	F=62667000 N	α=5.0508
Δt=0.03s	F=17556000 N	α=3.3672	F=41778000 N	α=3.3672
Δt=0.04s	F=13167000 N	α=2.5254	F=31333500 N	α=2.5254

（续）

水电站名	东 江（$m=532000$kg）		葛洲坝小机（$m=1266000$kg）	
K_Z 值 kg/cm^2	$K_Z=4.03$kg/cm^2；不易抬机		$K_Z=1.55$ kg/cm^2；易抬机	
$\Delta t=0.05$s	$F=10533600$ N	$\alpha=2.0203$	$F=25066800$ N	$\alpha=2.0203$
$\Delta t=0.06$s	$F=8778000$ N	$\alpha=1.6836$	$F=20889000$ N	$\alpha=1.6836$
$\Delta t=0.07$s	$F=7524000$ N	$\alpha=1.4431$	$F=17904857$ N	$\alpha=1.4431$
$\Delta t=0.08$s	$F=6583500$ N	$\alpha=1.2627$	$F=15666750$ N	$\alpha=1.2627$
$\Delta t=0.09$s	$F=5852000$ N	$\alpha=1.1224$	$F=13926000$ N	$\alpha=1.1224$
$\Delta t=0.10$s	$F=5266800$ N	$\alpha=1.0102$	$F=12533400$ N	$\alpha=1.0102$
$\Delta t=0.11$s	$F=4788000$ N	$\alpha=0.9183$	$F=11394000$ N	$\alpha=0.9183$
$\Delta t=0.12$s	$F=4389000$ N	$\alpha=0.8418$	$F=10444500$ N	$\alpha=0.8418$
$\Delta t=0.13$s	$F=4051385$ N	$\alpha=0.7770$	$F=9641077$ N	$\alpha=0.7770$
$\Delta t=0.14$s	$F=3762000$ N	$\alpha=0.7215$	$F=8952429$ N	$\alpha=0.7215$
$\Delta t=0.15$s	$F=3511200$ N	$\alpha=0.6734$	$F=8355600$ N	$\alpha=0.6734$
水电站名	葛洲坝大机（$m=1494000$kg）		三峡（$m=2500000$kg）	
K_Z 值 kg/cm^2	$K_Z=1.49$kg/cm^2；易抬机		$K_Z=3.28$kg/cm^2；不易抬机	
$\Delta t=0.01$s	$F=147906000$ N	$\alpha=10.1015$	$F=247500000$ N	$\alpha=10.1015$
$\Delta t=0.02$s	$F=73953000$ N	$\alpha=5.0508$	$F=123750000$ N	$\alpha=5.0508$
$\Delta t=0.03$s	$F=49302000$ N	$\alpha=3.3672$	$F=82500000$ N	$\alpha=3.3672$
$\Delta t=0.04$s	$F=36976500$ N	$\alpha=2.5254$	$F=61875000$ N	$\alpha=2.5254$
$\Delta t=0.05$s	$F=29581200$ N	$\alpha=2.0203$	$F=49500000$ N	$\alpha=2.0203$
$\Delta t=0.06$s	$F=24651000$ N	$\alpha=1.6836$	$F=41250000$ N	$\alpha=1.6836$
$\Delta t=0.07$s	$F=21129429$ N	$\alpha=1.4431$	$F=35357143$ N	$\alpha=1.4431$
$\Delta t=0.08$s	$F=18488250$ N	$\alpha=1.2627$	$F=30937500$ N	$\alpha=1.2627$
$\Delta t=0.09$s	$F=16434000$ N	$\alpha=1.1224$	$F=27500000$ N	$\alpha=1.1224$
$\Delta t=0.10$s	$F=14790600$ N	$\alpha=1.0102$	$F=24750000$ N	$\alpha=1.0102$
$\Delta t=0.11$s	$F=13446000$ N	$\alpha=0.9183$	$F=22500000$ N	$\alpha=0.9183$
$\Delta t=0.12$s	$F=12325500$ N	$\alpha=0.8418$	$F=20625000$ N	$\alpha=0.8418$
$\Delta t=0.13$s	$F=11377385$ N	$\alpha=0.7770$	$F=19038462$ N	$\alpha=0.7770$
$\Delta t=0.14$s	$F=10564714$ N	$\alpha=0.7215$	$F=17678571$ N	$\alpha=0.7215$
$\Delta t=0.15$s	$F=9860400$ N	$\alpha=0.6734$	$F=16500000$ N	$\alpha=0.6734$

碰撞力自重倍数 α 与抬机高度 h 和碰撞时间 Δt 有关，而与转动体质量 m 无关，如图 14-18 所示。说明无论机组大小，都必须重视治理甩负荷抬机。若采用金属弹性聚四氟乙烯塑料瓦（塑料王），则将使碰撞 Δt 增长，从而减小 α 值。

3. 抬机的治愈思路

（1）国家水电部时代凝结的治抬经验　我国传统治抬措施有：①强迫式真空破坏阀的

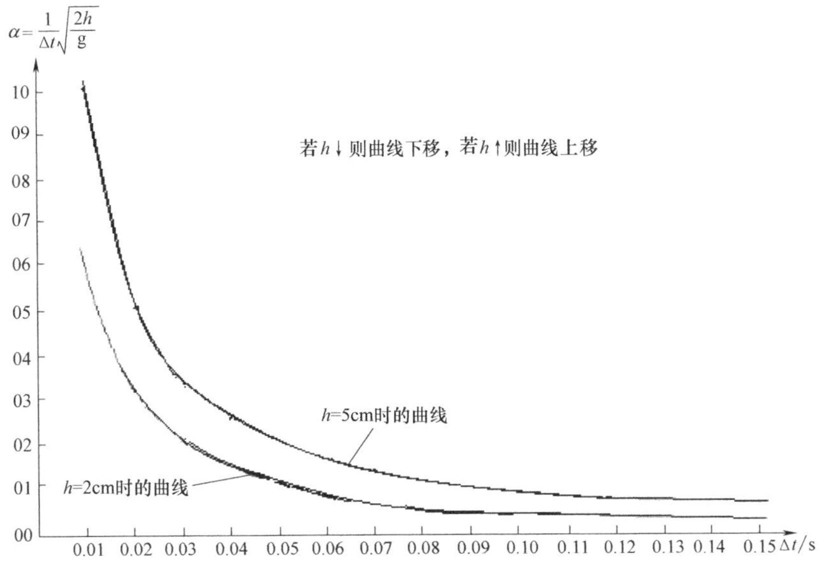

图 14-18　自重倍数 α 与碰撞时间 Δt 的关系曲线

进气位置在转轮室四周压力较高区，动作后进气量很小；②自吸式真空破坏阀动作时已形成大真空度，加之水击波在 $t=(2\times25\sim2\times50)/1000=0.05\sim0.1$s 后返回，入气位置虽佳但仍进气极少；③两段关闭导水叶法只能略微减轻不能消除转轮室-尾水管段水击，对解决小 K_Z 值的机组抬机几乎无效，例如葛洲坝大江电厂 14#机在 1987 年 7 月 4 日甩负荷抬机 25mm；④长湖水电站等采用延时继电器启动向转轮室补气。

这些措施共同构成了国家原水利电力部时代的宝贵的“补气”经验，可惜都是“延时”的，都只重视了以牛顿惯性学说解释的反向水推力以及所谓的“水泵升力”，而忽视了转轮室-尾水管段也会产生水击波。

（2）原理性变革的治抬思路　既然传统的防抬机措施存在原理性缺陷，就应转变思路，以甩负荷后转轮室不发生两管水击为目标。

故在机组甩负荷后为防转速飞逸要求导水叶快速关闭造成转轮室过水流量急剧下降时，为使转轮室-尾水管段不发生水击，应不延时向转轮室中心区域（压力较低区）补入不小于过水流量减小值的压缩空气量，以维持转轮室压强不小于甩负荷前的压强值。

这样，利用 PLC 控制技术是可行的。当然，要想时刻维持转轮室压强与甩前稳定流状态下压强一致，还可以通过 PID 运算实现。

14.6.2　CP1H 治理水轮机组甩负荷抬机的系统设计

1. 硬件系统

1）为监测监控转轮室压强，在顶盖过流面直径为 $(D_1+D_z)/2$ 的分布圆周上（D_1 为转轮标称直径；D_z 为主轴直径）沿+X，+Y，-X，-Y 方向分别布置 1~4 号四只压力传感器。

2）为向转轮室补入适量气体，在压缩空气通向顶盖的供气支管（支管又开四叉，可与调相压水结合）上串联一只电动调节阀控制进气量。

3）设置 CP1H 型 PLC，网络类型为 Toolbus，内建 AD/DA：模拟量方式为 1200，勾选

AD 0~3CH、使用平均值、范围-10~10V，勾选 DA 0CH、范围-10~10V。

4）首先给出输入、输出信号内存变量地址分配见表 14-8 所示。

表 14-8　输入、输出信号内存变量地址分配表

序号	内存地址	说　明	序号	内存地址	说　明
01	Y：100.00	电动调节阀电源投入	13	W502、W506	接收 AD 2CH 数字值
02	Y：100.01	电动调节阀立即全开	14	W503、W507	接收 AD 3CH 数字值
03	Y：100.02	电动调节阀关闭	15	W508	转轮室测定压力
04	W11.00	机组甩负荷标志	16	W400	把甩负荷瞬间的转轮室压力作为设定值
05	W11.01	导叶开度位置空载以上			
06	W11.03	DL 辅助触点引出	17	W450	PID 输出
07	W11.05	导叶开度位置全关	18	TMHH7	1ms 计时器
08	W13.00	模拟 SM0.1	19	AD 0CH	1 号压力传感器信号量
09	W50.00	机组事故停机继电器	20	AD 1CH	2 号压力传感器信号量
10	W50.06	机组停机继电器	21	AD 2CH	3 号压力传感器信号量
11	W500、W504	接收 AD 0CH 数字值	22	AD 3CH	4 号压力传感器信号量
12	W501、W505	接收 AD 1CH 数字值	23	DA 0CH	电动调节阀 PID 调节

2. 控制程序

根据以上分析与要求编写控制程序，如图 14-19 所示。

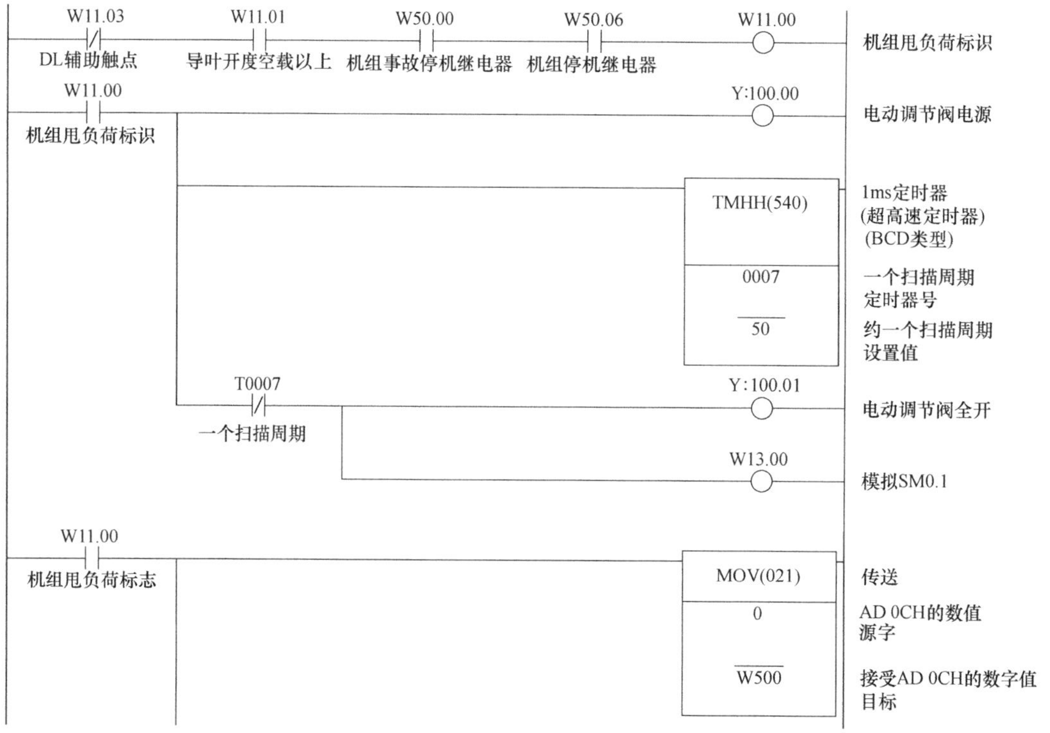

图 14-19　CP1H 治理甩负荷抬机的程序设计

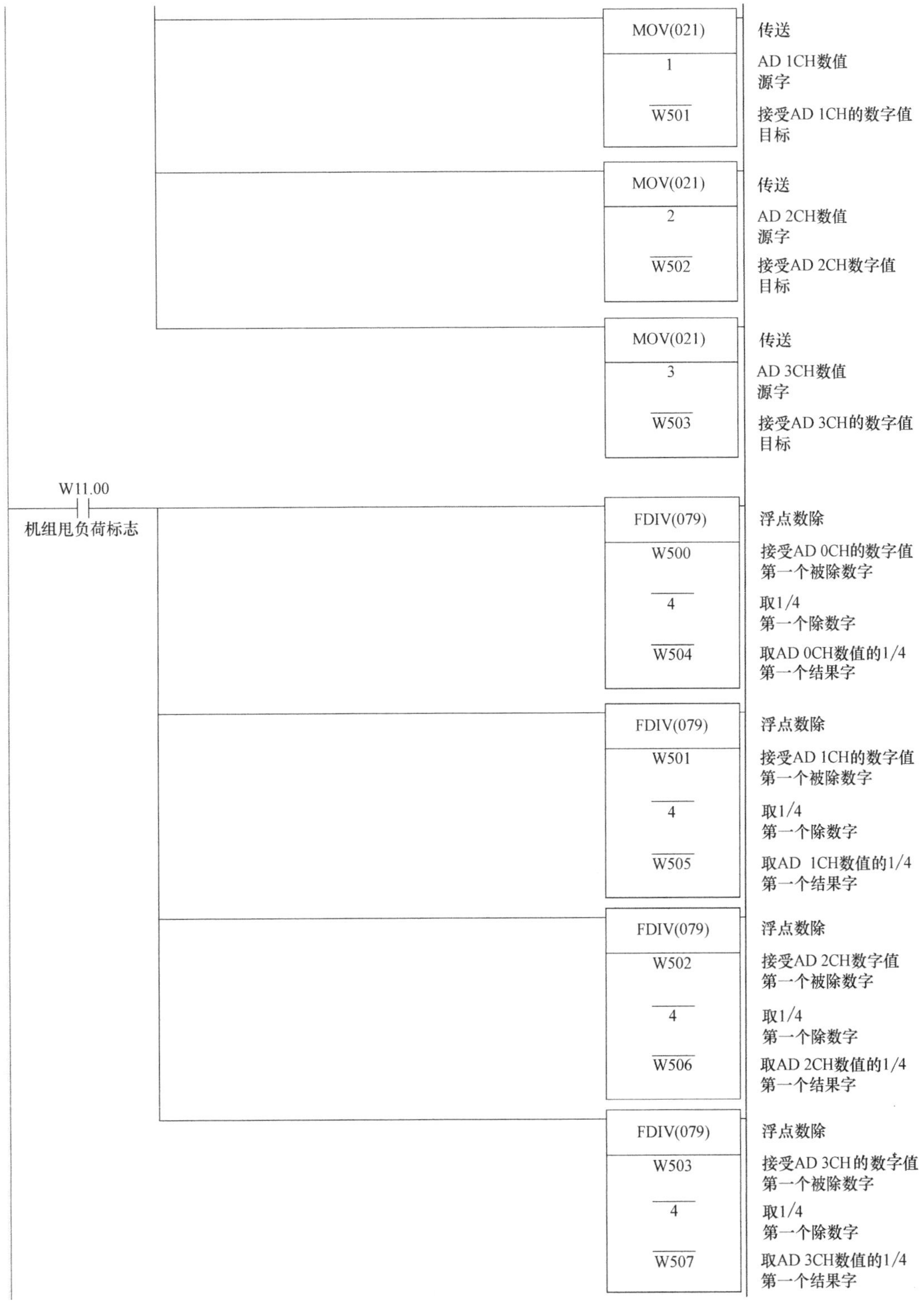

图 14-19　CP1H 治理甩负荷抬机的程序设计（续）

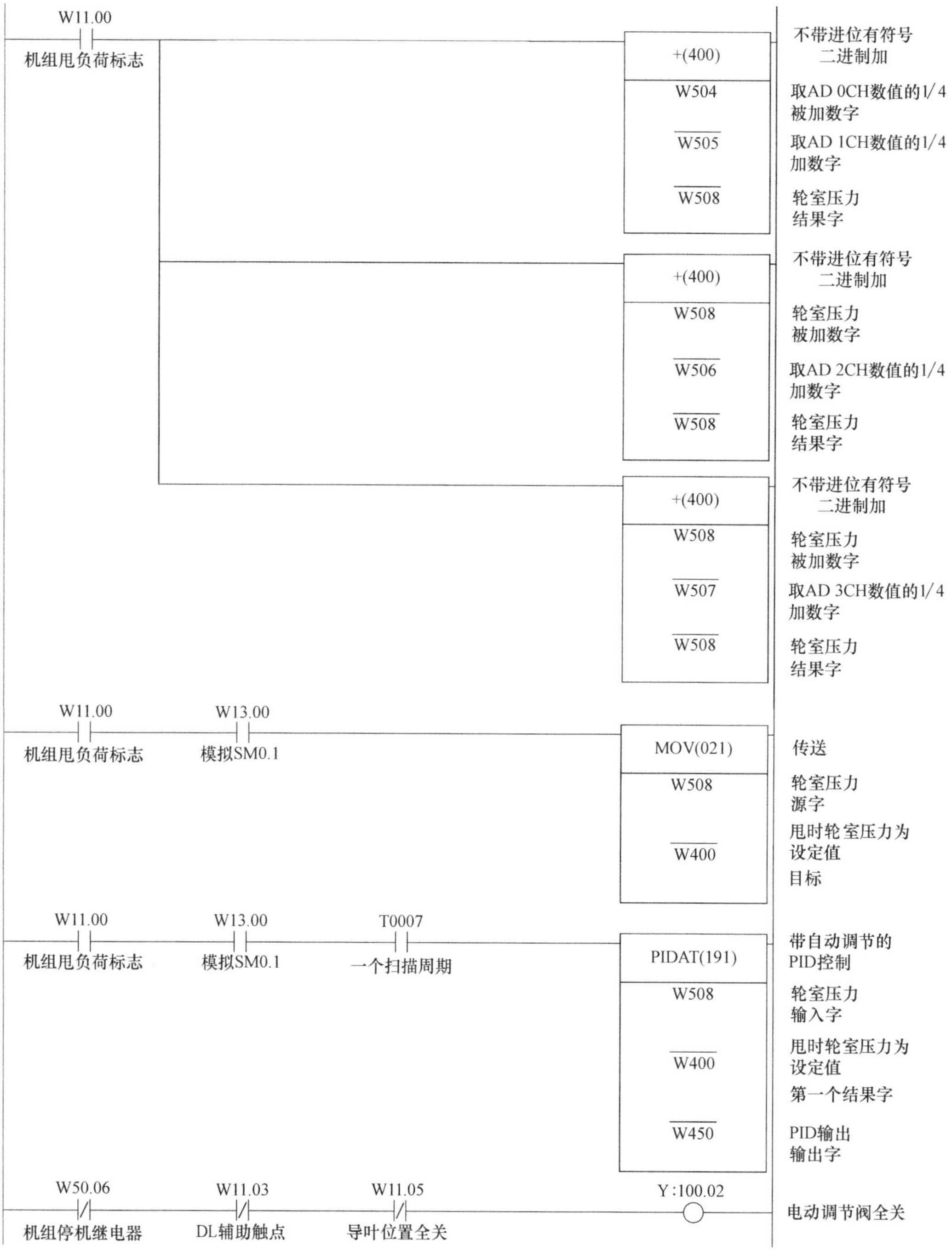

图 14-19　CP1H 治理甩负荷抬机的程序设计（续）

3. 程序简要说明

当机组甩负荷后，出口断路器是跳开的，其辅助动断触点 W11.03 闭合，导叶开度位置仍在空载以上，动合触点 W11.01 闭合，此时机组事故停机继电器 W50.00 以及机组停机继电器 W50.06 均起动，使其动合触点都闭合，因此机组甩负荷标识 W11.00 置位。甩负荷标识 W11.00 置位后，Y：100.00 置 1，使电动调节阀电源立即投入，甩负荷后第一次扫描程序时 Y：100.01 置 1，作用于电动调节阀全开度打开。

把 AD 0~3CH 从顶盖下方采集到的压力数字值传送到 W500~W503，各取 1/4 储存在 W504~W507，再相加得到转轮室实测平均压力，储存在 W508，作为 PID 控制的输入值。而甩负荷后第一个扫描周期把 W508 中储存的甩负荷瞬间的转轮室压力送入 W400 中储存起来，作为这次 PID 控制的设定值，PID 输出设置为 W450。当机组停机时继电器复归（W50.06 动断闭合）、导叶位置全关（W11.05 动断闭合），Y：100.02 置位使电动调节阀全关。

14.6.3　治理甩负荷抬机与控制调相压水综合化

1. 治理甩负荷抬机与控制调相压水整合的自动化要求

在 14.5.3 节里介绍过调相压水系统的控制要求，这里不再赘述。治理甩负荷抬机的关键是不延时补入足量气体，因整个过程仅以秒计，且多补无妨，故简易的方案是：甩负荷发生后立即开启供气阀门，机组停止后关闭供阀门。

治理甩负荷抬机与控制调相压水综合化是考虑把调相压水时的主供气阀和辅助供气阀联合起来作为治理甩负荷抬机的供气阀门。

2. 治理甩负荷抬机与控制调相压水整合的程序设计

为优化程序结构，减小扫描周期，采用主程序、子程序的结构形式，根据以上分析与要求编写控制程序。

（1）总体思路　分块结构中，设子程序 0 控制机组调相压水系统，子程序 1 控制机组甩负荷时立即不延时向转轮室补入足量气体，主程序分别调用子程序块，对两个不同时事件分别控制，简易方案时省略 PID 控制的中断程序。

（2）主程序具体控制流程　水轮发电机组运行过程中，本系统主程序不断查询两个子程序的启动条件，并决定是否调用甩负荷抬机子程序或调相压水子程序治理。

（3）综合体输入/输出信号内存变量地址分配　综合体输入/输出信号内存变量地址分配见表 14-9。

表 14-9　综合体输入/输出信号内存变量地址分配表

序号	内存地址	说　明	序号	内存地址	说　明
01	Y：100.00	调相压水 DSX 电源	09	W10.04	辅助供气阀联动触点
02	Y：100.01	主供气阀开启	10	W11.00	机组甩负荷标示
03	Y：100.02	主供气阀关闭	11	W11.01	导叶开度位置空载以上
04	Y：100.03	辅助供气阀开启	12	W11.03	DL 状态指示
05	Y：100.04	辅助供气阀关闭	13	W11.05	导叶开度位置全关
06	W10.01	压水时转轮室上限水位	14	W50.00	机组事故停机继电器
07	W10.02	压水时转轮室下限水位	15	W50.05	调相运行状态继电器
08	W10.03	主供气阀联动触点	16	W50.06	机组停机继电器

（4）控制程序　根据以上要求，编写综合体的控制程序，如图 14-20 所示。

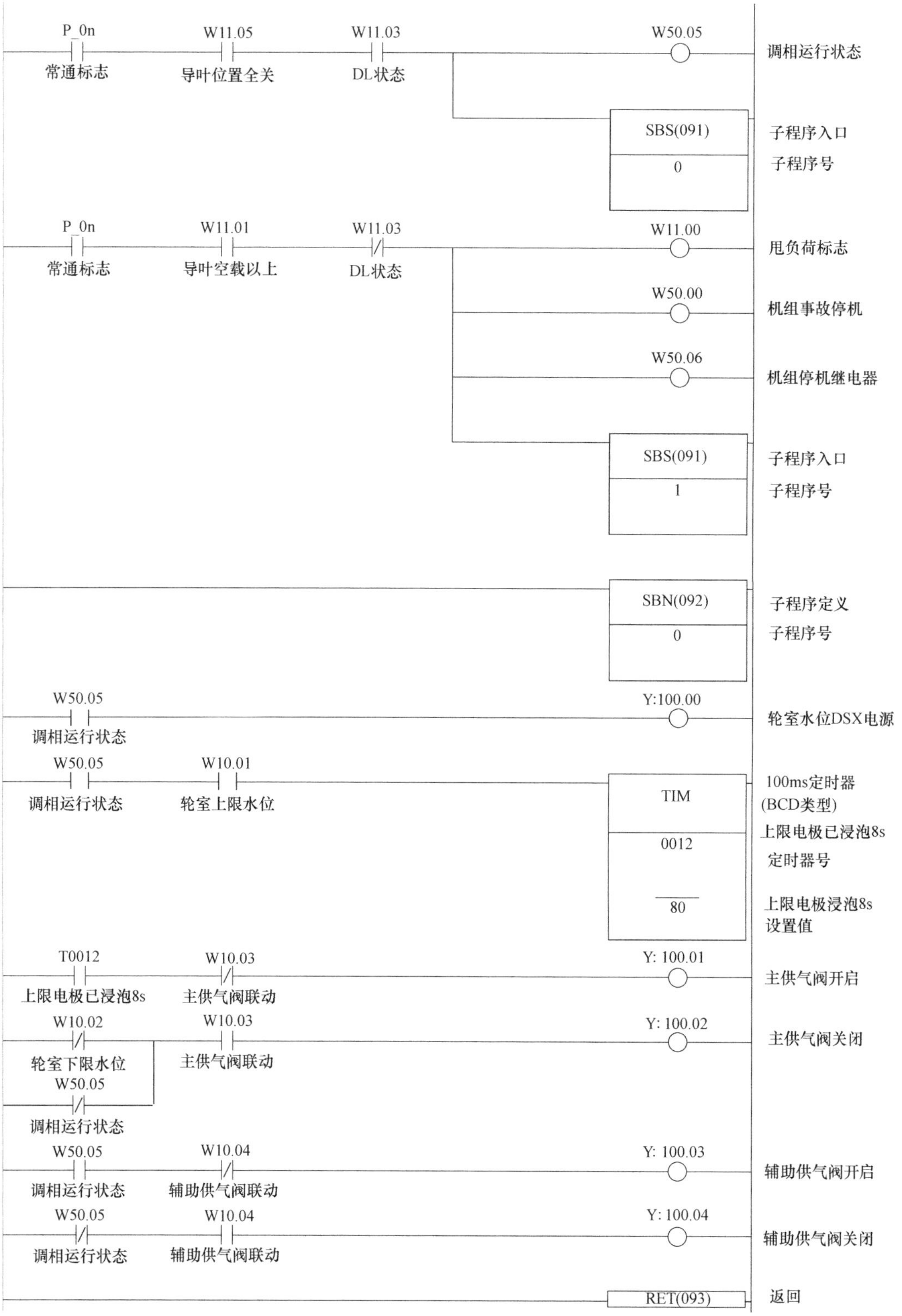

图 14-20 治理甩负荷抬机与控制调相压水综合体的 CP1H 控制程序设计

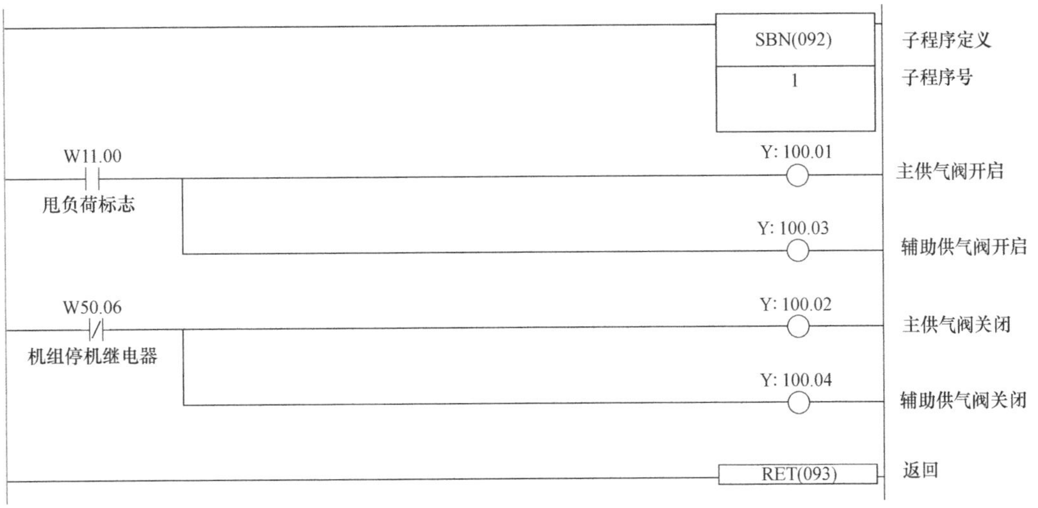

图 14-20　治理甩负荷抬机与控制调相压水综合体的 CP1H 控制程序设计（续）

3. 程序简要说明

若导叶开度全关而断路器闭合，则进入调相状态，这时调用子程序 0，先通过 Y：100.00 置位给转轮室电极式水位信号器（DSX）加上电源，上限电极在水中浸泡 8s 后 Y：100.01 置位使主供气阀开启，转轮室水位压至下限时 Y：100.02 置位使主供气阀关闭，以后重复；整个调相过程中 Y：100.03 置位，辅助供气阀一直开启，调相结束后 Y：100.02 和 Y：100.04 均置位，主供气阀、辅助供气阀关闭。

若导叶开度空载以上而断路器跳开，则为甩负荷发生，这时调用子程序 1，立即对 Y：100.01 和 Y：100.03 置位，打开主供气阀和辅助供气阀向转轮室补气，当机组停机复归以后使 Y：100.02 和 Y：100.04 置位，主供气阀、辅助供气阀关闭。

4. 治理甩负荷抬机与控制调相压水综合体的数理分析

综合体单元可以看作是一个信息处理单元，剖解为输入、处理、输出三块区域。输入如同神经元树突接收来自其他神经元的信号；输出好比由轴突送往其他神经元的信号。信号可以是连续量或离散量，可以是确定量、随机量或模糊量。在神经网络拓扑结构中，把与输入列（输入端）连接的元叫作第一层，显然治理甩负荷抬机与控制调相压水合成的整体神经元在分层分布式计算机监控系统中属于第一层。

（1）调相压水时　此时转轮室水位 b 为输入，而主供气阀、辅助供气阀开度 r_1、r_2 为输出，它们之间的关系如图 14-21 所示。

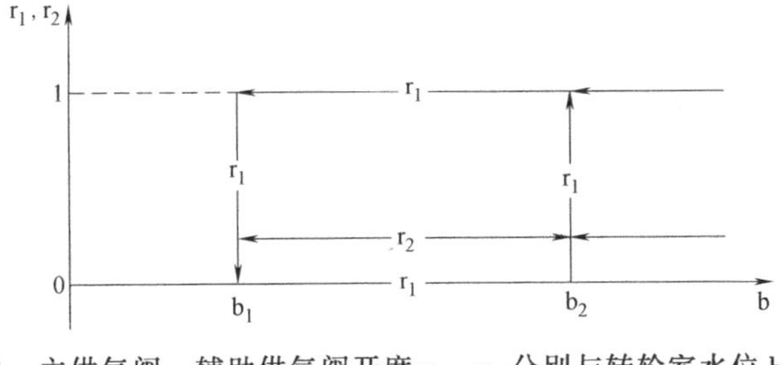

图 14-21　主供气阀、辅助供气阀开度 r_1、r_2 分别与转轮室水位 b 的关系

用 a 来表示主供气阀与辅助供气阀开度当量的比值，则

$r_1=1$（when　$b\geqslant b_2\cup b_2\to b_1$）& 0（when $b=b_1\cup b_1\to b_2$）

$r_2\equiv 1/a$

（2）治理甩负荷抬机　此时进程中转轮室实时压强即过程变量 PV 是输入，甩负荷发生瞬间转轮室压强为给定值 SP，偏差 $e=SP-PV$，PID 控制器管理输出数值，以便使 e 为零，PID 运算输出 $r(t)$ 是时间的函数，当前活化值不仅与当前整合输入有关，还与以前时刻活化态有关。

$$r(t)=K_{\mathrm{p}}e+K_{\mathrm{i}}\int_0^t e\mathrm{d}t+K_{\mathrm{d}}\frac{\mathrm{d}e}{\mathrm{d}t}+r_{\mathrm{initial}}$$

式中，K_{p}，K_{i}，K_{d} 分别为比例、积分、微分系数；r_{initial} 为输出初始值，这里可设定为 1。

其离散化 PID 运算模式为

$$r_n=K_{\mathrm{p}}e_n+K_{\mathrm{i}}\sum e_1+K_{\mathrm{d}}(e_n-e_{n-1})+r_{\mathrm{initial}}$$

式中，r_n 为采样时刻 n 的 PID 运算输出值；e_n，e_{n-1}，e_1 分别为采样时刻 n，$n-1$，1 的实际值与给定值的偏差。

比例项是当前采样的函数，积分项是从第一采样至当前采样的函数，微分项是当前采样及前一采样的函数，CPU 处理时储存前一次偏差及前一次积分项，上式简化为

$$r_{\mathrm{n}}=K_{\mathrm{p}}e_n+(K_{\mathrm{i}}e_n+r_{\mathrm{X}})+K_{\mathrm{d}}(e_n-e_{n-1})$$

即输出为比例项、积分项、微分项之和，K_{p}，K_{i}，K_{d} 可自整定，r_{X} 为积分项前值。

综上所述，治理甩负荷抬机是十分必要的，可与调相压水的自动化联合兼顾，确定 CP1H 控制系统的 I/O 点数与硬件配置后，进而编制控制程序，以预防因抬机导致的惨案重演，协同加强智能电网。

14.7　CP1H 控制水轮发电机组的设计

水轮发电机组的自动化，包括发电、调相、停机三态互换共六种流程操作以及事故保护和故障信号的自动化。任务是借助传感器、执行器、控制装置或可编程序控制器组成一个不间断进行的程序操作，取代水电生产过程中各种手工或传统自动化操作，从而实现生产流程的新型自动化，是实现水力发电综合自动化、智能化的基石。

三态互换的控制装置最初由电磁型继电器构成，之后出现由弱电无触点晶体管器件构成的顺控装置（如 1983 年丹江口的弱电控制），它们均属常规（传统）控制。现代水力发电工厂的安全监控对机组自动化提出了更高要求，将计算机或以计算机为基础的 PLC 或工控机用于水电监控系统，实现机组的顺序操作，这一举措技术先进、性能可靠、功能强大、实时性高。

14.7.1　水轮发电机组自动操作输入/输出配置

采用计算机或 PLC 实现机组的顺序操作，是通过外围设备的开关量输入、模拟量输入和温度 RTD 输入模块采集所有与机组顺序操作相关的各种信息，由计算机或 PLC 的 CPU 进行计算、分析和逻辑判断，将处理结果转换成继电器通断一样的开关量输出信号，再去控制机组及其辅助系统、调速系统、励磁系统、同期装置和保护系统等设备。

下面从历史经验沉淀出的机组自动化信号元件（传感器）配置示出较典型的立式混流式机组（如五强溪、江垭、沙田等水电站）单台顺序操作的I/O触点统计，见表14-10~表14-13。发电机为空气冷却，推力、上导、下导、水导为稀油润滑，停机时采用电气制动和机械制动互相配合，设事故配压阀作为调速器的失灵保护，考虑发电、调相和停机等三种状态。

（1）混流式机组顺序操作I/O触点配置之开关量输入信号

表14-10　混流式机组顺序操作I/O触点配置之开关量输入信号

序号	名称	点数		
		大型机组（≥50MW）	中型机组（5~50MW）	小型机组（≤5MW）
01	进水口闸门全开位置	1	1	1
02	接力器锁定拔出位置	1	1	1
03	接力器锁定投入位置	1	1	1
04	制动闸块撤除位置	1	1	1
05	制动闸块顶起位置	1	1	1
06	制动闸无压力	1	1	1
07	密封围带有压力	1	1	1
08	上导轴承冷却水中断	1	1	1
09	下导轴承冷却水中断	1	1	1
10	水导轴承冷却水中断	1	1	1
11	空气冷却器冷却水中断	1	1	1
12	上导轴承油位异常	1	1	1
13	下导轴承油位异常	1	0	0
14	水导轴承油位异常	1	1	1
15	机组电气事故(如差动保护)	1	1	1
16	机组调速器事故	1	1	1
17	推力轴承温度过高	2	2	2
18	上导轴承温度过高	1	1	1
19	下导轴承温度过高	4	2	2
20	空气冷却器轴承温度过高	1	1	1
21	导水叶全开位置	1	1	1
22	导水叶全关位置	1	1	1
23	导水叶空载位置	1	1	1
24	事故停机中剪断销被剪	1	1	1
25	出口断路器合闸位置	1	1	1
26	出口断路器跳闸位置	1	1	1
27	1号高压油泵运行	1	1	1
28	2号高压油泵运行	1	1	1

（续）

序号	名称	点数		
		大型机组（≥50MW）	中型机组（5~50MW）	小型机组（≤5MW）
29	1号高压油泵故障	1	1	1
30	2号高压油泵故障	1	1	1
31	转速<5%额定转速	1	1	1
32	转速<15%额定转速	1	1	1
33	转速<30%额定转速	1	1	1
34	转速<60%额定转速	1	1	1
35	转速>80%额定转速	1	1	1
36	转速>95%额定转速	1	1	1
37	转速>110%额定转速	1	1	1
38	转速>140%额定转速	1	1	1
39	调相压水时上限水位	1	1	1
40	调相压水时下限水位	1	1	1
41	顶盖排水上限水位	1	1	1
42	顶盖排水下限水位	1	1	1
大、中、小型机组开入点数小计		46	43	43

（2）混流式机组顺序操作I/O触点配置之开关量输出信号

表14-11　混流式机组顺序操作I/O触点配置之开关量输出信号

序号	名称	点数		
		大型机组（≥50MW）	中型机组（5~50MW）	小型机组（≤5MW）
01	开机时调速器的投入	1	1	1
02	机组起动后同期装置投入	1	1	1
03	出口断路器合闸	1	1	1
04	出口断路器跳闸	1	1	1
05	制动电磁阀打开	1	1	1
06	制动电磁阀关闭	1	1	1
07	发电机励磁系统投励	1	1	1
08	冷却水总电磁阀开启	1	1	1
09	冷却水总电磁阀关闭	1	1	1
10	主用密封水电磁阀开启	1	1	1
11	主用密封水电磁阀关闭	1	1	1
12	围带充气电磁阀开启	1	1	1
13	围带充气电磁阀关闭	1	1	1
14	调速器之导水叶锁定投入	1	1	1

（续）

序号	名称	点数		
		大型机组（≥50MW）	中型机组（5~50MW）	小型机组（≤5MW）
15	调速器之导水叶锁定拔出	1	1	1
16	1号高压减载油泵投入	1	1	1
17	2号高压减载油泵投入	1	1	1
18	1号高压减载油泵切除	1	1	1
19	2号高压减载油泵切除	1	1	1
20	紧急停机电磁阀开启	1	1	1
21	紧急停机电磁阀释放	1	1	1
22	调相压水给气阀开启	1	1	1
23	调相压水给气阀关闭	1	1	1
24	调相压水补气阀开启	1	1	1
25	调相压水补气阀关闭	1	1	1
26	机组进入发电状态	1	1	1
27	机组进入调相状态	1	1	1
28	机组处于停机状态	1	1	1
大、中、小型机组开出点数小计		28	28	28

（3）混流式机组顺序操作I/O触点配置之模拟量输入信号

表14-12　混流式机组顺序操作I/O触点配置之模拟量输入信号

序号	名称	点数		
		大型机组（≥50MW）	中型机组（5~50MW）	小型机组（≤5MW）
01	水力发电机组转速	1	1	1
02	发电机定子出口电压	1	1	1
03	水轮机导水叶开度位置	1	1	1
04	发电机输出有功功率	1	1	1
05	发电机输出无功功率	1	1	1
06	发电机定子电流	1	1	0
07	发电机转子电流	1	1	0
08	发电机转子电压	1	1	0
大、中、小型机组模入点数小计		8	8	5

（4）混流式机组顺序操作I/O触点配置之温度输入RTD信号

可见对于大中小型机组的开关量输入（46、43、43）、开关量输出（28、28、28）、模拟量输入（8、8、5）等点数分别非常接近，盖因小机组“麻雀虽小，肝胆俱全”，其控制系统与大机组非常类似，只是执行环节对容量的要求不一样；至于温度输入RTD信号点数（116、45、36）差异较大，是因为尺寸大的机组要求有更多的测温点。

表 14-13 混流式机组顺序操作 I/O 触点配置之温度输入 RTD 信号

序号	名称	点数		
		大型机组（≥50MW）	中型机组（5~50MW）	小型机组（≤5MW）
01	推力轴承之轴瓦温度	18	6	6
02	上导轴承之轴瓦温度	10	2	2
03	下导轴承之轴瓦温度	8	2	2
04	水导轴承之轴瓦温度	8	2	2
05	空气冷却器冷风温度	8	4	4
06	空气冷却器热风温度	16	2	2
07	上导轴承油槽温度	3	1	1
08	下导轴承油槽温度	3	1	1
09	水导轴承油槽温度	3	1	1
10	发电机定子温度	6	6	6
11	定子铁心温度	24	12	6
12	定子绕组温度	9	6	3
大、中、小型机组温度输入点数小计		116	45	36

14.7.2 水轮发电机组顺序操作程序设计的考虑

水轮发电机组自动控制系统的设计与机组本身及调速器的形式，机组润滑、冷却和制动系统，机组同期并列方式和运行方式（是否调相），以及水力机械保护系统的要求等有关。设计前应了解它们对机组控制系统的要求，可能有许多差别，但控制程序大体相同。为保证水轮机组操作的安全性和可用性，在机组顺序操作程序设计中应做如下考虑：

1）当操作人员或计算机发出操作命令后，可自动、迅速、可靠地按预定流程完成三态互换等六项任务，也可在操作人员干预下进行单步操作。

2）停机命令优先于发电和调相命令，并在开机起动、发电状态、调相起动和调相状态等过程中均可执行停机命令。就是说一旦选中停机命令，其他一切控制均被禁止。

3）操作过程中的每一步，均设置启动条件或以上一步成功为条件，仅当启动条件具备后，才解除对下一步操作的闭锁，允许下一步操作；若操作条件未具备，则根据操作要求中断操作过程使程序退出或发出故障信号后继续执行。

4）对每一条操作命令，均检查其执行情况；当某一步操作失败使设备处于不允许的运行状态时，程序设置相应的控制，使设备进入某一稳定的运行状态。

5）当机组或辅助设备（如调速器、油气水系统、自动化传感器等）发生事故、故障或运行状态变化时，应能迅速、准确诊断。不允许继续进行操作时，应自动中断并使程序退出；同时将事故机组从系统解列停机，或用信号系统向运行人员指明故障的性质与部位，指导运行人员做出正确处理。

6）当电力系统功率缺额时，根据频率降低程度，依次自动将运行机组带满负荷，调相机组转为发电运行，事故备用机组投入系统。

7）应能根据自动发电控制（AGC）的指令，改变并列机组间的负荷分配实现经济运行。对于轴流转桨型机组还应能根据上游水位变化改变协连关系，保障高的运行效率。

8）在实现上述基本原则的前提下，机组自动控制系统应力求简单、可靠，信号采集点尽可能少。一个操作结束后应能自动复归，为下次操作做准备；同时还应便于运行人员修正操作中的错误。

14.7.3　机组自动控制程序的拟定

水轮机调速器是机组重要的调节与控制设备，通过它对机组起动、停机进行操作，并对机组转速和出力进行调整。现代调速器种类繁多，但从机组自动控制设计的观点出发，可按开停机过程和调相运行要求的不同，将其归纳成三种：①以开度限制机构控制机组起停和调相运行（如 BDT）；②控制导水叶以实现机组开停操作和调相运行（如 JST-100）；③控制导水叶实现机组开停操作和调相运行，并用开度限制机构防止机组过速（如 T、ST）。

在机组自动控制程序的设计中，应考虑调速器具体形式和技术要求。此外对机组是否需要遥控、集控或选控，是否调相，机组开、停及发电、停机、调相三态互转的细节，全厂操作电源的设置情况，都应做全面的了解。

1. 内存变量地址分配

机组自动控制程序的内存变量地址分配见表 14-14。

表 14-14　机组自动控制程序的内存变量地址分配

序号	内存地址	说明	序号	内存地址	说明
01	X：0.00	41SA 手动开机	24	Y：101.05	调相时辅助供气阀关闭
02	X：0.01	41SA 手动停机	25	Y：101.06	机组事故配压阀开启
03	X：0.02	开度限制手动增加	26	Y：101.07	机组事故配压阀关闭
04	X：0.03	开度限制手动减小	27	W10.07	机组准备起动信号重复
05	X：0.04	ZT 机构手动加载	28	W12.03	DL 合闸位置
06	X：0.05	ZT 机构手动减载	29	W12.04	导叶开度全关
07	X：0.06	机组调相起动按钮	30	W12.05	机组转速 35%额定值
08	X：0.07	同期装置投入	31	W12.07	导叶开度空载稍上
09	X：1.00	DL 联动输入信号	32	W13.00	总冷却水示流信号
10	X：1.01	事故配压阀手动关闭	33	W13.01	开度限制空载稍上
11	Y：100.00	总冷却水电磁阀开启	34	W13.02	开度限制全部打开
12	Y：100.01	总冷却水电磁阀关闭	35	W13.03	开度限制全部关闭
13	Y：100.02	调速器开停机阀开启	36	W13.04	ZT 机构空载稍上
14	Y：100.03	调速器开停机阀关闭	37	W13.05	ZT 机构全部打开
15	Y：100.04	机组制动电磁阀开启	38	W13.06	ZT 机构空载位置
16	Y：100.05	机组制动电磁阀关闭	39	W13.07	导叶开度空载位置
17	Y：100.06	开度限制电动机正转	40	W14.00	导叶开度空载稍下
18	Y：100.07	开度限制电动机反转	41	W14.01	转轮室调相水位上限
19	Y：101.00	ZT 机构电动机正转	42	W14.02	转轮室调相水位下限
20	Y：101.01	ZT 机构电动机反转	43	W14.03	转轮室主供气阀联动
21	Y：101.02	调相时主供气阀开启	44	W14.04	转轮室辅助供气阀联动
22	Y：101.03	调相时主供气阀关闭	45	W14.05	机组转速 110%额定值
23	Y：101.04	调相时辅助供气阀开启	46	W14.06	主配压阀拒动

（续）

序号	内存地址	说明	序号	内存地址	说明
47	W20.01	调速器锁定拔出后闭合	59	W50.02	机组起动继电器
48	W20.02	机组制动闸压力信号	60	W50.03	机组发电状态继电器
49	W20.03	DL 跳闸位置	61	W50.04	机组停机继电器
50	W40.00	总冷却水电磁阀联动	62	W50.05	机组调相起动继电器
51	W40.01	调速器开停机阀联动	63	W50.06	机组调相运行继电器
52	W40.02	机组制动电磁阀联动	64	T0012	水位上限电极浸泡 8s
53	W40.03	系统振荡减载	65	T0013	水位下限电极脱水 2s
54	W40.04	主配压阀动作闭锁	66	T0015	模拟断电延时 1s
55	W40.06	同期装置增速令	67	T0016	机组制动时间监视 90s
56	W40.07	同期装置减速令	68	T0017	开停机过程监视 120s
57	W50.00	机组事故继电器	69	T0018	主配拒动延时 0.9s 引出
58	W50.01	机组准备起动继电器			

2. 控制程序

如图 14-22 所示，采用混流式机组、T-100 型调速器，发电机为“三导”悬式结构并采用空气冷却器，推力轴承为刚性支柱式结构、水导轴承为稀油润滑，设有过速限制器，装有蝴蝶阀（或进水口快速闸门）、可动水关闭（防飞逸的保护），根据以上情况来设计停机转

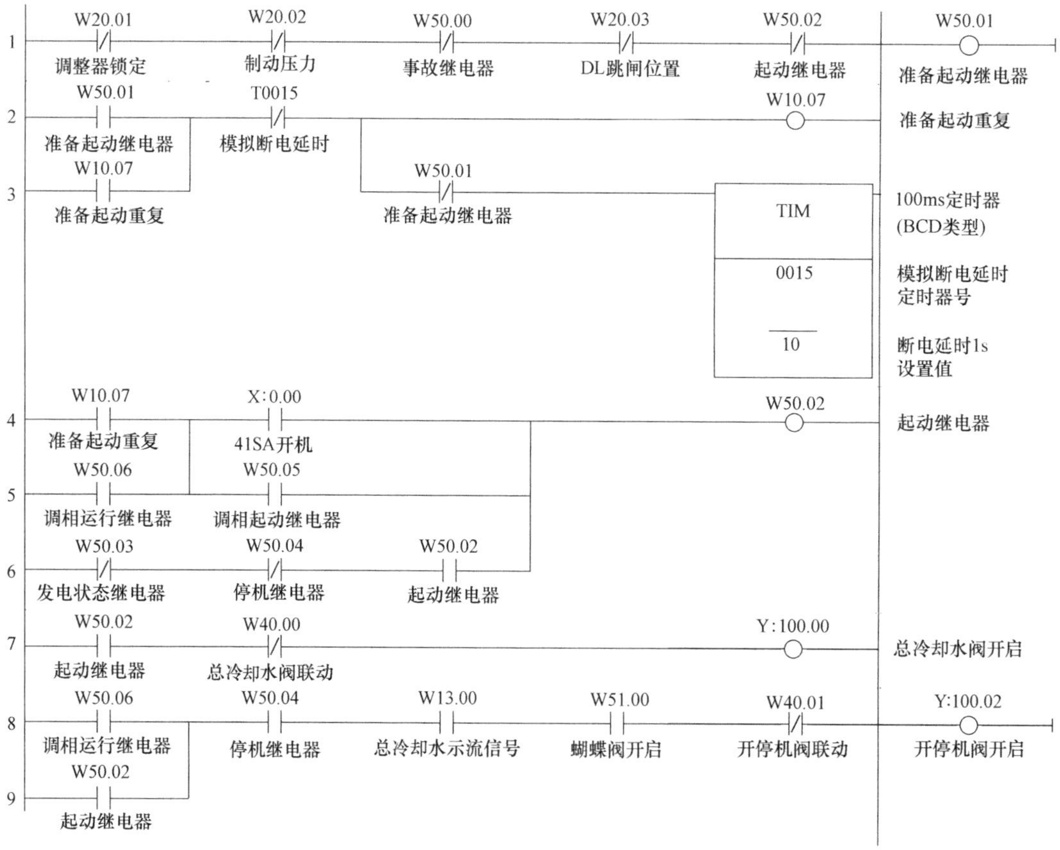

图 14-22 水轮发电机组自动化的 CP1H 控制程序

图 14-22　水轮发电机组自动化的 CP1H 控制程序（续）

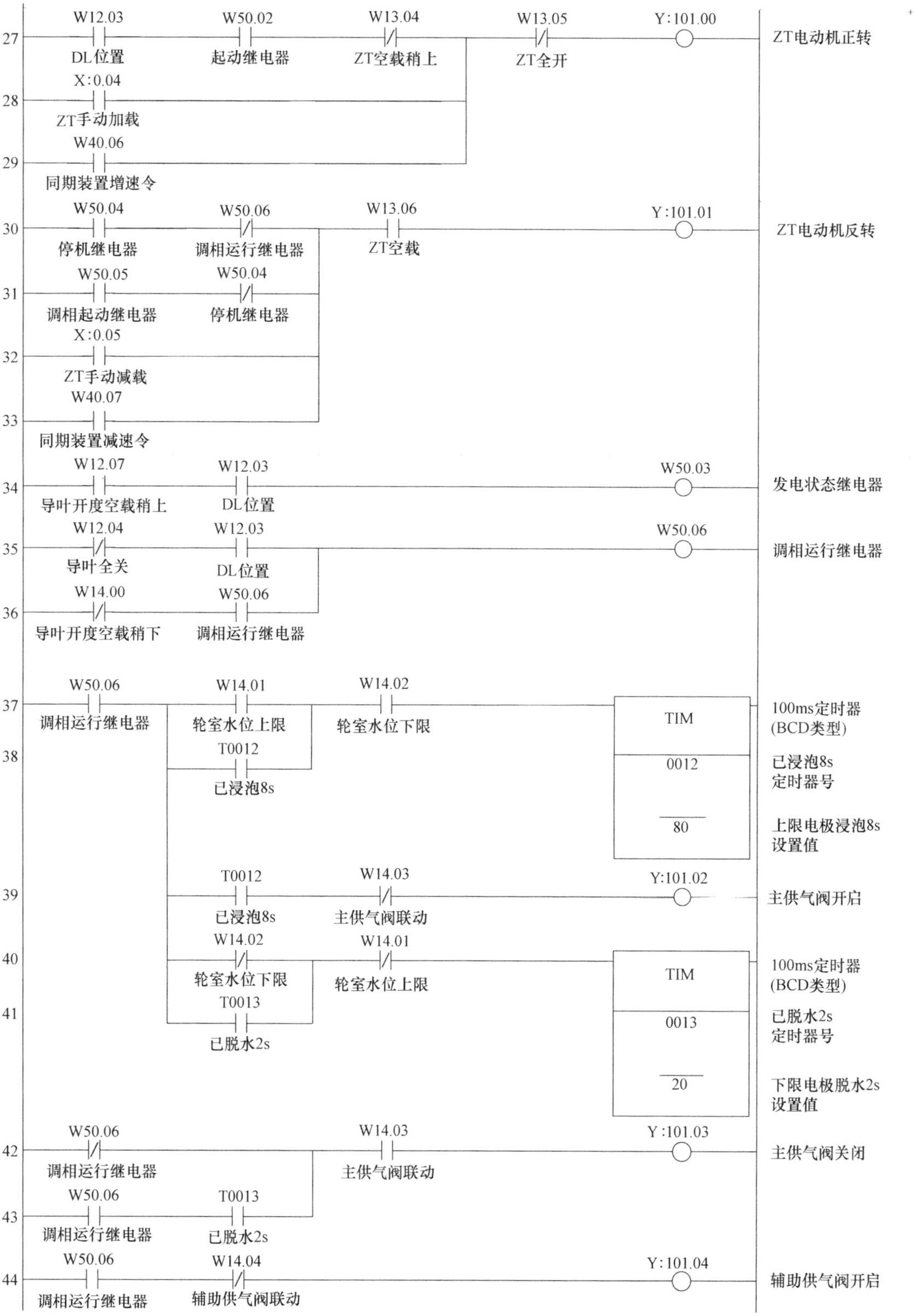

图 14-22 水轮发电机组自动化的 CP1H 控制程序（续）

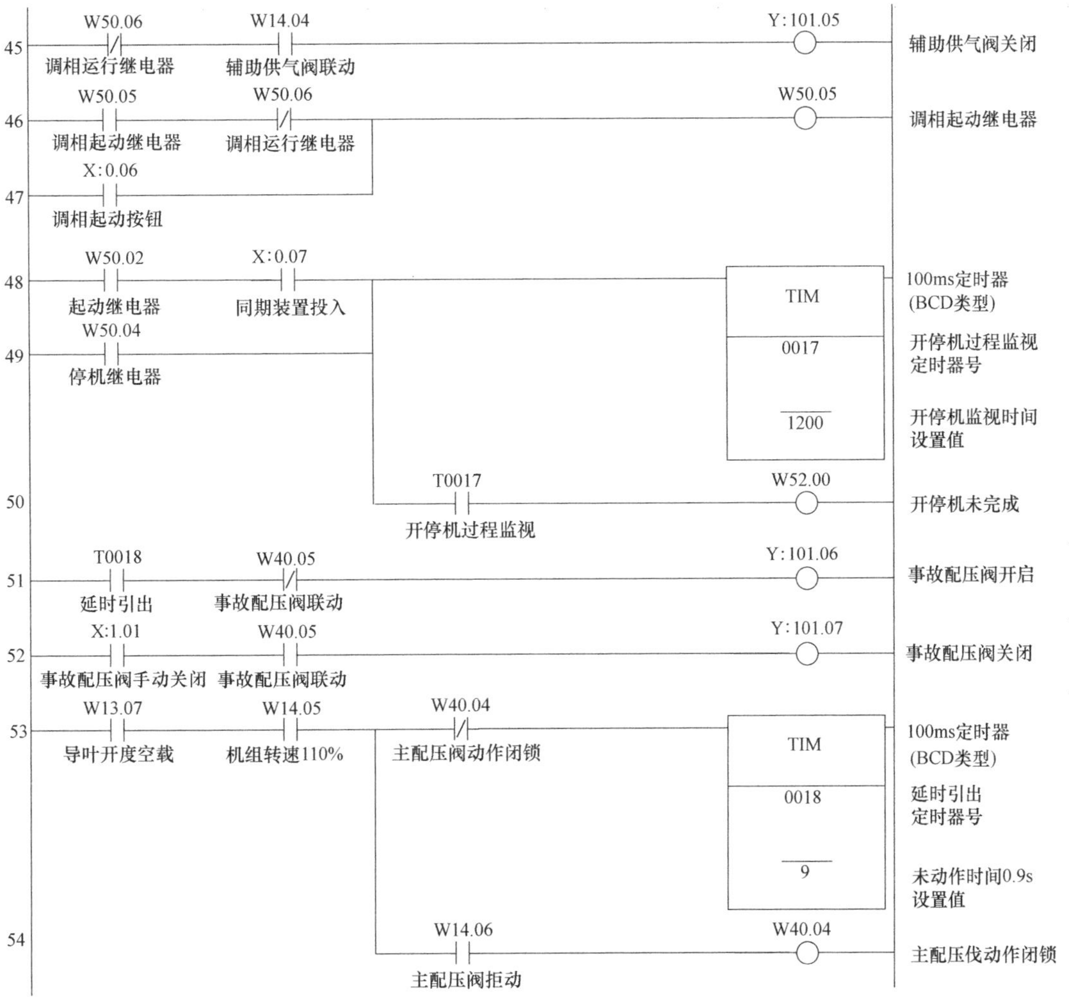

图 14-22 水轮发电机组自动化的 CP1H 控制程序（续）

发电、发电转停机的操作程序。这种典型的机组控制程序方案考虑了以下因素：

1）扩大机组的控制功能，以利于水电站实现综合自动化。在控制程序中，一个操作指令自动完成 $C_3^2=6$ 种常见运行操作中的任何一种，即停机→发电、发电→停机、发电→调相、调相→发电、停机→调相和调相→停机。这有利于实现与水电站远动装置、系统自动装置、控制机等的接口，有利于发挥机组自动控制作为水电站综合自动化基础的作用。

2）完善控制程序，有利于运行及事故处理。

① 在开机过程中，如发现起动机组出现异常现象，或在停机过程中电力系统出现事故（制动闸还未投入），则可由运行人员或自动装置进行相反的操作。

② 开度限制机构中可以增设远方手动控制开关（图中未示出），电力系统出现振荡时，运行人员可及时操作此开关压负荷，以消除电力系统的振荡，但应研究水轮机的动力特性，以免出现恶性事故。

③ 在停机过程中，如导水叶剪断销被剪断，则制动闸不解除，以避免水轮机组蠕动而使推力轴承润滑条件恶化。

④ 若采用负曲率导叶，并在结构上实现无油自动关机，则可以在事故低油压时只发送信号，或将机组由发电运行改为调相运行。

⑤ 单回路连接电力系统的水电站，当机组调相运行又与电力系统解列时，可将调相机转为发电运行，以保自用电及近区负荷的连续供电。

3）尽可能在满足控制要求的前提下简化控制程序与操作。在满足控制系统要求的前提下，力求使控制系统简单、经济，使用及维修方便。

14.7.4 机组自动控制程序的解析

接下来说明各种操作的程序以及各回路的动作。

1. 机组起动操作

机组处于起动准备状态时，应具备下列条件：

1）蝴蝶阀（或进水口快速闸门）全开，其位置状态存储位 W51.00 置位（回路 08），动合接点闭合。

2）导水叶操作接力器锁定在拔出位置，其位置状态存储位 W20.01 未置位（回路 01），动断接点闭合。

3）机组制动系统无压力，监视制动系统压力的传感器状态存储位 W20.02 未置位（回路 01），动断接点闭合。

4）机组无事故，其事故状态存储位 W50.00 未置位（回路 01），动断接点闭合。

5）发电机断路器在跳闸位置，其位置状态存储位 W20.03 未置位（回路 01），动断接点闭合。

上述条件具备时，机组起动准备状态存储位 W50.01 置位（回路 01），接通中控室开机准备灯（黄），同时机组起动准备状态重复存储位 W10.07 置位（回路 02）并自保持（回路 03）。若此时操作开、停机控制开关 41SA 发出开机命令，则使 X：0.00 置位（回路 04），机组起动状态存储位 W50.02 置位（回路 04），W50.01 复位（回路 01），T15 开始计时（回路 03），1s 后解除 W10.07 的自保持（回路 02），这时 W50.02 已经自保持（回路 06）并作用于以下各处：

1）由 Y：100.00 置位接通总冷却水电磁阀开启线圈（回路 07），开启阀门，向各轴承冷却器和发电机空气冷却器供水。

2）投入发电机励磁系统。

3）接入准同期装置的调整回路，为投入自动准同期装置做好准备。

4）接通开度限制机构 KX 的开启回路（回路 20），为机组同期并列后自动打开开度限制机构做好准备。

5）接通转速调整机构 ZT 的增速回路（27），为机组同期并列后带上预定负荷做好准备。

6）起动开停机过程监视计时器（回路 48），当机组在整定时间内未完成开机过程时，发出开机未完成的故障信号。

冷却水投入后，示流信号器状态存储位 W13.00 置位，其动合接点闭合，将开度限制机构打开至起动开度位置（回路 19）；同时通过 Y：100.02 置位接通调速器开停机电磁阀开启线圈（回路 09、08），机组随即按 T 型调速器起动装置的快-慢-快控制特性起动。

当机组转速达到 90% 额定转速时，自动投入同期装置，发电机以准同期方式并入系统。并列后，通过断路器位置状态存储位 W12.03（回路 18）置位后的动合接点作用于以下各处：

1）开度限制机构 KX 自动转至全开（回路 21），为机组带负荷运行创造条件。

2）转速调整机构 ZT 正转带上一定负荷（回路 27），使机组并入系统后能够较快稳定下来。

3）发电运行状态存储位 W50.03 置位（回路 34），使中控室发电运行指示灯亮。

W50.03 的动断接点断开，使机组起动状态存储位 W50.02 复位（回路 06），为下次开机创造条件。机组起动继电器 W50.02 复位后，其动合接点断开，使监视开、停机过程的计时器复位（回路 48），机组起动过程至此结束。

有功功率的调节，可借助远方控制开关 42SA（回路 28 和 32）进行操作（X：0.04 或 X：0.05 置位），也可利用有功功率自动调节器 YGJT 进行控制，以驱动转速调整机构 ZT，使机组带上给定的负荷。

机组起动操作程序流程图如图 14-23 所示。

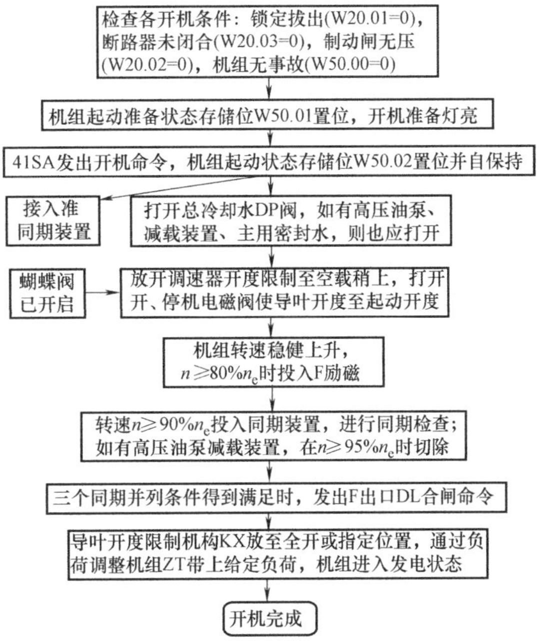

图 14-23 机组起动操作程序流程图

2. 机组停机操作

机组停机包括正常停机和事故停机。

正常停机时，操作开、停机控制开关 41SA 发出停机命令，使 X：0.01 置位（回路 11），机组停机状态存储位 W50.04 置位（回路 10）且动合接点闭合而自保持（回路 10），使 W50.04 的置位状态不会因 41SA 停机接点的复位而复归，然后按以下步骤完成全部停机操作：

1）起动开、停机过程监视计时器（回路 49），监视停机过程。

2）使转速调整机构 ZT 反转（回路 30），卸负荷至空载。

3）当导水叶关至空载位置时，由于 W50.04 的动合接点和导叶空载位置 W13.07 的动合接点都闭合，使得发电机 DL 跳闸，机组与系统解列。

4）导水叶关至空载位置以及机组与系统解列后，由于 W50.04 的动合接点、断路器位置 W12.03 的动合接点和导叶空载稍上 W12.07 的动断接点都闭合（回路 14），使开停机电磁阀关闭线圈通过 Y：100.03 接通而励磁，导水叶关至全关；同时由于 W12.03 的动断接点和 W50.04 的动断接点都闭合（回路 24），所以开限伺服电动机反转至开限全关。

5）机组转速下降至 35% 额定转速时，W12.05 动断接点闭合，Y：100.04 置位使制动系统电磁空气阀开启线圈励磁（回路 11），打开电空阀，压缩空气进入制动闸对机组进行制动；同时制动压力信号存储位 W12.02 的动合接点闭合，若导叶剪断销无剪断，其存储位

W12.06 动断接点也是闭合的，从而启动 TIM16 计时（回路 12 右侧），监视制动时间。

6）计时器 16 的预置值达到 90s 后，T0016 的动断接点断开（回路 10），使 W50.04 解除自保持而复归，进而 Y：100.05 置位，制动电空阀关闭线圈励磁并关阀（回路 13），从而解除制动；T0016 的动合接点闭合（回路 17），使 Y：100.01 置位，进而关闭总冷却水电磁阀；监视开停机过程计时器 TIM17（回路 49、48）和制动时间计时器 TIM16（回路 12）复归，机组停机过程结束。此时机组重新处于准备开机状态，起动准备状态存储位 W50.01 又一次置位，中控室开机准备灯点亮，为下一次起动创造必要条件。

机组运行过程中，如果调速器系统和控制系统中的机械设备或电气元件发生事故，则机组事故状态存储位 W50.00 将置位，从而迫使机组事故停机。

事故停机与正常停机的不同之处在于，前者不仅使 W50.04 置位（回路 12、10），而且通过 Y：100.03 置位（回路 16、14），不用等到卸负荷至空载并跳开断路器就立即使调速器开停机电磁阀关闭线圈励磁，从而大大缩短了停机时间，但应注意不能因导叶关闭过快而引起引水管和尾水管的联合直接水击，导致发生抬机事故。

如果发电机内部短路使差动保护动作，则保护出口既可以使机组事故状态存储位 W50.00 置位，又可以使发电机 DL 及 FMK 跳开，达到水轮机和发电机都得到保护及避免发生重大事故的目的。

机组正常停机操作程序流程图如图 14-24 所示。

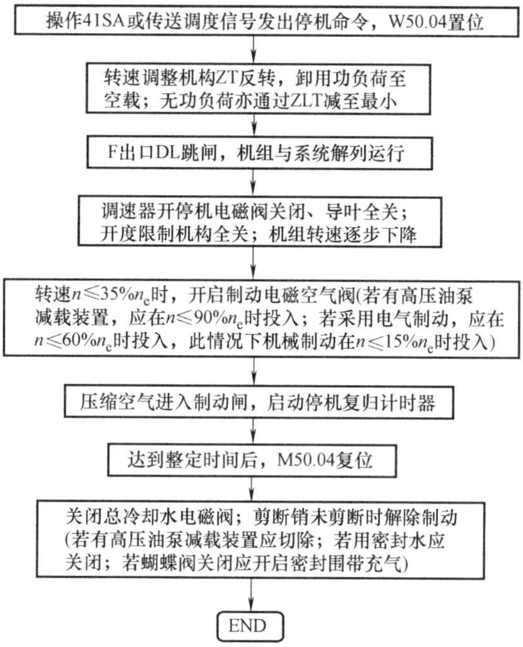

图 14-24　机组正常停机操作程序流程图

3. 发电转调相操作

操作按钮 41QA 使 X：0.06 置位发出调相命令，调相启动状态存储位 W50.05 置位（回路 47）并自保持（回路 46），使 W50.05 不因 X：0.06 复位而复位，通过其接点的切换，作用于以下各处：

1）使转速调整机构 ZT 反转（回路 31），卸去全部负荷至空载（回路 30 的 W13.06 断开）。

2）当导水叶关至空载位置时，由于 W50.05 的动合接点（回路 15）和 W12.07 的动断接点（回路 14）均闭合，使得 Y：100.03 置位（回路 14），开停机电磁阀关闭线圈励磁，导水叶全关；同时由于回路 23 中的 W13.07 在导叶开度空载以下闭合、W50.05 的动合接点也已闭合，所以开限机构 KX 反转，自动全关。

由于机组停机状态存储位 W50.04 未置位，故机组仍然与电力系统并列，且冷却水照常供给，机组即做调相运行，从电力系统吸收有功，通过改变励磁来调节无功。此时 W12.04（导叶全关）闭合、W12.03（DL 合闸）也闭合，调相运行状态存储位 W50.06 置位（回路 35）并自保持（回路 36），同时复位调相启动状态存储位 W50.05（回路 46），另外点亮调相运行指示灯。

在调相运行过程中，当转轮室水位在考虑“风扇效应”的上限值时，上限水位状态存储位 W14.01 置位、动合接点闭合，计时器 TIM12 启动，若持续 8s（水位不是瞬时上限），则计时器动作并自保持（回路 38），经 T0012 闭合使 Y：101.02 置位（回路 39），从而开启调相主供气阀，压缩空气进入转轮室，将水位压低；当转轮室水位下降至考虑“封水效应”的下限值时，下限水位状态存储位 W14.02 复位、动断接点闭合，计时器 TIM13 启动，若持续 2s（不是瞬时），则 TIM13 动作（回路 40），通过 T0013（回路 43）使 Y：101.03 置位（回路 42），从而关闭调相主供气阀，压缩空气即停止进入转轮室。此后由于压缩空气的漏损、“溶解”而逸出，使转轮室水位又回复到上限值，则又重复上述操作过程。

转轮室非密闭容器，为了避免调相给气阀频繁起动，为主供气阀并联一只小的辅助供气阀，补气量接近但略小于漏失量。调相运行期间，Y：101.04 置位使辅助供气阀始终开启（回路 44），以弥补漏损、逸失；调相结束后，Y：101.05 置位使辅助供气阀关闭（回路 45）。

机组由发电运行切换到调相运行的操作程序流程如图 14-25 所示。

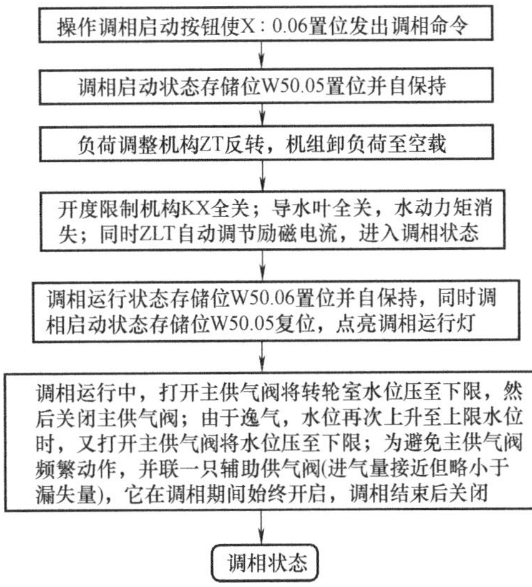

图 14-25　机组由发电运行切换到调相操作程序的流程图

4. 调相转发电操作

调相转发电操作分解为：①调速器 KX 机构开至空载稍上同时导水叶开至起动开度，为“充水”过程，之后进入发电状态；②关闭调相主供气阀和辅助供气阀，并切除转轮室水位传感器及阀门电源；③KX 机构开至全开或指定开度，带上 AGC 分配的负荷。此三步过程用时应控制在 15s 左右，利用事故备用机组闲时作调相运行，可补充电力系统无功，系统事故时进行“热起动”（借用火力发电术语，代指水轮机组由调相转发电）相比“冷起动”（借用火力发电术语，代指水轮机组由停机转发电）能更快进入发电状态，对确保电力系统安全增加了保证，因为这里省掉了同期并网检测时间和断路器合闸时间。

由于机组已处于调相运行状态，调相运行状态存储位 W50.06 已置位（回路 5），故此时可操作开、停机控制开关 41SA 发出重新开机命令（X：0.00 置位），使机组起动状态存储位 W50.02 置位并自保持（回路 04、06），同时作用以下各处：

1）使开度限制机构 KX 正转，开至起动开度（回路 19），Y：100.06 置位。之后导叶稍稍开启使 W12.04 断开（回路 35），导叶开度接近空载使 W14.07 又断开（回路 36），结果使调相运行继电器 W50.06 复位（回路 35），开度限制机构 KX 自动全开（回路 21）。

调相运行状态存储位 W50.06 复位后，还使 Y：101.03（回路 42）、Y：101.04（回路 45）置位，将调相主供气阀和辅助供气阀都关闭。

2）通过 W50.02 使 Y：100.02 置位（回路 09、08），开停机电磁阀开启线圈励磁，重新打开导水叶。

3）通过 W12.03（DL 合闸）、W50.02（机组启动继电器）、W13.04（ZT 空载稍上）置位，使 Y：101.00 置位（回路 27），转速调整机构 ZT 正转至空载稍上，机组自动带上一定负荷。

这样，机组即转为发电方式运行，此时发电运行状态存储位 W50.03 因 W12.07（导叶开度空载稍上）的动合接点闭合而置位（回路 34），其动断接点断开又使机组启动状态存储位 W50.02（回路 04）的自保持（回路 06）解除而复位，另外还点亮中控室发电运行指示灯。

机组调相转发电操作程序的流程图如图 14-26 所示。

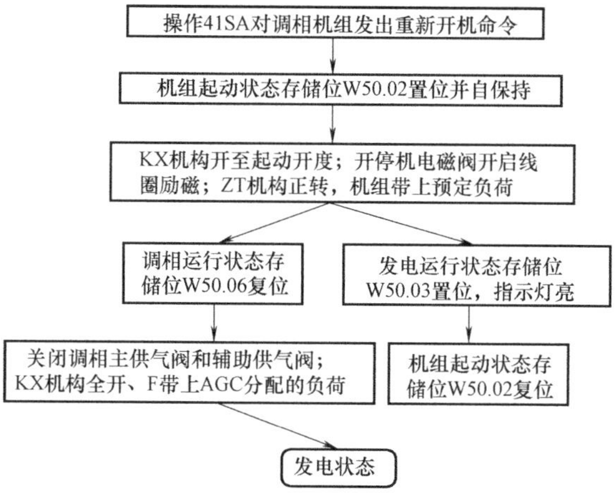

图 14-26　机组调相转发电操作程序的流程图

5. 停机转调相操作

停机转调相操作是停机转发电和发电转调相的连续过程，即有 $(T_J \rightarrow T_X) = (T_J \rightarrow F_D) + (F_D \rightarrow T_X)$ 存在。执行时首先打开导叶至空载，同期并网进入零负荷发电状态运行，旋即全关 KX 机构及导水叶进入压水调相状态，此过程用时一般在 2min 左右。

当机组处于开机准备状态时，操作按钮使 X：0.06（回路 47）动合接点接通而发出调相开机命令，调相起动状态存储位 W50.05 置位并自保持（回路 46），使机组起动状态存储位 W50.02 置位并自保持（回路 05、04 和 06）。此后机组的起动和同期并列这一段自动操作过程与前述停机→发电自动操作过程相同，机组并列后机组起动继电器存储位 W50.02 复位，通过调相起动状态存储位 W50.05（其复归时间较 W50.02 稍晚）的动合接点接通和 W50.02 的动断接点接通，立即使 Y：100.03（回路 16、15）置位，开停机电磁阀关闭线圈励磁并将开度限制机构 KX 全关（回路 23），将导水叶重新关闭，使机组转入调相运行，调相运行状态存储位 W50.06 置位（回路 35）并自保持（回路 36），点亮中控室调相运行灯；W50.06 的动断接点断开（回路 46），使调相起动状态存储位 W50.05 因自保持解除而复位（回路 46）。

调相压水给气的自动控制过程与发电转调相的控制过程相同，此处不再赘述。

6. 调相转停机操作

调相转停机操作是调相转发电和发电转停机的连续过程，即有 $(T_X \rightarrow T_J) = (T_X \rightarrow F_D) + (F_D \rightarrow T_J)$ 存在。执行时首先放开导叶至空载，进入零负荷发电状态运行，旋即断路器跳闸、KX 机构驱使导叶至全关，按发电转停机方式实现停机，即所谓“先充水、后停机”，目的是加速调相机的正常停机与事故停机过程，缩短低速惰转时间，减少推力瓦磨损，此过程耗时一般在 2min 左右。

操作开、停机控制开关 41SA 使 X：0.01（回路 11）置位发出停机命令，机组停机状态存储位 W50.04 置位并自保持（回路 10），接着将开度限制机构 KX 打开至起动开度（回路 19），使机组转为发电运行。当导水叶开至空载开度时，W14.00 断开（回路 36），调相运行状态存储位 W50.06 解除自保持而复位，发电机 DL 跳闸、W12.03 动断接点接通（回路 24、14），开度限制机构 KX 立即全关（回路 23），同时开停机电磁阀关闭线圈励磁（回路

14)，将导水叶全关，机组转速随即下降，以下过程与发电→停机过程相同。

14.7.5 机组事故保护机故障信号系统

机组的事故保护及故障信号系统一般包括水力机械事故保护、紧急事故保护、水力机械故障信号。

1. 水力机械事故保护

如图 14-27 所示，机组遇有下列情况之一时，即进行事故停机：

1) 推力-上导、下导和水导等轴承过热（回路 55、56、57)，机组事故状态存储位 W50.0 置位。

2) 调相运行解列：机组做调相运行时，为了防止由于系统电源消失而造成调相机组长时间低转速旋转，使轴承损坏，故通常装设调相解列保护。机组调相运行时，如转速低于 80%额定转速，则 W15.03 的动断接点闭合（回路 58)，使机组事故状态存储位 W50.0 置位。

3) 油压装置油压事故下降：当油压事故低时，W15.04 的动合接点闭合（回路 59)，使机组事故状态存储位 W50.00 置位。

4) 过速限制器动作：机组转速 110%存储位 W14.05、过速限制器（44DP）动作存储位 W15.05 动合接点闭合（回路 60)，使机组事故状态存储位 W50.00 置位。

5) 电气事故：差动保护动作时，保护出口 W15.06 动合接点闭合（回路 61)，使机组事故状态存储位 W50.00 置位。

机组发电运行时，事故停机的引出，除直接作用于开停机电磁阀（回路 16）加速停机外，还同时作用于正常停机回路，使机组停机状态存储位 W50.04 置位（回路 12)，进行正常停机操作。还可发出相应事故报警和灯光信号，以通知运行人员并指出事故性质。

若机组做调相运行时出现事故停机命令，则按调相→停机操作过程进行，首先打开导水叶至空载使机组转为发电运行，使机组调相运行状态存储位 W50.06 复位，然后再作用于开停机电磁阀和开度限制机构，按发电→停机操作方式停机。

2. 紧急事故停机

机组遇有下列情况之一时，应立即进行紧急事故停机：

1) 机组事故停机过程中剪断销剪断时，由 W50.00 与 W12.06 发出紧急事故停机信号（回路 65)。

2) 机组过速达到 140%额定转速时，W15.07 动合接点闭合，发出过速紧急事故停机信号（回路 66)。

紧急事故停机在以上条件下动作，然后作用于关闭蝴蝶阀（或进水口快速闸门)，并同时作用于一般事故状态存储位 W50.00（回路 64)，按前述事故停机过程停机。此外，也可以通过紧急停机按钮 X：1.04（回路 63）进行手动紧急停机；还可以通过紧急事故停机按钮 X：1.05（回路 67）进行手动紧急事故停机。

在机组事故状态存储位 W50.00 置位并自保持（回路 62）后，直到事故消除并通过复归按钮 X：1.03 手动解除自保持以前，不允许开机，即维持停机状态，以防止事故扩大。

3. 水力机械事故障

机组在运行过程中遇有下列情况之一时，即发出故障报警及灯光信号，通知运行人员，

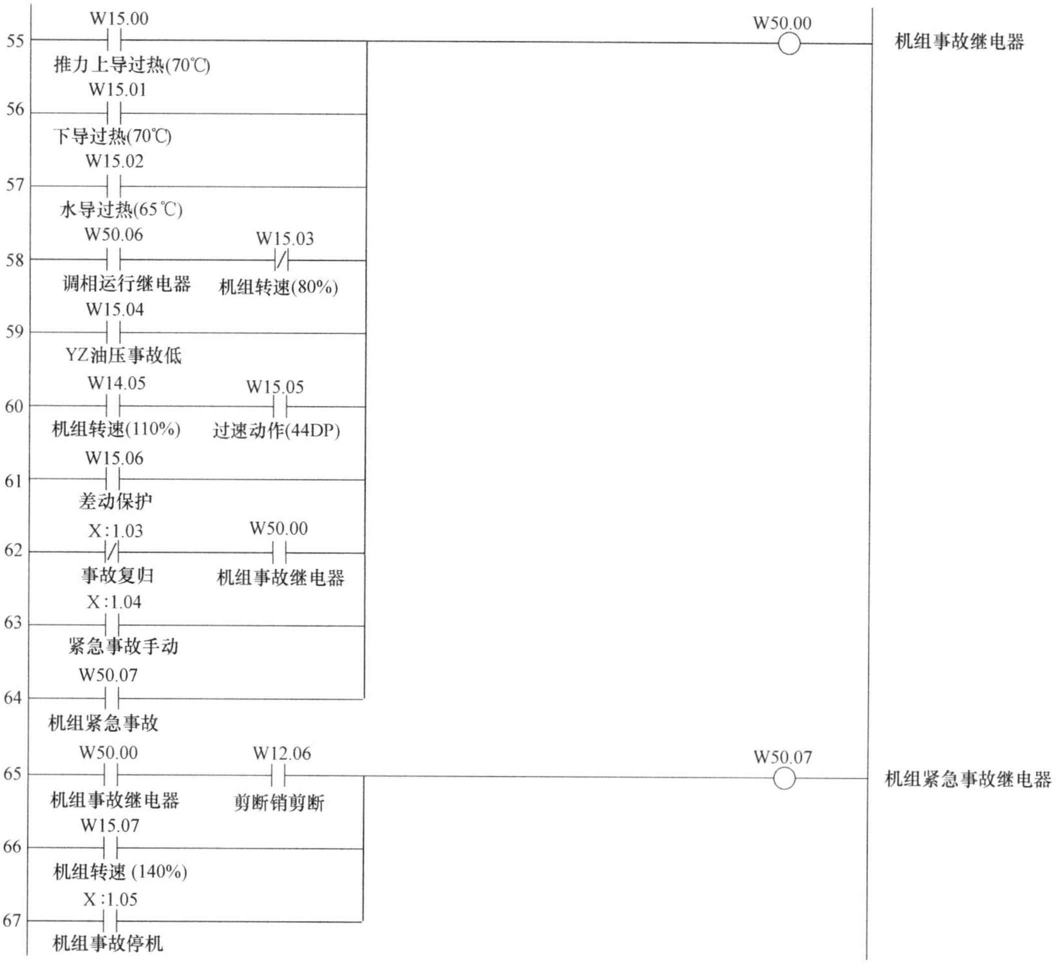

图 14-27　机组事故保护的控制程序

指出故障性质：①上导、推力、下导、下导轴承及发电机热风温度过高；②上导、推力、下导、水导油槽油位过高或过低，回油箱油位过高或过低；③漏油箱油位过高；④上导、推力、下导、水导轴承冷却水中断；⑤导叶剪断销剪断；⑥开、停机未完成。故障消除后，手动解除故障信号。这部分控制程序非常简单，读者可自行拟出。

参 考 文 献

[1] 武汉水利电力学院，华东水利学院．水力学［M］．北京：人民教育出版社，1980.
[2] 武汉水利电力学院，华北水利水电学院，华东水利学院．水力机组辅助设备与自动化［M］．北京：水利电力出版社，1981.
[3] 王定一．水电站自动化［M］．北京：电力工业出版社，1982.
[4] 机电设计手册编写组．水电站机电设计手册：电气二次［M］．北京：水利电力出版社，1984.
[5] 刘忠源，徐睦书．水电站自动化［M］．北京：水利电力出版社，1985.
[6] 楼永仁，黄声先，李植鑫．水电站自动化［M］．北京：中国水利水电出版社，1995.
[7] 王定一，等．水电厂计算机监视与控制［M］．北京：中国电力出版社，2001.
[8] 魏守平．水轮机控制工程［M］．武汉：华中科技大学出版社，2005.
[9] 张春．深入浅出西门子 S7-1200 PLC［M］．北京：北京航空航天大学出版社，2009.
[10] 廖常初．S7-1200 PLC 编程及应用［M］．北京：机械工业出版社，2009.
[11] 朱文杰．S7-200 PLC 编程设计与案例分析［M］．北京：机械工业出版社，2010.
[12] 朱文杰．S7-1200 PLC 编程设计与案例分析［M］．北京：机械工业出版社，2011.
[13] 朱文杰．S7-200 PLC 编程及应用［M］．北京：中国电力出版社，2012.
[14] 朱文杰．三菱 FX 系列 PLC 编程与应用［M］．北京：中国电力出版社，2013.
[15] 朱文杰．S7-1200 PLC 编程与应用［M］．北京：中国电力出版社，2015.
[16] 刘庚辛．水轮发电机组抬机事故的原因［J］．水电站机电技术，1989（1）：34-37.
[17] 朱文杰．水轮机防抬措施探讨［J］．水利水电技术，1994（9）：22-24.
[18] 朱文杰．S7-200 PLC 移位寄存器指令用于水力机组技术供水系统［J］．中国水利水电市场，2005（2/3）：20-21.
[19] 朱文杰．S7-200 PLC 控制水电厂压缩空气系统［J］．中国水利水电市场，2005（6）：26-27.
[20] 朱文杰．S7-200 PLC 控制水力机组油压装置［J］．中国水利水电市场，2005（8）：30-33.
[21] 朱文杰．用 PLC 根治水力机组甩负荷抬机［J］．中国水利水电市场，2005（10）：27~30.
[22] 朱文杰．S7-200 PLC 控制水力机组润滑和冷却系统［J］．中国水利水电市场，2006（5）：62-65.
[23] 朱文杰．S7-200 PLC 控制调相压水系统并与治理甩负荷抬机合成一个神经元［C］．第一届水力发电技术国际会议论文集：第二卷．北京：中国电力出版社，2006.
[24] 朱文杰．FX 控制润滑、冷却、制动及调相压水系统的设计［J］．中国水利水电市场，2013（2）.
[25] 朱文杰．FX 控制水电站进水口快速闸门的设计［J］．中国水利水电市场，2013（3）.
[26] 朱文杰．FX 控制水电站油压装置的设计［J］．中国水利水电市场，2013（4）.
[27] 朱文杰．FX-PLC 治理抬机并与调相合成一个神经元［J］．中国水利水电市场，2013（5）.
[28] 朱文杰．FX3U-PLC 控制水轮发电机组［J］．中国水利水电市场，2013（6）.
[29] 朱文杰．S7-1200 控制水电站空气压缩装置的设计［J］．中国水利水电市场，2013（12）.
[30] 朱文杰．S7-1200 控制水电站技术供水系统的设计［J］．中国水利水电市场，2014（2）.
[31] 朱文杰．S7-1200 控制水电站油压装置的设计［J］．中国水利水电市场，2014（3）.
[32] 朱文杰．S7-1200 控制水电站进水口快速闸门的设计［J］．中国水利水电市场，2014.
[33] 朱文杰．S7-1200 治理甩负荷抬机并与控制调相压水合整［J］．中国水利水电市场．2014（5）.
[34] 朱文杰．S7-1200 控制润滑、冷却、制动及调相压水系统的设计［J］．中国水利水电市场，2014（6）.
[35] 朱文杰．S7-1200 型 PLC 控制水轮发电机组［J］．中国水利水电市场，2014（8/9）.
[36] 朱文杰．OMRON CP1H 控制水力发电站空气压缩系统的设计［J］．中国水利水电市场，2015（10）：61-64.
[37] 朱文杰．OMRON CP1H 控制水力发电站集水井的设计［J］．中国水利水电市场，2016（1）.
[38] 朱文杰．OMRON CP1H 控制润滑、冷却、制动及调相压水系统的设计［J］．中国水利水电市场，2016（2）.
[39] 朱文杰．CP1H 控制水力发电厂油压装置的设计［J］．中国水利水电市场，2016（4）.
[40] 朱文杰．OMRON CP1H 控制水轮发电机组的设计［J］．中国水利水电市场，2017（6）.